交通航海职业技术教育教材

金工工艺实习

陈振肖　主编
鲍根发　主审

大连海事大学出版社

内 容 提 要

本书共分三篇，并附相配套的车、钳、焊工艺实习卡片(实操图例)。第一篇为车工基础工艺，叙述了车床、车刀和量具的使用等基础知识，以及车削外圆、内孔、圆锥体、螺纹、特形面等基本要领。第二篇为钳工基础工艺，叙述了划线、金属錾削、锯割、锉削、钻孔、攻丝和套丝、刮削和研磨、弯曲、铆接与锉配合等钳工基本理论知识与技能。第三篇为电、气焊基础工艺，叙述了电、气焊的基本工作原理，器具的正确使用与维护，焊接与切割的基本操作技能和安全知识。实习卡片编有实习工件图、技术要求及主要加工工艺。

本书为水运中等专业学校轮机管理专业的教材，内容实用，强调了工艺的规范要求，密切结合船舶轮机人员必备的应知应会内容。本教材也可供中等轮机人员培训和自学用参考书。

图书在版编目(CIP)数据

金工工艺实习 / 陈振肖主编 . —大连 : 大连海事大学出版社,2000. 9
(2020. 12 重印)
(交通航海职业技术教育教材)
ISBN 978-7-5632-1422-8

Ⅰ. 金…　Ⅱ. 陈…　Ⅲ. 金属加工—实习—专业学校—教材　Ⅳ. TG-45

中国版本图书馆 CIP 数据核字(2000)第 40399 号

大连海事大学出版社出版

地址:大连市凌海路 1 号　邮编:116026　电话:0411-84728394　传真:0411-84727996
http://press. dlmu. edu. cn　E-mail:dmupress@ dlmu. edu. cn
大连华伟印刷有限公司印装　　大连海事大学出版社发行
2000 年 11 月第 1 版　　2020 年 12 月第 20 次印刷
幅面尺寸:184 mm×260 mm　　印张:18. 5
字数:462 千　　印数:48001 ~ 49500 册
责任编辑:王铭霞　　封面设计:王　艳
ISBN 978-7-5632-1422-8　　定价:27. 80 元

前　言

航海职业教育系列教材是交通部科教司为适应《STCW78/95 公约》和我国海事局颁发的《中华人民共和国海船船员适任考试、评估和发证规则》而组织编写的。编审人员是由交通职业技术学校教学指导委员会航海类学科委员会组织遴选的,具有较丰富的教学经验和实验经验。教材编写依据是交通部科教司颁发的“航海职业教育教学计划和教学大纲”(高职教育),也融入了中等职业教育“教学计划和教学大纲”。本系列教材是针对三年高职教育和五年高职教育编写的,对于四年中等职业教育可根据考试大纲在满足操作级的要求上选用,也适用于海船驾驶员和轮机员考证培训和船员自学。

本系列教材包括职能理论和职能实践两个部分,在内容上有严格的分割,但又相互补充。

这套系列教材的特点:

1. 全面体现了《STCW78/95 公约》和《中华人民共和国海船船员适任考试、评估和发证规则》中强调的:教育必须遵守知识更新的原则,强调技能,培养能适应现代化船舶管理复合型人才要求的精神。

2. 始终贯穿“职业能力”作为培养目标的主线,根据“驾通合一”、“机电合一”及课程内容不能跨功能块的原则,打破原有学科体系,按功能块的要求对课程内容进行了全面的调整、删减,抓住基本要素重新组合。各课衔接紧凑,避免重复教学,并跟踪了现代科学技术,有较强的科学性和先进性。

3. 编写始终围绕着职业教育的特点,内容以“必需和够用”为原则,紧扣大纲,深广度适中,不但体现了理论和实践的结合,也体现了加强能力教育和强化技能训练的力度。

4. 编写过程中还把品格素质、知识素质、能力素质和身心素质等素质教育的内容交融并贯彻其中,体现了对海员素质及能力培养的力度。

本系列教材在编审过程中尽管对“编写大纲和教材”都经过了集体或专家会审,也得到海事局和航运单位的大力支持,但可能还有不足之处,希望多提宝贵意见,以利再版时修改并进一步完善。

交通职业技术学校教学指导委员会航海类学科委员会

1999 **年** 8 **月**

编者的话

本教材的修订是根据交通职业技术学校教学指导委员会航海类学科委员会的意见，并参照航海职业教育教学计划与教学大纲对海船轮机管理专业教学的要求，以及中华人民共和国海事局对海船船员适任考试和评估大纲的要求内容进行修订的。原编《车钳焊基础工艺》教材内容基本符合要求，但缺少"评估大纲"中提到的船用管材知识和管工工艺及装配钳工知识内容，本次修订分别增补到第二篇钳工基础工艺部分，编为第十三、十四章，另外书名为了和教学大纲及评估大纲提法一致，把原书名改为《金工工艺实习》，同时对原内容中不适之处及勘误部分进行适当修改。

本次修订工作由南京海运学校吴陶、江成福、陈振肖分别对第一、二、三篇内容进行修订，全书由陈振肖统稿，由南京航运学校鲍根发审稿，何文山为责任编委。

由于编者水平有限，在修订工作中还会存在一些缺点和错误，诚恳希望读者批评指正。

编　者

1999 年 2 月

目　录

第一篇　车工基础工艺

第一章　车床操作的基本知识 …… 1

第一节　车工安全规则 …… 1

第二节　车床的类型和工作范围 …… 2

第三节　车床的结构、名称及用途 …… 3

第四节　车床的传动及润滑 …… 5

第五节　车床主要附件及常用工具 …… 8

复习思考题 …… 10

第二章　车刀 …… 11

第一节　车刀的组成 …… 11

第二节　车刀的材料 …… 12

第三节　车刀的主要几何角度及选择 …… 13

第四节　车刀的刃磨 …… 15

第五节　车刀的种类和用途 …… 17

复习思考题 …… 18

第三章　常用量具及公差配合的概念 …… 19

第一节　基本量具 …… 19

第二节　精密量具 …… 21

第三节　公差配合的基本概念 …… 28

复习思考题 …… 31

第四章　车削外圆、端面 …… 32

第一节　车刀的安装 …… 32

第二节　工件的装夹与校正 …… 33

第三节　车削方法 …… 40

第四节　车床用切削液 …… 43

第五节　切削用量的选择 …… 44

第六节　刻度盘原理及使用 …… 44

复习思考题 …… 45

第五章　车内孔(套类零件) …… 46

第一节　概述 …… 46

第二节　钻孔 …… 47

第三节　镗孔 …… 48

第四节　车内孔时的质量分析 …… 51
复习思考题 …… 52
第六章　车圆锥体 …… 53
第一节　圆锥各部分名称及计算 …… 53
第二节　圆锥的种类 …… 54
第三节　圆锥面的车削 …… 55
第四节　圆锥面的度量和检验 …… 57
第五节　车圆锥体的质量分析 …… 61
复习思考题 …… 62
第七章　车削三角形螺纹 …… 63
第一节　螺纹的基本概念 …… 63
第二节　三角形外螺纹的车削 …… 71
第三节　三角形内螺纹的车削 …… 74
复习思考题 …… 75
第八章　表面抛光、滚花及车削特形面 …… 76
第一节　表面抛光 …… 76
第二节　表面滚花 …… 77
第三节　特形面的车削 …… 78
复习思考题 …… 80

第二篇　钳工基础工艺

第一章　概述 …… 81
第一节　钳工的主要设备和常用工具 …… 81
第二节　钳工的安全操作注意事项 …… 83
复习思考题 …… 83
第二章　划线 …… 84
第一节　划线工具及其使用 …… 84
第二节　划线前的准备工作 …… 88
第三节　划线基准的选择 …… 89
第四节　划线操作举例 …… 90
复习思考题 …… 94
第三章　金属錾削 …… 96
第一节　錾削的概念 …… 96
第二节　錾削工具 …… 97
第三节　錾子的淬火与刃磨 …… 98
第四节　錾削姿势、握錾法和挥锤法 …… 99
第五节　錾削的操作方法 …… 100
第六节　錾削废品产生原因、防止方法和安全注意事项 …… 102

复习思考题 …… 103
第四章 锯割 …… 104
第一节 手锯 …… 104
第二节 锯割方法 …… 105
第三节 锯割实例 …… 107
第四节 锯条损坏原因、锯割废品分析和安全技术 …… 108
复习思考题 …… 109
第五章 锉削 …… 110
第一节 锉刀 …… 110
第二节 锉削方法 …… 113
第三节 锉削废品分析和安全操作 …… 117
复习思考题 …… 118
第六章 钻孔、扩孔、锪孔和铰孔 …… 119
第一节 钻床和钻孔工具 …… 119
第二节 麻花钻 …… 123
第三节 钻孔方法及注意事项 …… 127
第四节 钻孔安全技术、废品分析和钻头损坏原因 …… 128
第五节 扩孔和铰孔 …… 129
复习思考题 …… 132
第七章 攻丝和套丝 …… 133
第一节 螺纹的一般知识 …… 133
第二节 攻丝 …… 134
第三节 套丝 …… 136
复习思考题 …… 139
第八章 刮削 …… 140
第一节 刮削的作用 …… 140
第二节 显示剂和刮削精度的检查 …… 140
第三节 刮削工具 …… 141
第四节 刮削方法 …… 143
第五节 刮削中的弊病产生原因和防止方法 …… 145
复习思考题 …… 145
第九章 研磨 …… 146
第一节 研磨的目的和原理 …… 146
第二节 研磨工具和研磨剂 …… 146
第三节 研磨的操作 …… 147
复习思考题 …… 149
第十章 金属的矫直与弯曲 …… 150
第一节 金属矫直(矫正) …… 150
第二节 金属矫直的各类操作法 …… 150

第三节　金属弯曲……151
第四节　矫直和弯曲的废品原因及预防方法……159
复习思考题……159
第十一章　铆接……160
第一节　铆接的概念……160
第二节　铆接的形式与要求及应用场合……160
第三节　铆钉的种类和铆接工具……161
第四节　铆钉直径、长度和钻孔直径……163
第五节　铆接和拆卸的方法……164
第六节　铆接时产生废品的原因及预防方法……166
复习思考题……168
第十二章　锉配合……169
第一节　锉配合的概念……169
第二节　锉配合的实际运用……169
第三节　配合的种类与要求……169
第四节　锉配合的实例……170
第五节　锉配合时产生废品原因及预防方法……172
复习思考题……172
第十三章　常用管材和简单管工工艺……173
第一节　舶舶常用管材……173
第二节　管道中常用的密封材料、防腐材料和保温材料……173
第三节　管子弯曲……174
第四节　管道联接……174
复习思考题……175
第十四章　装配修理基本知识……176
第一节　修理的概念……176
第二节　螺纹联接的拆装……176
第三节　键联接及其装配……179
第四节　销联接及其装配……180
第五节　轴承的装配……181
第六节　轴件、齿轮、螺纹表面修复工艺……183
复习思考题……184

第三篇　电、气焊基础工艺

第一章　手工电弧焊……186
第一节　手工电弧焊的基本知识……186
第二节　电弧焊的基本操作……189
第三节　各种位置的焊接方法……194

第四节　管子焊接…………………………………………………………………………… 198
第五节　其他金属的焊接………………………………………………………………… 200
第六节　焊接缺陷分析与电弧切割……………………………………………………… 202
第七节　电弧焊的安全操作知识………………………………………………………… 205
复习思考题……………………………………………………………………………………… 207
第二章　气焊与气割…………………………………………………………………………… 208
第一节　气焊的基本知识………………………………………………………………… 208
第二节　气焊的基本操作技术…………………………………………………………… 214
第三节　各种位置的焊接方法…………………………………………………………… 219
第四节　船舶常用金属材料及实物的焊接……………………………………………… 223
第五节　氧气切割………………………………………………………………………… 228
第六节　气焊与气割的安全知识………………………………………………………… 232
复习思考题……………………………………………………………………………………… 235
车、钳、焊工艺实习卡片(实操图例)明细表………………………………………………… 236

第一篇　车工基础工艺

第一章　车床操作的基本知识

第一节　车工安全规则

在车工实习中，由于机械化程度高，事故的发生又具有瞬时性，因此，虽然有了安全措施，如果我们工作粗枝大叶，思想不集中或没有严格的操作规程，也会造成不必要的人身或机械事故，给国家和人民带来损失，给自己带来痛苦。因此，车工必须做到如下几点：

1．实习时要穿好工作服，扎紧袖口或带袖套。长衬衫的袖口应卷起，超过手臂肘部。不得穿拖鞋进车间（女学生要戴工作帽，并将发辫纳入帽内）。

2．操作时应戴防护眼镜，以防铁屑飞入眼睛。

3．启动车床前，要检查车床周围有无障碍物，各操作手柄位置是否正确，工件及刀具是否已夹持牢固等。

4．操作时严禁戴手套，不准用手摸正在运转的工件和刀具。停车时不准用手或物去刹车床卡盘，也不准用手去清除铁屑。

5．开车后思想要集中，不准相互间说笑打闹，不准随便离开车床。如要离开车床必须停车。

6．变速、换刀，换工件或测量工件时必须停车。

7．松开或夹紧工件后，应及时取下卡盘扳手，以防扳手飞出伤人或损坏车床。

8．不准随便拆装车床上的电气设备和其他附件。工件、刀具、量具等应放在规定的地方，不准随意乱放。

9．不要站在铁屑飞出的方向，以免铁屑飞出伤人。

10．如发现车床发出不正常的声音或发生事故时，应立即停车，保护现场，并报告指导老师。

操作车床时还应注意如下几个方面：

1．工作前应将所有的加油孔及导轨加上润滑油。

2．开车前应检查各手柄的位置是否处于正常位置，以防开车时因突然撞出而损坏车床。

3．车床起动后，应观察主轴变速箱油泵孔是否正常出油，防止油泵不打油使里面齿轮咬死或烧坏。

4．工作中如要变换转速或进给箱手柄的位置时，必须停车后进行，以免将齿轮打坏。

5．调整卡盘或装夹较大工件时，在床面上一定要垫上木板，以免卡盘或工件掉下来损坏床面。

6. 床面导轨上不能放工具或刀具等其他物品，更不允许敲击。

7. 工作完毕后，必须清除车床及其周围的铁屑和冷却液，并用棉纱将床面擦干净后加上机油。

8. 清洁车床后，应将大拖板摇至床尾，各手柄放于空档位置，关闭电源。

第二节　车床的类型和工作范围

金属切削机床的品种非常多，车床是其中的一种。为了便于区分及使用、管理，须对机床加以分类。机床分类的方法很多，目前主要是按 1976 年 12 月颁布的第一机械工业部部标(JB1838－76)进行编制，采用汉语拼音字母和阿拉伯数字按一定规律组合，用以表示机床的类别、组别、型别、主要参数、使用与结构特性。

机床类别代号：把所有的机床分为十二大类，用汉语拼音字母(大写)来表示。例如："车床"的汉语拼音是"chechuang"所以用"C"表示，如表 1-1。

机床的类别及分类代号　　表 1-1

类别	车床	钻床	镗床	磨床			齿轮加工机床	螺纹加工机床	铣床	刨插床	拉床	电加工机床	切断机床	其他机床
代号	C	Z	T	M	2M	3M	Y	S	X	B	L	D	G	Q
参考读音	车	钻	镗	磨	2磨	3磨	牙	丝	铣	刨	拉	电	割	其

机床通用特性代号：机床具有的特别性能，包括通用特性如结构特性，用汉语拼音字母表示，排在机床类别代号之后，如表 1-2。

机床通用特性代号　　表 1-2

通用特性	代　号	通用特性	代　号
高精度	G	自动换刀	H
精　密	M	仿　形	F
自　动	Z	万　能	W
半自动	B	轻　型	Q
数字程序控制	K	筒　式	J

1. 车床的类别

车床的种类很多，有普通车床、六角车床、立式车床、马鞍车床，自动或半自动车床及数控车床等，其中以普通车床应用最广，它的通用性也较好。但普通车床结构复杂且自动化程度低，适用于单件、小批量生产。因此，维修部门和船舶上一般都安装普通车床。现将车床类型及编制方法举例说明如下：

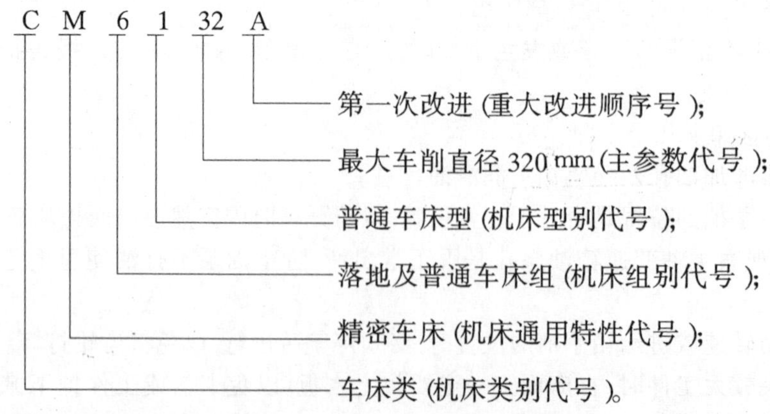

1)车床的组别和型别代号:每类车床按用途、性能、结构相近或有派生关系分为若干组,每组又分若干型,都用数字表示,排在通用特性代号之后。第一位数字代表组别,第二位数字代表型别。分别见表1-3,1-4。

车床组别划分表 表1-3

组别	0	1	2	3	4	5	6	7	8	9
名称	仪表车床	单轴自动车床	多轴自动、半自动车床	六角车床	曲轴及凸轮车床	立式车床	落地及普通车床	仿形及多刀车床	轮、轴、锭、辊及铲齿车床	其他车床

落地及普通车床型别划分表 表1-4

型别	0	1	2	3	4	5
名称	落地车床	普通车床	马鞍车床	无丝杠车床	卡盘车床	球面车床

2)主要参数代号:它表示车床的主参数,通常用主参数单位的1/10或1/100数字表示。型号中的第三、四两位数表示主参数。车床的主参数是指该车床能车削工件的最大直径。

3)车床重大改进序号:当机床的性能及结构有重大改进时,按其设计改进的次序分别用汉语拼音字母“A、B、C……”表示,附在机床型号的末尾,以示区别。

有些车床很早已定型生产,如C616、C618、C620等。这类车床在编制时只分组别而不分型别,同时主参数是指中心高。中心高是指车床主轴中心线到床身间的垂直距离。

2. 普通车床的工作范围

普通车床的万能性大,它适用于加工各种轴类、套类和盘类零件。如车外圆、端面、台阶、切断和车内孔、内外沟槽、圆锥体、螺纹,还可以车特形面、滚花、钻孔、铰孔和盘弹簧等。其中大部分是船舶机舱人员应该掌握的基本操作。

第三节 车床的结构、名称及用途

普通车床的结构大致相似,可分为主轴变速箱、进给箱、溜板箱、床身、床尾和刀架部件主要六大部分,分别在下面详细介绍。为了使初学者了解车床的基本结构,以图示出车床的部件结构。如图1-1、图1-2所示。

1. 主轴变速箱(床头箱)

主轴变速箱用以支承主轴。箱体内是若干个传动轴(最粗的一根叫主轴)、固定滑移齿轮。有的车床还有摩擦片离合器。通过变换箱体外各手柄的位置,箱体内的滑移齿轮与不同齿数的固定齿轮啮合,使主轴得到不同的转速。主轴右端有外螺纹用以安装卡盘等夹具,内部有锥孔,用以安装顶针。主轴是空心的,以便装夹棒料和用顶杆卸下顶尖。

主轴变速箱的形式有两种。主运动的全部传动和变速机构集中在主轴变速箱内,这种形式称为“装入式”。其优点是结构紧凑、成本低、操作方便。但箱内高速运转和传动件所产生的振动、热量,将直接影响主轴运转的平稳性及主轴的热变形,使主轴回转中心线偏离,这对于加工质量是不利的。把主运动中高速机构安放在远离主轴的单独变速箱内,然后通过皮带传动将运动传到主轴变速箱,这种形式称“分离驱动式”,如C616等。其中,广州产的C6132A,C6140A用变速电动机代替高速变速箱。主轴变速箱采用“分离驱动式”可以克服“装入式”的缺陷，从而提高了加工的精度。

2. 进给箱(走刀箱)

进给箱利用它内部的齿轮传动机构，可以把主轴传递的动力传给光杆或丝杆。通过变换手柄位置来达到改变被加工螺纹的螺距或机动进给的进给量，以改变丝杆或光杆的转速，达到控制进给量。

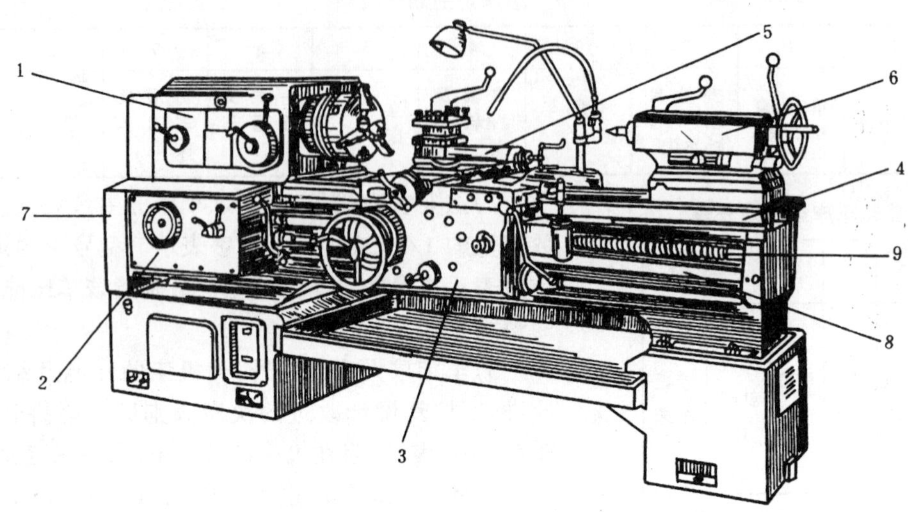

图 1-1 CA6140 型普通车床外形图

1-主轴变速箱；2-进给箱；3-溜板箱；4-床身；5-刀架部件；6-床尾；7-挂轮箱；8-光杆；9-丝杆

3. 溜板箱(拖板箱)

溜板箱的功能是把光杆或丝杆传递过来的旋转运动变成刀架的直线运动。通过操纵箱外各手柄使刀架实现纵向、横向进给运动或车螺纹。

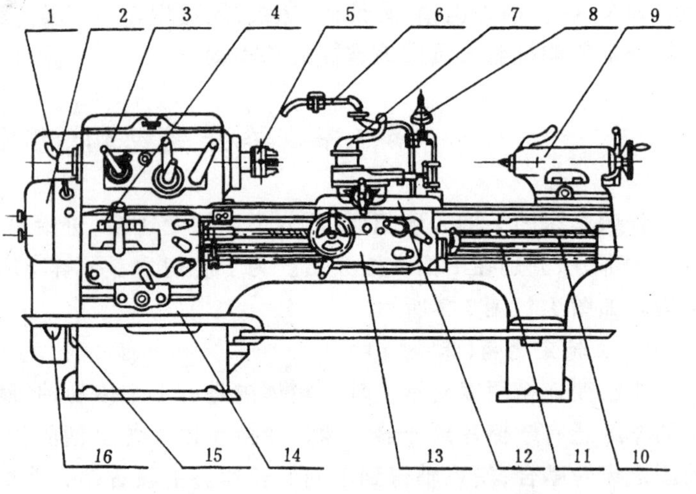

图 1-2 C620－1 型普通车床的外形图

1-皮带轮；2-挂轮箱；3-主轴变速箱；4-进给箱；5-卡盘；6-冷却管；7-刀架；8-照明灯；9-床尾；10-丝杆；11-光杆；12-拖板；13-溜板箱；14-床身；15-感应电动机；16-皮带轮及三角皮带

4. 刀架部件

刀架部件的功能是装夹车刀，并使车刀作纵向、横向或斜向运动。刀架部件包括以下几部分：

1)纵溜板(大拖板)：它与溜板箱连接，可沿床身导轨作纵向运动，其上面有横向导轨。

2)横溜板(中拖板)：它可在纵溜板上面的导轨上作横向移动。它的前端有一个横向刻度盘，其功能是控制横向进给量(或控制吃刀深度)。

3)转盘：它与横溜板用螺钉紧固，松开螺钉，使转盘在水平面上作回转运动。

4)小溜板(小拖板)：它可沿转盘上面的导轨作短距离的移动。将转盘转若干角度后，可使小溜板作斜向进给，以便车锥体。

5)方刀架：它固定在小溜板上，可装四把刀，松开紧固手柄，转动方刀架，可使所需的车刀转到工作位置上。工作时，必须把手柄板紧。

5. 床身

床身的功能是支承和连接各个部件，并使它们在工作时保持准确的相对位置。床身上有两条准确的导轨，分别供纵溜板和床尾作纵向移动，导轨的精确度直接影响加工精度。

6. 床尾(尾座)

床尾的功能是用后顶尖支承工件，安装钻头等孔加工刀具，提高工件的刚性及钻孔、铰孔用等。它由以下三部分组成：

1)套筒：其左端有锥孔，用以安装顶尖或锥柄刀具。将套筒退到末端位置时，可卸下顶尖或刀具。

2)尾架体：它与底座相连，当松开左或右固定螺钉后，可用调节螺钉来调整顶尖的横向位置。

3)底座：它直接安装在床身导轨上。

第四节　车床的传动及润滑

为了加工出各种回转表面，普通车床必须具备以下两种运动：一种是车床的主运动，一般指工件的旋转运动。它的功能是指刀具与工件的相对运动，以获得所需要的切削速度、切削力，使被加工的金属层产生剪切滑移变形，达到切削加工的目的。主运动是实现切削的最基本运动，其特点是速度高，消耗动力大。第二种是车床的进给运动，一般指刀具的直线运动。根据刀具进给方向不同，可分为纵向、横向、斜向进给运动。纵向进给运动是指刀具作平行于主轴中心线的运动，以 $S_{纵}$ 表示。横向进给运动是指刀具作垂直于主轴中心线的运动，以 $S_{横}$ 表示。斜向进给运动是指刀具作倾斜于主轴中心线的运动。斜向进给运动一般为手动，通过偏转小溜板若干角度实现的。进给运动的功能是使新的金属层不断地投入切削，以便切削出整个加工表面。它的特点是速度低，消耗动力也小。

1. 车床的基本传动方式

车床的传动源是电动机，执行机构是工件和刀具。电动机所产生的运动如何传递到工件和刀具上的？了解这个问题不仅对掌握切削技能是必要的，而且对掌握一定的车床维修技术也是必不可少的。

车床常用的传动方式有皮带传动，齿轮传动、蜗轮蜗杆传动、齿轮齿条传动和丝杆螺母传动等五种。

1)皮带传动：用于轴间中心距较大的传动。车床上的电动机通过皮带轮及三角皮带把运动传递给主轴箱。皮带传动的优点是结构简单，传动平稳。皮带轮制造方便，成本低。若超载时，皮带会打滑，不致于损坏机器。其缺点是传动的准确性不高。

2)齿轮传动：是车床上应用最多的一种传动方式，有直齿轮、斜齿轮、圆锥齿轮等，最常用的是直齿圆柱齿轮。主轴箱、进给箱、挂轮箱及溜板箱中大部分是齿轮传动。齿轮传动的优点是结构紧凑、传动准确，传递的功率较大。另外齿轮传动有换向和分路传动的功能，进给运动就是通过主轴后端的齿轮与三星齿轮啮合得到的，改变三星齿轮的位置就能改变进给运动的方向。其缺点是制造工艺复杂,加工精度不高或安装不当时,传动就不够平稳,并有噪声。齿轮的结构有单个、双联和三联等。

3)蜗轮蜗杆传动:用于减速机构,蜗杆是主动件,蜗轮是被动件。溜板箱中就有一对蜗轮蜗杆,用以减低从光杆传递过来的运动速度。

4)齿轮齿条传动:用于将旋转运动变为直线运动。车床的纵向进给就是通过齿轮齿条传动方式实现的。

5)丝杆螺母传动:也用于将旋转运动变为直线运动。如车床的横向进给、车螺纹、斜向进给都是通过丝杆螺母传动方式实现的。其中,用于车螺纹时用的螺母称开合螺母,当车螺纹时,按下开合螺母手柄,使开合螺母与丝杆啮合,实现丝杆螺母传动。平时,提起开合螺母手柄,使开合螺母与丝杆保持脱离状态。

2. 车床的传动

电动机输出的动力,经皮带传动,传递给主轴变速箱。变换箱体外手柄位置,可使箱内不同的齿轮啮合,通过齿轮传动,使主轴得到各种不同的转速。主轴通过卡盘等夹具,带动工件作旋转运动,即主运动。

此外,主轴的旋转通过齿轮的分路传动,换向机构(三星齿轮)、挂轮箱、进给箱、光杆(或丝杆)、溜板箱的传动,使拖板带动装在刀架上的车刀沿着导轨作直线走刀运动。现将车床的传动路线编制如下:

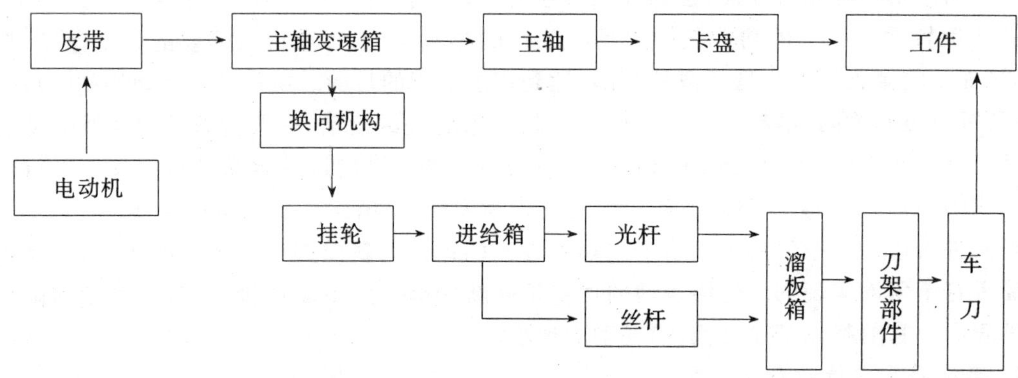

普通车床传动系统如图 1-3 所示。

该车床有两个执行件,即主轴和刀架。工作时主轴作旋转运动,刀架作纵向和横向进给运动。主轴与刀架的运动保持传动联系。

运动由电动机经三角皮带轮传动副 $\varphi80/\varphi165$ 传到主轴箱中的轴 I,轴 I 的运动经齿轮副 38/42 或 29/51 传给轴 II,轴 II 的运动分别通过两对齿轮副 42/42 或 24/60 传给轴 III,运动由轴 III 再经过齿轮副 60/38 或 20/78 传到主轴 IV,使主轴获得 $2\times2\times2=8$ 级转速。主轴后端装有两个齿轮 Z_{40},通过它们把主轴 IV 的运动传给刀架。主轴的运动经轴 IV~VI 之间的换向机构,轴 VI~VII 之间的配换齿轮,轴 VII~VIII 之间的滑移齿轮变速机构传到轴 VIII。当轴 VIII 上的滑移齿轮 Z_{42} 与轴 IX 上的齿轮 Z_{62} 或 Z_{63} 啮合时,运动可传到轴 IX,然后经联轴节传动使丝杠 X 旋转,通过开合螺母使刀架纵向移动,这是车螺纹时刀架的传动路线。当滑移齿轮 Z_{42} 右移,与轴 XI 上的内齿轮离合器 M_1 接合时,运动由轴 VIII 传到光杠 XI。然后经蜗轮蜗杆副 1/40、轴 XII 和齿轮 Z_{35} 使轴XIII上的空套齿轮 Z_{33} 旋转,将离合器 M_2 接合时,运动经齿轮副 33/65、离合器 M_2，齿轮副 32/75 传到轴 XV 上的齿轮 Z_{13}。该齿轮与固定在床身上的齿条啮合，驱动刀架作纵向运动，M_2脱开，离合器 M_3 接合时，运动由齿轮 Z_{33}经离合器 M_3、齿轮副 46/20 传到横向进给丝杠 XVI，使刀架获得横向进给运动。

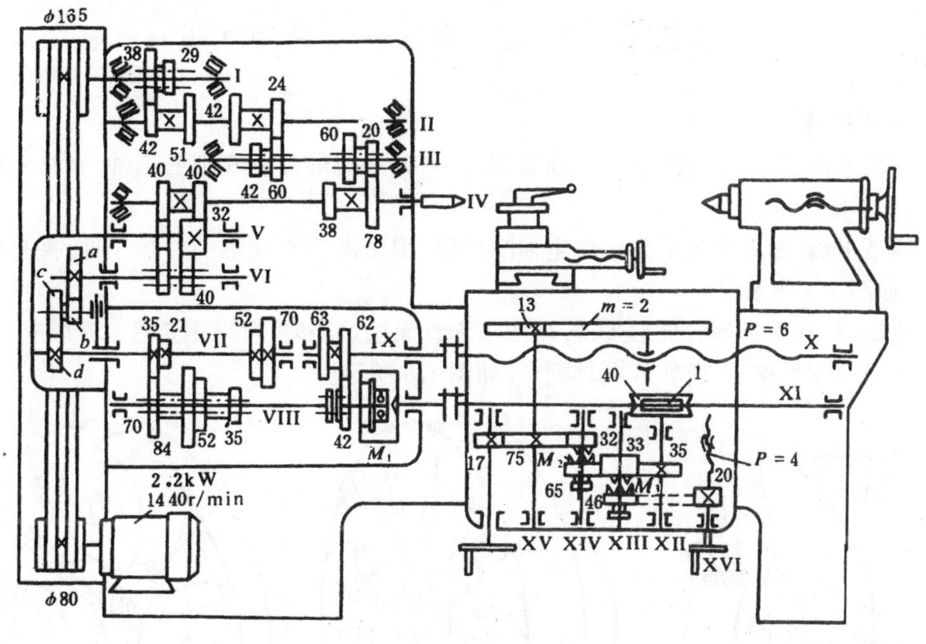

图 1-3　普通车床传动系统图

由上述可知，传动系统图能简明的表示出车床全部运动的传动路线，车床运动的变速、变向、接通和断开方法等。

3．车床的润滑

车床零部件在相对运动的过程中，必然要出现磨损的现象。为了使车床正常运转并减少磨损，车床上所有传动、摩擦部分(除皮带)，都需及时加油润滑，润滑方式有四种：

1)手工加油润滑：手工加油润滑用于车床外露滑动摩擦表面以及装有压配式油杯等处，如床身导轨面，中小拖板导轨面和床尾等。润滑前，将润滑表面擦净，用油壶加在摩擦表面或用油枪压注到各摩擦部位。

2)油绳、油毡垫导油润滑：油绳、油毡垫润滑是利用油绳、油毡垫的毛细管所产生吸油与渗油作用向摩擦面供油。油绳一头浸在油内，另一头插入摩擦表面；油毡应一面浸在油内，一面和摩擦表面轻微接触，如供油在摩擦面上面时，应有一定距离。这种润滑方法简单，但油绳和油毡应经常清洗，使毛细管经常保持畅通。否则，易使供油中断。

3)溅油润滑：溅油润滑主要用在封闭式齿轮和链条传动等处。例如在车床主轴箱内装入一定高度的润滑油，靠高速运转的机械零件在油池中连续旋转，将油带到相互啮合的各个摩擦面上进行润滑。这种润滑方式油量不能调节，油不能过滤，因此必须保持规定的油位高度与润滑油的清洁。

4)强制送油润滑：强制送油润滑主要是由油泵(齿轮泵、柱塞泵)从油箱中吸油，经滤油器过滤后送到分油器，然后沿油管分别流到各摩擦面上进行润滑。

车床用润滑油一般是 30 号机械油，油箱中有油面指示牌，加油到其窗口一半处即可。进给箱轴承采用油绳滴油润滑，齿轮采用油浴润滑。拖板箱采用油浴润滑，应经常注意油标的油位。三杆（光杆、丝杆、操纵杆）尾架，采用油绳润滑。导轨、拖板、开合螺母等处采用分散手工加油，每班加油一次。

第五节　车床主要附件及常用工具

1．主要附件

1）三爪卡盘：三爪卡盘固定于主轴端部，用来夹持圆形及有规则的工件，夹持时能自动定圆心，如图 1-4 所示。

2）四爪卡盘：四爪卡盘是固定在主轴的端部，用来夹持不规则的外形工件，夹持时必须注意校正，如图 1-5 所示。

3）花盘：有些不规则的外形工件，用四爪卡盘无法装夹时，可采用花盘。在装夹过程中，必须用角铁、压板、螺栓、平衡块等夹具配合，如图 1-6 所示。

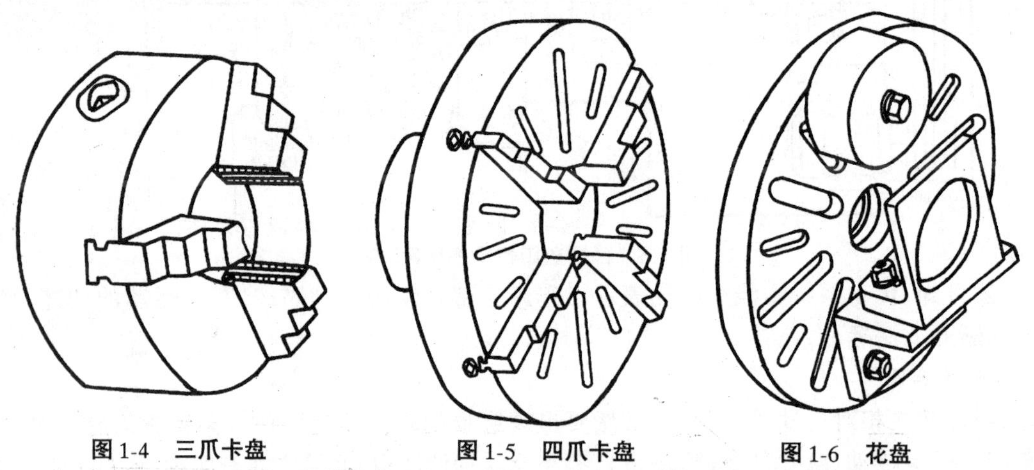

图 1-4　三爪卡盘　　图 1-5　四爪卡盘　　图 1-6　花盘

4）中心架：用来固定在床身上作加工较长工件的支承，并减少工件在加工中的弯曲变形。如图 1-7 所示。

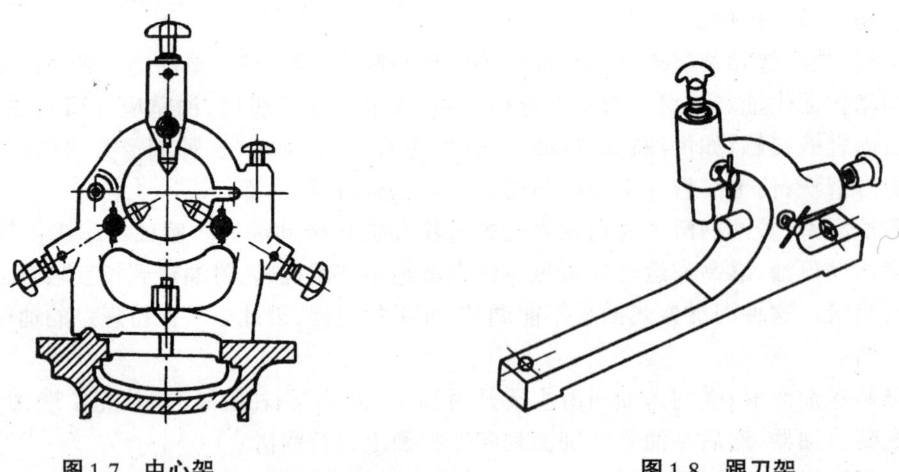

图 1-7　中心架　　图 1-8　跟刀架

5)跟刀架:装在刀架的拖板上并随拖板一起作纵向移动。它的作用是可以平衡切削力,以减少工件的弯曲变形。如图 1-8 所示。

6)顶尖、拨盘、鸡心夹头等:这些是两顶尖装夹工件时的主要附件。如图 1-9、图 1-10、图 1-11 所示。

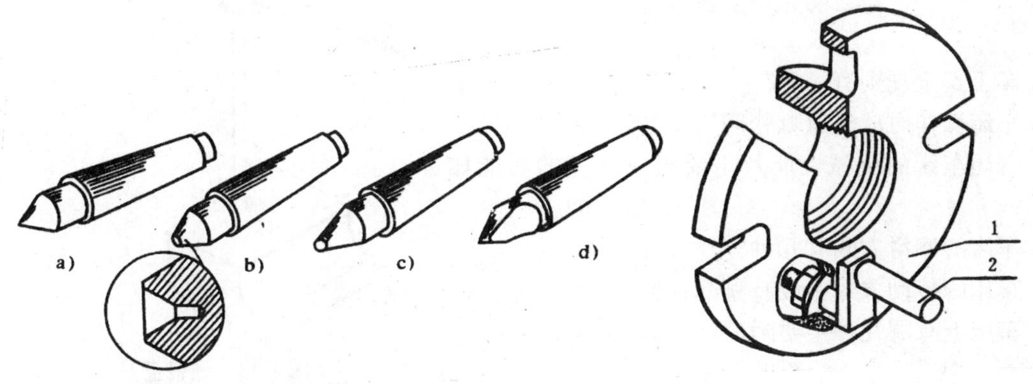

图 1-9 顶尖

a)普通顶尖;b)反顶尖;c)镶硬质合金的顶尖;d)专用顶尖

图 1-10 拨盘

1-拨盘;2-拨杆

2. 常用工具

1)手锤(锄头):主要用于校正工件时敲击及维修工作。如图 1-12 所示。

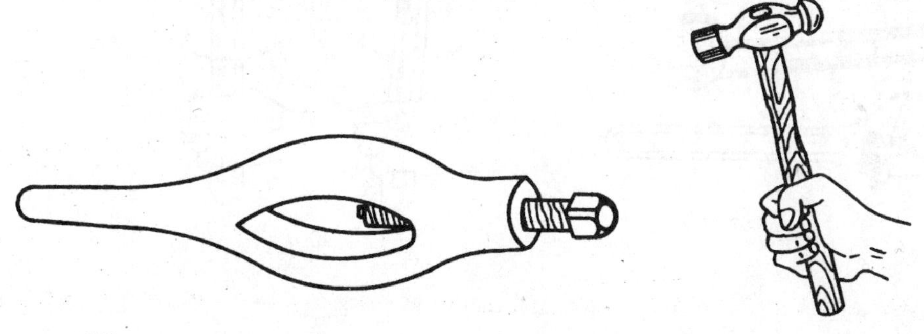

图 1-11 鸡心夹头

图 1-12 手锤

2)划针盘:主要用于校正工件或划线,划针的高度与角度可按工作需要进行调整。如图 1-13所示。

3)扳手:主要用于扳紧或松开螺钉和螺母,常用扳手有活扳手和呆扳手。如图 1-14 所示。

(1)活扳手:活扳手的规格以扳手长度表示,常用的有 150 mm(6 in)、200 mm(8 in)、250 mm(10 in)、300 mm(12 in)。使用活扳手时应让固定钳口受主要作用力。如图 1-14b)所示。

(2)呆扳手(死扳手):呆扳手一般作为专用工具,开口尺寸与螺母的对边间距相适应并保持相互平行。

4)螺钉旋具(螺丝刀):主要用来旋紧或松开螺钉,其规格以刀体部分长度表示,常用的有 150 mm(6 in)、200 mm(8 in)和 400 mm(16 in)等。

螺钉旋具有一字螺钉旋具和十字螺钉旋具两种,如图 1-15 所示。使用时按螺钉槽沟形状选用。

5)内六角扳手：主要用于扳紧或松开内六角螺钉，常用规格是 6 mm，8 mm 和 10 mm（六角的对边尺寸）等。如图 1-16 所示。

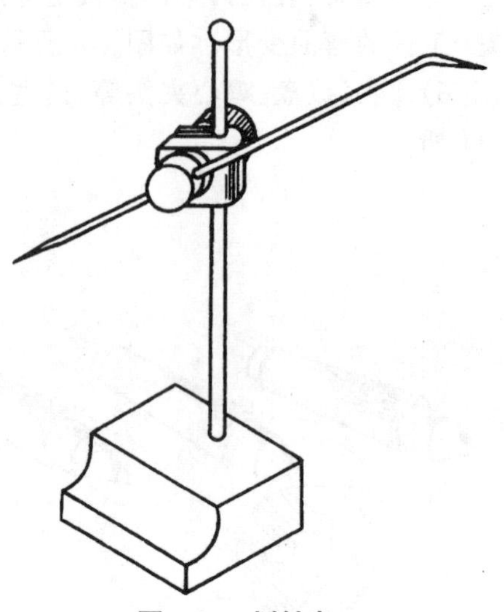
图 1-13　划针盘

复习思考题

1. 车工安全规则有哪些？
2. 车床操作时应注意哪些问题？
3. 普通车床的机械性能及主要组成部分的功能如何？
4. 车床的润滑方式有几种？
5. 车床的传动方式一般有哪几种？
6. 车床上有哪几种主要附件？

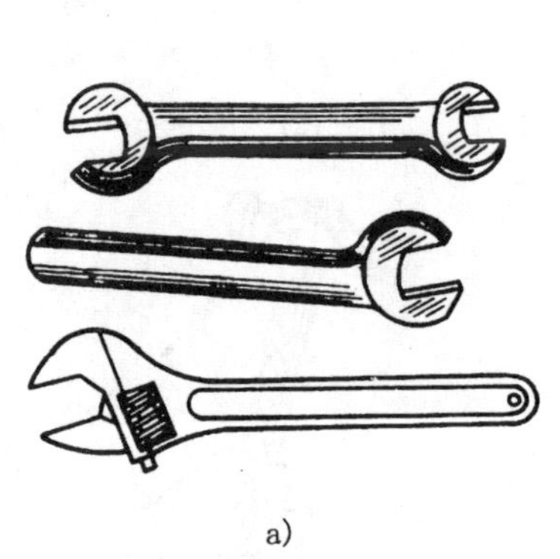
a)

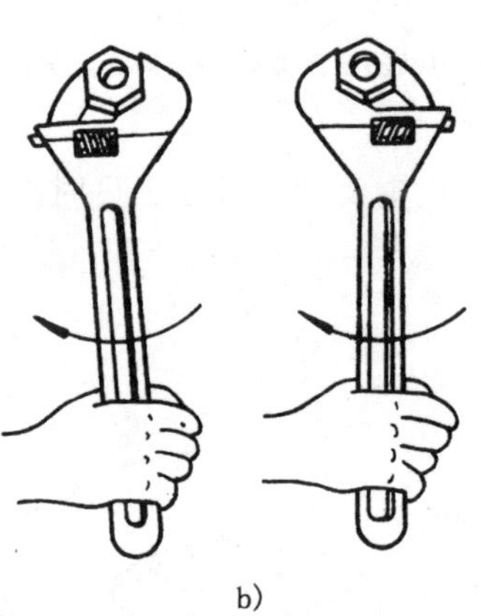
b)

图 1-14　扳手
a)呆扳手和活扳手；b)活扳手的握法

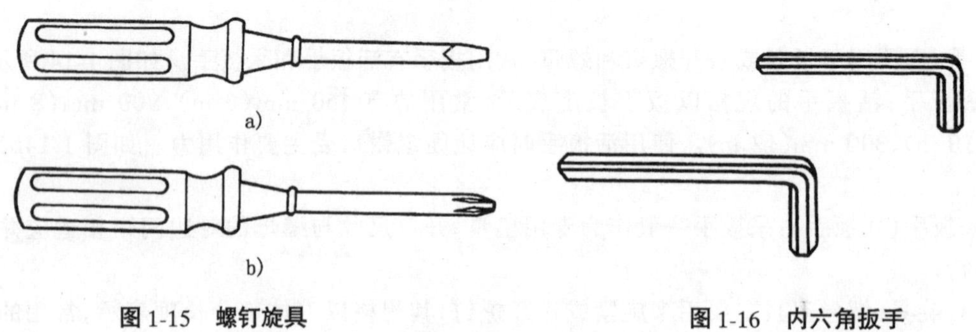
a)
b)

图 1-15　螺钉旋具

图 1-16　内六角扳手

第二章 车刀

车刀是在车床上切削金属的工具,能否正确的选择和刃磨车刀,将直接影响工件的质量和产量。因此,我们必须熟悉制造车刀的各种材料,了解车刀的主要角度和作用,以便正确地选择和刃磨各种车刀。

第一节 车刀的组成

车刀是由刀头和刀杆两部分组成,刀头担负着切削工作,又称切削部分。刀杆一般用45号钢制成,起着支持和装夹刀头作用,并夹固在刀架上。

从结构形式分,有整体式、焊接式和机夹式3种。整体式车刀是指刀头和刀杆是用同一种材料制成;焊接式和机夹式车刀的刀头和刀杆都是不同的材料,但两者刀头和刀杆的连接方式不同,前者是用焊接方式,后者用机械装夹方式。然而3种形式的刀头部分都由几个面和几条切削刃组成。

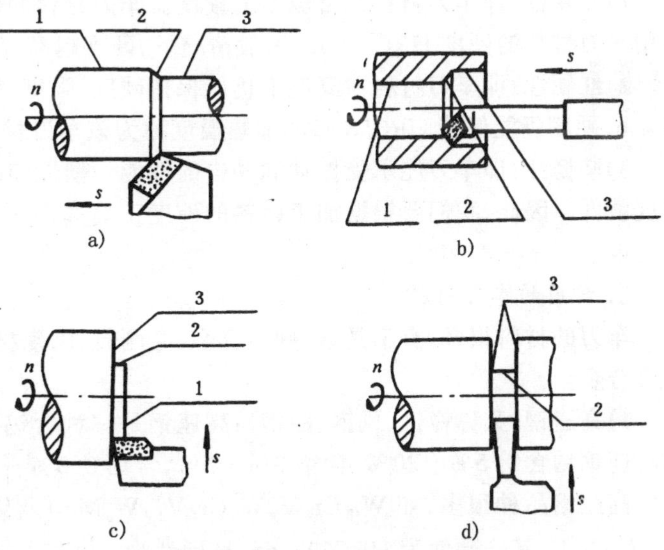

图1-17 工件上的3个表面

a)车外圆;b)车内孔(镗孔);c)车端面;d)切槽

1-待加工表面;2-加工表面;3-已加工表面

1. 切削时的3个表面

车刀切削时,使工件形成了3个表面:即待加工面、加工面和已加工表面。车削工艺不同,3个表面的位置也发生不同的变化,如图1-17。其中切槽时,只有已加工表面和加工表面。

1)待加工表面:工件上即将被切除的表面。

2)加工表面:工件上车刀刀刃正在切削的表面。

3)已加工表面:工件上已切去切屑的表面。

2. 刀头的组成

以图1-18车削外圆为例,介绍刀头的组成。

1)前刀面(简称前面):刀头上与工件加工表面相对,并使切屑沿着它流出的表面。

2)主后刀面(简称主后面):刀头上与工件加工表面相对,并与加工表面相摩擦的表面。

3)副后刀面(简称副后面):刀头上与工件已加工表面相对,并与之相摩擦的表面。

4)主切削刃(简称主刀刃):前面与主后面交线,它担负着主要的切削工作。

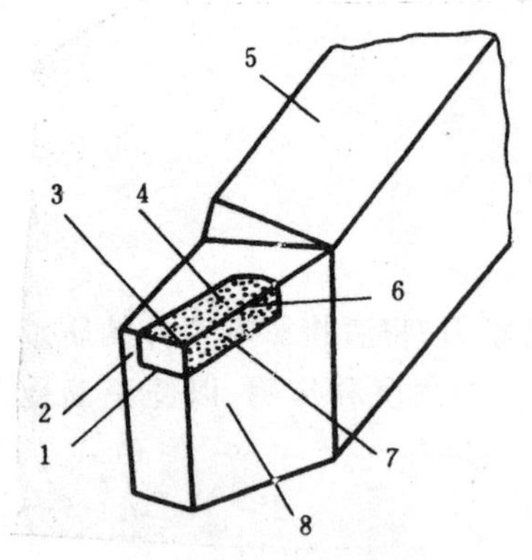

图 1-18　刀头的组成

1-副后刀面；2-副刀刃；3-刀尖；4-前刀面；5-刀杆；6-主刀刃；7-后刀面；8-刀头

5)副切削刃(简称副刀刃)：前面与副后面交线。

6)刀尖：主、副刀刃的交点。一般磨成半经 $r=0.5\sim1$ mm的圆弧或直线型过渡刃。

刀头的组成部分可归纳为“一尖二刃三面”，但尖、刃、面的数目不全相同，切断刀是“二尖三刃四面”。刀刃一般是直线型的，但也有曲线型的，如车特形面用的样板刀和圆头外形刀。

第二节　车刀的材料

1. 对车刀材料的基本要求

在切削过程中，车刀的切削部分由于受力、受热和摩擦的作用而发生磨损。因此，车刀切削部分材料应满足以下基本要求：

1)冷硬性：即车刀材料在常温下的硬度。车刀材料的硬度应高于被加工材料的硬度几倍，常用车刀材料的硬度 HRC≥60。一般情况下，硬度越高，耐磨性越好。

2)红硬性：即车刀材料在高温下仍能保持硬度、强度、韧性和耐磨性能(一般把车刀材料加热 4 h，硬度仍能保持 HRC58 时的加热温度称为该车刀材料的红硬性)。

3)坚韧性：即车刀能承受振动和冲击的性能。韧性和硬度是一对矛盾，一般说来，韧性好，硬度就低。因此，我们要根据加工材料的硬度正确选用车刀材料。另外要正确刃磨车刀的几何角度。

2. 常用的车刀材料

车刀的材料很多，有工具钢、硬质合金、金刚石、陶瓷材料等。常用的车刀材料有高速钢和硬质合金。

1)高速钢(又称锋钢、风钢、白钢)：高速钢是一种含钨、铬、钒较多的高合金工具钢。常用的高速钢约含钨 5%～20%，含铬 3%～5%，含钼 0.3%～6%，含钒 1%～5%。

高速钢品种很多，如 $W_{18}Cr_4V$，$W_9Cr_4V_2$，$W_6Mo_5Cr_4V_2$，$W_6Mo_5Cr_4V_3$ 等。最常用的品种是 $W_{18}Cr_4V$，其冷硬性为 HRC62～65，红硬性为 620 ℃左右，强度 $Q_b=3.15\sim3.4$ GPa。

高速钢车刀制造简单，刃磨方便，成本低，坚韧性好，能承受较大的冲击力。但它的红硬性差，不宜于高速切削，经常用于精加工或成形工件的加工。

2)硬质合金(又名钨钢)：硬质合金是一种碳化物，把碳化钨(Wc)、碳化钛(TiC)等碳化物和金属钴(Co)用粉末冶金方法制成。目前硬质合金分为 4 类：钨钴类(以 YG 表示)、钨钛钴类(以 YT 表示)、钨钛钽(铌)钴类(以 YW 表示)和碳化钛镍钼合金(以 YN 表示)。常用的硬质合金是钨钴类和钨钛钴类，其化学成分及机械物理性能参阅表 1-5。

YG 和 YT 的化学成分及机械物理性能　　表 1-5

类别	新牌号	旧牌号	碳化钨(WC)	钴(Co)	碳化钛(TiC)	抗弯强度 GPa≥	相对密度	硬度 HRA≥
钨钴合金	YG3	BK3	97%	3%	–	1.08	14.9～15.3	91.0
	YG3X	BK3A	97%	3%	–	0.98	15.0～15.3	92.0
	YG6	BK6	94%	6%	–	1.37	14.6～15.0	89.5
	YG6X	BK6A	94%	6%	–	1.32	14.6～15.0	91.0
	YG8	BK8	92%	8%	–	1.47	14.4～14.8	89.0
	YT5	T5K10	85%	10%	5%	1.28	12.5～13.2	89.5
	YT14	T14K8	78%	8%	14%	1.18	11.2～12.7	90.5
钨钛钴合金	YT15	T15K6	79%	6%	15%	1.13	11.0～11.7	91.0
	YT30	T30K4	66%	4%	30%	0.88	9.35～9.7	92.8

注：Y 表示硬质合金；T 表示碳化钛；G 表示金属钴；后面的数字表示含量%。

(1)钨、钴类硬质合金：此类硬质合金由碳化钨和金属钴组成，其硬度在 HRA89～92 之间(相当于 HRC70～78)，其红硬性为 800 ℃～900 ℃，它的韧性比高速钢差得多，但比钨钛钴类硬质合金好。另外钨钴类硬质合金粘接温度低(640 ℃)，因此适用于加工铸铁和有色金属等脆性材料。牌号 YG3，YG6，YG8 含钴量分别为 3%、6% 和 8%，含钴量越高，韧性也越好，所以 YG8 适用于粗加工，YG6 和 YG3 适用于半精加工和精加工。

(2)钨钛钴类硬质合金：此类硬质合金由碳化钨、碳化钛和金属钴组成，硬度在 HRA89.5～92.8 之间，红硬性为 900 ℃～1000 ℃，但韧性差。牌号 YT5，YT15，YT30 的含碳化钛量分别为 5%、15% 和 30%。含碳化钛量越高，硬度也越高，但韧性差，性质变脆。另外含碳化钛高，粘接温度也随之提高(790 ℃)。因此，钨钛钴类硬质合金适用于加工钢料和其他韧性较强的塑性材料。其中，TY5 适用于粗加工，YT15 和 YT30 适用于半精加工和精加工。

第三节　车刀的主要几何角度及选择

一把毛坯车刀也会有“一尖二刃三面”然而这些面与工件上的加工表面之间会产生严重的摩擦，切削刃无法切入工件。因此，我们要使刀头组成部分与工件的各个表面之间有一个合理的几何角度，即车刀的几何角度。如何刃磨和选择车刀的几何角度，从一定的意义上说，是掌握车工工艺的关键技能。

1. 主剖面参考系(主截面参考系)

为了便于确定车刀的几何角度，须假设 3 个互相垂直的辅助平面，以建立空间直角坐标系(即参考系)。目前参考系的种类很多，使用最广泛的是主剖面参考系。

1)切削平面：通过主刀刃上一点，并与工件的加工表面相切的平面。

2)基面：通过主刀刃上一点，并与该点的切削速度方向相垂直的平面。

3)主剖面(主截面)：垂直于主刀刃在基面上投影的平面(见图 1-19)。

2. 车刀的主要几何角度及其选择

1)在主剖面上测量的角度：在主剖面上可测得前角和主后角(参阅图 1-19)。

(1)前角 r：前面与基面之间的夹角叫做前角。它反映了前面倾斜的程度。前面对切削过程影响很大，前角大，主刀刃锋利，切屑变形充分，切削起来就轻快；但前角太大会削弱刀头的强度，而且会产生扎刀现象。因此前角 $r\approx 5^{\circ}\sim 30^{\circ}$之间，不能超过 30°。

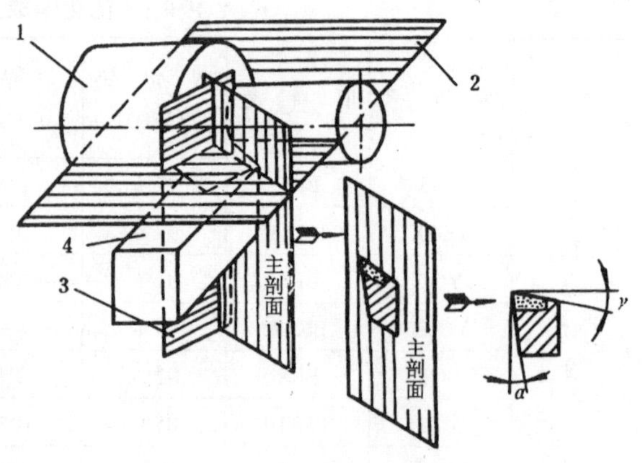

图 1-19　主剖面参考系

1-工件；2-基面；3-切削平面；4-车刀

前角选择原则：前角的大小主要解决刀头的坚固性与锋利性的矛盾。因此首先要根据加工材料的硬度来选择前角。加工材料的硬度高，前角应取小值，反之应取大值。其次要根据加工性质来考虑前角的大小，粗加工时前角应取小值，精加工时前角应取大值。

(2)主后角 α：主后面与切削平面之间的夹角叫做主后角。主后角用以减小主后面与工件上加工表面之间的摩擦，主后角大，主后角与工件加工表面间的摩擦小，切削顺利而且工件上已加工表面的粗糙度好；主后角小，主后面与工件加工表面的摩擦增大，切削吃力而且已加工表面粗糙度差。切削一段时间以后，主后面会磨损，使主后角变小，甚至变为负角度，严重的就无法切削加工。所以，车刀有一个耐用度问题。另外，主后角的大小也影响刀头的强度。一般主后角 α 为 $6^{\circ}\sim 12^{\circ}$。

主后角选用原则：首先考虑加工性质。精加工时，主后角取大值，粗加工时，主后角应取小值。其次要考虑加工材料的硬度，加工材料硬度高，主后角应取小值，以增强刀头的坚固性；反之，主后角应取大值。

2)在基面上测量的角度：在基面上可测得主偏角和副偏角(见图 1-20)。

(1)主偏角 φ：主刀刃在基面上的投影与进给方向的夹角叫做主偏角。主偏角的大小可以改变主刀刃参加切削工件的长度和刀头强度，主偏角大，主刀刃参加切削的长度短($\varphi=90^{\circ}$时，主刀刃切削长度最短)，但刀头强度减弱，而且使刀头散热面积也相应缩小。一般主偏角 φ 在 $30^{\circ}\sim 90^{\circ}$范围内选择。

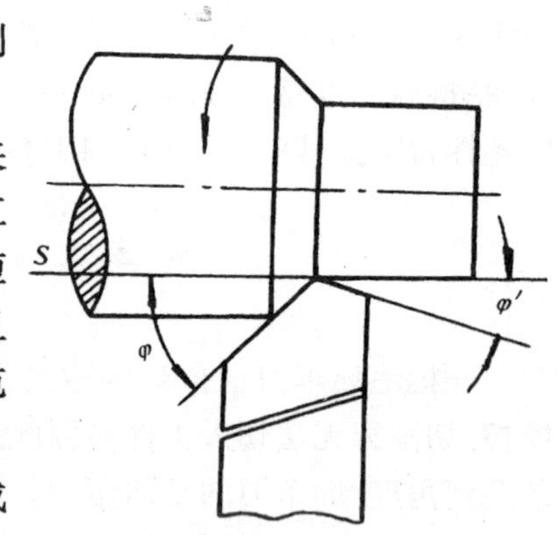

图 1-20　在基面上测量的角度

主偏角的选用原则：首先考虑由车床、夹具和刀具组成的车工工艺系统的刚性，如车工工艺系统刚性好，主偏角应取小值，这样有利于提高车刀使用寿命和改善散热条件及表面粗糙度。其次要考虑加工工件的几何形状，当加工台阶轴时，主偏角应取 90°，加工中间切入的工件，主偏角一般选 60°。

(2)副偏角 φ'：副刀刃在基面上的投影与进给相反方向之间的夹角叫做副偏角。副偏角的作用是减小副刀刃与工件的已加工表面的摩擦，对工件的表面粗糙度影响最大。副偏角小，工件的表面粗糙度好，反之工件的表面粗糙度就差。一般副偏角 φ'取 $5^{\circ}\sim 15^{\circ}$。

副偏角的选择原则：首先考虑车刀、工件和夹具有足够的刚性，才能减小副偏角；反之，应

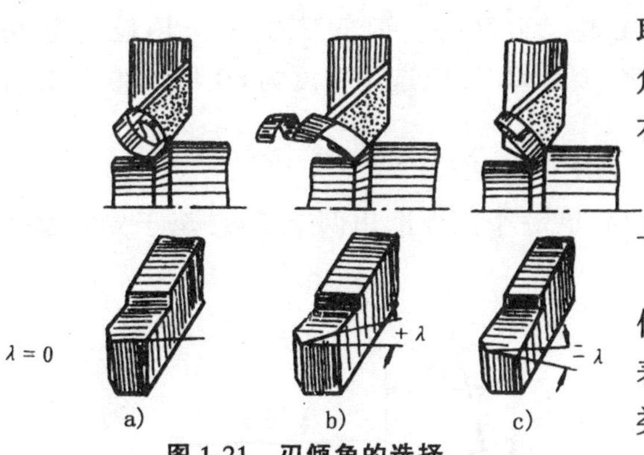

图 1-21 刃倾角的选择

取大值;其次,考虑加工性质,粗加工时,副偏角可取 10°～15°,粗加工时,副偏角可取 5°左右。

3)在切削平面上测量的角度:在切削平面上可测得副后角和刃倾角。

(1)副后角 α':副后面与主剖面的夹角叫做副后角。副后角用以减少副后面与已加工表面之间的摩擦,其作用和选择原则与主后角类同。一般副后角 α'取 6°～12°。

(2)刃倾角 λ:主刀刃与基面之间的夹角叫做刃倾角。刃倾角的主要作用是影响切屑的流向和刀头的强度。当刀尖是刀刃的最高点时,刃倾角为负,刀头强度低,切屑流向待加工表面,已加工表面粗糙度好。当刀尖是主刀刃最低点时,刃倾角为正,刀头强度高,切屑流向已加工表面,容易影响已加工表面的粗糙度。一般刃倾角 λ 取 −5°～10°。

刃倾角的选择原则:主要看加工性质,粗加工时,工件对车刀冲击力大,$\lambda \geqslant 0°$,精加工时,工件对车刀冲击力小,$\lambda \leqslant 0°$。一般取 $\lambda = 0°$(见图 1-21)。

第四节　车刀的刃磨

车刀刃磨的好坏,直接影响到切削能否顺利进行并影响工件的加工精度和表面粗糙度,同时还影响车刀的使用寿命。因此,在正确地选用刀具材料和各主要角度以后,如何正确地掌握车刀的刃磨是关键的一环。

1. 砂轮的选择

砂轮的特性由磨料、粒度、硬度、结合剂和组织 5 个因素决定。

1)磨料:常用的磨料有氧化物系、碳化物系和高硬磨料系 3 种。船上和工厂常用的是氧化铝砂轮和碳化硅砂轮。氧化铝砂轮磨粒硬度低(HV2000～HV2400)、韧性大,适用刃磨高速钢车刀,其中白色的叫做白刚玉,灰褐色的叫做棕刚玉。

碳化硅砂轮的磨粒硬度比氧化铝砂轮的磨粒高(HV2800 以上),性脆而锋利,并且具有良好的导热性和导电性,适用刃磨硬质合金。其中常用的是黑色和绿色的碳化硅砂轮,而绿色的碳化硅砂轮更适合刃磨硬质合金车刀。

2)粒度:粒度表示磨粒大小的程度。以磨粒能通过每英寸长度上多少个孔眼的数字作为表示符号,例 60 粒度是指磨粒刚可通过每英寸长度上有 60 个孔眼的筛网。因此,数字越大则表示磨粒越细。粗磨车刀应选磨粒号数小的砂轮,精磨车刀应选号数大(即磨粒细)的砂轮。船上常用的粒度为 46 号～80 号的中软或中硬的砂轮。

3)硬度:砂轮的硬度是反映磨粒在磨削力作用下,从砂轮表面上脱落的难易程度。砂轮硬,即表面磨粒难以脱落;砂轮软,表示磨粒容易脱落。砂轮的软硬和磨粒的软硬是两个不同的概念,必须区分清楚。刃磨高速钢车刀和硬质合金车刀时应选软或中软的砂轮。

另外,在选择砂轮时还应考虑砂轮的结合剂和组织。船上和工厂一般选用陶瓷结合剂(代号 A)和中等组织的砂轮。

综上所述，我们应根据刀具材料正确选用砂轮。刃磨高速钢车刀时，应选用粒度为46号～60号的软或中软的氧化铝砂轮。刃磨硬质合金车刀时，应选用粒度为60号～80号的软或中软的碳化硅砂轮，两者不能搞错。

2．磨刀步骤

刃磨车刀主要是磨前面、主后面和副后面。每磨一个面要磨出两个角度，至于先磨哪个面，没有严格规定，一般先将前面磨平。

1)磨主后面，磨好主偏角和主后角。

2)磨副后面，磨好副偏角和副后角。

3)磨前面，磨好前角和刃倾角。其中前面要磨成全圆弧型或者圆弧直线型或者折线型，即磨出卷屑槽(见图1-22)。

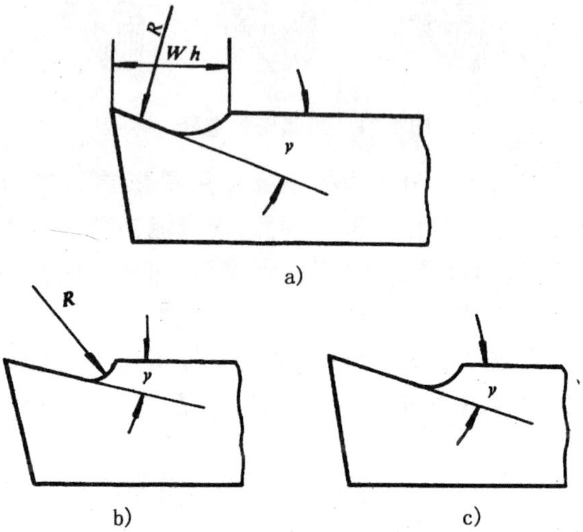

卷屑槽的作用是使切屑进行第二次变形，以便保证已加工表面的粗糙度和排屑顺利进行。卷屑槽的宽度与进给量和吃刀深度有关。进给量大，槽应当宽；吃刀深，槽应当宽。反之，槽应当窄。

卷屑槽的3种形式，虽然各有优缺点，但相比之下，全圆弧型较好。全圆弧型卷屑槽在相同的刀头强度条件下，前角较大，缓和了刀头坚固性与锋利性矛盾。

图1-22 卷屑槽形状

a)全圆弧型；b)直线圆弧型；c)折线型

磨卷屑槽的方法是利用砂轮的边角圆弧，车刀作直线运动。因此，磨卷屑槽时应选择边角圆弧适中的砂轮。

3．磨刀时注意事项

1)握刀姿势要正确，重心在脚跟，手指要稳定，不能抖动。

2)磨高速钢车刀时要经常冷却，以免车刀退火，降低了硬度。

3)磨硬质合金车刀时不能快速冷却，否则会因突然受冷却而使刀片碎裂。

4)刃磨时车刀要左右移动，否则会使砂轮表面不平，产生凸凹槽现象。

5)不要在砂轮的两侧面用力粗磨车刀，以免砂轮因侧面受力而发生偏摆跳动。

4．磨刀安全知识

1)刃磨刀具前，应首先检查砂轮有无裂纹，砂轮轴螺母是否拧紧，并经试转后使用，以免砂轮碎裂或飞出而伤人。

2)刃磨刀具不能用力过大，否则会使手打滑而触及砂轮面，造成工伤事故。

3)磨刀时应带防护眼镜，以免砂粒和铁屑飞入眼中。

4)磨刀时不要正对砂轮的旋转方向站立，以防意外。

5)磨小刀头时，必须把小刀头装在刀杆上。

6)砂轮支架与砂轮的间隙不得大于3 mm，如发现过大，应调整适当。

第五节　车刀的种类和用途

在车削过程中，由于工件的形状、大小和加工要求不同，采用的车刀也不相同。车刀的种类很多，用途各异，但可归纳为外圆车刀，镗孔刀、切断刀、切槽刀和螺纹车刀等几类。

1. 外圆车刀

外圆车刀主要用来车削工件外圆、平面、台阶和倒角。如图 1-23 所示。外圆车刀一般有 4 种形状。

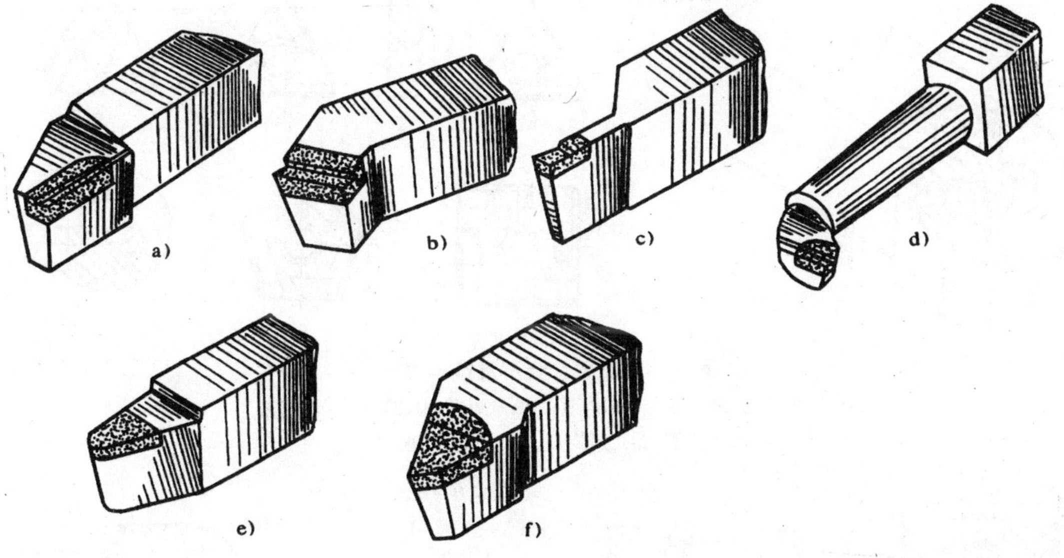

图 1-23　常用车刀

a)右偏刀；b)45°弯头刀；c)切断刀；d)镗孔刀；e)圆头刀；f)螺纹刀

1)直头尖头刀：用来车削工件的外圆和倒角。主、副偏角基本对称、刀尖角(主刀刃与副刀刃间夹角，属派生角度)在 75°～90°之间。

2)45°弯头车刀：用来车削工件的外圆、端面和倒角。主偏角为 45°，刀尖角在 90°左右。

3)75°强力车刀：用来车削工件的外圆和倒角。主偏角为 75°。它能承受较大的冲击力，刀头强度高，耐用度高，适用于粗加工余量大的工件。

4)偏刀：用来车削工件的外圆、台阶和端面。偏刀又分为右偏刀和左偏刀，常用的是右偏刀，它的主刀刃向左。

另外，外圆刀中还有圆头刀，其主、副刀刃磨成圆弧形。圆头刀的主、副偏角都很小，所以用来精车外圆，但主要用来车削工件台阶处的圆角和圆槽或车削特形面工件。

2. 镗孔刀

镗孔刀用来加工工件的内孔。根据工件须要分为通孔刀和不通孔刀。

3. 切断刀和切槽刀

切断刀又叫做割刀，用来切断工件或在工件上切出沟槽。切槽刀分内、外切槽刀。外切槽刀与切断刀基本类似，形状应与沟槽一致；内切槽刀用来切内沟槽。

4. 螺纹车刀

螺纹车刀用来车削螺纹。分三角形螺纹，梯形螺纹，方牙螺纹车刀等(详阅第七章)。

5. *硬质合金不重磨车刀*

目前国内外大力发展和广泛应用的先进刀具之一。根据加工表面的不同要求,可以选择不同形状和角度的刀片,如正三角形、凸三边形、四边形、五边形等几种,组成外圆车刀,镗孔刀等,如图 1-24。

硬质合金不重磨车刀夹紧方式是机夹式,主要有杠杆式和上压板夹紧方式两种。使用方便,省时省力,成本低,效率高(图 1-25)。

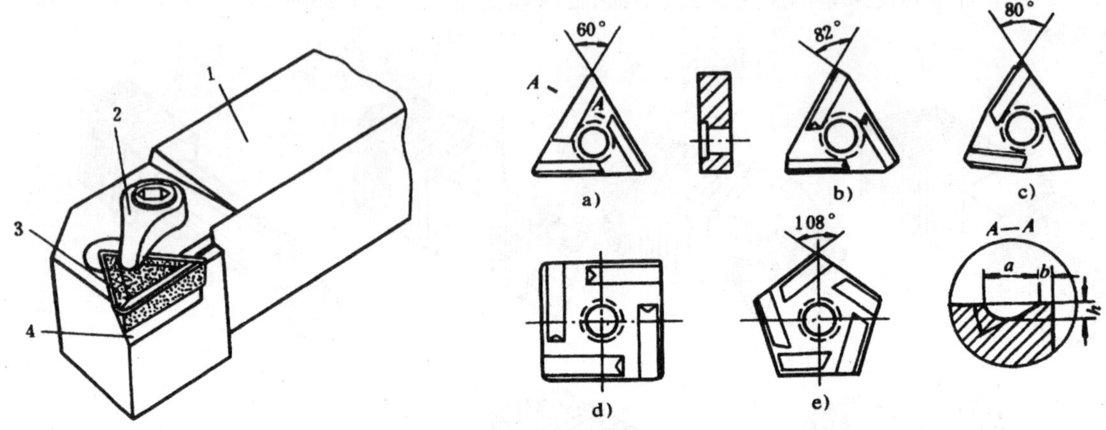

图 1-24 硬质合金不重磨车刀

a)正三边形;b)加大刀尖角三边形;c)凸三边形;d)四边形;e)五边形

1-刀杆;2-夹紧装置;3-刀片;4-刀垫

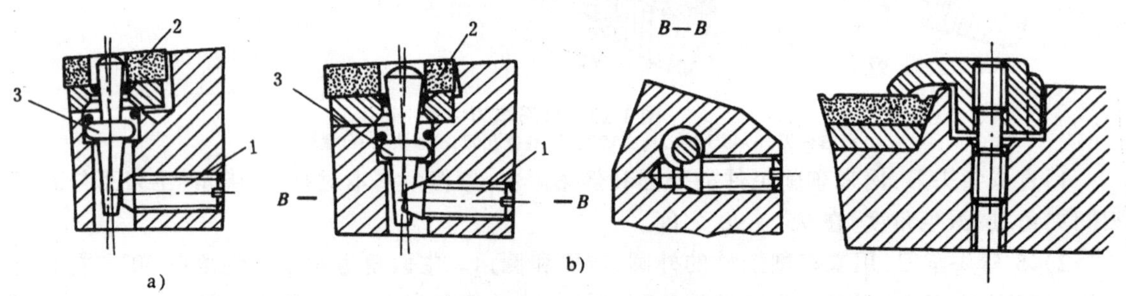

图 1-25 机夹式结构

a)杠杆式夹紧;b)上压式夹紧

1-调节螺钉;2-刀片;3-杠杆

复习思考题

1. 车削时工件上形成几个表面?是如何定义的?
2. 车刀切削部分由哪些刀面、刀刃组成?
3. 车刀对材料有哪些要求?常用车刀材料牌号中 YG6、YG8、YT5、YT15 的含义是什么?
4. 试述前角、后角、主偏角、副偏角、刃倾角的作用及选择原则?
5. 刃磨车刀时应注意哪些问题?
6. 写出并画出常用车刀的形状。

第三章　常用量具及公差配合的概念

机械零件在加工或制作过程中都必须经过测量,检验加工零件是否符合图纸或工作要求,测量的工具简称为量具。由于零件的形状和精度要求不同,采用的量具也不同,船上常用的量具分为两类,即简单量具和精密量具。

在加工零件的过程中,由于机床、刀具、量具和操作者技术熟练程度等存在着一定差别,加工出来的零件虽然经过测量也不一定全部一样。因此,为了使零件既容易制造,又使相同零件能够互换通用,允许零件的尺寸有一定的误差,这就需要我们懂得公差配合的概念。

第一节　基本量具

1. 钢尺

钢尺由不锈钢板或碳素钢板制成,它是一种最常用的量具,可以用来测得工件的实际尺寸。钢尺分为公制和英制两种度量单位。图 1-26、图 1-27,为常用的公制钢尺长度有 150 mm (6 in)、300 mm(12 in),和 1 m 等几种,公制钢尺以毫米为单位,是十进位;英制钢尺以英寸为单位,非十进位。

1)公制尺寸的进位方法、名称和代号:

1 m(米)=10 dm(分米)　　　　1 dm(分米)=10 cm(厘米)

1 cm(厘米)=10 mm(毫米)　　　　1 mm(毫米)=1000 μm(微米)

钢尺上的公制长度刻度是 10 mm 为一大格,1 mm 为一小格,前 50 mm 内每一小格又分为二等分,每等分为 0.5 mm。按国家标准规定,在图纸设计、机械加工、维修时使用长度单位均以毫米为单位,在标注尺寸时不标长度单位符号,只注出数字即可。例如:1.5 m 写成 1 500;若 2.8 dm 写成 280;3.5 cm 写成 35;5 μm 写成 0.005。

在船上和工厂里,工人常常习惯把毫米叫做“米厘”,这种使用习惯只流通在口头上读法,而不能出现在任何图纸尺寸标注上。

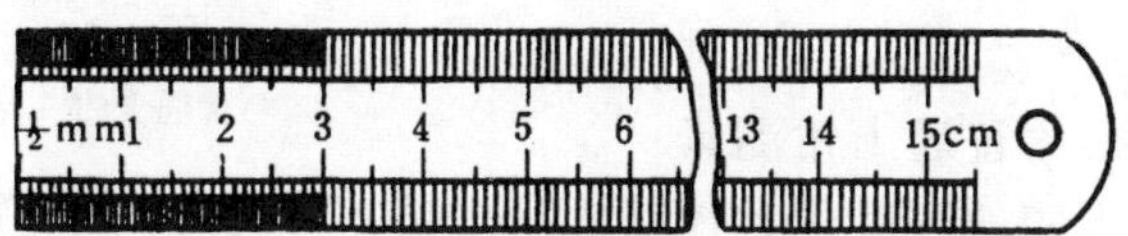

图 1-26　150 mm 钢尺

2)英制尺寸的进位方法、名称和代号:

1 yd(码)=3 ft(英尺)　　　　1 ft(英尺)=12 in(英寸)

钢尺上的英制长度刻度是 1 英寸为一大格,每英寸再等分为 8 格,或 16 格,或 32 格,或 64 格,即每格为 $\frac{1}{8}''$、$\frac{1}{16}''$、$\frac{1}{32}''$、$\frac{1}{64}''$。

英制尺寸常以英寸为单位,例如 1.5 ft 写成 18 in。

在船上和工厂里，工人们通常把$\frac{1}{2}$in或$\frac{3}{4}$ in的各种金属管分别叫做4“分”或6“分”管，这种使用习惯只流通在口头上的读法，而不能出现在任何图纸尺寸标注上。

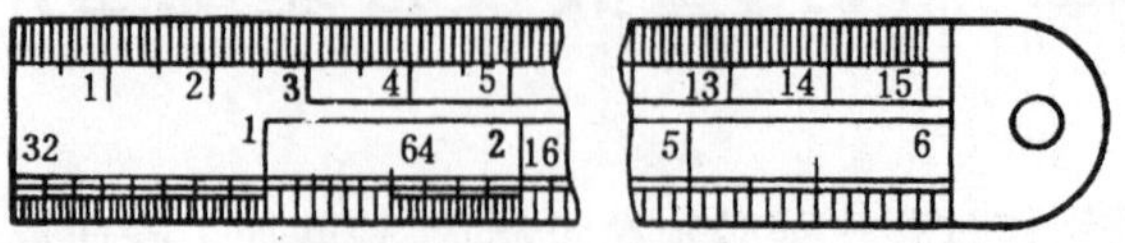

图1-27　公、英制钢尺

3)公英制换算：目前在加工生产零件过程中，不再使用英制长度单位，设计加工制造时普遍使用公制长度单位。但在远洋船舶上还有一些机器设备和零件是英制的，这样就要求我们必须掌握公英制的换算关系，其换算关系为：

1 in = 25.4 mm

例1　$\frac{1}{8}$ in等于多少毫米？

解：　$25.4\times\frac{1}{8}=3.175(\text{mm})$。

例2　$\frac{9}{16}$ in等于多少毫米？

解：　$25.4\times\frac{9}{16}=14.39(\text{mm})$。

为了工作方便，公制钢尺的背面刻有公英制尺寸的换算表，供使用时参考。

2．卡钳

卡钳是一种间接量具，从卡钳上面看不出尺寸，因此必须与钢尺或其他量具配合使用。

1)卡钳的种类和规格：卡钳的种类分普通卡钳和弹簧卡钳。卡钳在使用时又分外卡钳和内卡钳两种，如图1-28所示。它们有各种不同的大小规格，适应工件尺寸的变化需要，如150 mm(6 in)、200 mm (8 in)、250 mm(10 in)和300 mm(12 in)等。

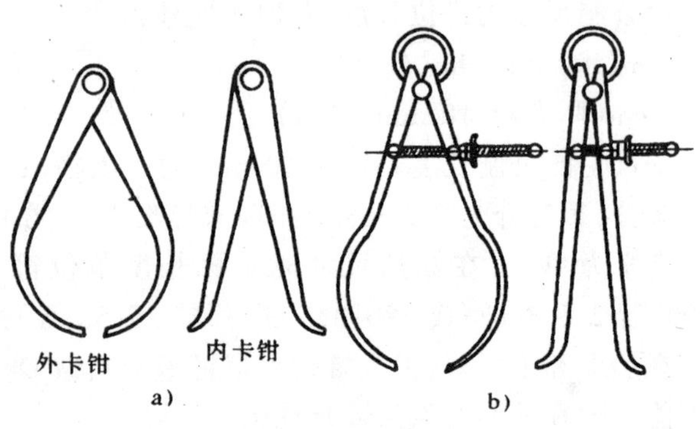

图1-28　卡钳

a)普通卡钳；b)弹簧卡钳

2)卡钳的使用方法：用普通卡钳测量零件时，应先用两手将卡钳的开度作大致调整，直到开度接近需要的大小时再如图1-29所示那样，轻轻敲击两脚的办法细心进行微量调节，用弹簧卡钳测量零件时，只需调整调节螺母即可。

(1)外卡钳的使用和测量方法：外卡钳取尺寸以及在车床上测量工件的方法如图1-30所示，测量的松紧程度是在不加外力的情况下使钳口以卡钳自重下垂为适宜。

(2)内卡钳的使用和测量方法：内卡钳取尺寸以及测量工件的方法如图1-31a)、b)所示，内卡钳的尺寸可以从钢尺上取得，先将钢尺的一端垂直地靠在精确的平面上(如车床上方刀架侧面)，再用内卡钳去量尺寸，或者先用外卡钳取好尺寸，然后把这个尺寸移到内卡钳上。

用内卡钳测量工件的方法如图1-31c)所示测量零件内径时，应先把卡钳的一钳脚靠在孔

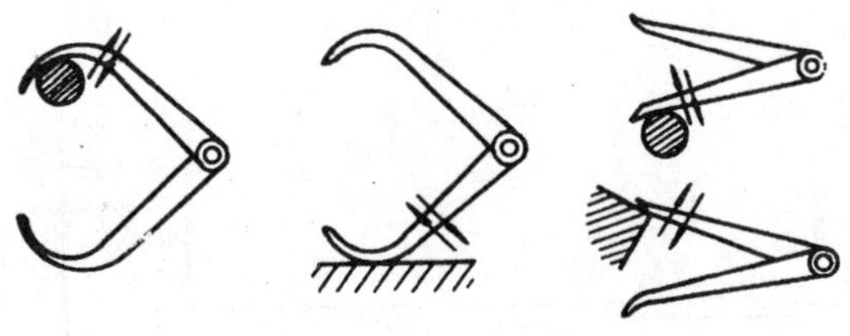
图 1-29 卡钳的调整

壁上作为支撑点，而用另一卡脚前后左右摆动进行试探，以便获得接近孔径的尺寸，一般上卡脚摆动量不超过 2 mm。

3)使用卡钳的注意事项：

(1)使用内外卡钳时，应先检查卡钳开度的松紧度，过松过紧均不适宜，以免量取尺寸时带来困难。

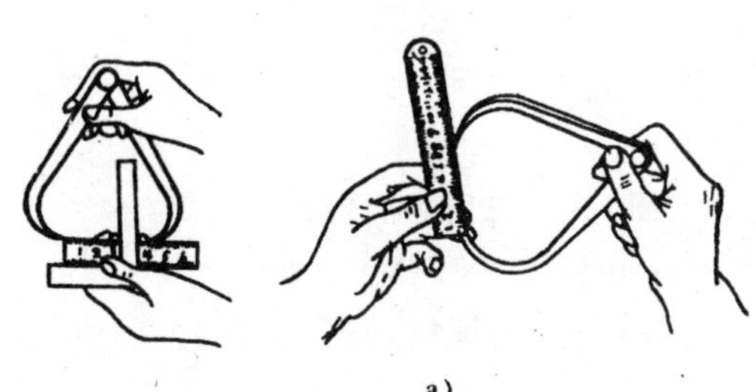
a)

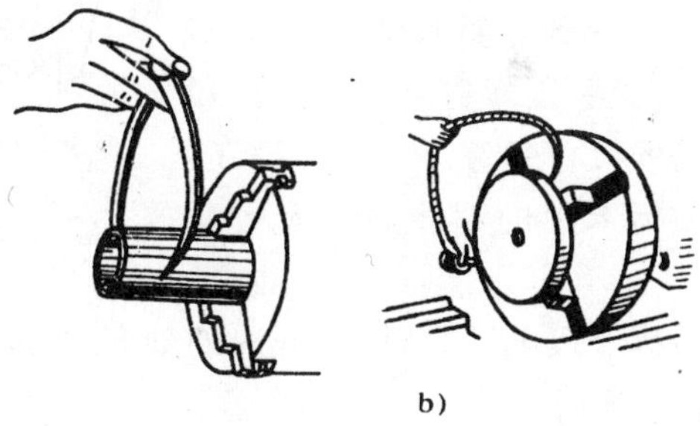
b)

图 1-30 用外卡钳量取尺寸和测量方法

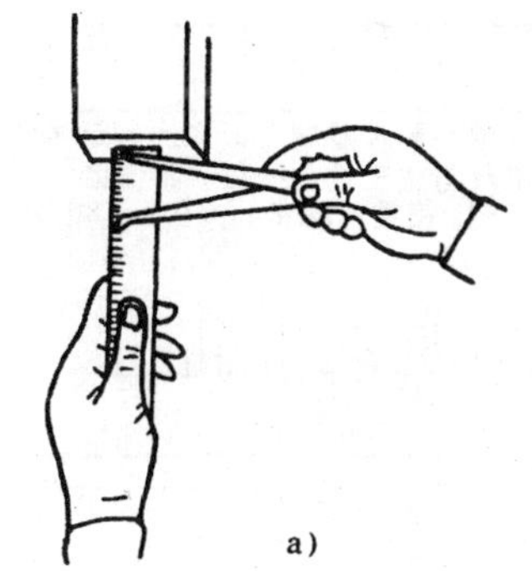
a)

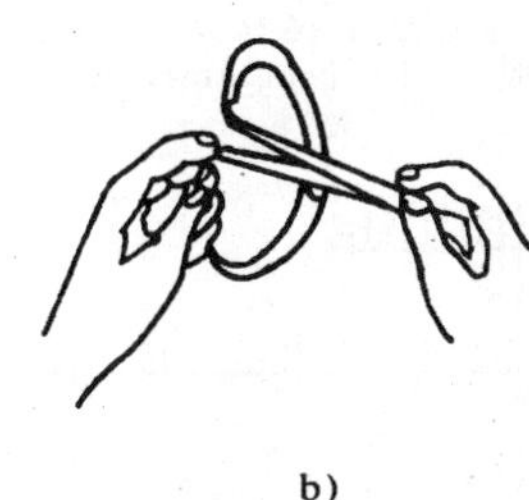
b)

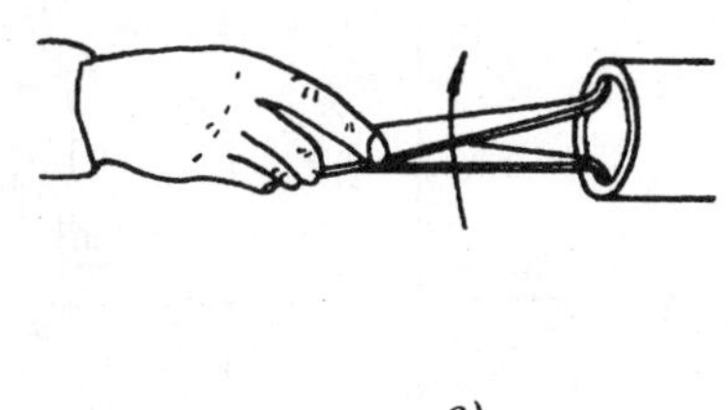
c)

图 1-31 用内卡钳量取尺寸和测量方法

(2)调整卡钳尺寸时，应敲卡钳的两侧面，不允许敲击钳口，敲毛钳口会影响测量的精确性。

(3)测量工件时，不要将卡钳用力压下去，只需借卡钳本身重量滑过去就可以了。

(4)测量工件时，卡钳要放正，不能歪斜，避免量出的尺寸不精确。

(5)不要用卡钳测量正在旋转的工件，否则会使钳口磨损。

(6)取好尺寸后的卡钳不要乱放，避免受碰撞而变动，影响测量的准确性造成工作失误。

(7)不要把卡钳当作螺丝刀或其他工具使用。

第二节 精密量具

工件随精度要求的提高(公差在 0.5mm 以内)，使用钢尺和卡钳来测量就不能达到要求了，这样就要采用精密量具，常用的精密量具有游标卡尺、千分尺和百分表。

1．游标卡尺类量具

1)三用游标卡尺：三用游标卡尺是目前最常用的一种精度中等的量具，可以用来测量工件的长度、宽度、外径、内径、深度和孔距等，其结构如图 1-32 所示。

三用游标卡尺由主尺5和副尺4(游标)组成,松开紧固螺钉3即可移动,活动卡脚又进行测量,下卡脚用于测量工件的外表面(外径或长度),上卡脚用于测量工件的内表面(孔径或槽宽),深度尺用于测量工件的深度,测量时移动游标先使其得到需要的尺寸,取得尺寸后,拧紧紧固螺钉,读出尺寸,以防测得的尺寸变动。

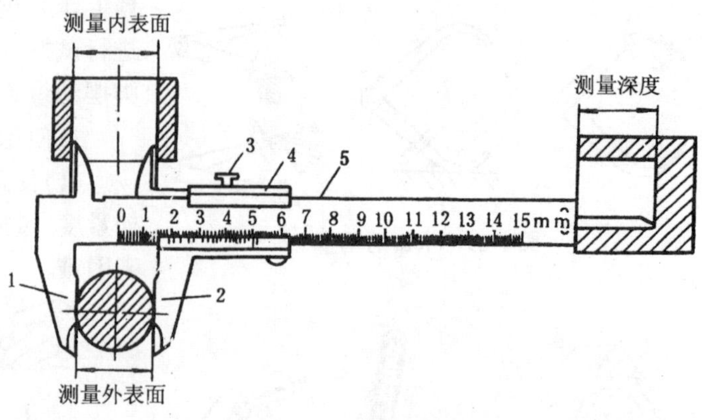

图1-32 三用游标卡尺

1-固定卡脚;2-活动卡脚;3-紧固螺钉;4-副尺;5-主尺

游标卡尺的刻线原理及读数方法:

游标卡尺主尺上刻有1 mm的刻度,刻度全长为游标卡尺的规格,常用的有125、150、200、300 mm等。

游标卡尺的测量精度有0.1、0.05、0.02mm3种,其刻度线原理及读数方法如图1-33。

精度值	刻线原理	读数方法及示例
0.1mm	主尺1格=1mm 副尺1格=0.9mm,共10格 主、副尺每格差=1－0.9=0.1mm 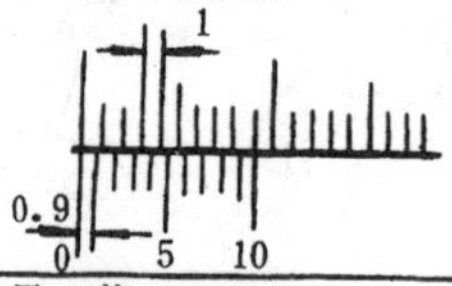	读数=副尺零线左面主尺的毫米整数+副尺与主尺重合线数×精度值 示例:读数=30+4 ×0.1=30.4mm 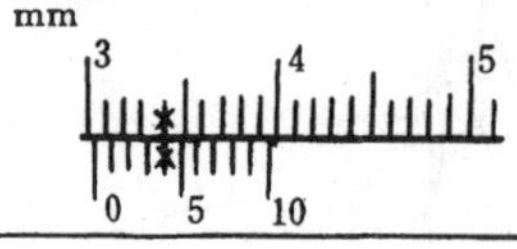
0.05mm	主尺1格=1mm 副尺1格=0.95mm,共20格 主、副尺每格差=1－0.95=0.05mm	方法同上 示例:读数=58+14×0.05=58.70mm
	主尺1格=1mm 副尺1格=1.95mm,共20格 主尺2格与副尺1格差=2－1.95=0.05mm	
0.02mm	主尺1格=1mm 副尺1格=0.98mm,共50格 主、副尺每格差=1－0.98=0.02mm 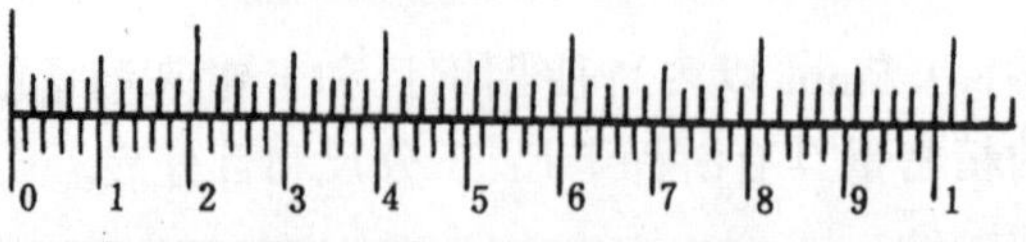	方法同上 示例:读数=26+12×0.02=26.24mm 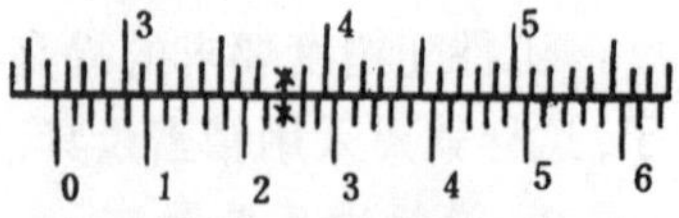

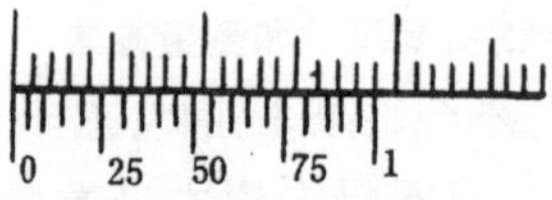

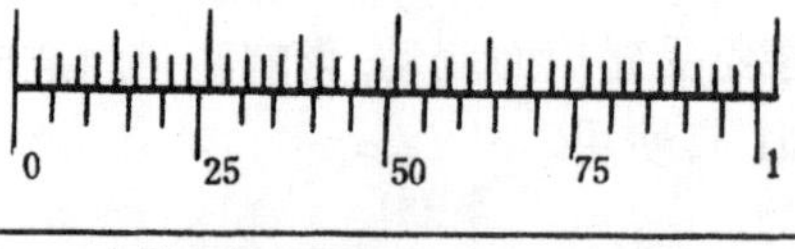

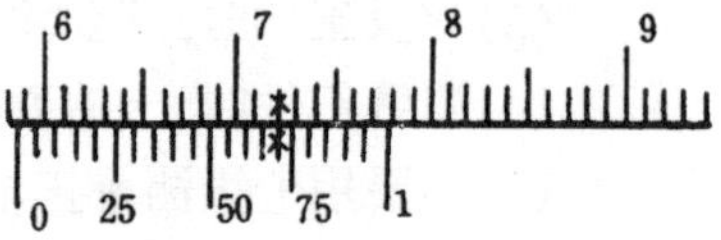

图1-33 游标卡尺的刻线原理及读数方法

2)二用游标卡尺:二用游标卡尺和三用游标卡尺相似,主要区别是它没有深度测量装置,所以只能测量工件的内径和外径尺寸。如图 1-34。但配有微动装置 6,在使用时可以将微动装置上方的紧固螺钉旋紧,转动微动装置的调整螺母,则可将游标 7 调整到所需的尺寸。

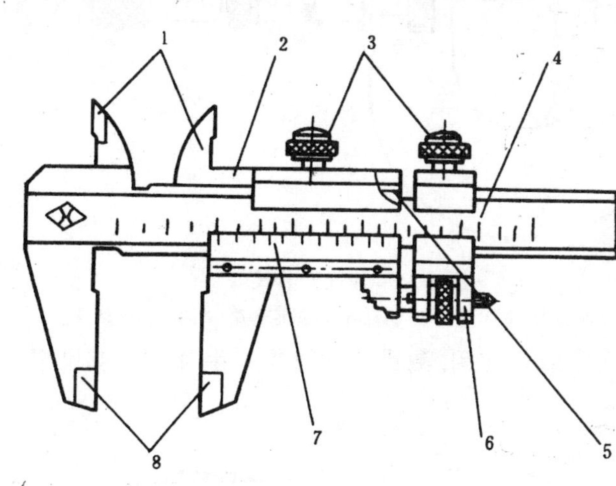

图 1-34　二用游标卡尺

1-上量爪;2-尺框;3-紧固螺钉;4-尺身;5-塞铁;6-微动装置;7-游标;8-下量爪

3)双面游标卡尺:双面游标卡尺的上下量爪均能用于测量工件的外径尺寸,因没有深度测量装置而不能测量深度。但下量爪能测量工件的内径尺寸,在使用下量爪测量工件内径尺寸时,卡尺的读数值要加上下量爪的宽度 b,才能得出工件被测的实际内径尺寸,双面游标卡尺也配有微动装置,可进行对游标 7 的微量调整,如图 1-35。

2. 千分尺类量具

千分尺又叫做分厘卡或百分尺。它的精度要求比游标卡尺高,可精确到 0.01 mm以下,是一种精密量具。测量工件时比较灵敏,读数容易,因此工件精度要求较高时多被应用。

千分尺的种类很多,根据用途不同,可分为外径千分尺,内径千分尺,内测千分尺,深度千分尺以及螺纹和公法线长度千分尺等,最常用的是前 3 种。

1)外径千分尺:外径千分尺用来测量工件的外径、长度和厚度。按其测量范围分有 0～25 mm、25 ～ 50 mm、50 ～ 75 mm、75 ～ 100 mm……275～300 mm 等规格。

(1)外径千分尺的结构如图 1-36 所示。在尺架 1 左端装有固定砧座 2,右端有固定套筒 6。固定套筒内有螺距为 0.5 mm 的内螺纹,与量杆 4 的外螺纹相配合,在固定套筒外圆柱面上有轴向间距为 0.5 mm 的刻线(主尺)。转动活动套筒 7 时,量杆便沿着套筒轴向方向移动,两测量面接触工件 3,超过一定压力时棘轮 8 就沿着棘轮爪的斜面滑动,发出吱吱响声,这时可读出工件尺寸。在活动套筒左端圆周上刻有等分为 50 格的刻度线,每一格的读数值为 0.01 mm,这就为副尺,转动制动环 5,可将量杆固定在某一位置,使量杆不致于变位而影响读数。

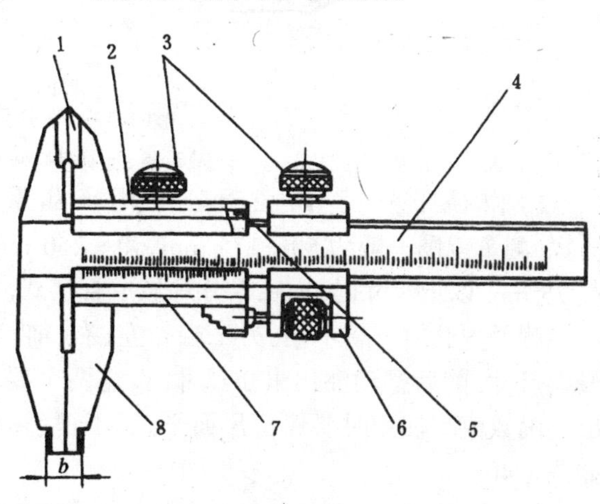

图 1-35　双面游标卡尺

1-上量爪;2-尺框;3-紧固螺钉;4-尺身;5-塞铁;6-微动装置;7-游标;8-下量爪

(2)千分尺的刻线原理和读数方法:由于固定套筒(主尺)沿轴向刻度每小格为 0.5 mm 活动套筒(副尺)圆周上分为 50 小格,量杆的螺距为 0.5 mm,所以活动套筒每转一周时必带动量杆移动 0.5 mm,因此当活动套筒转过一小格时,量杆移动的距离为:

0.5 mm÷50=0.01 mm

这就是为什么用千分尺测量工件时可以精确到 0.01 mm 的原理。千分尺的读数方法是，第一步读出活动套筒边缘前边固定套筒的尺寸；第二步看活动套筒上哪一格与固定套筒上的基准线对齐；第三步把两个数加起来。图 1-37 所示为千分尺所表示的尺寸。

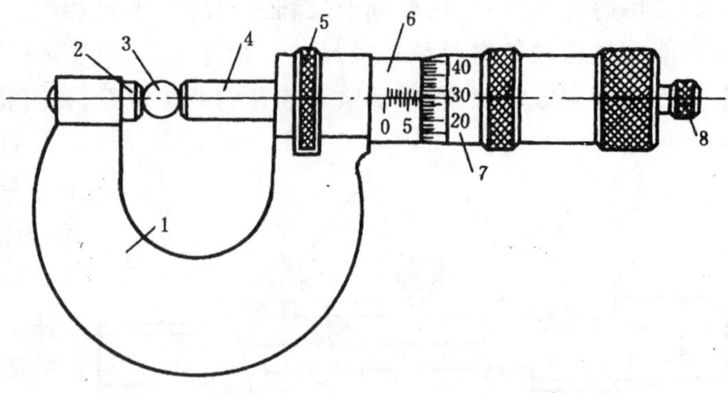

图 1-36　外径千分尺

1-尺架；2-砧座；3-工件；4-量杆；5-制动环；6-固定套筒；7-活动套筒；8-棘轮

(3)外径千分尺的使用方法：测量前应检验两测量面贴合时，两个套筒上的刻度都在零线位置，否则应调整后再使用，测量工件时应一手拿尺架或尺架下端，一手拿活动套筒，如图 1-38 所示。

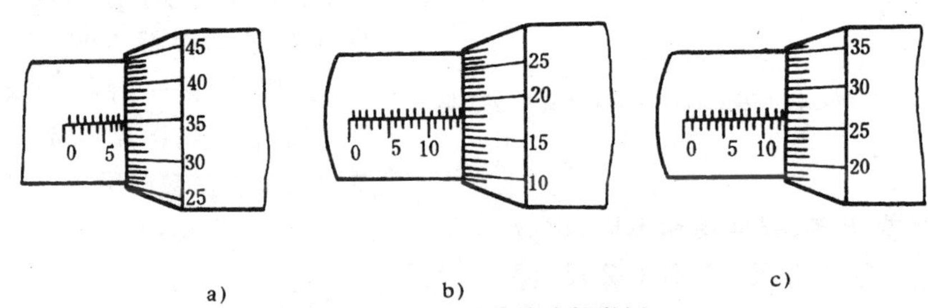

图 1-37　千分尺的读数举例

a)8.35 mm；b)14.68 mm；c)12.765 mm

2)内径千分尺：内径千分尺用来测量工件的内孔直径和槽宽，测量范围一般为 50～175 mm、50～250 mm、50～575 mm。当测量 75 mm 以上尺寸时，内径千分尺做成管接式，如图 1-39 所示。

测量内孔时一端不动，另一端作左、右、前、后摆动，左右摆动测出最大尺寸，前后摆动测出最小尺寸，按这两个要求与孔壁轻轻接触，读出正确数值。使用时要保持尺面平正，不歪斜，否则会产生测量误差，如图 1-40。

3)内测千分尺：当被测量的工件为浅孔，沟槽宽度、孔距等，不能使用内径千分尺，需采用内测千分尺，测量范围通常是 5～30 mm、25～50 mm、50～75 mm 几种，读数值为 0.01 mm，其结构如图 1-41 所示。

内测千分尺测量工件方便，使用时活动量爪和固定量爪轻微接触工件，使尺面平正，左右摆动读出最大值便是孔径的实际尺寸。如图 1-42 所示。

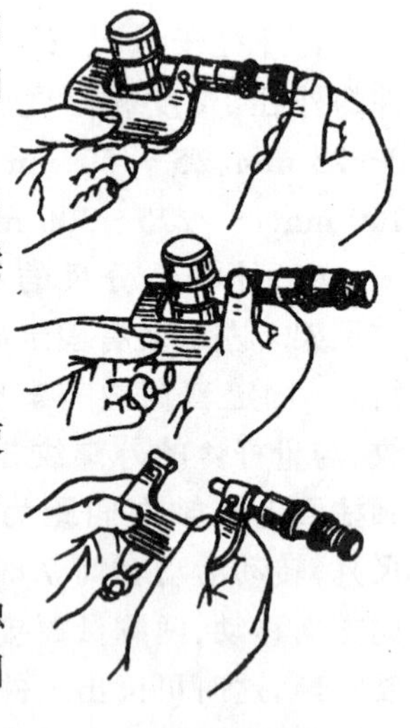

图 1-38　双手使用外径千分尺

3. 百分表

百分表主要用于机械零件的形状和位置偏差的测量，其分度值为 0.01 mm，测量范围有0～3 mm、0～5 mm、0～10 mm 等。其结构如图 1-43。百分表配有必要附件，就可测量工件的外圆（外表面）和内孔（内表面）的精度，如平行度，同心度，垂直度和椭圆

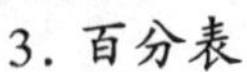

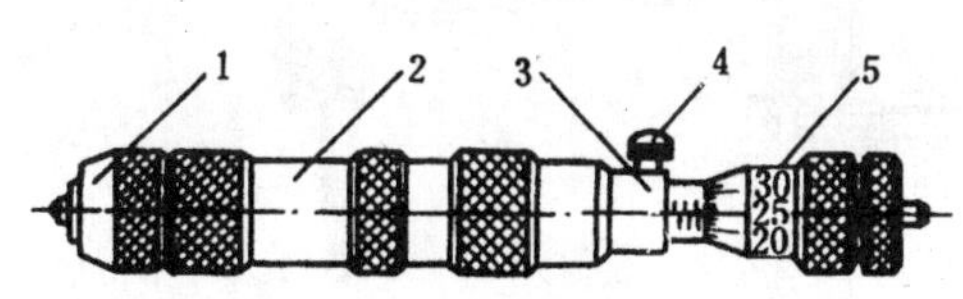

图 1-39　内径千分尺

1-测量头；2-节杆；3-尺身；4-紧固螺钉；5-游标

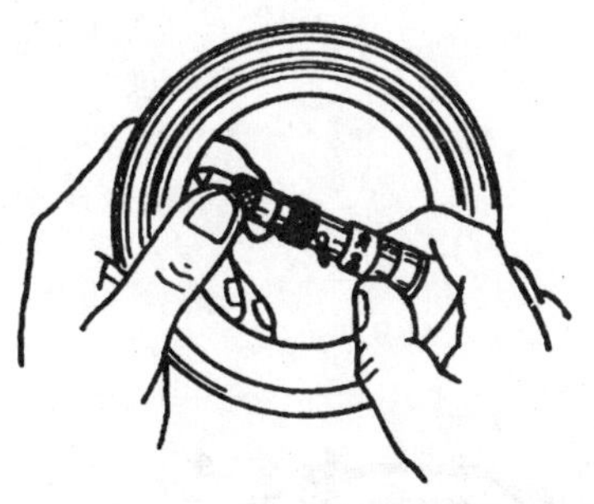

图 1-40　内径千分尺的使用方法

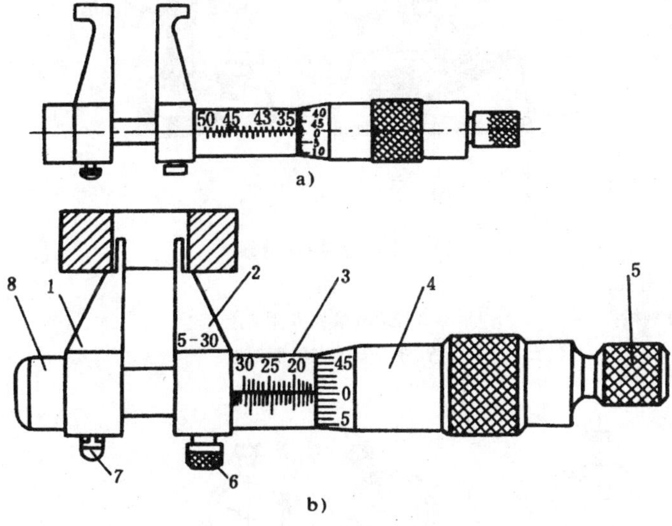

图　1-41　内测千分尺的结构

a)25～50 mm 内测千分尺；b)5～30 mm 内测千分尺

1-活动量爪；2-固定量爪；3-固定套管；4-活动套筒；5-棘轮；6-制动螺钉；7-固定螺钉；8-测微螺杆

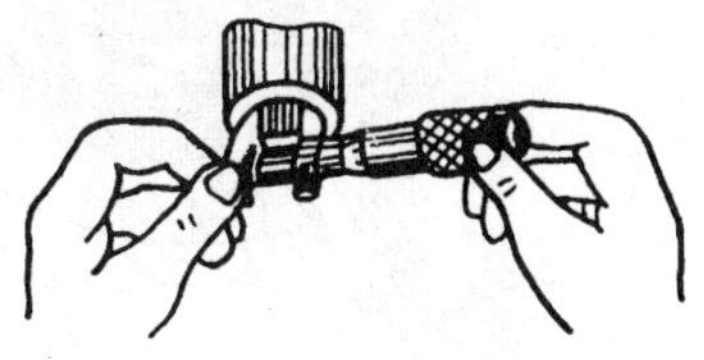

图 1-42　内测千分尺的使用方法

度等。

1)外径百分表：外径百分表装在专用表架上或装在磁性表架上，如图 1-44 所示。百分表和专用表架的固定方法有两种，一种用套圈，另一种用耳环。使用时应先擦净触头及被测表面，调整刻度盘面，使长指针对准“0”位，转动工件或移动百分表，来检查工件的精度。检查轴的径向跳动或椭圆度最好在两顶针之间进行，百分表的量杆必须垂直工件表面，否则会产生误差，如图 1-45 所示。

2)内径百分表：内径百分表配上成套的可调测量头和连接杆，使用前进行组合和校对，就可以测量工件内孔(内表面)的精度(见图 1-46)。组合时，将百分表装入连接杆内，使小指针在 0～1 的位置，长针和连接杆轴线重合，刻度盘上的字应垂直向下，以便于测量时观察，装好后应予紧固。

测量时，连接杆中心线应与工件中心线平行，不得歪斜，里外多测量几处，找出孔径的实际尺寸或差值的多少，看是否在公差范围以内；使用方法如图 1-47 所示。

4．万能角度尺

零件上的角度要用量角器来测量，量角器有固定角度尺、活动角度尺和万能角度尺。这里着重介绍万能角度尺，其结构形式如图 1-48 所示。万能角度尺可以测量 0°～320°范围内的任何角度。

万能角度尺由主尺、基尺、游标、角尺、直尺、卡块、制动器等组成。基尺 2 可带着主尺 1 沿

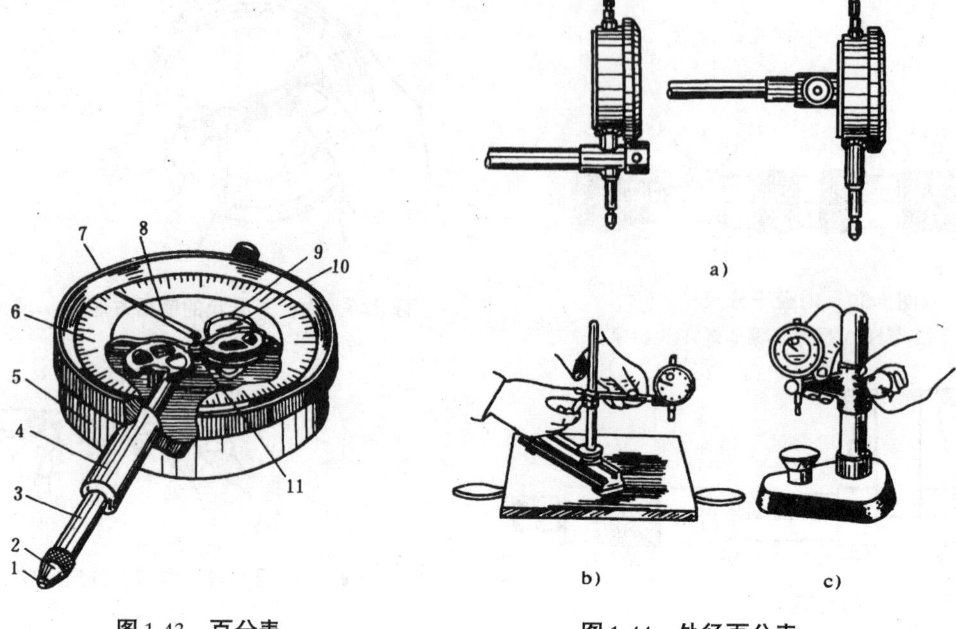

图 1-43　百分表

1-触头;2-圆锥面;3-齿杆;4-圆柱孔;5-外壳;
6-刻度盘面;7-外圈;8-长指针;9-短针刻线;
10-短指针;11-拉簧

图 1-44　外径百分表

a)百分表的固定方法;
b)百分表安装在专用架上;
c)百分表安装在磁性架上

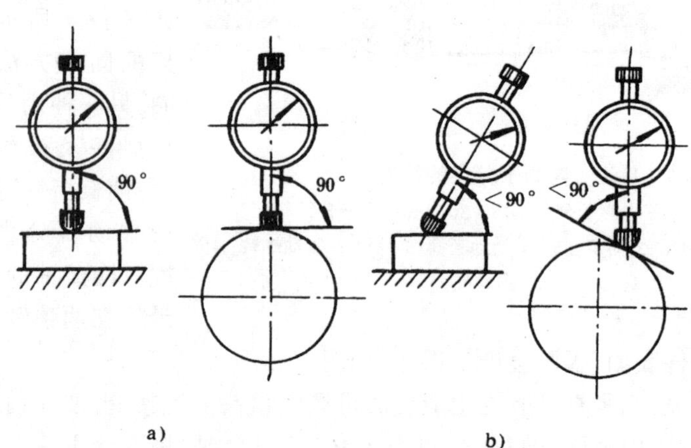

图 1-45　外径百分表测量方法

a)正确;b)不正确

着游标 3 转动,转到所需要的角度时,可用制动器锁紧,卡块 6 可将角尺 4 和直尺 5 固定在所需要的位置上。

测量时,可转动背面的捏手 8、通过小齿轮 9 转动扇形齿轮 10,使基尺 2 改变角度,如图 1-48 后视图所示。

5. 量具的保养和使用注意事项

精密量具属于贵重仪器,它的好坏与精确程度,直接影响到工件的加工精度和使用寿命,对其必须加以爱护和保养,使用时要做到以下几点:

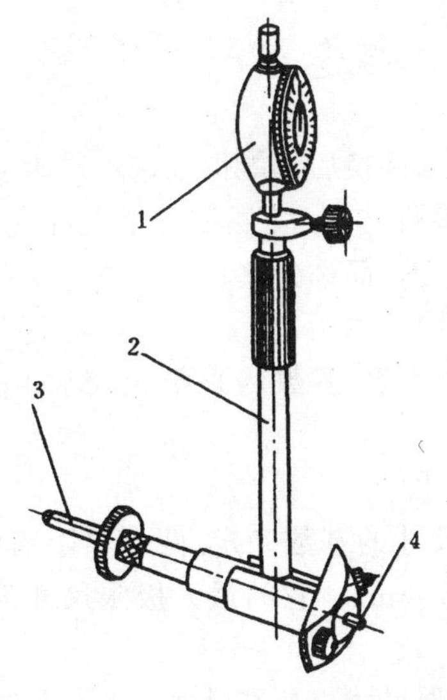

图 1-46　内径百分表

1-百分表；2-连接杆；3-可调测量头；4-测量触头

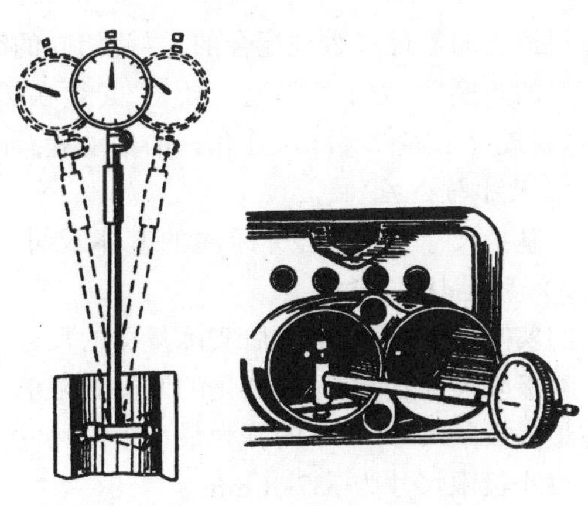

图 1-47　内径百分表的使用方法

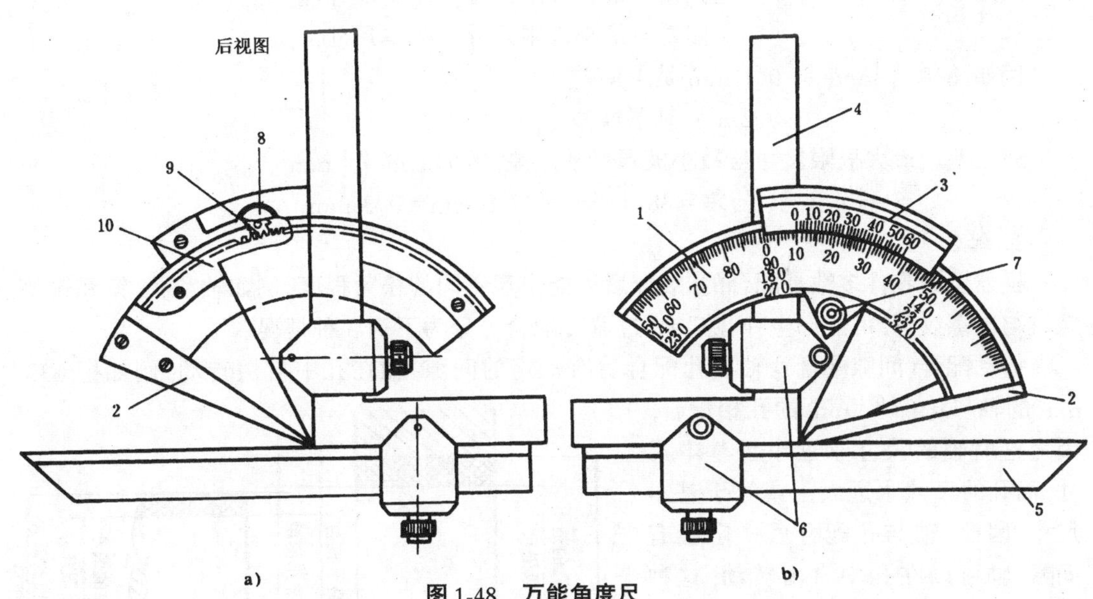

图 1-48　万能角度尺

a)背面；b)正面

1-主尺；2-基尺；3-游标；4-角尺；5-直尺；6-卡块；7-制动器；8-捏手；9-小齿轮；10-扇形齿轮

1)量具的两侧面、触头必须擦干净，与工件接触时用力要适当；

2)不能用量具测量正在旋转的工件；

3)不能用精密量具去测量毛坯或粗糙的表面；

4)精密量具不能测量温度过高的工件；

5)应经常检查量具的精确度，以免使用时发生差错；

6)量具不可乱扔乱放，用完后要擦干净，上油放入盒内。

第三节　公差配合的基本概念

机器上的零件多数是配合的，要使相同的零件能够相互调换后仍能保证基本准确度，这叫做零件的互换性，为了达到这一要求，必须在图纸上注明零件的尺寸，规定一个允许变动的范围，这就规定了零件实际尺寸允许的变动量，即称为尺寸公差(简称公差)。

1．尺寸与公差

1)基本尺寸：图纸上所标注的基本尺寸也叫做公称尺寸，多数为整数值，例如 $\phi38^{+0.1}_{-0.2}$ mm，ø38 就是基本尺寸。

2)实际尺寸：零件加工后实际量得的尺寸叫做实际尺寸。

3)极限尺寸：允许尺寸变化的两个界限值，它以基本尺寸的基数确定，两个界限值中较大的称最大极限尺寸，较小的称为最小极限尺寸，例如 $\phi38^{+0.1}_{-0.2}$ mm。它的最大极限尺寸为ø38.1 mm，最小极限尺寸为 ø37.8 mm。

4)偏差：实际尺寸与基本尺寸之差，叫做实际偏差，极限尺寸与基本尺寸之差，叫做极限偏差，由于极限尺寸有两个，所以极限偏差为两个，即上偏差和下偏差：

上偏差 = 最大极限尺寸 − 基本尺寸

下偏差 = 最小极限尺寸 − 基本尺寸

例如，$\phi38^{+0.1}_{-0.2}$ mm，+0.1 mm 是上偏差

−0.2 mm 是下偏差

5)公差。最大极限尺寸与最小极限尺寸之差，例如 $\phi38^{+0.1}_{-0.2}$ mm

公差 = 38.1 mm − 37.8 mm = 0.3 mm

2．配合

机器上的零件多数是配合的，装配后可能出现不同的松紧程度，例如轴和孔，键和键槽，外螺纹与内螺纹等，可能产生“间隙”或“过盈”，配合可分为下列 3 种情况。

1)动配合(间隙配合)：轴与孔配合后有一定的间隙，轴在孔中自由转动，例如把 $\phi30^{-0.1}_{-0.2}$ mm 的轴与 $\phi30^{+0.1}_{0}$ mm 的孔相配合，因为这时轴的尺寸永远小于基本尺寸，而孔的尺寸永远大于或等于基本尺寸，因此，轴与孔配合后一定会有间隙，轴可以在孔中自由转动，这种配合叫做动配合或间隙配合，如图 1-49 所示。

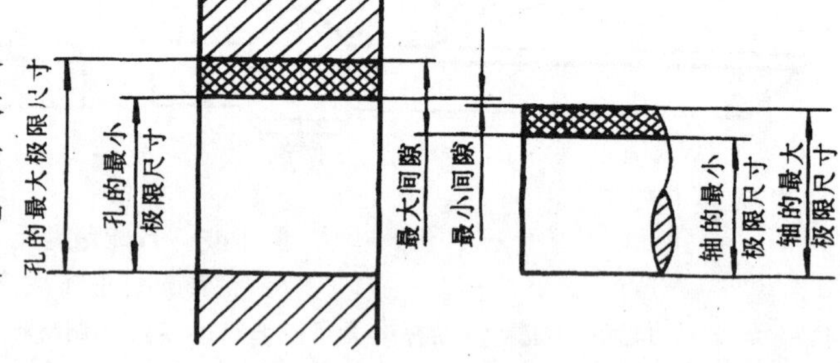

图 1-49　动配合

2)静配合(过盈配合)：轴与孔装配合，不能相对活动，永远紧密连在一起，只有用力才能把它们分开，例如把 $\phi32^{+0.045}_{0}$ mm 的孔与 $\phi32^{+0.095}_{+0.60}$ mm 的轴相配合，这时轴的尺寸永远大于孔的尺寸，配合时不可能有间隙，只有过盈(见图 1-50)，必须用外力或压力机把轴压入孔中，这样的配合叫做静配合或过盈配合。

3)过渡配合：轴与孔配合时，由于零件加工后所得到的实际尺寸不同，有时可能产生间隙，有时会产生过盈，如图 1-51 所示。例如把 $\phi42^{+0.027}$ mm 的孔与 $\phi42^{+0.035}_{+0.018}$ mm的轴相配，若孔

做得最大而轴做得最小，就会产生间隙，即

最大间隙＝42.027 mm－42.018 mm＝0.009 mm

当孔做得最小而轴做得最大时，就会产生过盈即：

最大过盈＝42.0035（轴）－42（孔）＝0.035 mm

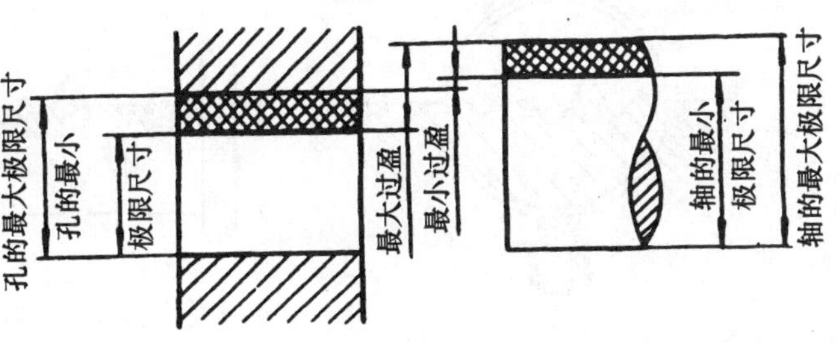

图 1-50　静配合

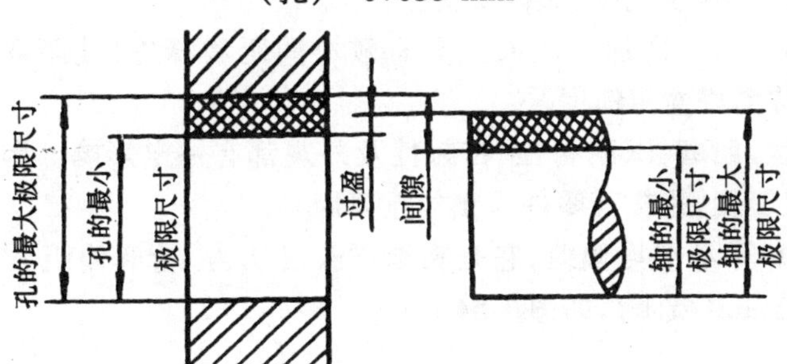

图 1-51　过渡配合

上面所说的这种配合叫做过渡配合。

4)基孔制和基轴制：在加工轴和孔时，要想得到轴和孔的不同松紧程度配合，我们可采用基孔制和基轴制。

(1)基孔制配合：孔的尺寸不变，改变轴的尺寸(这里指的是孔的极限尺寸不变，孔的公差还是有的)。要得到孔和轴松的配合，可以把轴做得小一点；要得到孔和轴紧的配合，可以把轴做得大一点，这种方法叫做基孔制，如图 1-52 所示。

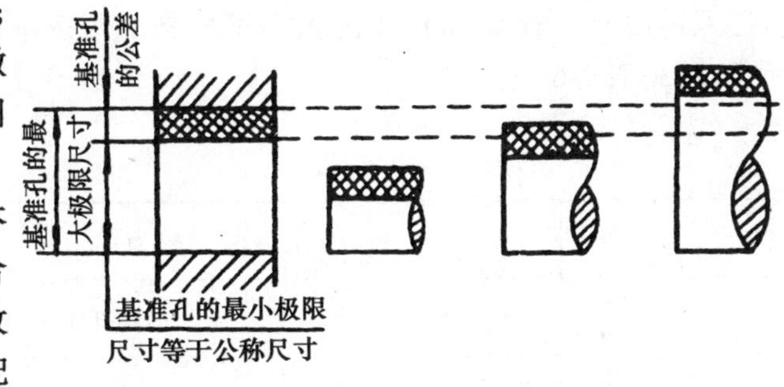

图 1-52　基孔制配合

基孔制配合的特点：在同一基本尺寸和同一精度等级的孔与轴配合时，孔的极限尺寸保持不变，仅适当改变轴的极限尺寸来得到各种不同的配合。

在基孔制中，通常把基本尺寸定为孔的最小极限尺寸，基孔制中的孔叫做基准孔。

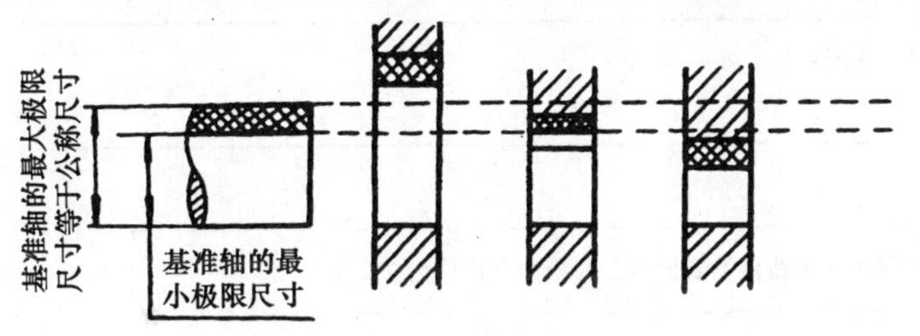

图 1-53　基轴制配合

(2)基轴制配合：轴的尺寸不变，改变孔的尺寸，要得到和孔松的配合，把孔做得大一点；要得到和孔紧的配合，就把孔做得小一点，这种方法叫做基轴制，如图 1-53 所示。

基轴制的特点：在同一基本尺寸和同一精度的孔与轴相配合时，轴的极限尺寸保持不变，而适当改变孔的极限尺寸来得到各种不同的配合。

在基轴制中，基本尺寸为轴的最大极限尺寸，基轴制中的轴叫做基准轴。

3. *表面粗糙度*

1)表面粗糙度的概念：表面粗糙度是反映零件表面微观的几何形状误差，是评定零件表面质量的一项重要指标。不管零件表面加工的多么光滑，放在放大镜(或显微镜)下面观察，都可

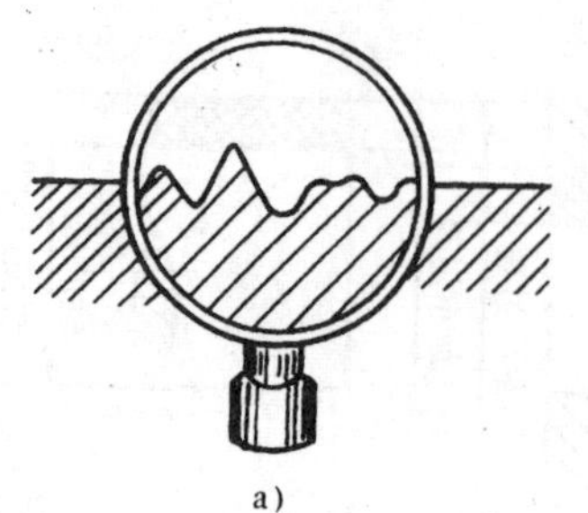

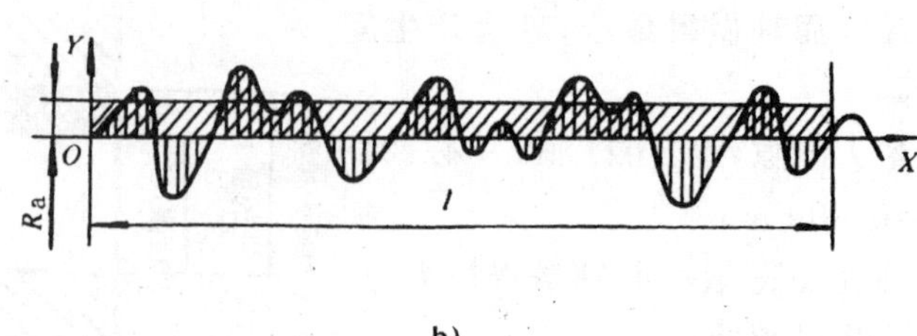

图 1-54　表面粗糙度概念

a)零件表面微小不平的情况；b)轮廓算术平均偏差

以看到峰谷高低不平的情况，如图 1-54a)。因而把加工表面上具有较小间距和峰谷(波距在 1 mm以下)所组成的微观几何形状特性称为表面粗糙度。

表面粗糙度对零件的配合、刚度、强度、耐磨性、耐腐性、密封性及外观都有一定影响。因此，要使零件表面达到一定标准的表面粗糙度，是提高零件质量的重要因素。

评定零件表面质量的主要参数是轮廓算术平均偏差，它是在取样长度 l 内，轮廓偏距 Y 绝对值的算术平均值，用 R_a 表示，单位是 μm(微米)，如图 1-54b)。

2)表面粗糙度参数 R_a 值的标注：

(1)表面特点符号：基本标注符号由✓、▽、和○组成，其中符号▽为常用，用于切削加工，符号○只适用非切削加工，标注的基本符号是由两条不等长并且与被标注的面成 60°倾斜的线所组成，见表 1-6。

表 1-6

符　　号	意　　义
✓	基本符号，用任何方法获得
▽	用有屑加工方法获得，如车、铣、钻、磨等
⊘	用无屑加工方法获得，如铸、锻、压延、拉伸等

(2)表面粗糙度参数 R_a 值的标注，见表 1-7。

表 1-7

代　　号	意　　义
3.2 ✓	用任何方法获得的表面，R_a 的最大允许值为 3.2 μm
3.2 ▽	用去除材料方法得到的表面，R_a 的最大允许值为 3.2 μm
3.2 1.6 ▽	用去除材料方法得到的表面，R_a 最大允许值为 3.2 μm，最小允许值为 1.6 μm

(3)表面粗糙度与旧标准表面光洁度的比较对照，如表 1-8。

表 1-8

名　　称	标　注　符　号								
表面光洁度	～	▽1	▽2	▽3	▽4	▽5	▽6	▽7	▽8	▽9
表面粗糙度	0 ✓	50 ✓	25 ✓	1.25 ✓	6.3 ✓	3.2 ✓	1.6 ✓	0.8 ✓	0.4 ✓	0.2 ✓

(4)表面粗糙度的选择。表面粗糙度的选择，既要满足零件表面的功能要求，也要考虑经济合理性。选用时应注意以下一些问题：

①尺寸和表面形状精度要求高的表面，表面粗糙度参数值小；

②摩擦表面，粗糙度参数值小；

③配合零件，粗糙度参数值小；

④同一零件上，工作表面粗糙度应小于非工作表面的粗糙度参数值；

⑤车削加工能得到表面粗糙度参数值约在 1.25✓～0.8✓ 以内；

⑥在车削加工中，要得到较小的表面粗糙度参数值，必须正确选择刀具的牌号、刀具的刃磨、刀具的角度；在此基本上，还要正确选择工件的切削速度、刀具的进给量和切削深度；注意刀具和工件的冷却。

复习思考题

1. 常用量具有哪几种？如何选用？测量下列工件尺寸时应使用何种量具？

1)未加工 ø38 mm 的轴；

2)已加工 ø32 mm、ø28 ± 0.2 mm、ø20 ± 0.03 mm 的轴。

2. 写出精度值为 0.02 mm 游标卡尺的刻度原理及读数方法。

3. 写出英制尺寸的进位方法，名称和代号。

4. 公、英制换算关系：1 英寸 = ？ mm；1 英分 = ？ mm；1 mm = ？ 英寸。

5. 结合实物说明万能角度尺的结构及使用方法。

6. 说明量具的保养和使用注意事项的重要性。

7. 轴与孔的配合有几种？详细说明它们的概念。

8. 车加工时通常粗糙度参数值在什么范围？结合自己车加工工件的表面确定粗糙度参数值。

第四章　车削外圆、端面

外圆、端面、阶台、切断、沟槽、倒角等是车加工范围内最常见、最基本的操作技能。它们的共同点是都具有外圆柱表面，统称轴类零件。

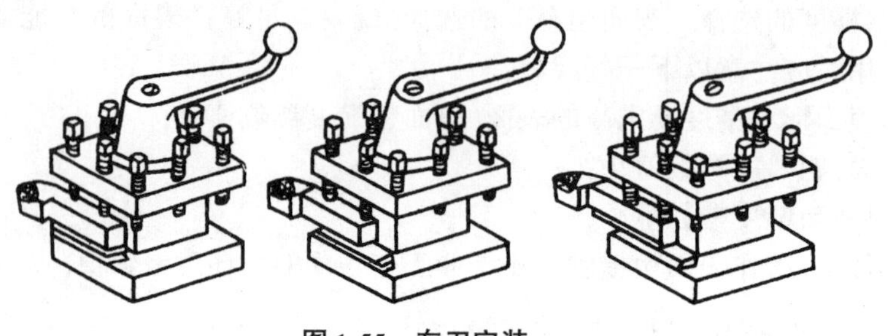

图 1-55　车刀安装

第一节　车刀的安装

一把刃磨很正确的车刀，如果安装不正确，就会改变车刀原来的几何角度，使车刀切削时的工作角度发生变化，影响工件的精度和表面粗糙度。因此安装车刀时必须注意以下几点：

1. 车刀不能伸出刀架太长，伸出量一般不超过刀杆高度的 1.5 倍，尽可能伸出短些，能看见刀尖车削即可，如图 1-55。

2. 调整车刀高低用的垫刀片必须平整，宽度应与刀杆一样，并尽可能用厚垫刀片代替薄垫刀片。

3. 车刀刀尖必须对准工件中心，与主轴轴心线等高。一般采用按床尾顶尖对中心方法。图 1-56 车刀装得高于中心，后角减小，增大了车刀后面与工件间的摩擦；车刀装得低于中心，前角减少，切削不顺利，会使刀尖崩碎，如图 1-57。

4. 紧固好车刀上面的前两个刀架螺丝，以免车削时车刀移动。

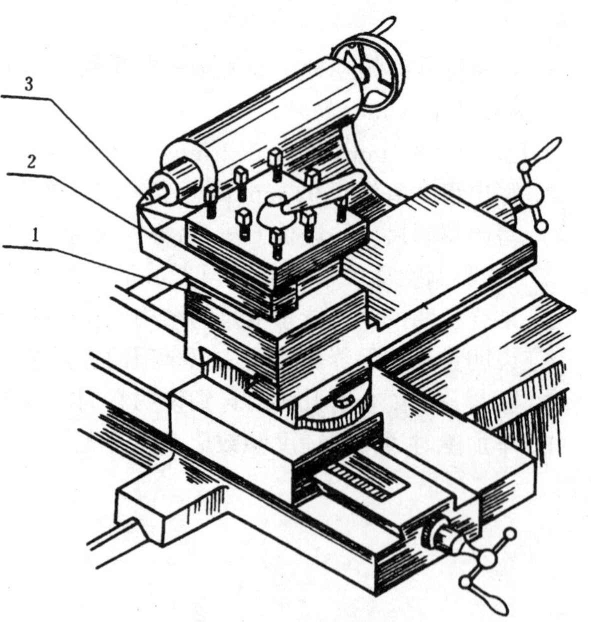

图 1-56　按顶尖装车刀

1-垫片；2-车刀；3-顶尖

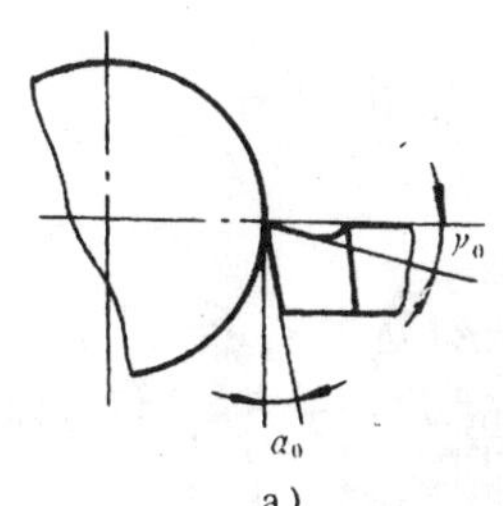

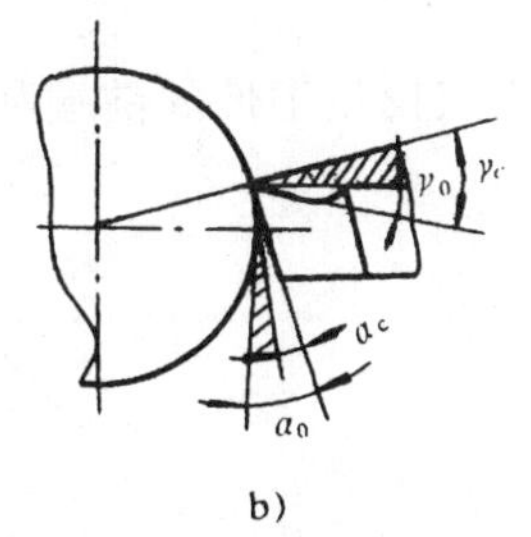

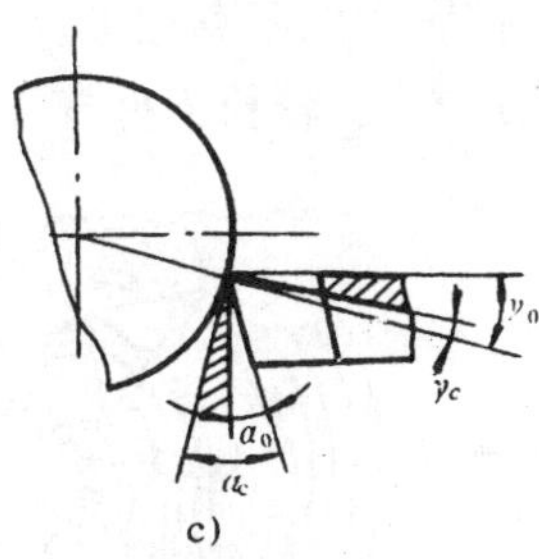

图 1-57　装刀高低对前后角的影响

a)正确;b)太高;c)太低

第二节　工件的装夹与校正

车配一个工件,必须把材料或工件装夹在卡盘或其他夹具上,经过校正才能加工,这个过程叫做工件的装夹和校正。由于各种零件的大小、形状、数量的不同,采取的装夹方法也不相同。现介绍车床上几个主要附件的装夹和校正方法。

1. 三爪卡盘装夹工件

三爪卡盘的优点是能自动定心,装夹方便,一般不需要校正。缺点是夹紧力小,只适用于装夹中小型及有规则的零件。正爪夹持工件时,工件直径不能太大,卡爪伸出卡盘外圆不应超过卡爪长度的三分之一,以免发生事故。直径较大,长度较短的工件可采用反爪装夹。

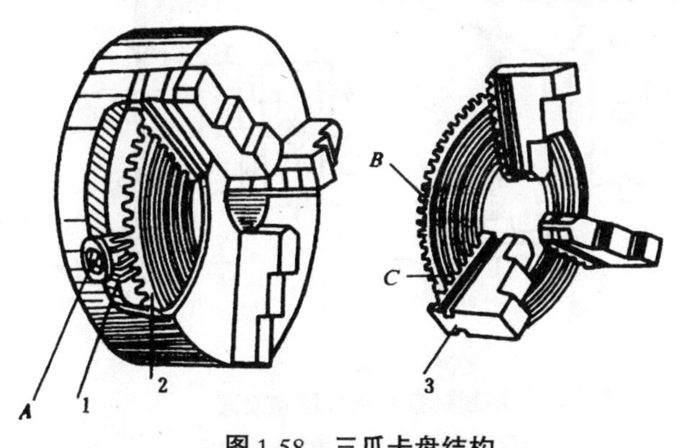

图 1-58　三爪卡盘结构

1-小锥齿轮;2-大锥齿轮;3-卡爪

使用三爪卡盘时(见图 1-58),将扳手插入小锥齿轮方孔 A 中,并转动扳手,小锥齿轮就带动大锥齿轮转动。大锥齿轮的背面是一个平面螺纹 B,三爪卡盘卡爪背面螺纹 C 跟大锥齿轮的平面螺纹 B 啮合,因此,当平面螺纹转动时,就带动三个卡爪同时做向心或离心移动。工件装夹校正后一定要用力夹紧。

2. 四爪卡盘装夹工件

四爪卡盘的优点是夹紧力大,适用于装夹直径大、重量重又不规则的零件,缺点是校正比较麻烦。四爪卡盘的卡爪可安装成正爪或反爪,每一个卡爪可以单独移动,因此工件装夹后必须校正。

四爪卡盘使用和校正方法如下:

1)先将四爪卡盘的四个卡爪张开,张开的距离可比工件直径稍大一些,位置可依靠卡盘平面上的圆弧线作依据来目测,然后装上工件,稍加夹紧(见图 1-59)。

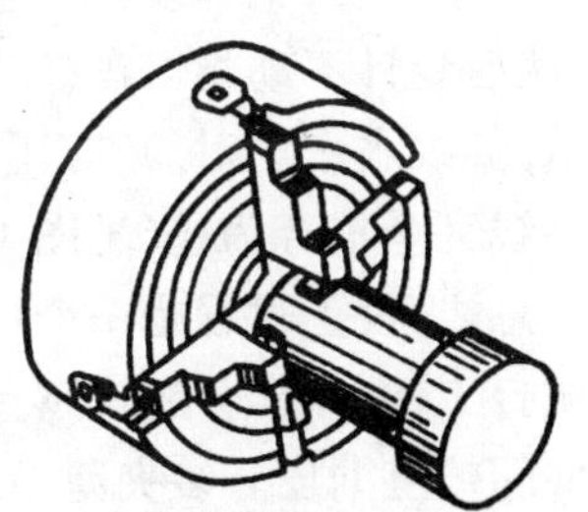

图 1-59　用四爪卡盘装夹工件

2)将划针盘放在床面平板上或中拖板平板上,移向工件。用手慢慢旋转卡盘,目测划针与工件表面的距离,调整卡爪位置,使划针与工件表面的距离相等。

3)校正方法:较长工件校正时应该校正工件的前端和尾端(见图 1-60)。

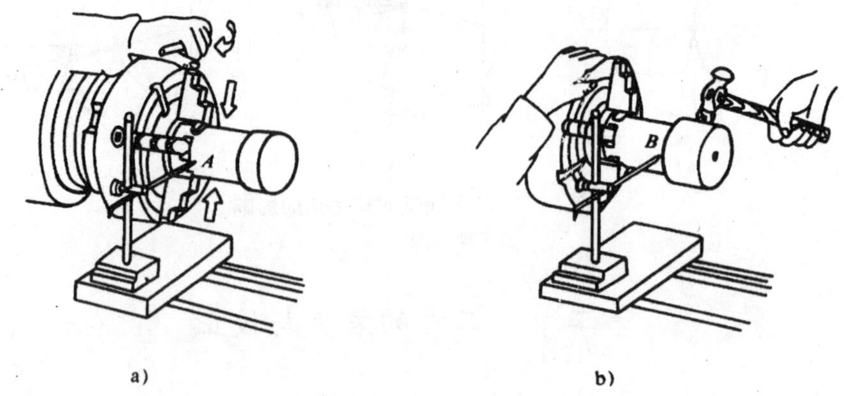

图 1-60　找正外圆轴线

a)找正 *A* 点外圆;b)找正 *B* 点外圆

前端:靠近卡爪一端的外圆,校正时调整卡爪[见图 1-60a)]。开始使划针离开工件表面的间隙约0.5 mm左右,将工件慢慢旋转,划针与工件间隙较大的卡爪松一松,对面卡爪就紧一紧,这样反复多次,直到划针与工件表面的间隙均等。

尾端:指工件的尾端外圆、内孔、端面[见图 1-60b)]校正时,间隙小的地方说明凸起,应该用榔头敲下去,直至间距相等。千万不能再调整卡爪,否则将越校越差。

较短工件的校正,应前端校外圆,尾端校端面,见图 1-61。

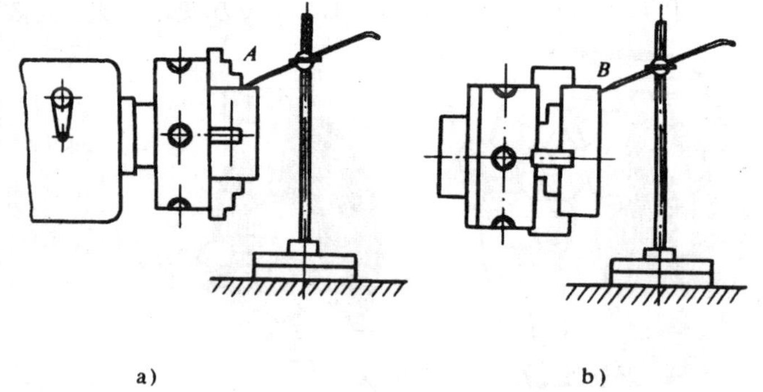

图 1-61　用划针盘校正外圆和端面

a)校正外圆;b)校正端面

最后应该用划针将工件前端、尾端再检查一遍,如无误差,用同等力量,将四个卡爪依次全部夹紧。精确校正时将划针改为百分表进行。

4)十字线、铜焊线(哈夫线)校正方法:先将工件在卡盘上装夹对称,使划针对准水平位置线,然后划针不动将卡盘(工件)旋转 180°,看划针尖是否仍能对准此线。如果不对则应调整卡爪,如线水平不对,则应用榔头轻轻敲击工件,直到工件多次旋转 180°,划针尖的移动线与十字线完全重合为止(见图 1-62)。

总之,校正过程是一个耐心、认真、细致的工作,不可以急于求成,更不能盲目地调整卡爪或敲打工件,那样会越校越差。已加工过的工件表面,为防止工件表面被夹坏,应该在卡爪与工件间垫上铜皮。装夹薄型工件,为防止工件产生装夹变形,夹紧力要适当。

3. 两顶尖装夹工件

对于较长的轴或丝杆,需要多次安装车削的工件,为了保证安装精度和工件同心度,一般采用两顶尖装夹。这种装夹方法方便,不需要校正,安装精度高。工件装夹前一定要将工件总

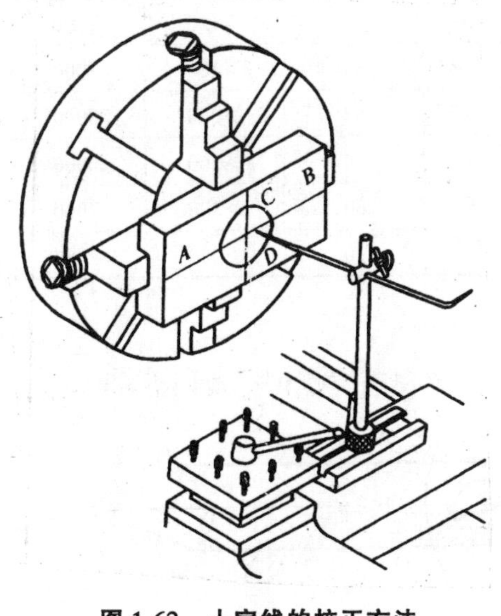

图 1-62　十字线的校正方法

长取好，并在工件的两端端面上钻好中心孔。

1）中心孔形状：中心孔是车削轴类零件的定位基准，对加工质量有很大影响。因此，中心孔必须圆整光滑，两端中心孔应在一条中心线上。

中心孔尺寸以圆柱孔直径 d 为基本尺寸，d 的大小根据工件的直径或重量，按国家标准来选用（见表 1-9）。

常见中心孔有 3 种：

A 型（不带护锥）：由圆柱孔和圆锥孔两部分组成。圆柱孔用来储存润滑油，圆锥孔一般为 60°，用来承受工件重量、切削力以及中心定位［见图 1-63a)］。

B 型（带护锥）：中心孔带有 120°护锥，防止工件端面碰伤而影响中心孔精度，并且便于加工端面［见图 1-63b)］。

中心孔的形状及尺寸 mm　　表 1-9

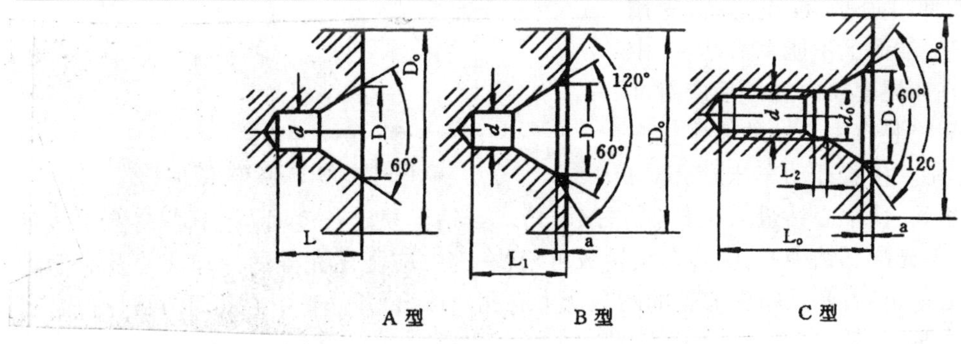

d		D 最大	L	L_1	a	d_1	L_2 最小	选择中心孔的参考数据		
A、B 型孔	C 型 孔	A、B、C 型孔				C　型　孔		原料端部最小直径 D_0	轴状原料最大直径 D_0	工件的最大重量 (kg)
0.5	–	1	1	1.2	0.2	–	–	2	>2	–
0.7	–	2	2	2.3	0.3	–	–	3.5	>3.5	–
1	–	2.5	2.5	2.9	0.4	–	–	4	>4	–
1.5	–	4	4	4.6	0.6	–	–	6.5	>7	15
2	–	5	5	5.8	0.8	–	–	8	>10	120
2.5	–	6	6	6.8	0.8	–	–	10	>18	200
3	M3	7.5	7.5	8.5	1	3.2	0.8	12	>30	500
4	M4	10	10	11.2	1.2	4.3	1	15	>50	800
5	M5	12.5	12.5	14	1.5	5.3	1.2	20	>80	1000

6	M6	15	15	16.8	1.8	6.4	1.5	25	>120	1500
8	M8	20	20	22	2	8.4	2	30	>180	2000
12	M12	30	30	32.5	2.5	13	3	42	>220	3000
16	M16	38	38	40.5	2.5	17	4	50	>260	5000
20	M20	45	45	48	3	21	5	60	>300	7000
24	M24	58	58	62	4	25	5	70	>360	10000

注:1. L_0 根据固定螺钉的尺寸决定,但不应小于 L_1。

2. 中心孔的表面粗糙度,按用途自行规定。

3. 不要求保留中心孔的零件采用A型,要求保留中心孔的零件采用B型,为了将零件固定在轴上的中心孔采用C型。

C型(带螺纹):当需要时可以将零件固定在轴的中心孔上。

2)中心孔的加工方法:直径6 mm以下的中心孔通常用中心钻直接钻出。直径大,形状复杂的中心孔可采用中心架支承,或者用电钻等方法钻出。

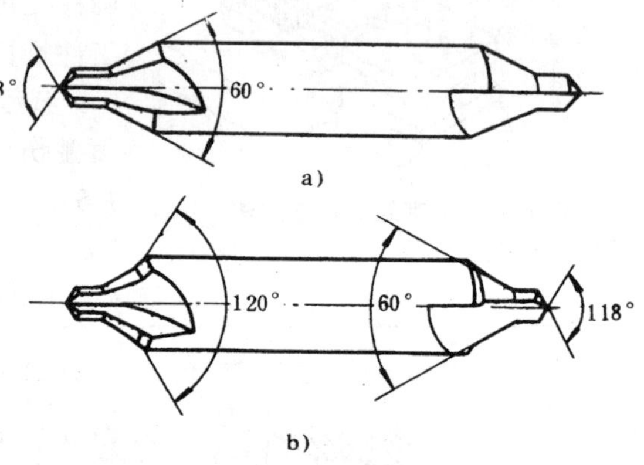

图1-63 中心钻

a)不带护锥的;b)带护锥的

在车床上钻中心孔,工件装夹在卡盘上,应该尽可能伸出短些,校正后,首先用车刀将端面车平,端面上不能留有凸头,中心钻及钻夹头在床尾套筒内装好后应对准工件中心。然后将装有中心钻的床尾推向端面,并固定床尾。接着开动车床,缓慢均匀地摇动床尾手轮,使中心钻进入工件(见图1-64)。当钻至规定长度时,让中心钻停留数秒钟,使中心孔圆整光滑。钻中心孔时,车头转数可稍快一些,应浇注充分的冷却液并及时清除铁屑。如果中心钻折断,必须将中心钻的断头从中心孔内取出,并修整中心孔后,再进行加工,否则钻头会再次折断。

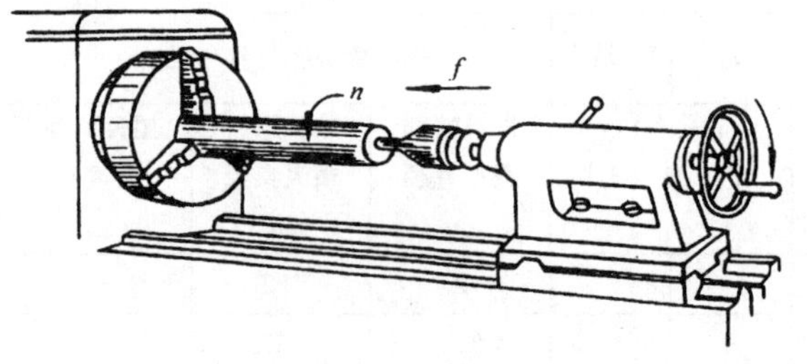

图1-64 较短工件上钻中心孔

3)顶尖:顶尖有前顶尖和后顶尖两种,前、后顶尖的锥顶角都是60°,与中心孔60°锥角配合,用来定中心,并承受工件的重力和切削力。

(1)前顶尖:前顶尖与工件一起旋转,标准前顶尖直接插入主轴孔内前顶尖锥套中[见图1-65a)]使用时应清洗干净,并校正,使之不跳动。卸下时,可用一根棒料从主轴孔后面将顶尖顶出。自制前顶尖比较方便而且准确,方法是在三爪卡盘上夹一段钢料,然后将小拖板下面转盘转动30°,用手均匀摇动小拖板手柄,即可车出前顶尖锥角60°[见图1-65b)]车好的前顶尖一旦从卡盘上卸下,再次使用时必须重新将锥角60°光刀,以保证工件的同心度。

(2)后顶尖:后顶尖插入车床尾套筒内,有死顶尖(见图1-66)和活顶尖(见图1-67)两种。

死顶尖的优点是定心准确,刚性好。但由于死顶尖固定不动,工件和顶尖是滑动摩擦,磨损大，顶尖容易“烧死”在中心孔内，目前多采用镶有硬质合金的顶尖。死顶尖一般适用于加工精度要求较高的精密偶件。

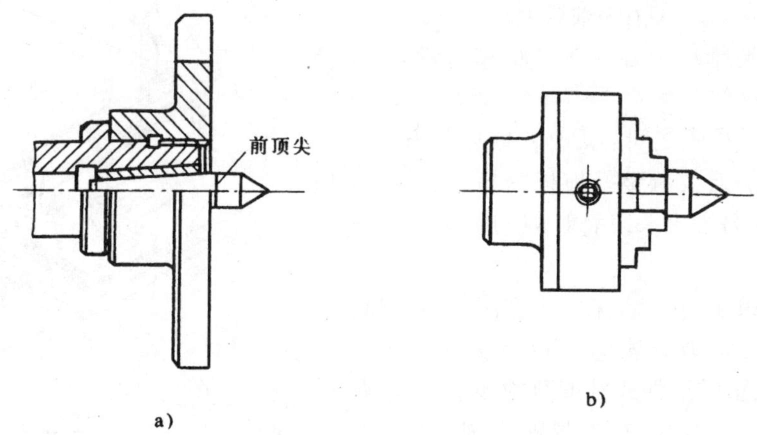

图 1-65 前顶尖

a)标准前顶尖；b)自制前顶尖

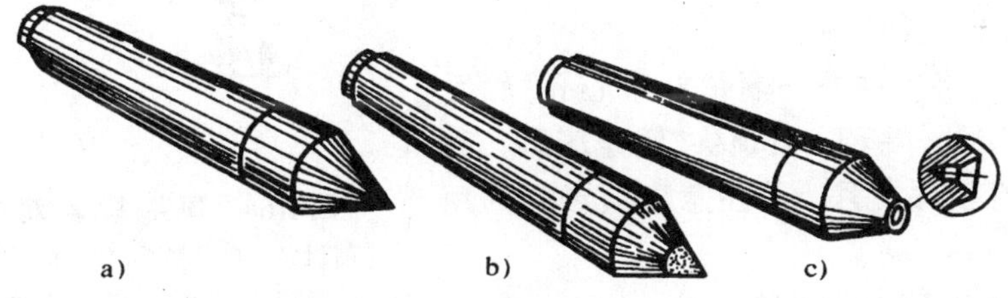

图 1-66 死顶尖

a)普通顶尖；b)镶硬质合金的顶尖；c)反顶尖

活顶尖内部装有滚动轴承见图 1-67，顶尖和工件一起转动，避免顶尖和工件中心孔之间的摩擦，能够承受较高的转速，但由于活顶尖内部的装配存在一定的累积误差，支承刚性较差，适用于粗车及一般零件的加工。

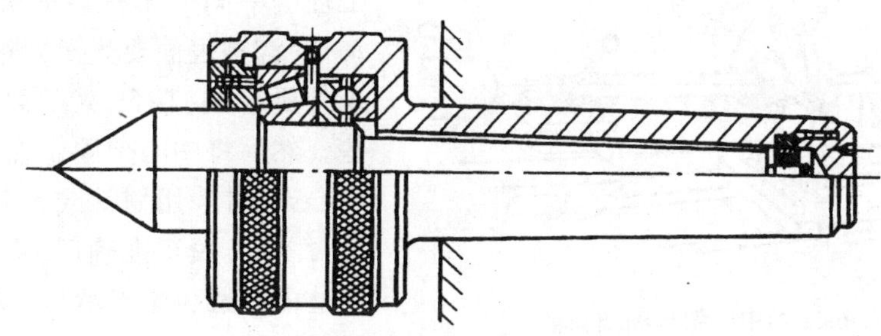

图 1-67 活顶尖

后顶尖卸下时，应摇动床尾手轮，使床尾套筒退回，利用床尾丝杆顶端将顶尖顶出。严禁用铁器敲打。

4)拨盘和鸡心夹头：一般的前后顶尖不能直接带动工件旋转，必须通过拨盘和鸡心夹头来带动。拨盘与卡盘一样装在主轴上，盘面上的 U 型槽，用来装鸡心夹头的弯杆，鸡心夹头上的螺钉用来固定工件。如图 1-68 所示。

5)两顶尖工件车削注意事项：

(1)中心孔形状尺寸要正确;

(2)前顶尖车削前必须校正或者光车;

(3)后顶尖应在主轴轴线上;

(4)调整床尾中心线应在粗车时进行,以免影响工件精度。

(5)前后顶尖之间的配合松紧要适当;

(6)车削前要调整好拖板的行程距离,使拖板前行不碰鸡心夹头,后退不撞床尾,刀尖能车削工件;

(7)为保证同心度,工件应多次掉头车削。

4. 用卡盘、顶尖装夹工件(一夹一顶)

对于较重的工件或精度要求不高的长轴,用两顶尖装夹,不稳定,难以提高切削用量。用一夹一顶装夹方法,操作简单方便、安全,能承受较大的轴向切削力,刚性好。在维修零件、粗加工及半精加工中广泛使用。

使用时,先将工件的一端钻好中心孔,然后将钻有中心孔的一端套入后顶尖,固定床尾。另一端用卡盘将工件夹紧。其注意事项参照两顶尖装夹。

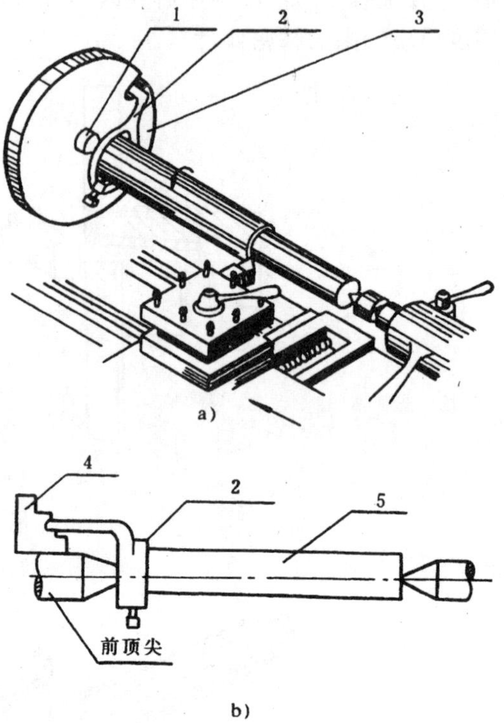

图 1-68 顶尖、拨盘、鸡心夹头的使用

a)前顶尖装在主轴孔内;b)前顶尖装在三爪卡盘上

1-前顶尖;2-鸡心夹头;3-拨盘;4-卡爪;5-工件

5. 用中心架、跟刀架装夹工件

当工件长度与直径之比大于 20:1 的轴,称为细长轴。由于细长轴本身刚性差,车削时易产生弯曲变形,振动大等特点,影响工件加工精度及表面粗糙度,为此常利用中心架或跟刀架来弥补。

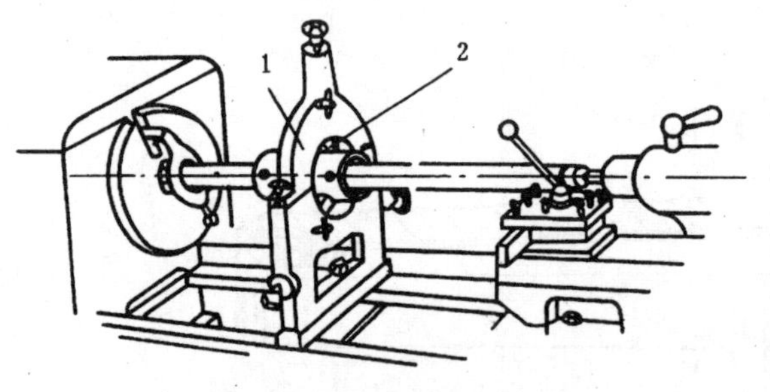

图 1-69 用中心架车削细长轴

1-上体;2-支承爪

1)中心架使用方法:装中心架前必须在毛坯的中间处车一段安装中心架支承爪的沟槽(沟槽表面要光滑),槽的直径应稍大于工件要求的直径,宽度要比支承爪稍宽一些。然后将中心架固定在车床导轨上,打开中心架上体,用划针或百分表检验沟槽表面是否跳动,校正准确后,将中心架上体固定。调整中心架 3 个支承爪,使各支承爪与工件轻微接触,均匀运转(见图 1-69),如果工件表面粗糙度要求高,可采用辅助套筒或在工件表面上垫以铜皮,如图 1-70 所示。

2)跟刀架使用方法:跟刀架固定在大拖板上,跟车刀一起移动,使用时先将工件一端车去一段外圆,然后调节跟刀架上的支承爪,使它接触已车好的工件外圆,支承爪对工件的压力要适当。如图 1-71。

6. 花盘、角铁装夹工件

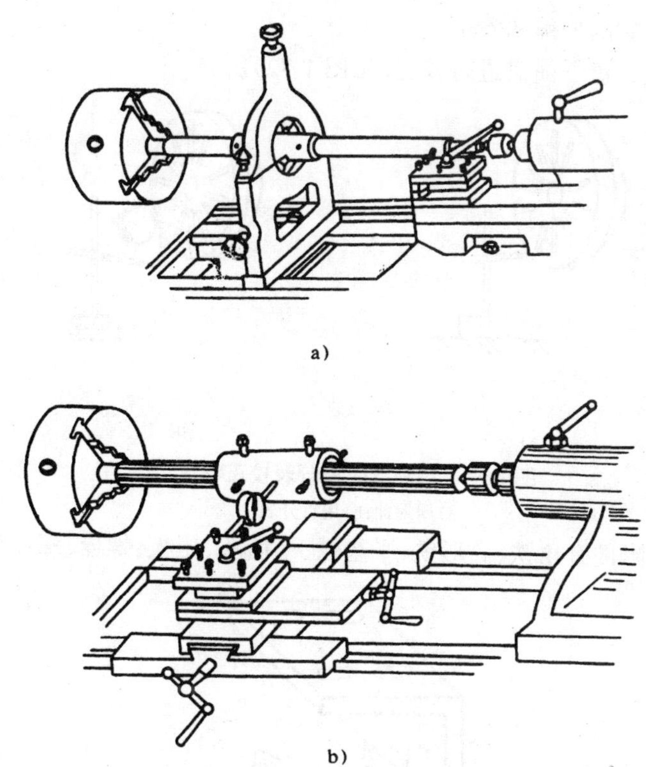
a)

b)

图 1-70 辅助套筒

a)辅助套筒的使用;b)辅助套筒的校正

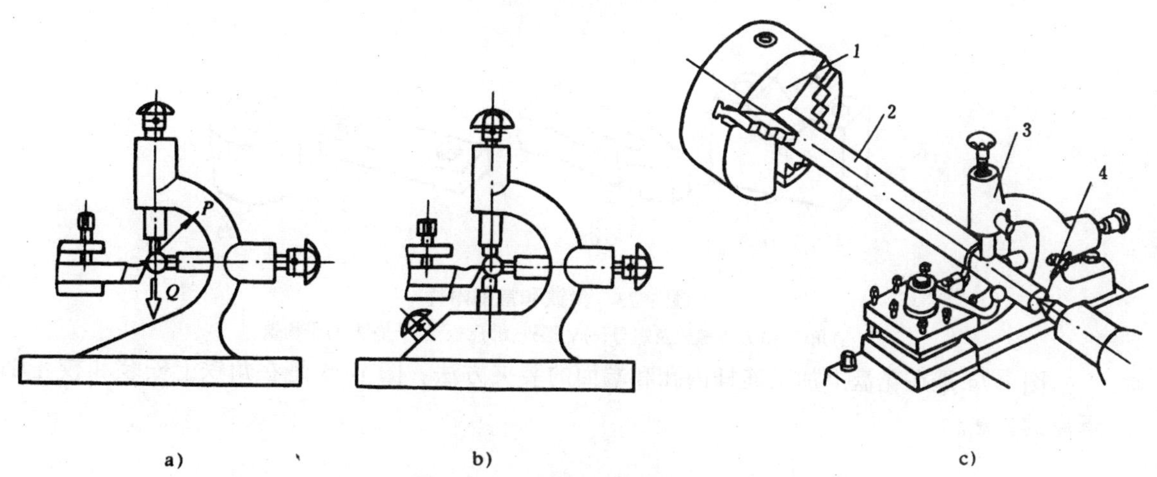

a) b) c)

图 1-71 跟刀架及其使用

a)二爪跟刀架;b)三爪跟刀架;c)跟刀架的使用

1-三爪卡盘;2-工件;3-跟刀架;4-顶尖

形状复杂不规则的工件,用三爪卡盘、四爪卡盘、两顶尖等无法装夹时,可采用花盘、角铁装夹。花盘、角铁装夹工件比较麻烦,因此,装夹时,要注意以下几点:

1)要确定好基准面,使工件被加工表面处于便于加工和测量的位置;

2)应该采用简便、牢固的装夹方法迅速安装工件,并且能避免装夹变形;

3)保证工件在转动时的平衡和安全。

4)车削前对工件及花盘平面需进行校正(见图 1-72)。

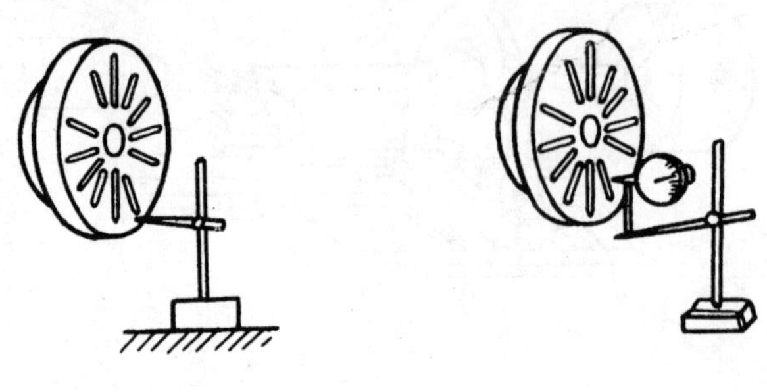

a)　　b)

图 1-72　用划针或百分表校正花盘

a)用划针;b)用百分表

使用花盘时,常用附件有角铁、V 形铁、平垫铁、平衡块、压板、螺栓、螺母等(见图 1-73)。

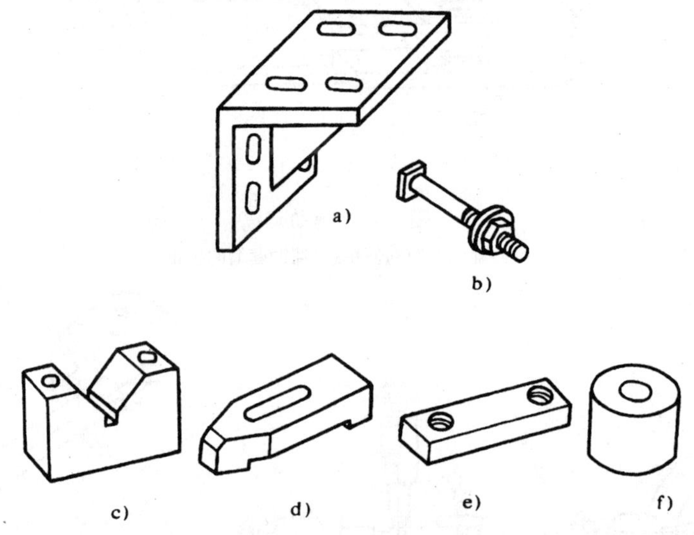

a)　b)　c)　d)　e)　f)

图 1-73　角铁和常用附件

a)角铁;b)方头螺栓及螺母;c)V 形铁;d)压板;e)平垫铁;f)平衡铁

图 1-74 是在花盘上加工连杆内孔和端面的装夹方法。图 1-75 是在角铁上安装和校正轴承座的方法。

第三节　车削方法

1. 车外圆

外圆一般分粗车和精车两个步骤。粗车的目的是要将多余的金属(加工余量)较快地车去,精车的目的是为了得到准确的尺寸和较好的表面粗糙度。因此,粗车要求刀具坚固耐用,车削时可选用较大的吃刀深度和进给量,切削速度选用中等或者中等偏低的数值。精车时要求刀具要锋利,车削时切削速度可稍快一些,但进给量、吃刀深度要小,同时测量要及时、仔细、

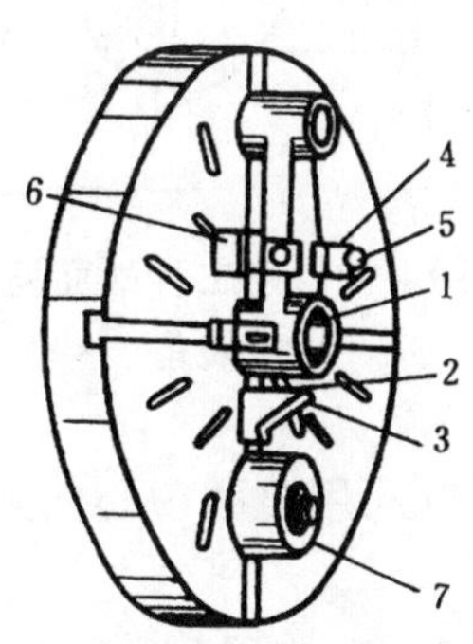

图 1-74 在花盘上加工连杆内孔和端面

1-连杆;2-螺钉;3-弯形压板;4-平压板;5-螺栓;6-垫铁;7-平衡铁

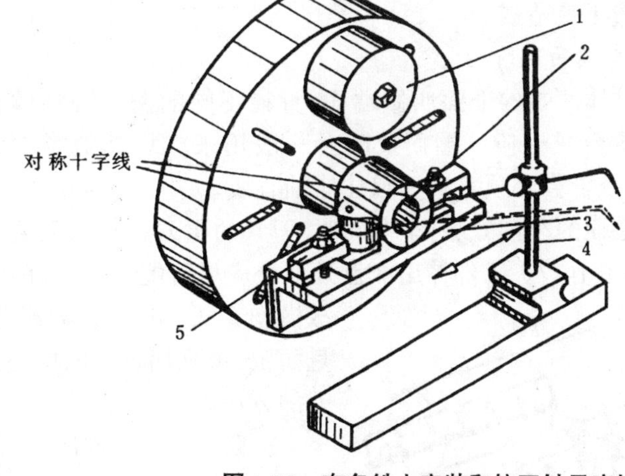

图 1-75 在角铁上安装和校正轴承座的方法

1-平衡铁;2-轴承座;3-角铁;4-划针盘;5-压板

准确。

1)外圆车削步骤:

(1)开动车床,使工件旋转。

(2)用手摇动大、中拖板手柄,或中、小拖板手柄,使车刀刀尖与工件端面处外圆表面接触(见图 1-76)。

(3)摇动大拖板手柄,纵向外圆走刀 3～5 mm,然后中拖板手柄不动,将大拖板退回端面外侧。

(4)停车。测量工件直径是否符合尺寸要求,同时记下中拖板刻度盘进刀格数。

(5)如果尺寸不符,可利用中拖板刻度盘原理,调整吃刀深度,采用手动或自动纵向进给,将外圆粗车至需要长度。

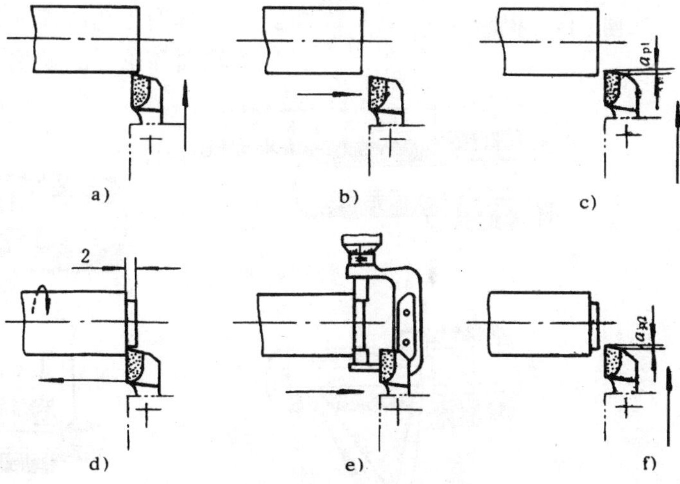

图 1-76 试切的步骤

a)刀尖接触工件外圆;b)车刀退出;c)调整切削深度;d)试切外圆;e)测量试切尺寸;f)根据测量结果调整切削深度

(6)精车时,外圆一般可留 0.5 mm 左右的加工余量,采用上述车削方法将外圆车削至标准尺寸。

2)车外圆时的质量分析:

(1)尺寸不正确:原因是车削时粗心大意,看错尺寸;刻度盘计算或操作失误;测量时不仔细,不准确而造成的。

(2)表面粗糙度不合要求:原因是车刀刃磨角度不对;刀具安装不正确和刀具磨损,以及切削用量选择不当;车床各部分间隙过大而造成的。

(3)外径有锥度:原因是吃刀深度过大、刀具磨损;刀具或拖板松动;用小拖板车削时转盘下基准线不对“0”线；两顶尖车削时床尾“0”线不在轴心线上；精车时加工余量不足造成。

2．车端面及阶台

圆柱体两端的平面叫做端面，直径不同的两个圆柱体相连接部分叫做阶台或台阶。端面及阶台一般用来支承其他零件表面。因此，端面及阶台必须垂直于圆柱体轴心线。

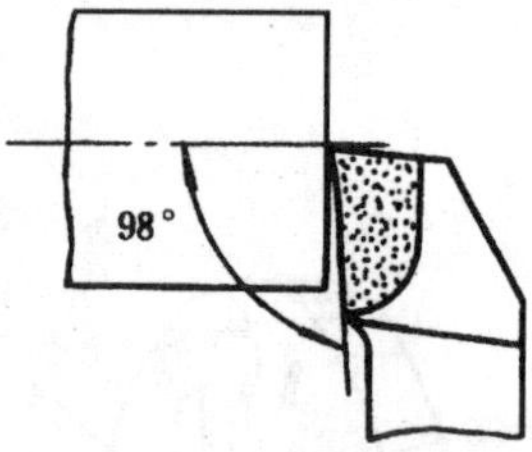

98°

图1-77　用工件端面检查主偏角

1）端面的车削方法：车端面时，刀具的主刀刃与端面要有一定的夹角，见图1-77。工件伸出卡盘外部分应尽可能短些，车削时用中拖板横向走刀，走刀次数根据加工余量而定，可采用自外向中心走刀，也可以采用自圆中心向外走刀的方法。

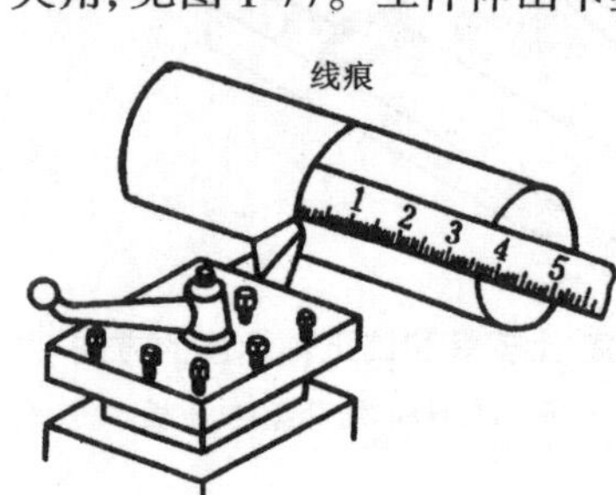

图1-78　长度刻线痕

2）阶台的车削方法：阶台一般都是直角，应采用90°偏刀来完成。车削阶台时，应准确掌握阶台的轴向长度尺寸，一般采用钢尺、卡钳、样板、深度尺量出长度尺寸（见图1-78、图1-79）。尺寸量测准确后，用车刀刀尖在阶台长度处刻出细线，再进行车削。阶台车削工艺次序应该是先车大直径，后车小直径。

3）车端面和阶台的质量分析：

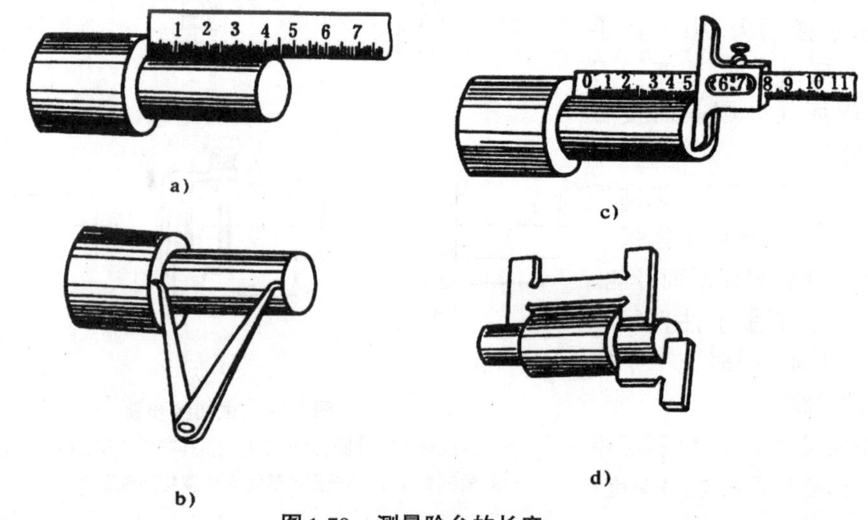

图1-79　测量阶台的长度

a）用钢尺；b）用内卡钳；c）用深度游标卡尺；d）用量规

（1）端面不平，产生凸凹现象或端面中心留有“小头”。原因是车刀刃磨或安装不正确，刀尖没有对准工件中心，吃刀深度大，车床有间隙拖板移动造成。

（2）阶台长度不正确，不垂直、不清晰。原因是操作粗心，测量失误，自动走刀控制不当，刀尖不锋利，车刀刃磨或安装不正确（见图1-80）。

（3）表面粗糙度差。原因是车刀不锋利，手动走刀摇动不均匀或太快，自动走刀切削用量选择不当。

3．切断和车外沟槽

工件车好后从棒料（原材料）上切下来，或者将棒料按长度要求切成段，这种方法叫做切断

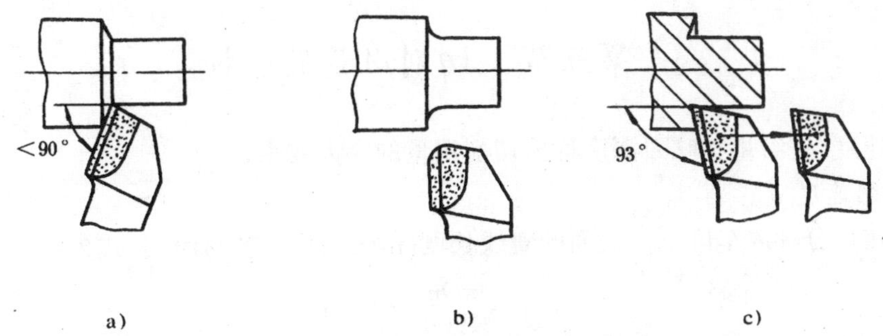

图 1-80　车阶台常见缺陷

a)阶台面成凸形;b)阶台直角处不清晰;c)阶台面成凹形

或割断。

1)切断的方法及原则:

(1)车刀刃磨安装一定要正确,主刀刃要对准中心,太高切不到中心,低了容易“崩刀”。

(2)切断时工件一定要夹紧,并尽量靠近卡爪。

(3)切断时的切削速度不能太快,并要有充分的冷却液。

(4)两顶尖工件切断时,不能直接切到中心,以防车刀折断,工件飞出(见图 1-81)。

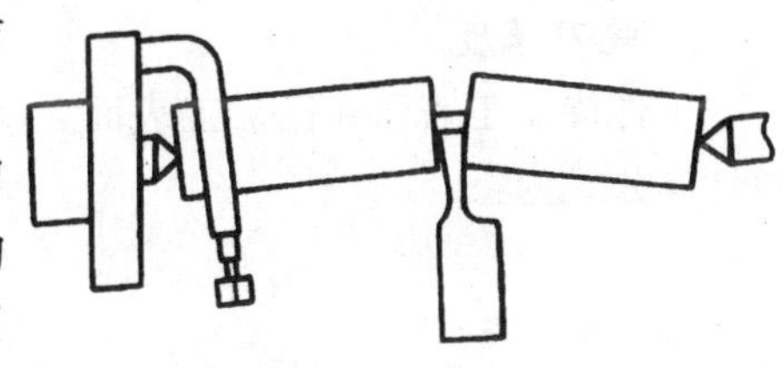

图 1-81　在两顶尖上切断工件

2)外沟槽的车削:车削宽度不大的外沟槽,可用刀头宽度等于槽宽的车刀一次直进车出。车削较宽的沟槽可以分几次车削完成,但必须在槽的两侧和底部留出余量,然后进行精车。外沟槽的尺寸可用钢尺、卡钳、游标卡尺量规等测量。

4. 车削过程中安全注意事项

1)开车前应检查各手柄是否在正确位置,以防撞车或打坏齿轮。

2)旋转的工件,卡盘、丝杆、光杆、齿轮等不能用手摸或用棉纱擦,以免手指卷入。

3)变换手柄位置要在停车后进行。

4)工件、刀具等一定装夹正确、牢固。

5)车削脆性金属时应戴防护眼镜。

6)清除铁屑时不能用手,一定要用专用铁钩。

第四节　车床用切削液

在金属切削加工中,正确地选用切削液,对降低切削温度和切削力,减小车刀磨损,提高车刀耐用度,改善加工表面的质量,保证加工精度,提高生产率,都有非常重要的作用。概括起来说切削液的作用就是冷却、润滑、防锈、清洗。

常用的切削液有水溶液、乳化液和油类 3 大类。

切削液的选用应根据工件材料,刀具材料切削工艺等合理选用,一般粗加工时以冷却为主,精加工时以润滑为主。车削铸件时为避免灰尘粘附在机床间隙里一般不用切削液。

第五节　切削用量的选择

切削速度、进给量和吃刀深度称为切削用量的 3 大要素。

1. 切削速度 v

车刀在每分钟内车削工件表面的直线长度(m/min)。它的计算公式为:

$$v=\frac{\pi Dn}{1000}(\mathrm{m/min})$$

式中　D——工件直径, mm;

n——主轴每分钟转速, 转/min;

π——圆周率($\pi=3.1416$)。

2. 进给量 s

工件每转一转,车刀沿进给方向在工件上移动的距离(mm/r)进给量又分为纵向进给量和横向进给量。沿床身导轨方向的进给量是纵向进给量垂直于床身导轨方向的进给量是横向进给量。

3. 吃刀深度 t

工件待加工表面和已加工表面之间的垂直距离,也就是车刀切入工件的深度(mm)。它的计算公式为:

$$t=\frac{D-d}{2}(\mathrm{mm})$$

式中　D——工件待加工表面直径, mm;

d——工件已加工表面直径, mm。

第六节　刻度盘原理及使用

在车削工件时,要正确、迅速地掌握吃刀深度,可以利用拖板上的刻度盘及时检测。

拖板上的刻度盘是紧固在中拖板丝杆上的,当中拖板手柄带着刻度盘转一周时,中拖板丝杆也转一周,这时丝杆中的螺母也移动了一个螺距,所以拖板移动的数值可以按下式计算:

$$\text{每格的距离}=\frac{\text{螺距}}{\text{刻度盘格数}}(\mathrm{mm})$$

现在车床一般将每格的距离标注在刻度盘上面。例如 1 格 = 0.05(mm)

应用刻度盘时必须注意以下几点:

1)由于丝杆与螺母之间存在间隙,因此会产生“空行程”(即刻度盘转动而拖板并未移动)。使用时,应缓慢地把刻线转到需要的格数,如图 1-82 a);如果不小心多转过几格,不能简单地退回几格,如图 1-82 b),应该向相反的方向退回全部的空行程,再转到所需要的格数,如图 1-82 c)。

2)大拖板、小拖板是平行移动的,移动距离即是每格标注的尺寸。

3)使用中拖板刻度盘时,由于工件是旋转的,工件被切下部分正好是吃刀深度的 2 倍,因此计算时要特别注意。

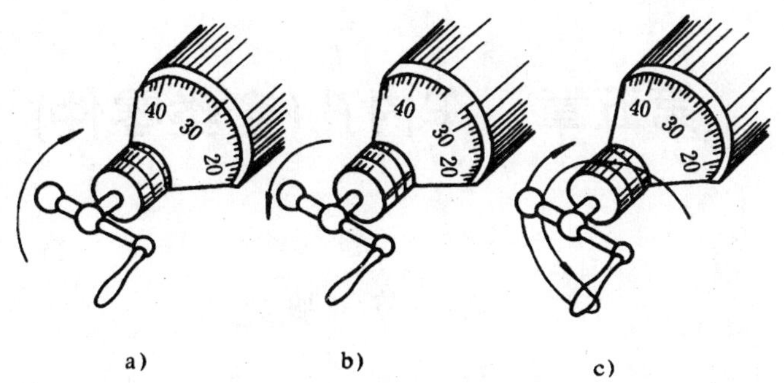

图 1-82　正确的使用刻度盘

a)慢慢转到所需格数;b)简单地退回几格;c)全部退回,再转所需要格数

复习思考题

1. 安装车刀时应该注意哪些事项?
2. 四爪卡盘装夹工件如何校正?
3. 两顶尖工件装夹应注意哪些问题?
4. 外圆车削产生废品的原因和如何预防?
5. 切断的方法及原则是什么?
6. 切削液的作用是什么?
7. 切削用量如何选择?
8. 刻度盘使用时要注意什么现象?

第五章　车内孔(套类零件)

第一节　概述

1．套类零件的作用和特点

车内孔是车削加工中经常碰到的工艺，即套类零件的加工，其应用范围很广。如各种轴承、衬套及船舶上的各种活塞环，阀座、法兰等都少不了车内孔，它们的共同特点是：主要表面为同轴度要求较高的内、外旋转表面，并有内端面，内阶台及内沟槽等。如图1-83。

套类零件车削特点：

1)由于内孔是在工件内部进行的，不易观察切削情况，当孔小而深时，孔内难以看见，车削难以控制。

2)由于刀杆尺寸受孔径和孔深的限制，影响刀杆的刚性。加工小而深的细长孔时，因刀杆细，刚性差容易产生“让刀”现象。

3)孔内切屑不易排出，切削液较难注入切削部位。

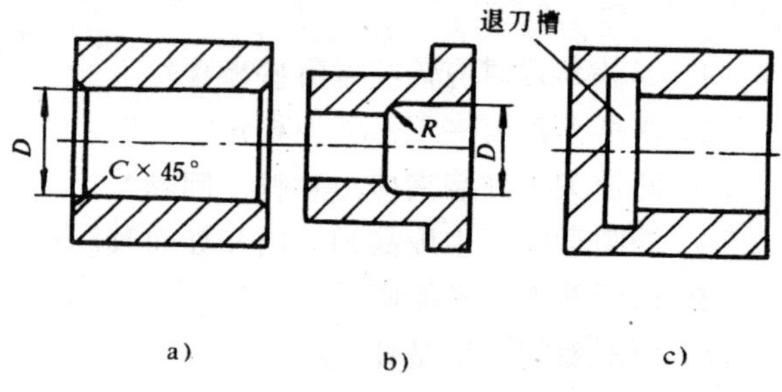

图1-83　套类零件的内孔类型

a)通孔；b)内阶台孔；c)内沟槽(不通孔)

4)当加工孔壁较薄时，加工中工件容易产生变形。

5)圆柱孔的测量，比外圆测量困难。

2．加工套类零件的技术要求

1)尺寸精度：指套的各部尺寸按不同用途应达到的一定要求。

2)形状精度：指套的外圆及内孔表面的圆度、圆柱度等。

3)位置精度：指套的各表面之间相互位置精度，如径向跳动，端面跳动，同轴度及垂直度等。

4)表面粗糙度：指各表面应达到设计要求的表面粗糙度。

3．套类零件的常用材料和加工余量

1)套类零件的常用材料：套类零件的常用材料一般为钢、铸铁、青铜或黄铜，以及轴承合金等，孔径小的一般采用实心材料钻孔车出，孔径大的、常采用带孔的锻件或铸件，以及无缝钢管。

2)套类零件的加工余量：通常车内孔分两大类，一是在实心材料上加工出孔叫做钻孔，另一类是对已有孔进行再加工，叫做镗孔。钻孔时，应选择尺寸符合标准的钻头，镗孔时应分粗车和精车进行。

第二节　钻孔

1. 麻花钻

钻孔常用刀具是标准麻花钻(麻花钻的角度及刃磨详见钳工钻孔部分介绍)。

2. 麻花钻的选用

选用麻花钻时,应仔细核对钻头规格、尺寸,使其符合图纸要求。检查麻花钻切削部分角度是否正确、锋利。麻花钻的长度,一般情况下,钻头的工作部分只要略长于孔深即可,钻头过长,刚性差,钻头过短,排屑困难。

3. 钻头的安装

1)小于 12 mm 的直柄钻头,用钻夹头直接装夹,然后将钻夹头锥柄装入车床床尾套筒锥孔中。

2)锥柄钻头可直接装在床座套筒内。锥柄钻头制造时,锥柄是按标准莫氏锥度制造的,钻头直径小,莫氏锥度号数也小。如果床尾套筒锥度为莫氏 4 号,钻头锥柄为莫氏 2 号,使用时,应在莫氏 2 号的钻头锥柄上分别装上莫氏 3 号、4 号锥套,再将 4 号锥柄装入床尾锥孔中。拆卸锥套时,用楔铁从锥套后端腰形槽中插入,轻轻敲击楔铁,钻头就会被挤出。

3)用专用工具安装:将专用工具装在刀架上的方法,如图 1-84 a)。锥柄钻头可插入专用工具的锥孔内,如图 1-84 b)如果是安装直柄钻头,专用工具应是圆柱孔,侧面用螺钉紧固,校准中心后可手动纵向走刀也可以纵向自动走刀。

4. 钻孔方法

1)钻孔前先把工件端面车平,端面中心不许留有凸头,以利于钻头正确定心。

2)找正床尾,使钻头中心对准工件旋转中心,否则可能会扩大钻孔直径和折断钻头。

3)用细长麻花钻钻孔时,为了防止钻头产生晃动,可以在刀架上夹一挡铁(见图 1-85)支

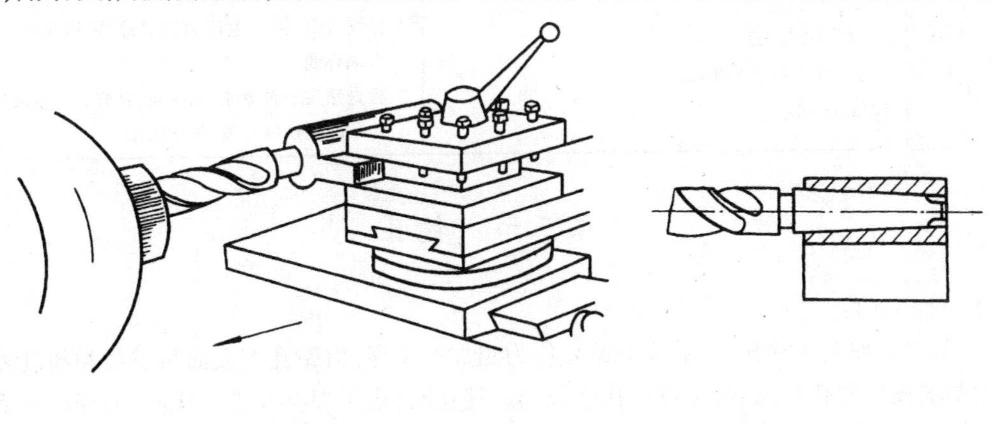

图 1-84　用专用工具安装钻头

a)专用工具安装;b)锥柄钻头插入

顶钻头头部,帮助钻头定中心。但挡铁不能把钻头支顶过中心,否则会将钻头折断,当钻头已正确定心后,挡铁即可退出。

4)先用中心钻钻出中心孔,再用钻头钻孔,这样钻出的孔,同轴度较好,是目前常采用的方

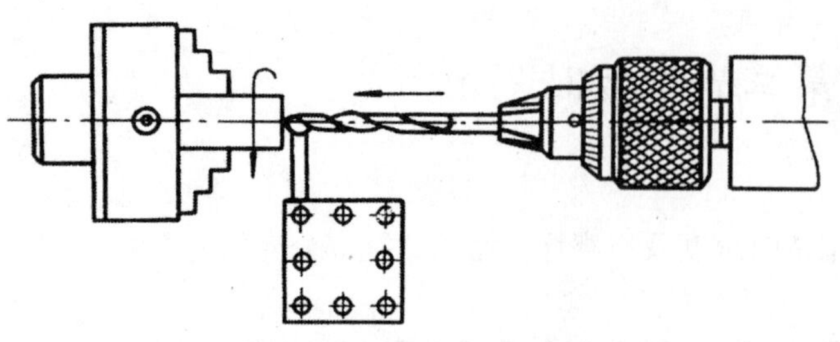

图 1-85　防止钻头晃动用挡铁支顶

法。

5)钻孔后需要直接绞孔的工件，需留加工余量。

5．钻孔注意事项

1)起钻时进给量要小，待钻头头部全部进入工件后，才能正常钻削。

2)钻钢件时，应加冷却液，防止因钻头发热而退火。

3)钻小孔或钻较深的孔时，由于铁屑不易排出，必须经常退出钻头排屑，否则会因铁屑堵塞而使钻头“咬死”或折断。

4)钻小孔时，车头转速应选择快一些，钻头直径越大，转速应相应的减慢。

5)当钻头将要钻通工件时，由于钻头横刃首先钻出，因此轴向阻力大减，这时进给速度必须减慢，否则钻头容易被工件卡死，造成锥柄在床尾套筒内打滑而损坏锥柄和锥孔。

6．钻孔时产生废品的原因及预防

钻孔产生的废品的原因及预防方法，见表 1-10 所列内容。

钻孔时产生的原因及预防　　表 1-10

废品现象	产　生　原　因	预　防　措　施
孔歪斜	1.工件端面不平或与轴线不垂直 2.床尾偏移 3.钻头刚度不够，初钻时进给量过大 4.钻头顶角不对称 5.工件内部有缩孔、砂眼等	1.钻孔前车平端面，中心不能留有凸头 2.调整床尾与主轴同轴 3.选用较短钻头或用中心钻先钻导向孔，采用高速慢进给，或用挡铁支顶，防止钻头摆动 4.正确刃磨钻头 5.降低转速，减小进给量
孔直径过大	1.钻头直径选错 2.钻头主切削刃不对称 3.钻头未对准工件中心 4.钻头摆动	1.看清图样，检查钻头直径 2.仔细刃磨，使两主切削刃对称，横刃中心通过钻头轴心线 3.检查钻头是否弯曲，钻夹头、钻套是否安装正确 4.初钻时用挡铁支顶，防止摆动

第三节　镗孔

1．镗孔刀具

在车床上加工圆柱孔，一般都把钻孔作为粗加工工序，对钻孔的表面粗糙度和精度要求不高，因要求较大的孔径，必须通过镗孔来完成。镗孔时，由于刀具要进入孔内，刀杆尺寸受到孔径和孔深的限制，一般做得细而长，使刀杆的刚性和强度受到影响，车削时，因径向力的关系，常使刀杆向外，产生“让刀”现象，导致所车削的孔成“喇叭口”形，常用的镗孔刀具有：

1)通孔车刀　见图 1-86 a)。用来车削一般通孔。

2)不通孔车刀　见图 1-86 b)，主要用来车削不通孔或内阶台。

3)粗精车刀　见图 1-86 c)，刀具前端焊有二块硬质合金刀片，分别用于粗车精车，一般粗车时用外侧刀刃，精车时用里侧刀刃，这样有利于提高产品质量和延长刀具的使用寿命。

4)装夹式车刀　见图 1-86 d)，刀片焊在小刀排上，用螺钉紧固在刀杆的方孔里，使用时能根据工件的加工要求，装拆调换，有利于节约。加工不通孔工件时，刀尖应在刀杆的最前端，固定螺钉应装在刀杆上方。

5)刀杆可调式车刀　见图 1-86 e)。根据加工需要，可调整刀杆的伸出长度适用于加工各种不同深度的孔。

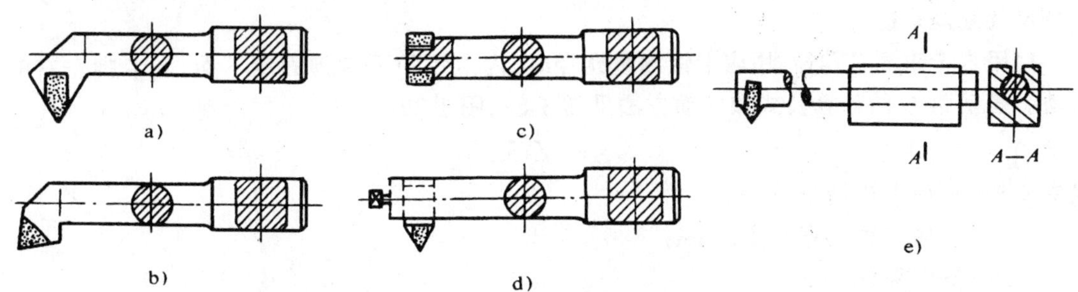

图 1-86　常用镗孔刀具

a)通孔车刀；b)不通孔车刀；c)粗精车刀；d)装夹式车刀；e)可调车刀

2．镗孔刀的选择

1)尽可能选用截面尺寸较大的刀杆，以增加其刚性和强度。

2)刀杆伸出长度尽可能短些，只要刀杆工作部分长度略长于孔深即可，以增加其刚性和强度。

3)镗孔刀的几何角度基本上与外圆车刀相似，但方向相反，镗孔刀的后角应稍大一些。

4)加工不通孔时，应选择负刃倾角，使切屑向孔口排出。

3．内孔车刀的安装

1)内孔车刀安装时，刀尖应对准工件中心，刀杆与轴心线要基本平行，否则车削时刀杆会与孔壁产生摩擦、相碰，破坏孔径表面。为了保证车孔顺利进行，刀具装夹以后，在车孔前，应将刀具在孔内试走一遍检验其安装是否正确。

2)内孔车刀安装时应装在刀架的外侧面。

4．通孔车削方法

通孔车削方法基本上与车外圆相同，也分为粗车和精车，纵向走刀 3～5 mm 后，横向不动，纵向退出，停车测量，直至符合孔径尺寸精度要求为止。但车削时要注意，它的进刀和退刀方向与车外圆相反。

5．车内阶台及不通孔

1)车刀的安装：车削内阶台时，车刀除了刀尖应对准工件中心，刀杆尽可能伸出短些外，车刀的主刀刃和平面应形成 3°～5°的夹角，以保证阶台垂直，并且要求车刀横向有足够的退刀余地。见图 1-87。

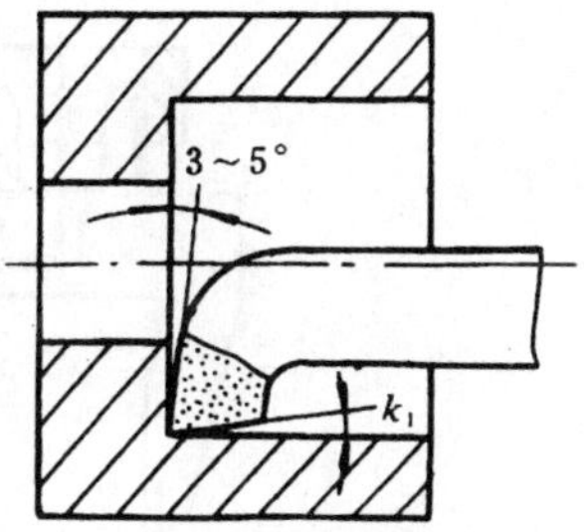

图 1-87　车削内阶台

2)车内阶台方法：

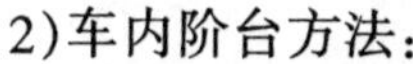

(1)车削直径较小的内阶台孔时，由于孔小，观察、测量不方便，一般采用先粗车和精车小孔，再粗车和精车大孔的方法进行。

(2)车削直径较大的内阶台孔时，一般采用先粗车小孔与大孔，再精车小孔与大孔的方法，以保证其同心度。

(3)车削孔径大、小相差较大的阶台孔时，开始最好采用主偏角小于90°的车刀先进行粗车(通孔车刀)，然后再用不通孔车刀进行精车，这样车刀不易损坏。

6. 孔径的测量

孔径的测量一是指孔径的大小、二是指孔的长度，通常采用钢尺、内卡钳、游标卡尺、内径千分尺及塞规来进行。

1)用内卡钳测量孔径：用内卡钳测量孔径时，内卡钳的下卡脚固定不动，上卡脚左右前后摆动。摆动距 S 的计算公式和摆动方法见图 1-88、图 1-89。

$$S=\sqrt{8\times de}$$

式中 S——内卡钳摆动距，mm；

d——内卡钳张开尺寸，mm；

e——间隙量，mm。

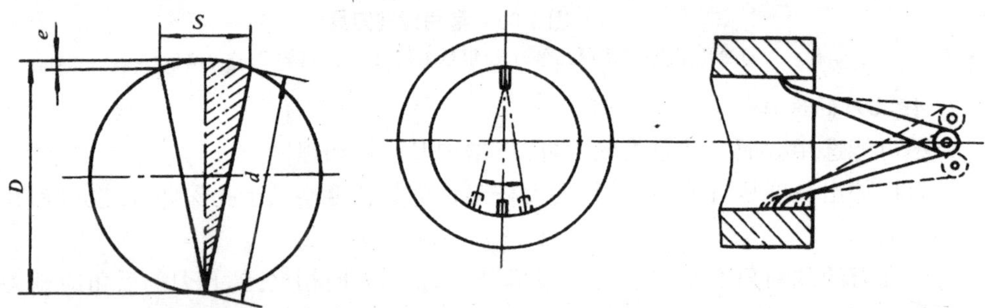

图 1-88 内卡钳摆动距　　**图 1-89 内卡钳摆动方法**

例如： 孔径为 $\phi 20^{+0}_{+0.045}$ mm，求内卡钳的最大摆动距？

解： 内卡钳张开尺寸 $d=20$ mm

最大允许间隙量 $e=0.045$ mm

最大摆动距

$$S=\sqrt{8de}=\sqrt{8\times 20\times 0.045}\approx 2.68\ \text{mm}$$

2)用游标卡尺测量：测量时，应使卡爪作适量摆动，摆动的最大值即是孔径的实际尺寸。用游标卡尺还可以测量孔的深度。见图 1-90。

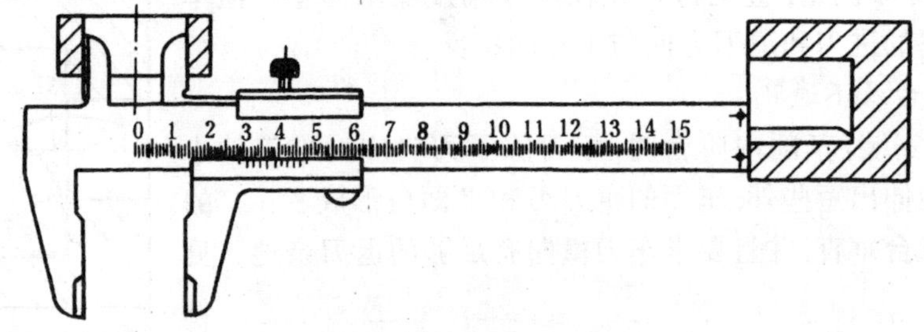

图 1-90 用游标卡尺测量孔径和孔深

3)用塞规测量：塞规一般由通端(过端)1，止端 2 和手柄 3 组成。见图 1-91。

通端按孔的最小极限尺寸制成，测量时，通端应进入孔内。止端按孔的最大极限尺寸制成，测量时，不允许插入孔内，这时说明孔的尺寸正好，如图 1-92 如果通端不能通过，说明孔径

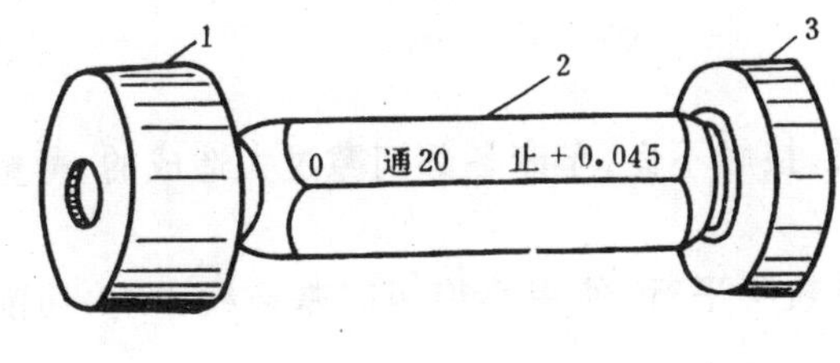

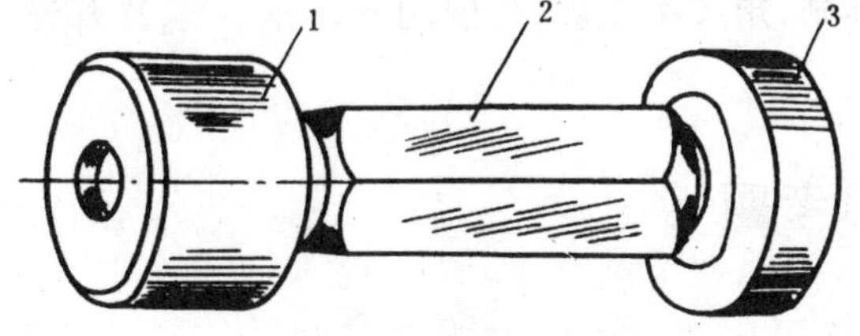

图 1-91　塞规

1-通端;2-手柄;3-止端

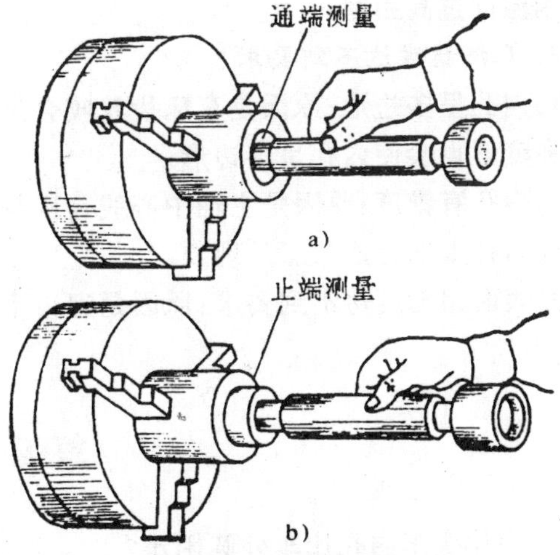

图 1-92　用塞规测量孔径

a)通端测量;b)止端测量

太小,如果止端已进入孔内,说明孔径已车大,都属不合格。测量不通孔用的塞规,应在外圆上沿轴向开有排气槽。

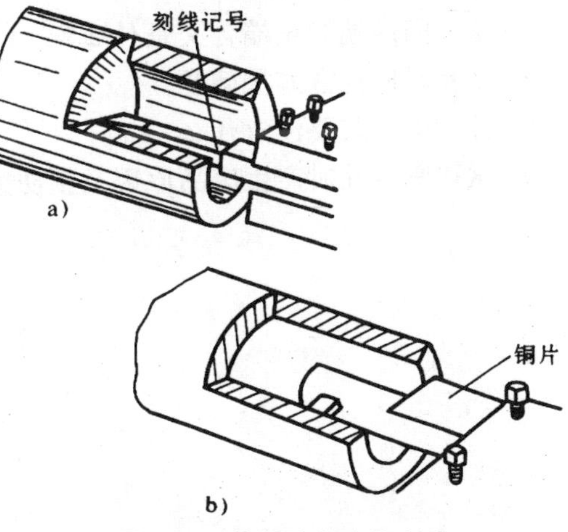

图 1-93　控制孔长度的方法

4)测量孔的长度:孔的长度又叫做孔深,粗车时,一般采用刀杆上刻线痕作记号的方法进行,或安放限位铜片,如图 1-93。还可以利用大拖板、小拖板刻度盘刻线来控制(利用小拖板时要注意刻度盘基准线一定要为“0”)。精车时,为了保证尺寸准确,还需要用钢尺或游标卡尺反复测量。

5)测量孔径注意事项:

(1)用内卡钳测量时,两脚连线应与孔径轴心线垂直,并在自然状态下摆动,否则摆动量不正确,会出现测量误差。

(2)用塞规测量孔径时,应保持孔壁清洁,否则会影响测量质量。

(3)用塞规测量工件时,不能倾斜,更不能硬塞或用力敲击,以免损坏塞规及工件,造成视觉误差。

(4)当孔径温度较高时,不要用塞规去测量,以防工件冷缩把塞规“咬死”在孔内。

(5)在孔内取出塞规时,要注意安全,防止手被车刀碰伤。

第四节　车内孔时的质量分析

1. 尺寸精度达不到要求

1)孔径大于要求尺寸:原因是镗孔刀安装不正确,刀尖不锋利,小拖板下面转盘基准线未对准“0”线,孔偏斜、跳动,测量不及时。

2)孔径小于要求尺寸:原因是刀杆细造成“让刀”现象,塞规磨损或选择不当,绞刀磨损以及车削温度过高引起。

2. 几何精度达不到要求

1)内孔呈多边形:原因是车床齿轮咬合过紧,接触不良,车床各部间隙过大造成的,薄壁工件装夹变形也会使内孔呈多边形。

2)内孔有锥度:原因是主轴中心线与床身导轨不平行,使用小拖板时基准线不对,切削量过大或刀杆太细造成“让刀”现象。

3)表面粗糙度达不到要求:原因是刀刃不锋利,角度不正确,切削用量选择不当,冷却液不充分。

复习思考题

1. 为什么车内孔比车外圆困难?
2. 通孔镗孔刀与不通孔镗孔刀有何区别?
3. 测量孔径有几种方法?
4. 塞规的通端和止端含义是什么?
5. 钻孔时应注意哪些问题?
6. 镗孔刀安装要注意什么?
7. 试述车内孔时产生废品原因及预防方法。

第六章　车圆锥体

在机床与工具中，如果要使两个零件精密结合，并能多次装拆而不影响原来的精度，一般采用圆锥表面结合。例如车床主轴圆锥孔与前顶尖套筒锥面的结合，床尾套筒的圆锥孔与后顶尖圆锥面的结合，麻花钻与锥套的结合，船舶尾轴和螺旋桨的联接，机舱管路系统中，截止阀阀盘与阀座的配合等。图 1-94 为圆锥面零件的结合实例。

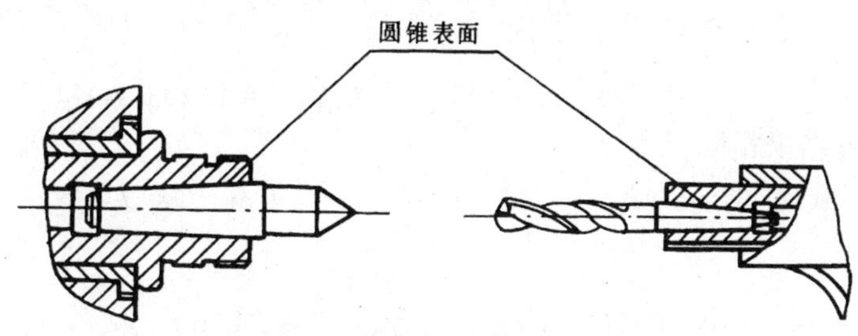

图 1-94　圆锥面零件的结合实例

圆锥表面与圆柱表面的区别是：圆柱表面的轴心线与母线平行，而圆锥表面的轴心线与母线相交成一个角度，因此车削圆锥表面时，必须使车刀移动轨迹与轴心线成一个角度才行。

第一节　圆锥各部分名称及计算

1. 圆锥各部分名称和代号

圆锥的各部分名称及代号见图 1-95。

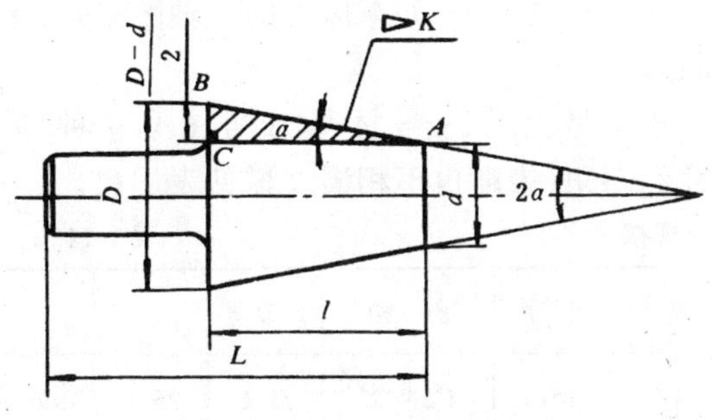

图 1-95　圆锥各部分名称

D-圆锥的大端直径，mm；d-圆锥的小端直径，mm；l-锥体部分长度，mm；α-圆锥的斜角，°（即圆锥体母线与轴心线之间的夹角，也是小拖板应该转动的角度）；2α-圆锥的锥角，°；L-工件的总长，mm；K-圆锥体的锥度（即圆锥体大小端直径之差与长度之比 $K=\frac{D-d}{l}$）；M-圆锥体的斜角，（即圆锥体大小端直径之差的一半与长度之比 $M=\frac{D-d}{2l}$）

2. 圆锥各部分尺寸计算

1)圆锥斜角与大端直径、小端直径及锥体部分长度之间的关系：

图 1-95 中　$\tan\alpha=\frac{D-d}{2l}$

$$D=d+2l\tan\alpha$$

$$d=D-2l\tan\alpha$$

$$l=\frac{D-d}{2\tan\alpha}$$

2)锥度与其他几个量之间的关系

$$K=\frac{D-d}{l}$$

$$D=d+Kl$$

$$d=D-Kl$$

$$l=\frac{D-d}{K}$$

$$\tan\alpha = \frac{K}{2}$$

当 $\alpha < 8°$时,可用下列近似公式计算

$$\alpha \approx 28.7° \times \frac{D-d}{l}$$
$$\approx 28.7° \times K$$

例 1 有一锥体 $D = 24$ mm, $d = 22$ mm, $l = 32$ mm, 求 $\alpha = ?$

解: 根据公式 $\tan\alpha = \frac{D-d}{2l} = \frac{24-22}{2\times 32} = 0.0315$,查三角函数表 $\alpha = 1°47'$

因为 $\alpha < 8°$可以用近似公式计算

$$\alpha \approx 28.7° \times \frac{D-d}{l} \approx 28.7° \times \frac{24-22}{32} \approx 1.793°$$

因为 $1° = 60'$　　$0.793° \times 60 = 47'$　　所以 $\alpha = 1.793° = 1°47'$

两种方法计算结果相同。

例 2 有一圆锥孔, $K = 1:10$　$l = 30$ mm　$D = 24$ mm, 求 $d = ?$

解: 根据公式

$$d = D - Kl = 24 - \frac{1}{10} \times 30 = 21 \text{ mm}$$

第二节　圆锥的种类

圆锥标准化,能降低生产成本,使用方便,故把常用的工具、刀具上的圆锥各部分尺寸,按照规定的号码来制造,使用时只要号数相同就能互换。标准圆锥已在国际上通用,不论哪个国家生产的零件,只要符合标准圆锥,都能达到互换性要求。

常用标准圆锥有以下几种:

1)莫氏圆锥:莫氏圆锥是机器制造业中,应用得最广泛的一种,如车床上的主轴圆锥孔、床尾锥孔、顶尖、钻头锥柄、铰刀锥柄等都采用莫氏圆锥。

莫氏圆锥已列入国家标准(GB157－83)分为 0 号、1 号、2 号、3 号、4 号、5 号、6 号 7 种,最小的是 0 号,最大的是 6 号。号码不同,圆锥的尺寸和斜角、锥度也不相同。详见表 1-11。

莫氏圆锥部分规格　　表 1-11

圆锥号	锥度	斜角	D	d	l	圆锥号	锥度	斜角	D	d	l
0	1:19	1°29′23″	9.2	6.1	49	4	1:19	1°29′12″	31.6	25.1	99
1	1:20	1°25′40″	12.3	8.9	52	5	1:19	1°30′22″	44.8	36.5	135
2	1:20	1°25′46″	18	14	62	6	1:19	1°29′32″	63.8	52.4	172
3	1:19	1°26′12″	24	19.1	78						

2)公制圆锥共有 4、6、50、80、100、120、140、160、180 和 200 号共 11 种号码,公制圆锥的锥度都是 1:20,斜角为 1°26′。它们的号数表示圆锥的大端直径(mm),如 100 号公制圆锥,它的大端直径是 100 mm,斜角为 1°26′,锥度是 1:20。

3)标准锥度:标准锥度是国家规定的各种专用的标准锥度,常用标准锥度的应用场合及锥度尺寸见表 1-12。

常用标准锥度　　表 1-12

锥度 K	锥角 2α	斜角 α	应用举例
1:4	14°15′	7°7′30″	车床主轴法兰及轴头
1:5	11°25′16″	5°42′38″	易于拆卸的连接,砂轮主轴与砂轮法兰的结合,锥形摩擦离合器等
1:7	8°10′16″	4°5′8″	管件的开关塞、阀等
1:12	4°46′19″	2°23′9″	部分滚动轴承内环锥孔
1:15	3°49′6″	1°54′23″	主轴与齿轮的配合部分
1:16	3°34′47″	1°47′24″	圆锥管螺纹
1:20	2°51′54″	1°25′56″	公制圆锥工具,锥形主轴颈
1:30	1°54′35″	0°57′17″	装柄的铰刀、打孔钻与柄的配合
1:50	1°8′45″	0°34′23″	圆锥定位销、锥铰刀等
7:24	16°35′39″	8°17′50″	铣床主轴孔及刀杆的锥体
7:64	6°15′38″	3°7′49″	刨齿机工作台的心轴孔

第三节　圆锥面的车削

由于圆锥表面有各种不同的形状,车床上的设备也不相同,根据不同情况,可以采用不同的车削方法。

1. 转动小拖板车削圆锥

车削长度较短、锥度较大的圆锥体或圆锥孔时(见图 1-96),通常采用转动小拖板的方法,这种方法操作简单,并能保证一定的加工精度,适用于单件,小批量生产,是一种应用广泛的加工方法。缺点是不能车削较长的圆锥面和不能采用自动走刀。

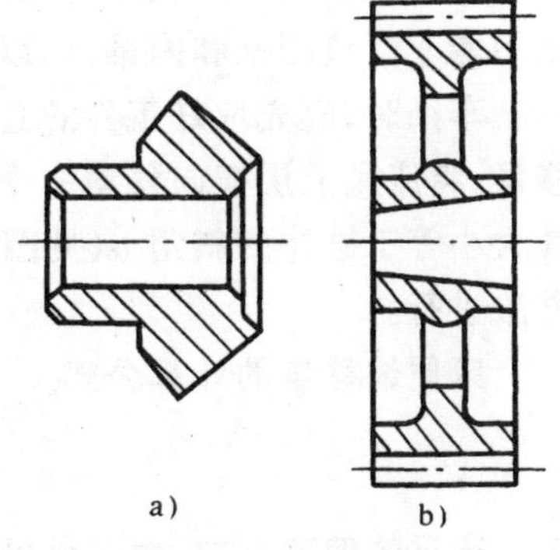

图 1-96　圆锥零件
a)圆锥体零件;b)圆锥孔零件

1)转动小拖板角度:转动小拖板角度时,必须注意图纸上所标注的角度,因为圆锥母线与工件中心线所夹的角度(圆锥斜角 α)是小拖板应转过的角度。如果图纸上所注的角度不是圆锥斜角 α,则必须进行换算,求出斜角 α。

例 1　如要加工图 1-97 所示圆锥齿轮坯时,小拖板应转多少度?

解: 车削圆锥面 1 时,小拖板应与 OB 线平行,OB 线与工件中心线的夹角为 $60°\div2=30°$ 所以小拖板应逆时针转动 30°。

车削圆锥面 2 时,小拖板应与 BC 线平行,BC 线与工件中心线的夹角即$\angle GCB$ 为 $90°-30°=60°$所以小拖板应顺时针转动 60°。

车削锥面 3 时，小拖板应与 AD 线平行，AD 线与工件中心线的夹角即$\angle ODA$ 为 $120° \div 2 = 60°$所以小拖板应顺时针转动 60°。

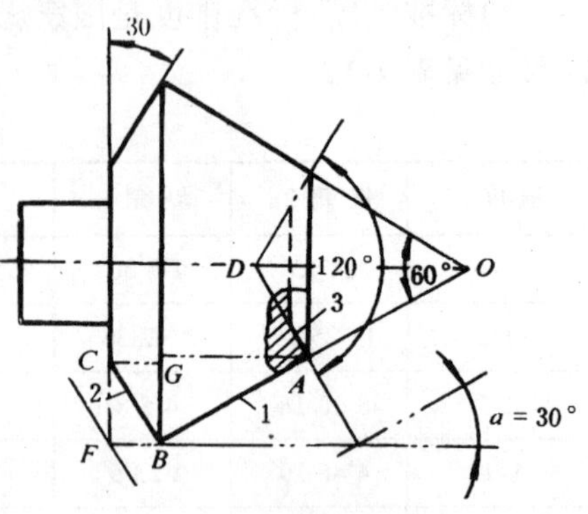

图 1-97 圆锥齿轮坯

例 2 车削如图 1-98 所示之滑轮时，求小拖板转动角度 α?

解： 圆锥面 1 和 2 是对称面，因为$\angle BOC = 120°$所以$\angle AOB = 120° \div 2 = 60°$，$\angle ABO = 90° - 60° = 30°$，即小拖板应顺时针转动 30°，而圆锥面 2，则应逆时针转动 30°。

2)校正小拖板角度：计算出来的圆锥斜角，使转动小拖板有了依据，但这个角度不可能在初次转动时就转得十分精确，加工时常会产生一定的锥度误差，因此车削时根据不同的精度要求，可采用校表法、配研法、万能角尺检验角度的正确性。

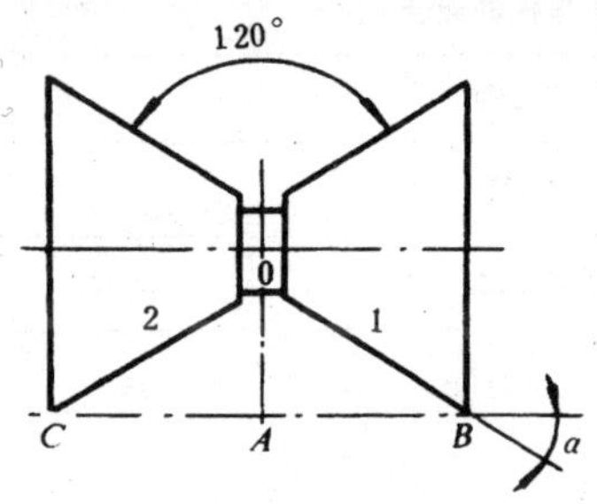

图 1-98 滑轮

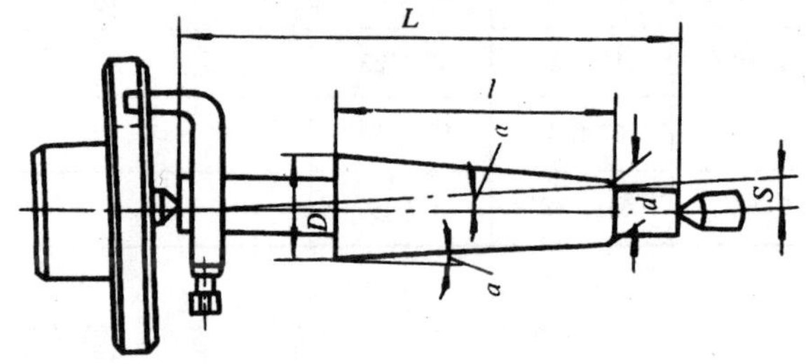

图 1-99 偏移床尾车削圆锥体

2．偏移床尾尾座车削圆锥

对于较长而锥度较小的圆锥体，可以采用偏移床尾座的方法，此方法可以自动走刀，缺点是不能车削整圆锥和内锥体，以及锥度较大的工件。

车削时，应先取好工件的总长度，并在两端分别钻好中心孔，然后根据计算出来的床尾偏移量，将床尾上层横向移动一个距离 S，使工件轴心线和车床主轴轴心线相交成一个角度 α，其大小等于锥体的斜角 α(见图 1-99)。偏移床尾车削圆锥体，一定要采用两顶尖之间的装夹方法进行。

床尾偏移量的计算公式

$$S = \frac{D-d}{2l} \times L$$

床尾的偏移方向，由工件的锥体方向决定。当工件的小端靠近床尾处，床尾应向里移动，反之，床尾应向外移动(见图 1-100)。

例 3 已知 $D = 30$ mm，$d = 26$ mm，$L = 240$ mm，$l = 160$ mm，求 $S = ?$

解：

$$S = \frac{D-d}{2l} \times L = \frac{30-26}{2 \times 160} \times 240 = 3(\text{ mm})$$

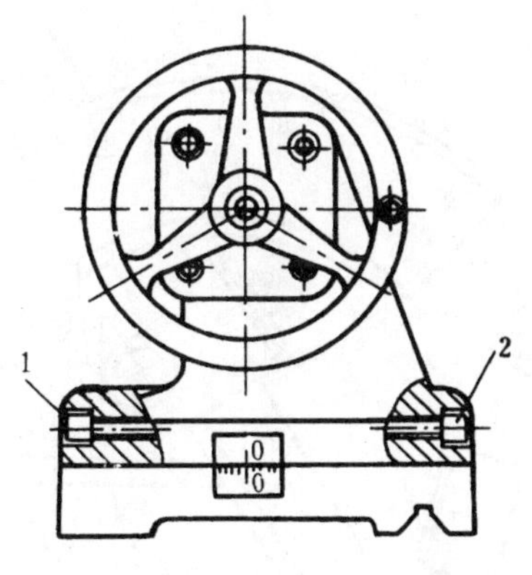

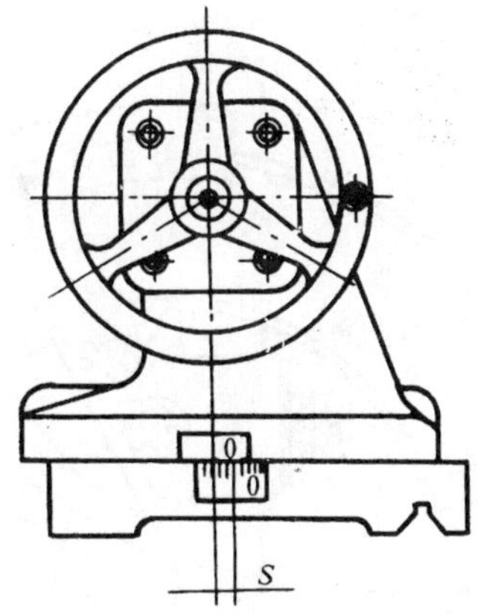

图 1-100　利用床尾刻度偏移

1、2-调节螺钉

第四节　圆锥面的度量和检验

由于小拖板的转动刻度值，一般只精确到半度，床尾偏移量也只能精确到 0.5 mm，所以初次转动小拖板或偏移床尾时，不可能十分精确，工件就有可能产生锥度误差，影响质量，对一些精度要求高，需要互相配合的内外圆锥，在车削过程中，还需要经过多次调整、校正才能得到，因此，锥度的测量和检验在粗车时就应该开始进行。圆锥体的尺寸测量如大小端直径和长度一般可选用游标卡尺或千分尺等，而锥度的测量和检验常用下列方法：

1)用万能角度尺测量：万能角度尺测量精度有 5′和 2′两种，根据工件角度的大小，选用不同的测量装置。测量 0°～50°角度工件，选用如图 1-101 a)的测量装置，测量 50°～140°之间的角度工件时，可卸下角尺用直尺代替如图 1-101 b)，如卸下直尺装上角尺，可测量 140°～230°之间的角度如图 1-101 c)、d)，如果将角尺和直尺都卸下，还可以测量 230°～320°之间的角度工件。

使用万能角度尺注意事项：

(1)首先按零件标明的角度，调整好角度尺的测量范围。

(2)修去工件上的毛刺，保持工件、量具的表面清洁。

(3)角度尺的尺面应通过工件中心对称面，量具的基面与工件测量基面要吻合，并用透光法检查。

2)用角度样板测量：用角度样板测量工件的角度，适用于成批和大量的生产，这样能减少辅助时间，图 1-102 是用样板测量圆锥齿轮坯角度的方法。

3)综合测量：综合测量可选用标准圆锥塞规和套规进行，也可以自制圆锥塞规和套规。如图 1-103。

(1)用塞规测量锥孔：圆锥塞规除了有一个精确圆锥外表面，在大端直径锥面上还刻有两条圆周线，分别表示通端和止端。这两条刻线也就是圆锥长度的公差范围。

测量时，先在塞规的圆锥表面上，沿着轴线均匀地涂上两条显示剂(红丹粉或蓝油)，然后将塞规塞入圆锥孔，倒顺(来回)旋转 1/2 转左右，取出塞规，观察塞规锥面上的显示剂与圆锥孔的接触摩擦情况。如果涂在塞规锥体上的显示剂摩擦痕迹很均匀。说明锥孔的锥度正确，如果塞规大端的显示剂有摩擦痕迹，而小端处没有摩擦痕迹，则说明锥孔的锥度过小，必须适

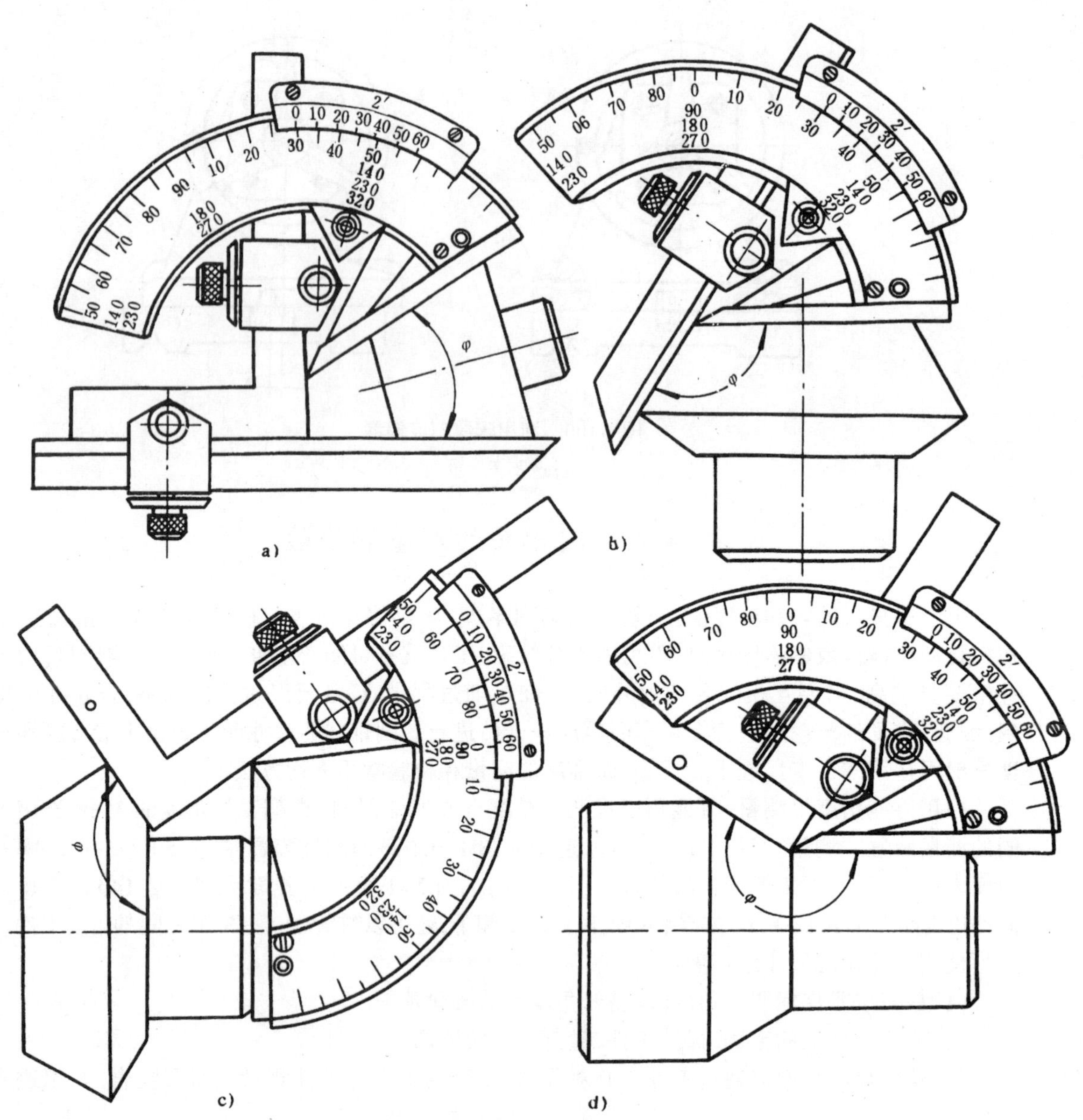

图 1-101　用万能角度尺测量角度

a)测量 0°～50°；b)测量 50°～140°；c)、d)测量 140°～230°

当增大小拖板的转动角度。如果锥体的小端处有摩擦痕迹，而大端处没有摩擦痕迹，则说明锥孔的锥度过大，必须适当减小小拖板的传动角。

塞规上的二条刻线，是孔径尺寸的公差范围，如果锥孔的大端平面在两条刻线之间说明符合要求，如果超过刻线，则锥孔车大，如果刻线没有进入锥孔，则锥孔尺寸小(见图 1-104)。

(2)用套规测量锥体：套规除有一个精确的内圆锥孔外，在套规的端面上有一个阶台，这个阶台就是圆锥体的长度公差范围，其测量方法与用塞规测量锥孔相同，只不过显示剂应该涂在被检验的工件圆锥表面上，测量情况见图 1-105。

(3)控制横向进给尺寸的方法：当锥度正确，长度还差一段距离时，可采用下列公式计算横

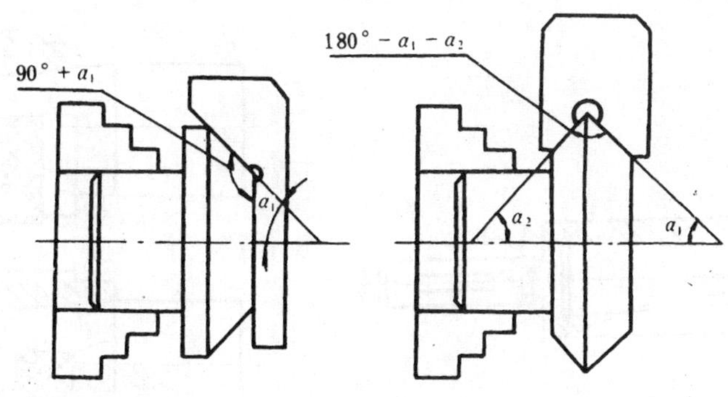

图 1-102　用样板测量圆锥齿轮坯的角度

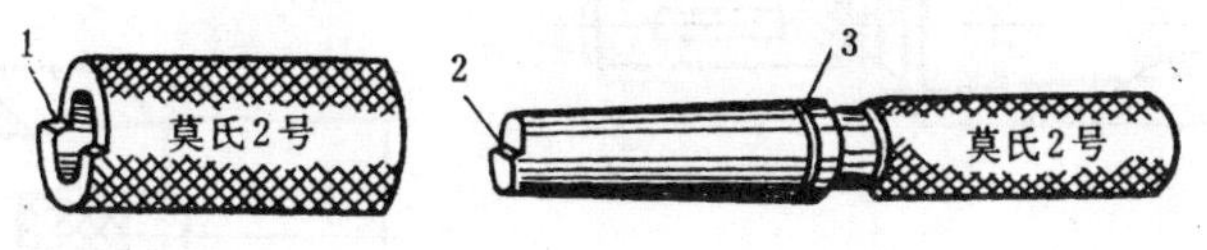

a)

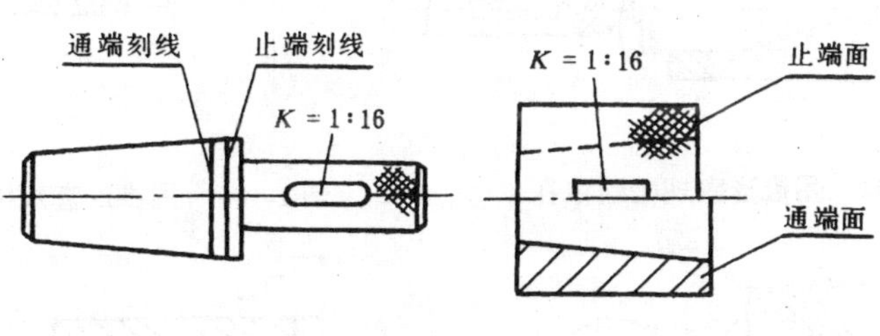

b)

图 1-103　锥度塞规和套规

a)标准锥度塞规和套规；b)自制锥度塞规和套规

1-套规圆锥长度公差范围；2-塞规圆锥长度公差范围；3-通端与止端刻线

向进给量。

$$t = a \cdot \tan\alpha$$

式中　t——横向进给尺寸，mm；

α——圆锥斜角，°；

a——套规端面或塞规刻线与工件端面之间距离，mm。

例 4　已知 $\alpha = 1°30'$，$a = 4$ mm，求 $t = ?$

解：$t = a \cdot \tan\alpha = 4 \times \tan 1°30' = 4 \times 0.026 = 0.104$ mm

当横向进给 0.104 mm 时，就可以使锥体的尺寸车削合格。

4)圆锥精度公差表：对于相结合的锥度和角度零件，根据用途，规定不同的锥度和角度公差。按 JB1－59 规定，其精度共分十个等级。见表 1-13。

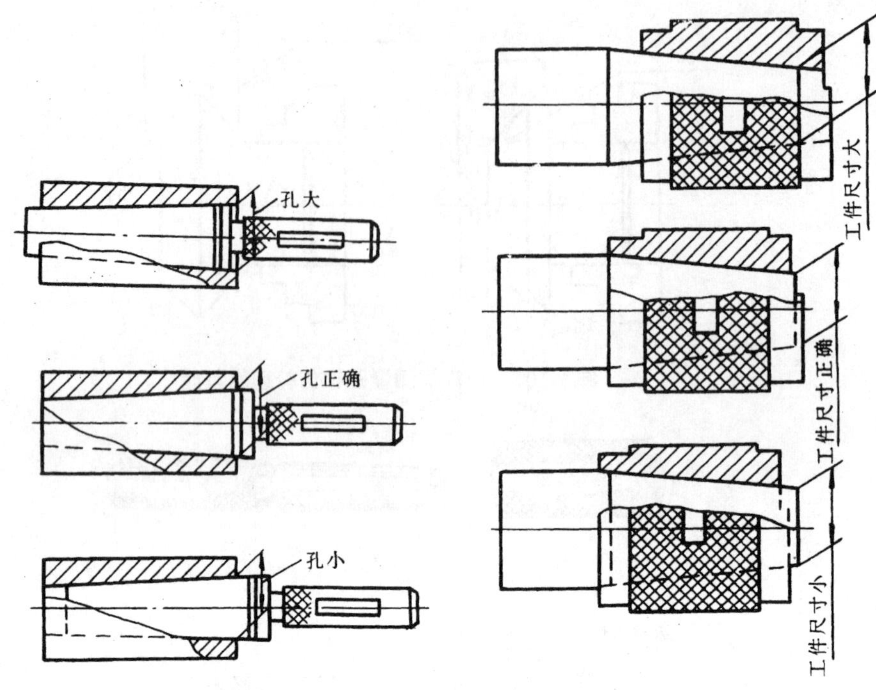

图 1-104　用锥形塞规检验锥孔

图 1-105　用锥形套规检验锥体

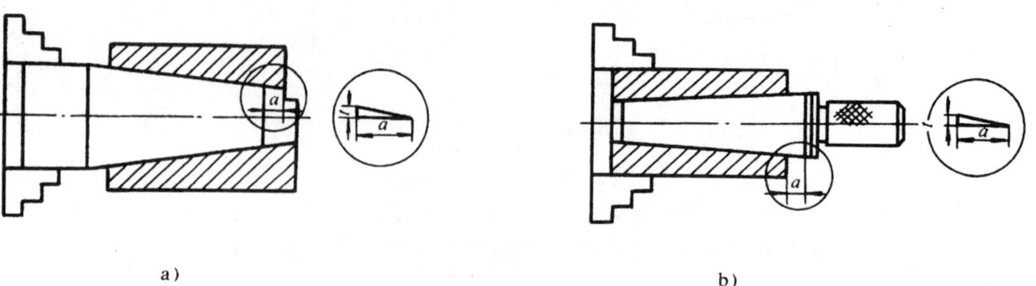

图 1-106　车圆锥横向进给尺寸控制方法

a)控制锥体；b)控制锥孔

配合用锥(°)度公差(JB1－1959)　　表 1-13

基本尺寸 (mm)	公差 (±)									
	精度等级									
	1	2	3	4	5	6	7	8	9	10
自 1～3	50″	1′15″	2′	3′	5′	8′	13′	20′	32′	50′
＞3～6	40″	1′	1′30″	2′30″	4′	6′	10′	16′	25′	40′
＞6～10	30″	50″	1′15″	2′	3′	5′	8′	13′	20′	32′

续上表

基本尺寸(mm)	公差(±)									
	精度等级									
	1	2	3	4	5	6	7	8	9	10
>10~18	25″	40″	1′	1′30″	2′30″	4′	6′	10′	16′	25′
>18~30	20″	30″	50″	1′15″	2′	3′	5′	8′	13′	20′
>30~50	15″	25″	40″	1′	1′30″	2′30″	4′	6′	10′	16′
>50~80	12″	20″	30″	50″	1′	1′30″	2′30″	4′	6′	10′
>80~120	10″	15″	25″	40″	1′	1′30″	2′30″	4′	6′	10′
>120~180	8″	12″	20″	30″	50″	1′15″	2′	3′	5′	8′
>180~260	6″	10″	15″	25″	40″	1′	1′30″	2′30″	4′	6′
>260~360	5″	8″	12″	20″	30″	50″	1′15″	2′	3′	5′
>360~500	4″	6″	10′	15″	25″	10″	1′	1′30″	2′30″	4′

对于非配合的锥度和角度公差(自由角度公差),其精度分为1、2、3、4级,见表1-14。

自由角度公差(JB7－1959) 表1-14

基本尺寸(mm)	精度等级				基本尺寸(mm)	精度等级			
	1	2	3	4		1	2	3	4
自1~3	1°30′	2°30′	4°	6°	>80~120	20′	30′	50′	1°15′
>3~6	1°15′	2°	3°	5°	>120~180	15′	25′	40′	1°
>6~10	1°	1°30′	2°30′	4°	>180~260	12′	20′	30′	50′
>10~18	50′	1°15′	2°	3°	>260~360	10′	15′	25′	40′
>18~30	40′	1°	1°30′	2°30′	>360~500	8′	12′	20′	30′
>30~50	30′	50′	1°15′	2°	>500	6′	10′	15′	25′
>50~80	25′	40′	1°	1°30′					

第五节　车圆锥体的质量分析

1. 锥度不准确

原因是计算上的误差;小拖板转动角度和床尾偏移量偏移不精确;或者是车刀、拖板、床尾没有固定好,在车削中移动而造成。甚至因为工件的表面粗糙度太差,量规或工件上有毛刺或没有擦干净，造成检验和测量的误差。

2．锥度准确而尺寸不准确

原因是粗心大意，测量不及时不仔细，进刀量控制不好，尤其是最后一刀没有掌握好进刀量而造成误差。

3．圆锥母线不直

圆锥母线不直是指锥面不是直线，锥面上产生凸凹现象或者是中间低、两头高。主要原因是车刀安装没有对准中心。

4．表面粗糙度不合要求

配合锥面一般精度要求较高，表面粗糙度差，往往会造成废品，因此一定要注意。造成表面粗糙度差的原因是切削用量选择不当，车刀磨损或刃磨角度不对。没有进行表面抛光或者抛光余量不够。用小拖板车削锥面时，手动走刀不均匀，另外机床的间隙大，工件的刚性差也会影响工件的表面粗糙度。

复习思考题

1．用图说明圆锥体各部分名称，并写出各部分尺寸的计算公式。

2．根据下列已知条件，用查三角函数表的方法及用近似公式计算出圆锥斜角 α。

(1) $D=25$ mm　　$d=21$ mm　　$l=45$ mm　　(2) $K=1:16$

3．转动小拖板车削圆锥有什么优缺点？适用于什么情况下？

4．偏移床尾车削圆锥有什么优缺点？适用于什么情况下？

5．如何使用锥度塞规或套规测量锥面和尺寸？

6．车削圆锥面时会出现哪些问题？如何解决？

第七章　车削三角形螺纹

在机械产品中，很多零件都有螺纹，螺纹既可用于零件的联接、紧固、又可以用以传动和测量，应用十分广泛。船上的主机、辅机连杆螺栓，气缸头螺丝、阀杆、汽门杆等零件上都具有螺纹。

螺纹的形成起始于螺旋线。车削时，工件作等速旋转，车刀刀尖与工件外圆接触作匀速纵向移动，这时工件的表面就会车出一条螺旋线。如图 1-107。

当车刀反复做纵向移动，同时不断增加吃刀深度，螺旋线就变成了螺旋槽，当车至规定尺寸后，就形成了螺纹。

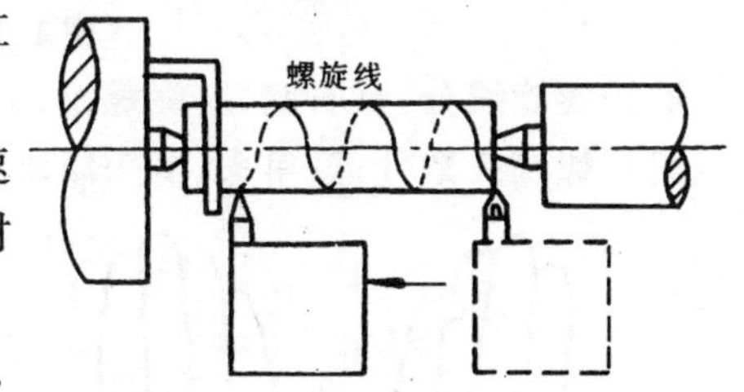

图 1-107　用车刀车削三角形螺纹

第一节　螺纹的基本概念

1. 螺纹的种类

螺纹的种类很多，目前主要分成二大类：一是标准螺纹；二是特殊螺纹和非标准螺纹。标准螺纹具有较高的通用性和互换性，应用比较普遍，而特殊螺纹和非标准螺纹应用较少，一般根据需要应用在一些特殊机构里。

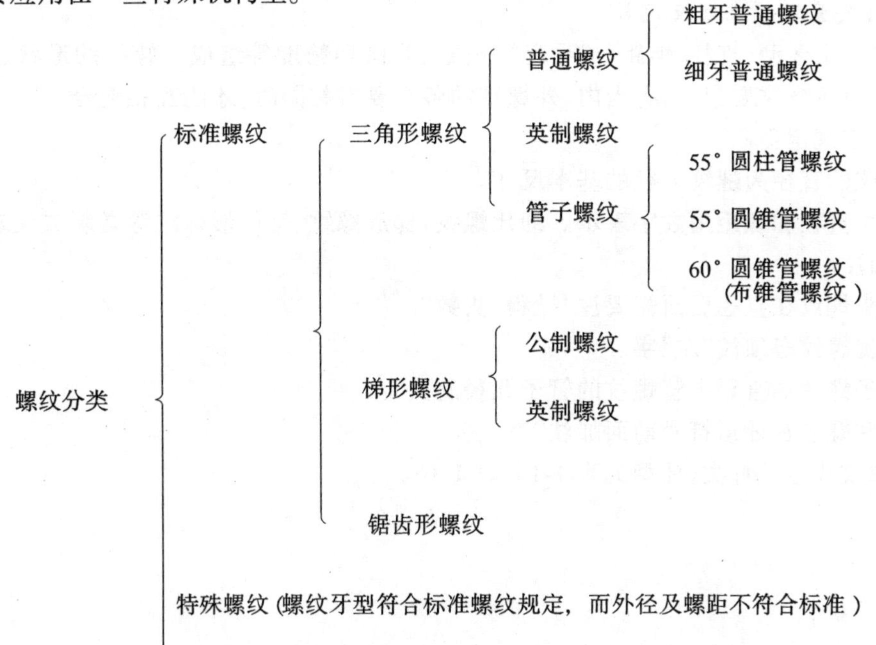

螺纹还可以按下列情况分：

1)按螺纹的断面形状分:有三角形、方牙形、梯形螺纹等,如图 1-108。

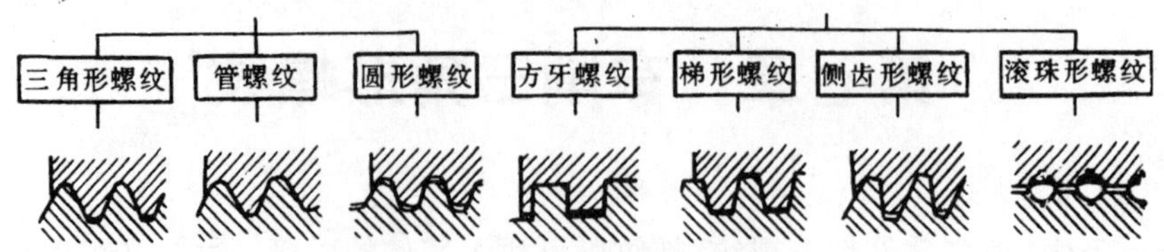

图 1-108 螺纹的断面形状

2)按螺旋线分:有右旋、左旋螺纹,如图 1-109。

3)按螺纹头数分:有单头,多头螺纹,如图 1-110。

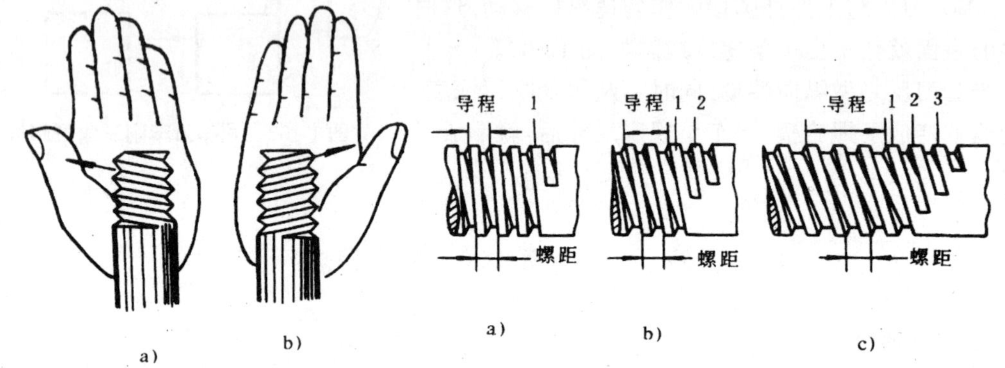

图 1-109 用大拇指区分左右旋螺纹

a)左旋螺纹;b)左旋螺纹

图 1-110 单头螺纹和多头螺纹

a)单头;b)双头;c)三头

2. 螺纹要素及标准螺纹代号

螺纹要素由牙型、直径、螺距(或导程)、头数、旋向和精度等组成。螺纹的形状、尺寸和配合性能都取决于螺纹要素,只有当内、外螺纹的各个要素相同时,才能互相配合。

国家标准规定:

(1)螺纹的直径为螺纹大径的基本尺寸。

(2)螺纹直径和螺距用数字表示。细牙螺纹、梯形螺纹、锯齿形螺纹等必须加注螺距,粗牙螺纹不需加注。

(3)多头螺纹在直径后面需要注“导程/头数”。

(4)左旋螺纹必须注“左”字。

(5)管子螺纹的直径由管螺纹的管子孔径所决定。

(6)特殊螺纹在牙形符号前面加注“特”字。

标准螺纹代号及种类,牙型见表 1-15、表 1-16。

标准螺纹代号示例

表 1-15

螺纹类型	牙形代号	牙形角	代号示例	代号示例说明
公制粗牙螺纹	M	60°	M10	公制普通标准螺纹，外径 10 mm，螺距 1.5 mm
公制细牙螺纹	M	60°	$M10\times1$	公制螺牙螺纹，外径 10 mm，螺距 1 mm
英制螺纹	″	55°	1/2″	英制螺纹，外径为 1/2″，每寸 12 牙
圆柱管螺纹	G	55°	$G3/4''$	55°圆柱管螺纹，管子孔径 3/4″，每寸 14 牙
圆锥管螺纹	ZG	55°	$ZG5/8''$	55°圆锥管螺纹，管子孔径 5/8″，每寸 14 牙
布锥管螺纹	Z	60°	$Z1''$	60°圆锥管螺纹，管子孔径 1″，每寸 $11\frac{1}{2}$ 牙
梯形螺纹	T	公制 30° 英制 29°	$T30\times10/2-2$ 左	梯形螺纹，外径 30 mm，导程 10 mm，2 个头数，2 级精度，左旋
锯齿形螺纹	S	33° 45°	$S160\times8$	锯齿形螺纹，外径 160 mm，螺距 8 mm

螺纹种类、牙型与标注 表1-16

螺纹类别		外形图	内、外螺纹旋合后，牙型放大图	牙型代号	标注方法	示例
连接螺纹	粗牙普通螺纹	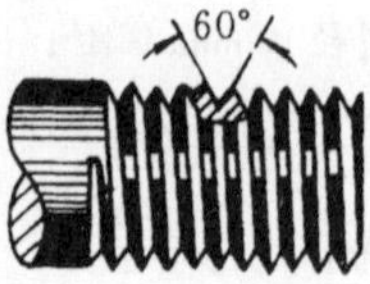 60°	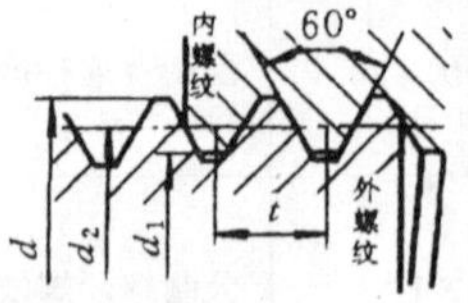 内螺纹 60° d d_2 d_1 t 外螺纹	M	M20 外经 牙型代号 （不注螺距）	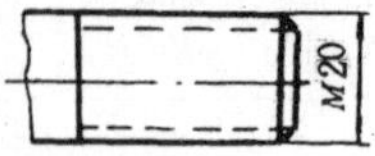 M20
	细牙普通螺纹		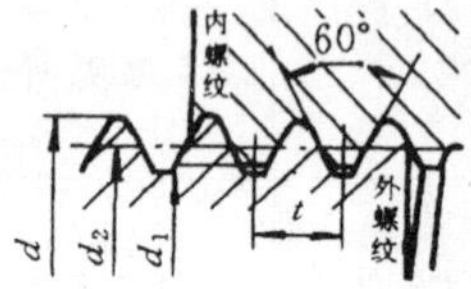 内螺纹 60° d d_2 d_1 t 外螺纹	M	M20×2 螺距 外经 牙型代号	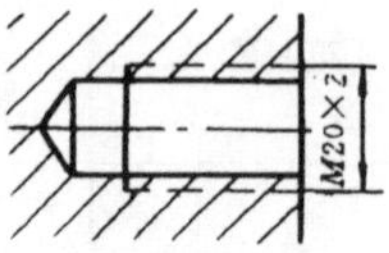 M20×2
	圆柱管螺纹	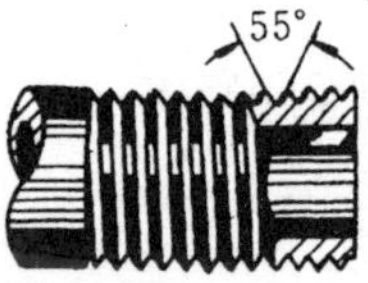 55°	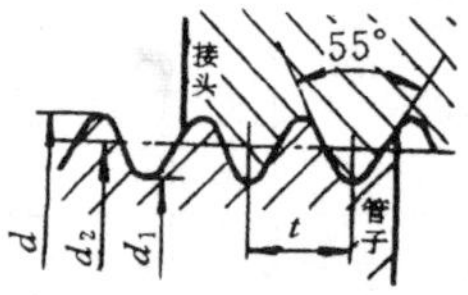 接头 55° d d_2 d_1 t 管子	G	G1″ 公称直径 牙型代号	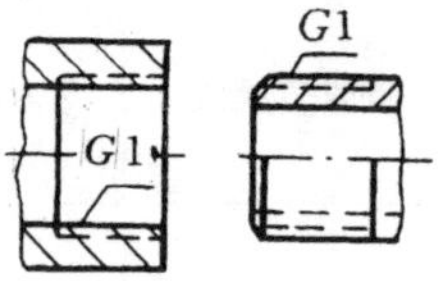 G1 G1
	圆锥管螺纹	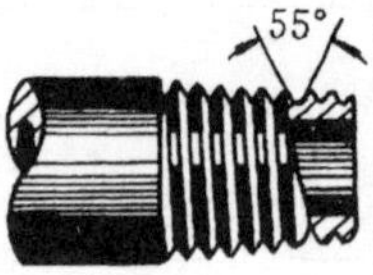 55°	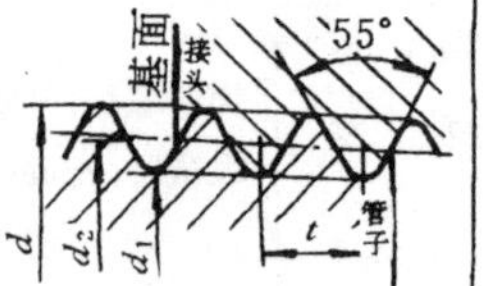 基面 接头 55° d d_2 d_1 t 管子	ZG	$ZG\ \frac{1}{2}''$ 公称直径 牙型代号	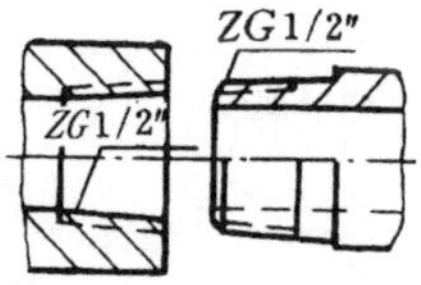 ZG1/2″ ZG1/2″
	布锥螺纹	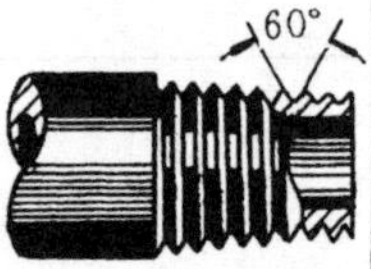 60°	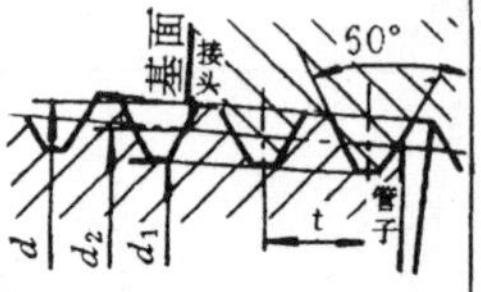 基面 接头 60° d d_2 d_1 t 管子	Z	$Z\ \frac{3}{4}''$ 公称直径 牙型代号	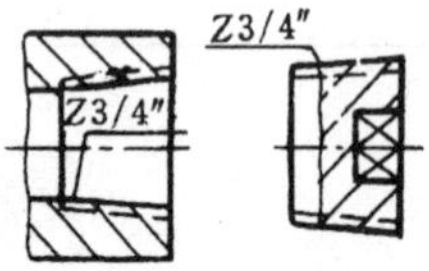 Z3/4″ Z3/4″
传动螺纹	梯形螺纹	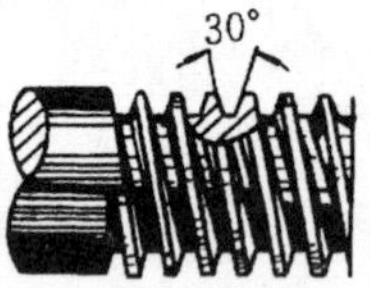 30°	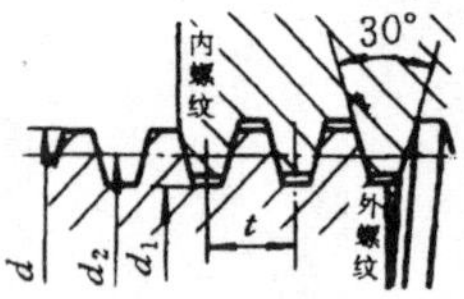 内螺纹 30° d d_2 d_1 t 外螺纹	T	T22×10/2 线数 导程 外径 牙型代号	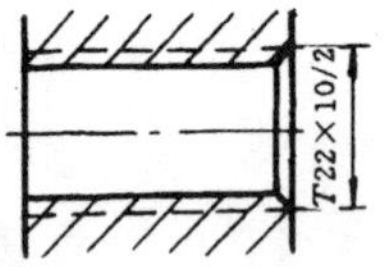 T22×10/2
	锯齿形螺纹	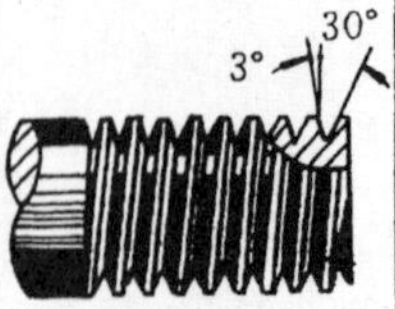 3° 30°	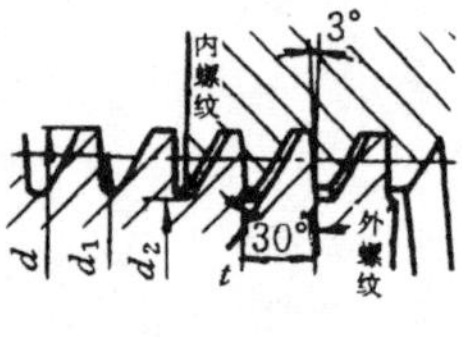 内螺纹 3° d d_1 d_2 t 30° 外螺纹	S	S32×6-左 旋向 螺距 外径 牙型代号	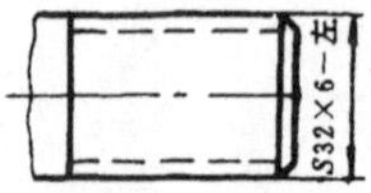 S32×6-左

3. 三角形螺纹各部名称(如图 1-111)

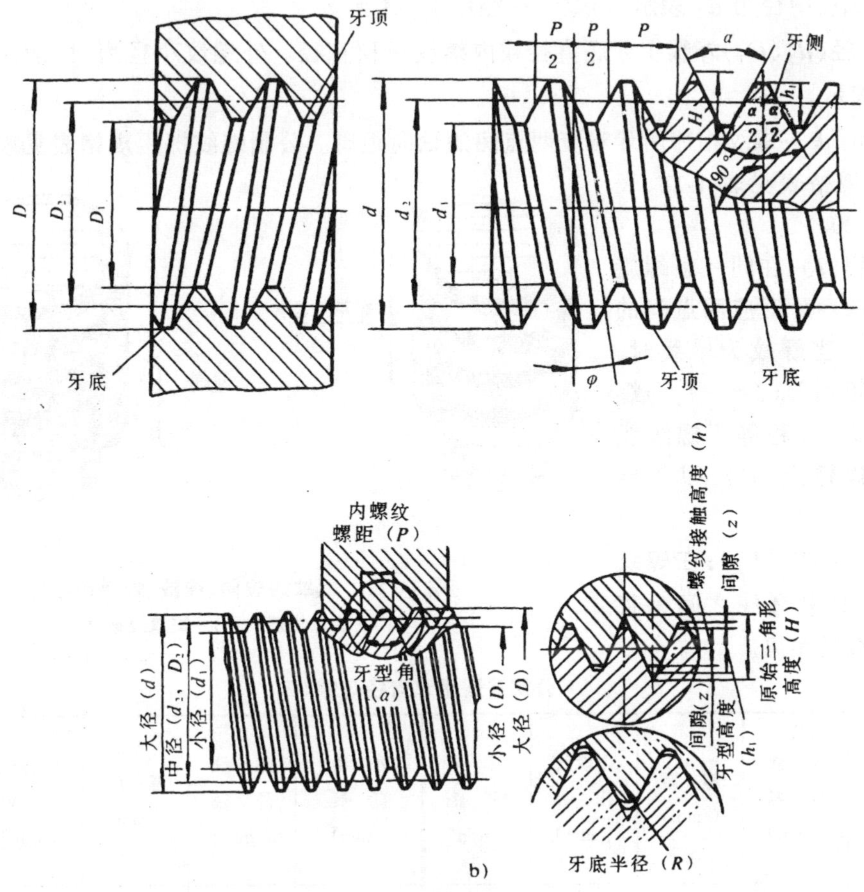

图 1-111　三角形螺纹各部分名称

1)牙型角(α)

在通过螺纹轴线的剖面上,相邻两牙侧面间的夹角。

(1)三角形螺纹:三角形螺纹是最基本、使用最广泛的一种螺纹。有普通粗、细牙螺纹、英制螺纹、管螺纹。普通粗、细牙螺纹又叫公制螺纹,牙型角为 60°,细牙螺纹适用于薄壁零件的连接。英制螺纹牙型角为 55°,一般应用在引进或出口的设备中。管螺纹有三种,圆柱管螺纹和圆锥管螺纹牙型角为 55°,布锥管螺纹牙型角为 60°,圆锥管螺纹和布锥管螺纹外径有 1∶16 的锥度,因此密封性能好、适用于油管、气管的连接。

(2)梯形螺纹:梯形螺纹一般用于传动。有公制和英制两种。公制梯形螺纹牙型角为 30°,英制梯形螺纹为 29°,我国用的是牙型角为 30°的公制梯形螺纹。

(3)锯齿形螺纹:锯齿形螺纹能承受很大的单向压力,牙型角为锯齿形状,有 33°和 45°两种,我国常用牙型角为 33°。

(4)方牙螺纹:方牙螺纹是一种非标准螺纹,在零件图中必须标注各部分尺寸。

2)直径

(1)大径(d、D)外螺纹牙顶直径或内螺纹牙底直径。外螺纹大径用 d 表示,内螺纹大径用 D 表示。

(2)中径(d_2、D_2)母线通过轴线平分螺纹理论高度的一个直径，在中径处螺纹牙厚与槽宽相等。外螺纹中径用 d_2 表示，内螺纹中径用 D_2 表示。

(3)小径(d_1、D_1)外螺纹牙底直径或内螺纹牙顶直径。外螺纹小径用 d_1 表示，内螺纹小径用 D_1 表示。

3)螺距(P):螺纹相邻两牙对应两点间的轴向距离。公制螺纹螺距规格表见表 1-17，英制螺纹螺距规格表见表 1-18、表 1-19、表 1-20。

4)导程(l):在同一条螺旋线上的相邻两牙对应两点间的轴向距离。当螺纹为单线时，导程与螺距相等($l=P$)，当螺纹为多线时，导程等于螺纹线数(n)乘以螺距(P)，即 $L=nP$。如图 1-112。

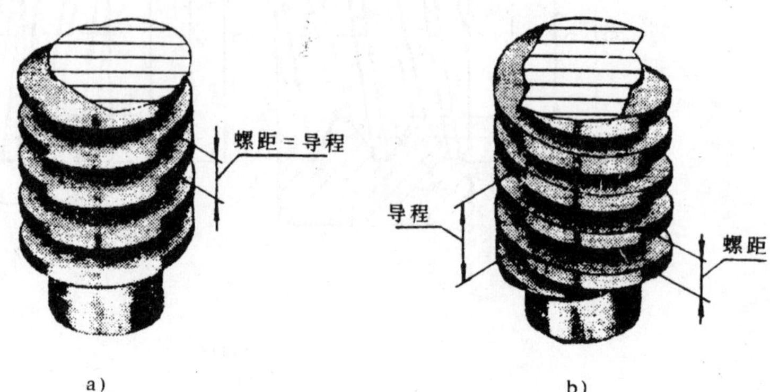

图 1-112　螺纹的旋向、线数、螺距和导程

a)右旋单线螺纹；b)左旋双线螺纹

5)牙型高度(h_1):在螺纹牙型上，牙顶和牙底之间垂直于螺纹轴线的距离。

公制普通螺纹直径与螺距　　表 1-17

公称直径(mm)	螺纹外径(mm)	螺距(mm)	内螺纹孔径(mm)	细牙螺距(mm)	公称直径(mm)	螺纹外径(mm)	螺距(mm)	内螺纹孔径(mm)	细牙螺距(mm)
5	4.8	0.8	4.2	0.5	16	15.7	2	14	1.5 1
6	5.8	1	5.1	0.75	18	17.7	2.5	15.5	2 1.5　1
7	6.8	1	6.1	0.75	20	19.7	2.5	17.5	2 1.5　1
8	7.8	1.25	6.8	1 0.75	22	21.7	2.5	19.5	2 1.5　1
9	8.8	1.25	7.8	1 0.75	24	23.6	3	21	2 1.5　1
10	9.7	1.5	8.6	1.25 1　0.75	27	26.6	3	24	2 1.5　1
11	10.7	1.5	9.6	1 0.75	30	29.6	3.5	26.6	2 1.5　1
12	11.7	1.75	10.5	1.5 1.25　1	33	32.6	3.5	29.5	2 1.5
14	13.7	2	12	1.5 1	36	35.6	4	32	3 2　1.5

续表 1-17

公称直径 (mm)	螺纹外径 (mm)	螺距 (mm)	内螺纹孔径 (mm)	细牙螺距 (mm)	公称直径 (mm)	螺纹外径 (mm)	螺距 (mm)	内螺纹孔径 (mm)	细牙螺距 (mm)
39	38.6	4	35	3 2 1.5	64	63.4	6	58.2	4 3 2 1.5
42	41.6	4.5	37.5	3 2 1.5	68	67.4	6	62.2	4 3 2 1.5
45	44.6	4.5	40.5	3 2 1.5	72	71.4	6	66	4 3 2 1.5
48	47.5	5	43	3 2 1.5	76	75.4	6	70	4 3 2 1.5
52	51.5	5	47	3 2 1.5	80	79.3	6	74	4 3 2 1.5
56	55.5	5.5	50.7	4 3 2 1.5	85	84.3	6	79	4 3 2
60	59.5	5.5	54.7	4 3 2 1.5	90	89.3	6	84	4 3 2

英制螺纹外径和每寸牙数 表 1-18

外径 (in)	外径 (mm)	每寸牙数	孔径 (mm)	外径 (in)	外径 (mm)	每寸牙数	孔径 (mm)
$\frac{1}{8}$	3.175	40		$1\frac{1}{4}$	31.75	7	27.8
$\frac{3}{16}$	4.762	24	3.7	$1\frac{3}{8}$	34.925	6	30.3
$\frac{1}{4}$	6.35	20	5.1	$1\frac{1}{2}$	38.1	6	33.5
$\frac{5}{6}$	7.938	18	6.5	$1\frac{5}{8}$	41.275	5	35.7
$\frac{3}{8}$	9.525	16	8	$1\frac{3}{4}$	44.45	5	39
$\frac{1}{2}$	12.7	12	10.5	$1\frac{7}{8}$	47.625	$4\frac{1}{2}$	41.5
$\frac{5}{8}$	15.875	11	13.5	2	50.8	$4\frac{1}{2}$	44.7
$\frac{3}{4}$	19.05	10	16.4	$2\frac{1}{2}$	63.5	4	56.5
$\frac{7}{8}$	22.225	9	19.3	3	76.2	$3\frac{1}{2}$	68.2
$1\frac{1}{8}$	25.4	8	22.2	4	101.6	3	92.4
$1\frac{1}{8}$	28.575	7	24.9				

55°圆柱、圆锥管螺纹孔径和每寸牙数 表1-19

管子孔径 (in)	管子外径 (mm)	每寸牙数	管接头孔径 (mm)	管子孔径 (in)	管子外径 (mm)	每寸牙数	管接头孔径 (mm)
$\frac{1}{8}$	9.7	28	8.8	$1\frac{1}{2}$	47.8	11	45
$\frac{1}{4}$	13.1	19	11.6	$1\frac{3}{4}$	53.7	11	51
$\frac{3}{8}$	16.5	19	15.2	2	59.6	11	56.7
$\frac{1}{2}$	20.9	14	18.9	$2\frac{1}{4}$	65.7	11	62.8
$\frac{5}{8}$	22.9	14	20.7	$2\frac{1}{2}$	75.1	11	72.4
$\frac{3}{4}$	26.4	14	24.2	3	87.8	11	85.0
$\frac{7}{8}$	30.2	14	28.0	$3\frac{1}{2}$	100.3	11	97.5
1	33.2	11	30.5	4	113	11	110.0
$1\frac{1}{8}$	37.9	11	35.0	5	138.4	11	135.5
$1\frac{1}{4}$	41.9	11	39.0	6	163.8	11	161.0
$1\frac{3}{8}$	44.3	11	41.6				

注：1.55°圆锥管螺纹可不用填料(麻丝、纱线、涂铅丹等)就可阻止渗漏。

2. 代号：圆柱管螺纹为 G，圆锥管螺纹为 ZG。

3. 55°圆锥管螺纹锥度为1:16，斜角 $\alpha=1°47'$。

60°圆锥管螺纹孔径和每寸牙数 表 1-20

管子孔径 (in)	螺纹外径 (mm)	每寸牙数	管接头孔径 (mm)	管子孔径 (in)	螺纹外径 (mm)	每寸牙数	管接头孔径 (mm)
$\frac{1}{16}$	7.9	27	6.2	$\frac{1}{4}$	13.6	18	11
$\frac{1}{8}$	10.3	27	8.5	$\frac{3}{8}$	17	18	14.5
$\frac{3}{4}$	26.5	14	23.2	$1\frac{1}{4}$	41.9	$11\frac{1}{2}$	37.9
1	33.2	$11\frac{1}{2}$	29.1	$1\frac{1}{2}$	48	$11\frac{1}{2}$	44
$\frac{1}{2}$	21.2	14	18	2	60	$11\frac{1}{2}$	56

注：1.60°圆锥管螺纹用于机器上燃料管、油管、水管及气管等的连接，代号为 K。

2.60°圆锥管螺纹锥度为1:16，斜角为1°47′。

3.60°圆锥管螺纹即布锥管螺纹。

第二节 三角形外螺纹的车削

1. 外螺纹车刀的装夹

1)刀尖必须对准工件中心。

2)车刀刀尖角的对称中心线必须与工件轴线垂直。刃磨和装夹车刀可用样板来进行。如图1-113、图1-114。

3)刀头伸出不要过长，一般为20～25 mm，约为刀杆厚度的1.5倍。

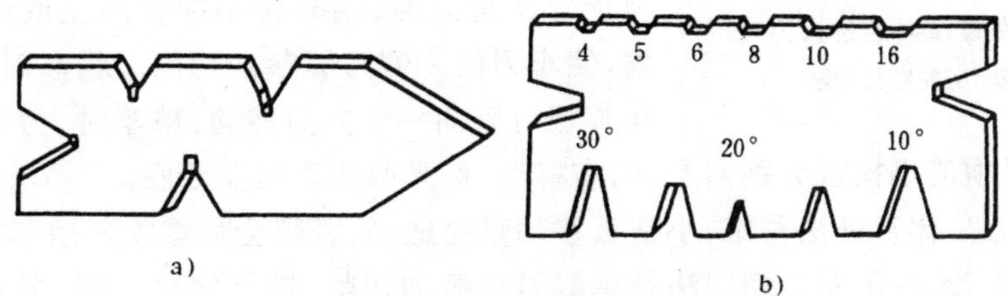

图1-113 螺纹样板

a)三角形螺纹样板；b)梯形螺纹样板

2. 螺纹车削步骤

1)根据图纸规格车好螺纹外径，在所需螺纹长度处车一条标记线作为退刀线，螺纹头部倒角，安装好螺纹车刀，调整好主轴转速。

2)调整车床，根据车床上的铭牌表找到所需要的螺距，根据螺距所在位置，变动配换齿轮及所需手柄位置，以及丝杆进给方向，最后将车床中、小拖板间隙松紧调适当。

3)开动车床，合上开合螺母，开空车将主轴正反旋转数次，检查丝杆与开合螺母的工件状态是否正常。如发现开合螺母有跳动或有自动抬闸现象必须消除,简单办法是用垂块压在开合螺母上。

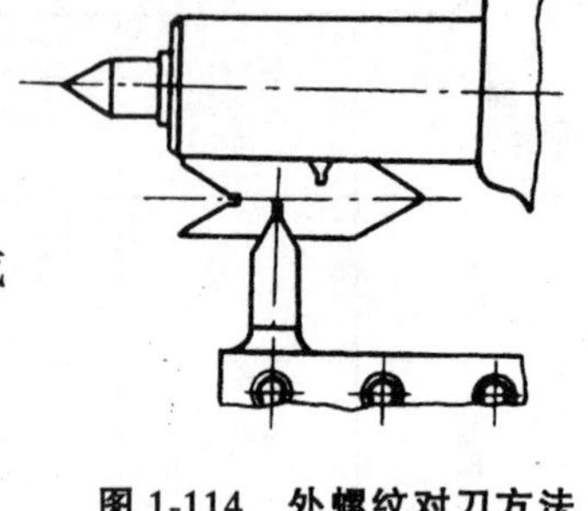

图 1-114　外螺纹对刀方法

4)车螺纹:

(1)开动车床,使螺纹车刀的刀尖轻轻接触工件表面;

(2)在中拖板刻度盘上记下刀尖接触工件表面时的格数(或用粉笔划一短线),便于掌握进刀深度;

(3)车刀移向工件端部,按下开合螺母;

(4)开正车、这时工件表面就会车出一条螺旋线;

(5)当刀尖车至退刀标记线时,应迅速退刀(中拖板向外摇,使刀尖离开工件表面);

(6)再开倒车、将大拖板退回工件端部;

(7)停车,检查螺距是否正确;

(8)再次进刀,重复车削数次,直至深度车好。

3. 螺纹的车削方法

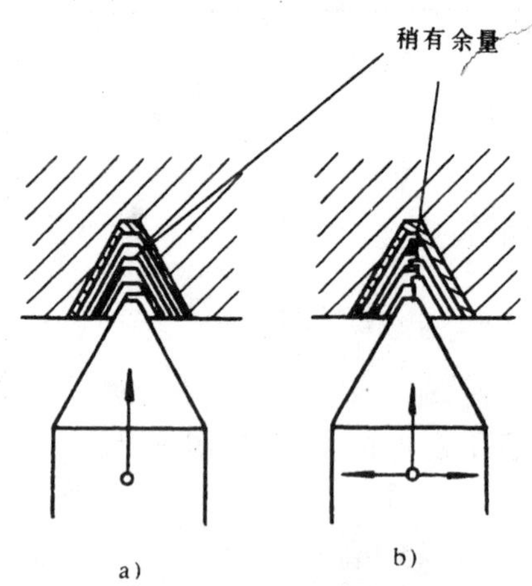

图 1-115　车螺纹时的进刀方法

a)直进法;b)左右切削法

螺纹的车削特点是拖板纵向移动较快,因此操作时,既要大胆,又要心细,要求思想集中,动作迅速协调,否则会出现打坏刀具或报废工件等现象。常用车削螺纹的方法有两种:

1)直进法:直进法就是上述车削螺纹的步骤,如图 1-115 a)。

直进法操作简单,能保证螺纹牙形清晰,但由于车刀的两侧刀刃都参加切削,切削力增大,排屑困难,容易产生"扎刀"现象,刀尖容易磨损,螺纹表面粗糙度差,适用于螺距较小或脆性材料的工件。

2)左右切削法:如图 1-115 b)。左右切削法就是当中拖板每次进刀时,同时将小拖板向左或向右移动一点距离,使车刀的一侧刀刃参加切削。粗车时,为了操作方便小拖板可以向一个方向移动,精车时,为了使螺纹两侧表面都较光洁,必须使小拖板分别向左、向右移动,修光两侧表面及牙底。

这种操作方法比直进法稍难,小拖板移动量要适当,否则会将螺纹牙槽车宽,牙顶车尖,甚至会将螺纹车乱扣,由于左右切削法是单侧刀刃参加切削,排屑比较顺利,车刀的受力情况得到了改善,车刀不容易磨损,也不容易引起"扎刀"现象,加工出的螺纹表面粗糙度较高。

4. 左旋螺纹、管螺纹车削

1)左旋螺纹车削:

(1)正确刃磨左旋螺纹车刀,使右侧刀刃后角(进刀方向)稍大于左侧刀刃后角,左刀刃比右刀刃短一些,牙型半角仍相等;

(2)拨动三星齿轮手柄,变换丝杆旋转方向,使丝杆反转,车头正转;

(3)车刀由退刀槽处进给,从床头向床尾方向进给车削螺纹。

2)管螺纹车削:管螺纹和三角形螺纹牙形基本相同。它是一种特殊的英制细牙螺纹。圆柱管螺纹的车削方法与三角形外螺纹的车削方法类似，而圆锥管螺纹需解决锥度问题。一种方法是采用“手赶”的方法车削，即在大拖板自动走刀的同时，中拖板手动退刀，从而车出圆锥管螺纹。另一种方法是用车锥度的方法将外圆车好锥度，然后再车螺纹。管螺纹的规格见表 1-19、表 1-20。管螺纹的配合，应该越旋越紧，以保证其密封性能，一般情况下，管螺纹只要旋入管子外螺纹的大半长度即可以，如图 1-116 所示。

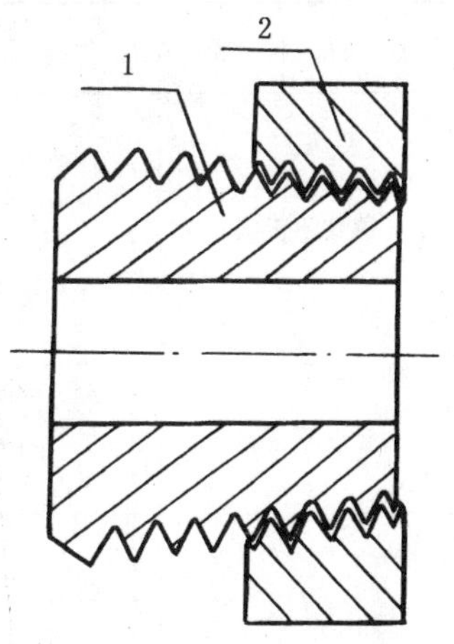

图 1-116　圆锥管螺纹

1-管子；2-管接头

5．车螺纹时的注意事项

1)注意和消除拖板的“空行程”。

2)避免“乱扣”。当第一条螺旋线车好以后，第二次进刀后车削，刀尖不在原来的螺旋线(螺旋槽)中，而是偏左或偏右，甚至车在牙顶中间，将螺纹车乱这个现象就叫做“乱扣”，预防乱扣的方法是采用倒顺(正反)车法车削。在用左右切削法车削螺纹时小拖板移动距离不要过大，若车削途中刀具损坏需重新换刀或者无意提起开合螺母时，应注意及时对刀。

3)对刀：对刀前首先要安装好螺纹车刀，然后按下开合螺母，开正车(注意应该是空走刀)停车，移动中、小拖板使刀尖准确落入原来的螺旋槽中(注意不能移动大拖板)，同时根据刀尖所在螺旋槽中的位置重新做中拖板进刀的记号，再将车刀退出，开倒车，将车刀退至螺纹头部，再进刀……。对刀时一定要注意是正车对刀。

4)借刀：借刀就是螺纹车削一定深度后，将小拖板向前或向后移动一点距离，再进行车削，借刀时注意小拖板移动距离不能过大，以免将牙槽车宽造成“乱扣”。

5)用两顶针装夹方法车螺纹时，当工件卸下后再重新车削时，应该先对刀，后车削以免“乱扣”。

6)安全注意事项：

(1)车螺纹前先检查好所有手柄是否处于车螺纹位置，防止盲目开车；

(2)车螺纹时要思想集中，动作迅速，反应灵敏；

(3)用高速钢车刀车螺纹时，车头转速不能太快，以免刀具磨损；

(4)要防止车刀或者是刀架、拖板与卡盘、床尾相撞；

(5)旋螺母时，应将车刀退离工件，防止车刀将手划破，不要开车旋紧或者退出螺母；

(6)旋转的螺纹不能用手去摸或用棉纱去擦。

6．车外螺纹时的质量分析(见表 1-21)

车削螺纹时产生废品的原因及预防方法　　表 1-21

废品种类	产生原因	预防方法
尺寸不正确	1. 车外螺纹前的直径不对 2. 车内螺纹前的孔径不对 3. 车刀刀尖磨损 4. 螺纹车刀切深过大或过小	1. 根据计算尺寸车削外圆与内孔 2. 经常检查车刀并及时修磨 3. 车削时严格掌握螺纹切入深度

续上表

废品种类	产生原因	预防方法
螺纹不正确	1. 挂轮在计算或搭配时错误 2. 进给箱手柄位置放错 3. 车床丝杆和主轴窜动 4. 开合螺母塞铁松动	1. 车削螺纹时先车出很浅的螺旋线检查螺距是否正确 2. 调整好开合螺母塞铁，必要时在手柄上挂上重物 3. 调整好车床主轴和丝杆的轴向窜动量
牙形不正确	1. 车刀安装不正确，产生半角误差 2. 车刀刀尖角刃磨不正确 3. 车刀磨损	1. 用样板对刀 2. 正确刃磨和测量刀尖角 3. 合理选择切削用量和及时修磨车刀
螺纹表面不光洁	1. 切削用量选择不当 2. 切屑流出方向不对 3. 产生积屑瘤拉毛螺纹侧面 4. 刀杆刚性不够产生振动	1. 高速钢车刀车螺纹的切削速度不能太大，切削厚度应小于0.06，并加切削液 2. 硬质合金车刀高速车螺纹时，最后一刀的切削厚度要大于0.1，切屑要垂直于轴心线方向排出 3. 刀杆不能伸出过长，并选粗壮刀杆
扎刀和顶弯工件	1. 车刀径向前角太大 2. 工件刚性差，而切削用量选择太大	1. 减小车刀径向前角，调整中滑板丝杆螺母间间隙 2. 合理选择切削用量，增加工件装夹刚性

第三节　三角形内螺纹的车削

三角形内螺纹一般与外螺纹配合使用，常见的有通孔，不通孔和阶台型三种，如图1-117。

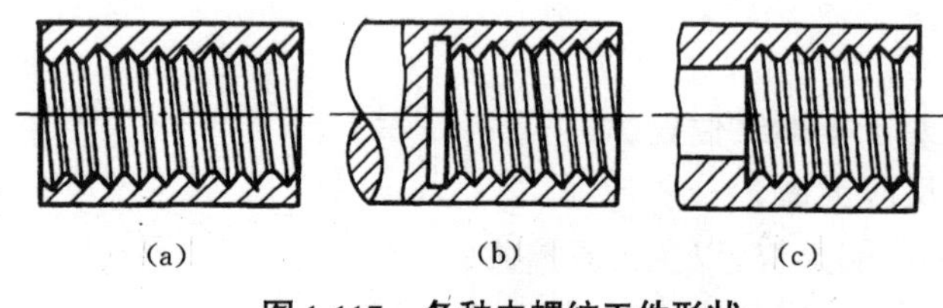

图1-117　各种内螺纹工件形状

a)通孔内螺纹；b)不通孔内螺纹；c)阶台内螺纹

1. 内螺纹车刀的刃磨与安装

内螺纹车刀刃磨和安装时，刀尖角对分线必须与刀杆垂直，否则会出现刀杆碰伤工件内孔表面和牙形倾斜现象(见图1-118)。

此外，内螺纹车刀还必须对中心，对样板(见图1-119)，刀尖如高于中心车刀后角增大，容易产生振动或扎刀现象，低于中心，后角减小，刀具后面会与工件发生摩擦使切削产生阻力。

2. 三角形内螺纹的孔径计算

由于图纸上标注的是外螺纹尺寸，内螺纹的孔径除可查表外还可以计算。

1)公制螺纹计算公式：

当 $P<1$ 时，$d_{孔}$ = 螺纹外径 − 螺距

当 $P>1$ 时，$d_{孔}$ = 螺纹外径 − (1～1.1) × 螺距

例1　求 $M12\times1.75$ 底孔直径。

$$d_{孔}=d-1.06\times P=12-1.06\times1.75=10.2\ \text{mm}$$

例2　求5/8″英制螺纹孔径。

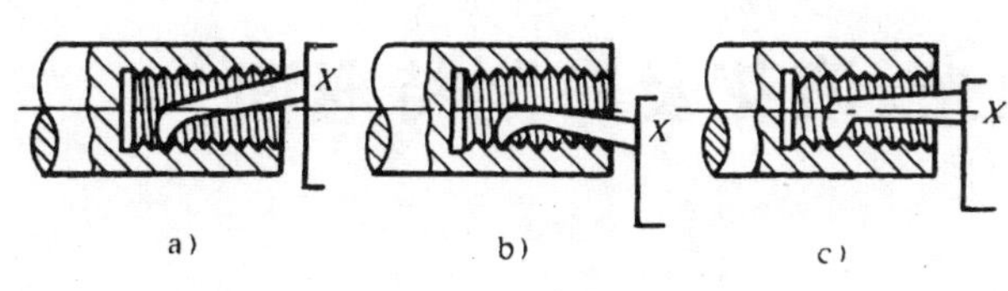

图 1-118　车刀刀尖角与刀杆位置关系

a)偏高(不正确);b)偏低(不正确);c)垂直(正确)

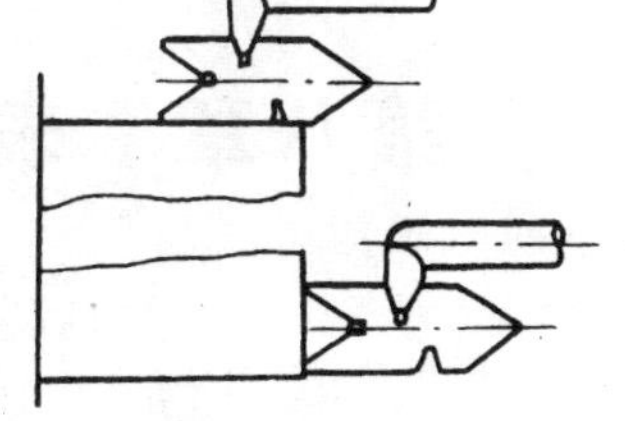

图 1-119　内螺纹车刀对刀方法

5/8″螺纹外径是 15.875 mm,每吋牙数是 11 牙

$$螺距=\frac{25.4}{11}=2.31$$

$$d_{孔}=15.9-1.06\times2.31=13.5\ \mathrm{mm}$$

3. 内螺纹的车削方法及注意事项

车削内螺纹前,应先根据螺纹规格要求车好端面、孔径,调整好车床、主轴转速,安装好内螺纹车刀,车螺纹方法基本上与外螺纹相同,但进刀和退刀方向与外螺纹相反。

车削不通孔螺纹时,应该先将退刀槽车好,并根据槽宽选择合适的不通孔内螺纹刀。车削前根据内螺纹长度在刀杆上作出标记线(以刀尖算起),也可以利用大拖板刻度值来控制螺纹长度。车削时,根据标记线位置,迅速的退刀和开倒车,否则退早了,螺纹长度不够,旋不到底,退迟了刀杆会与底孔平面相撞,造成断刀、工件车坏的现象。所以,车削不通孔螺纹时,思想一定要高度集中,主轴转速可放慢一些。

4. 内螺纹对刀方法

内螺纹的对刀方法与外螺纹对刀方法基本相同,由于内螺纹是在孔内车削,当刀杆进入孔内,往往不能准确定出刀尖所在位置,因此对刀时,一般选在第 2～3 牙中间进行,较外螺纹对刀难,车削中应尽量减少对刀次数。为防止因刀杆细长造成的“让刀”现象,精车时或者车最后一刀时,可以在同一刻度上多车几次。

复习思考题

1. 螺纹有几大要素?
2. 螺纹规定代号的标注格式是什么?
3. 叙述螺纹车削步骤及左右切削的车削方法。
4. 车螺纹时有哪些注意事项?
5. 车螺纹时产生废品的原因及预防方法。
6. 车内螺纹时的孔径计算公式?
7. 叙述车内螺纹的方法及安全注意事项。

第八章 表面抛光、滚花及车削特形面

第一节 表面抛光

车削后的工件表面，如果尺寸精度和表面粗糙度没有达到预期要求，或者工件的边缘上有毛刺等现象，可以用锉刀和砂布进行修整，这种方法就叫做表面抛光。表面抛光时，直径上应当留有一定的加工余量。

1. 用锉刀抛光

锉刀的种类很多，车工常用锉刀是细平锉（细锉）和特细锉（油光锉），在车床上使用锉刀，为了保证安全，应该左手握柄，右手扶住锉刀前端。如图 1-120。

锉削前，应该用钢丝刷或铜丝刷将嵌在锉刀齿缝中的铁屑刷干净，以免铁屑损伤工件表面。可以用粉笔在锉刀齿面上均匀地涂上一层白粉。锉削时，锉刀在工件表面上的移动要有顺序、缓慢而平稳、压力要均匀一致，否则会将工件锉扁或锉成竹节形。锉削时根据情况，一般选择 0.05～0.1 mm 的加工余量。车头转速可略快些，一般选择 400～700 r/min，为保证精度应检测多处点的直径。

2. 用砂布抛光

当工件表面经过锉刀抛光后，表面粗糙度仍未达到要求，可以用砂布继续抛光。常用的砂布规格有 00 号、0 号、1 号、1 $\frac{1}{2}$ 号、2 号五种，号数越小，颗粒越细，00 号是细砂布 ，2 号是粗砂布。

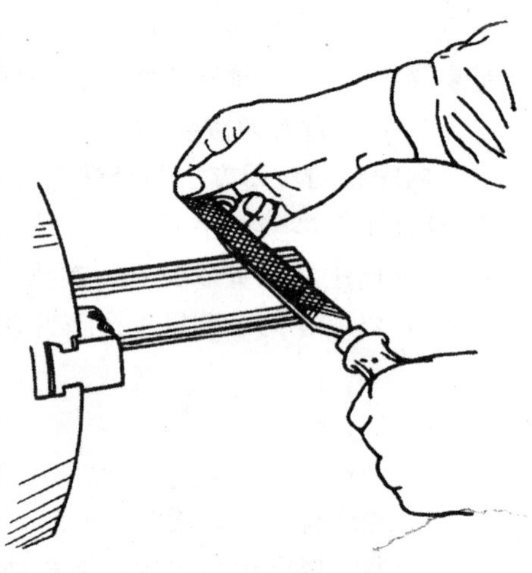

图 1-120 在车床上锉削姿势

用砂布抛光有两种方法，一种是将砂布垫在锉刀下面进行，另一种是用手直接捏住砂布进行抛光。为了安全最好用砂布夹。用砂布抛光时工件转速应稍快，砂布在工件上应缓慢地向一个方向移动，不要来回盲目快速运动，否则会影响表面美观，最后细抛光时，可在砂布上加上一点机油，则更能提高光亮度。

3. 抛光安全注意事项

1)不使用无木柄锉刀，并且要左手握柄。

2)锉削时除应平稳缓慢外，还要防止锉刀碰撞卡爪或鸡心夹头。

3)外圆抛光时，不能将砂布缠在工件上或两手拿砂布，以免手指卷入砂布中。

4)内孔抛光时，严禁用手指拿砂布进入孔内抛光，应该将砂布缠在棒上伸进孔内。

第二节 表面滚花

有些工具和机械零件,为了使用方便,表面美观,增加握手部分的摩擦力,常常在零件表面滚压出不同的花纹,这些花纹一般是用滚花刀在车床上滚压而成的。

1. 滚花刀

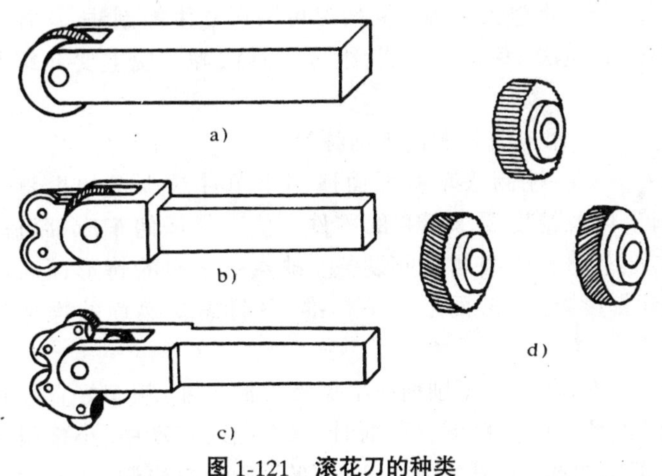

图 1-121 滚花刀的种类

a)单轮;b)双轮;c)六轮;d)滚花刀轮

滚花刀有单轮、双轮和六轮三种,如图 1-121 a)、b)、c),花纹刀的花纹有直花纹、斜花纹两种,见图 1-121 d),并有粗细纹之分。单轮滚花刀通常是滚直花纹,时而使用斜花纹。双轮滚花刀由一个左旋和右旋的滚花刀组成一组,滚出的花纹即是网纹。六轮滚花刀是将网纹节距不等的三组滚花刀,同时装在一特制的刀杆上,使用时根据需要选择一组。

2. 滚花的方法

滚花是利用滚花刀挤压工件,使其表面产生塑性变形,而形成花纹。所以滚花时产生的径向挤压力是很大的。滚花前,应根据工件材料的性质,把滚花部分的直径车得略小于工件要求的尺寸(约为 0.25~0.5 mm),然后把滚花刀紧固在刀架上,使滚花刀表面和工件表面平行接触,滚花刀中心和工件中心等高。滚花刀接触工件时,必须要用较大的压力进刀,使工件表面挤压出较深的花纹,否则容易产生乱纹现象。这样来回滚压 1~2 次,直到花纹凸出为止。如图 1-122。滚花时可采用手动进刀也可采取自动走刀。为了减少开始时的径向压力,可先把滚花刀宽度的一半(倾斜 4°~5°)与工件表面接触,或把滚花刀装得略向右偏一些,使滚花刀与工件表面有一个很小的夹角(类似车刀的偏角),这样比较容易切入,且不容易乱纹。

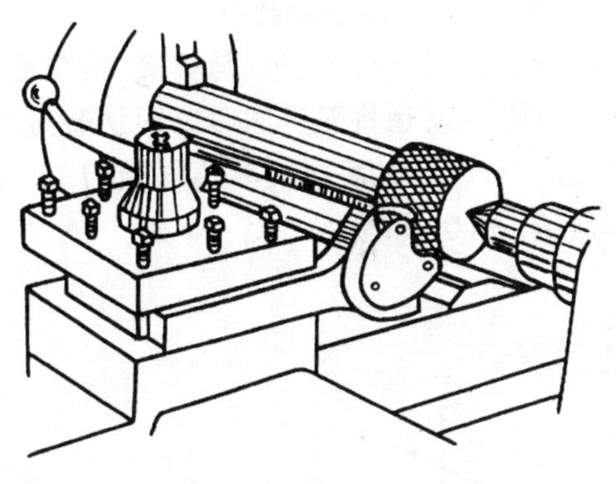

图 1-122 滚花方法

3. 滚花注意事项

1)滚花时工件必须装夹牢固,如材料伸出长,一定要用后顶尖顶住。

2)滚花时车头转数不宜快,一般转数为 200~300 r/min。转速快、摩擦系数高,滚花刀与工件表面会产生滑动而乱纹。

3)滚花一开始接触时,如发现乱纹现象,应停止移动,换一处重新开始,将花纹滚正确。

4)滚压过程中,必须要有充分的润滑油,刷子及手都不能触摸滚轮及工件。

5)为保证花纹美观清晰,滚花前应清洗滚花刀中的切屑。

6)滚花刀装夹时,刀杆头部要能活动。

第三节 特形面的车削

有些零件的表面不是直线,而是由若干个曲面组成,如圆球、手柄、凸轮等,这些带有曲线的表面叫做特形面。特形面的加工,根据工件的特点,质量要求、批量大小等不同情况可采用双手控制法、样板刀法、靠模法、专用工具法、组合工具法等。现主要介绍两种:

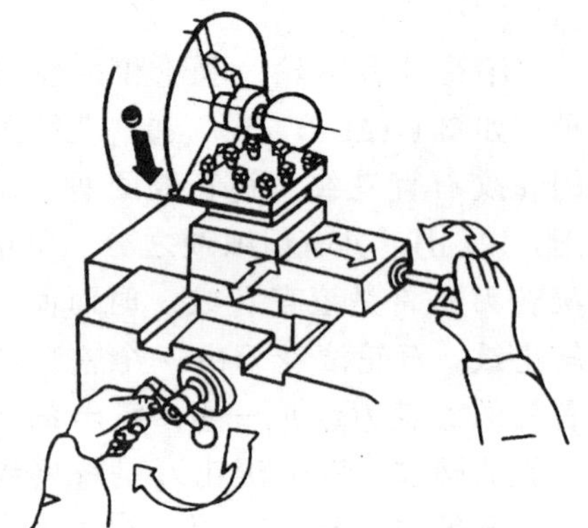

图 1-123 双手控制法车圆球

1. 用双手控制法车削特形面

双手控制法车特形面适用于单件或少量的批量生产,以及精度要求不高的零件。优点是任何车床都可以加工,不需要添加任何设备。缺点是车出的特形面表面粗糙度差,特形面形状不标准,并且需要熟练的操作技巧。

车削方法:车削前应根据特形面尺寸,粗车好直径和长度,并将车刀刀尖处刃磨成圆弧面以提高表面粗糙度。车削时,双手同时移动中、小拖板或大、中拖板,通过纵、横向的合成运动车出曲面,见图 1-123。这时双手配合要协调,使刀尖所走的轨迹与所要求的特型面曲线一致,最后用锉刀、砂布进行修整抛光。

2. 用样板刀车削特形面

在加工某些大圆角、圆弧槽、狭窄曲面、变化幅度较大,或数量较多的特型面时,可采用样板刀法,也就是将刀具的刃口形状磨得与工件的轮廓形状相仿,待特型面形状粗车后,靠上去即成。样板刀的种类有普通样板刀,如图 1-124、图 1-125;棱形样板刀,如图 1-126、图 1-127;圆形样板刀,如图 1-128。

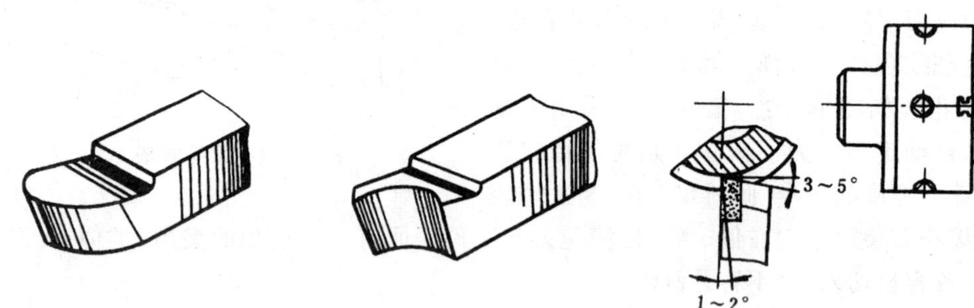

图 1-124 普通整体样板刀

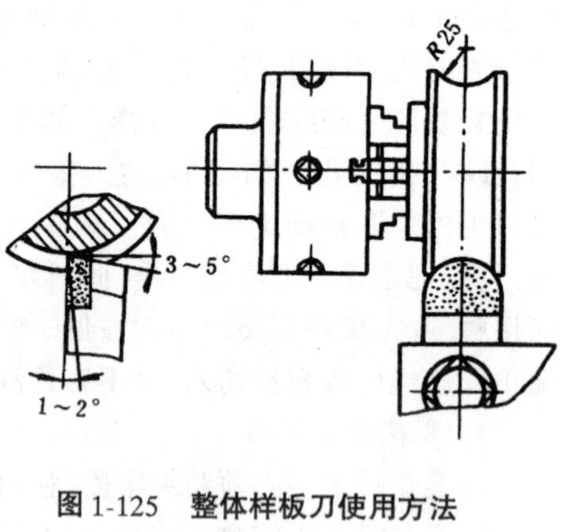

图 1-125 整体样板刀使用方法

普通样板刀使用注意事项:

1)样板刀刃磨形状、角度要正确标准;

2)刃口圆弧面要圆整光滑;

3)刀具安装要对准中心;

4)合理选择冷却润滑液；

5)正确选用切削用量。

3．特型面的检验

特形面的检验不论是在车削过程中或者车好以后，一般采用样板对零件进行测量和检验，如图 1-129。

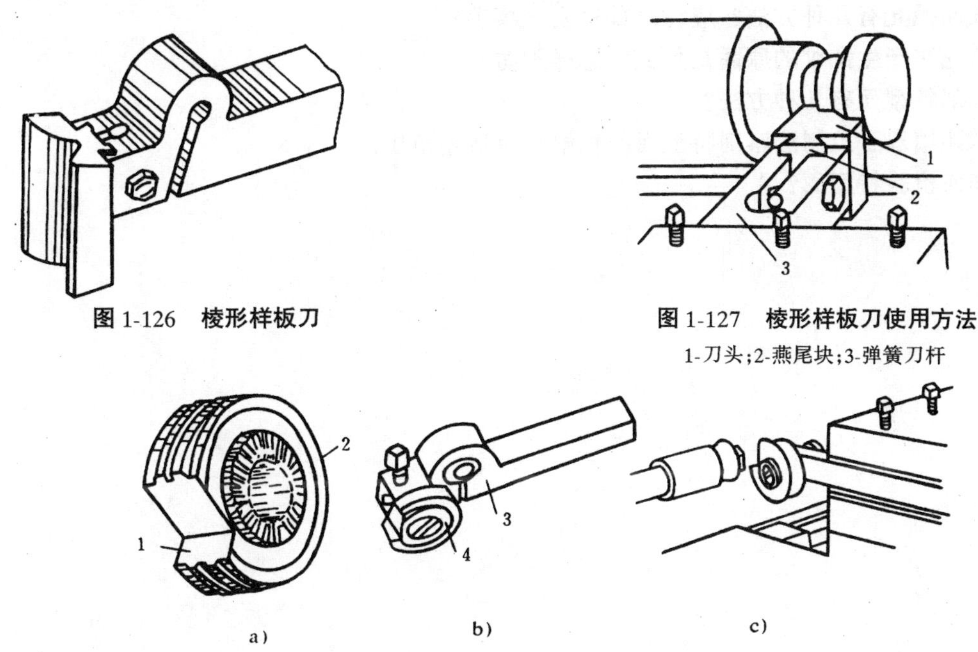

图 1-126　棱形样板刀

图 1-127　棱形样板刀使用方法

1-刀头；2-燕尾块；3-弹簧刀杆

图 1-128　圆形样板刀及其使用方法

1-前面；2-齿形；3-弹簧刀杆；4-圆轮

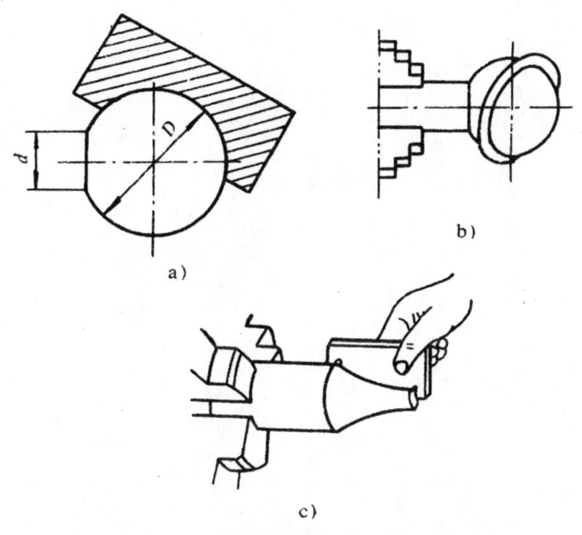

图 1-129　用样板检验特形面的方法

a)用样板检验圆球；b)用套环检验圆球；c)用样板检验曲面

检验时，必须使样板的方向与工件轴线一致，根据样板与工件之间的间隙大小判断是否正确，间隙误差小，说明零件形状合格，反之则不合格。

复习思考题

1. 表面抛光有几种方法？应注意哪些安全事项？
2. 滚花时产生乱纹的原因是什么？怎样预防？
3. 车削特型面有几种方法？
4. 试述用双手控制法车削特型面的优缺点及适用范围。
5. 如何检验特型面？

第二篇　钳工基础工艺

第一章　概述

钳工是船舶轮机部门工作人员必须掌握的一门技艺，其工作主要由手工操作来完成。由于钳工工作具有广泛的适应性和灵活多样性，因此在许多方面是机械加工所不能取代的。它在检修机器，保证船舶机械正常运转、顺利完成水上运输任务中起着重要的作用；它是轮机专业学生必须掌握的一门重点工艺课程。要求学生通过本门课程的学习，能够掌握钳工的基本理论知识和常用的操作技能，如划线、錾削、锉削、钻孔、攻丝与套丝、刮削、研磨、弯曲、锉配合等。以便今后在船舶工作中能及时排除机械故障，保证船舶正常航行。

第一节　钳工的主要设备和常用工具

1．工作台

工作台（钳台）用来安装台虎钳、放置工具和工件等。其高度应为在装上台虎钳后，钳口高度恰好齐人的手肘为宜，如图 2-1 所示；长度与宽度随工作需要而定，台面最好用白铁皮包住，以使整洁和经久耐用。

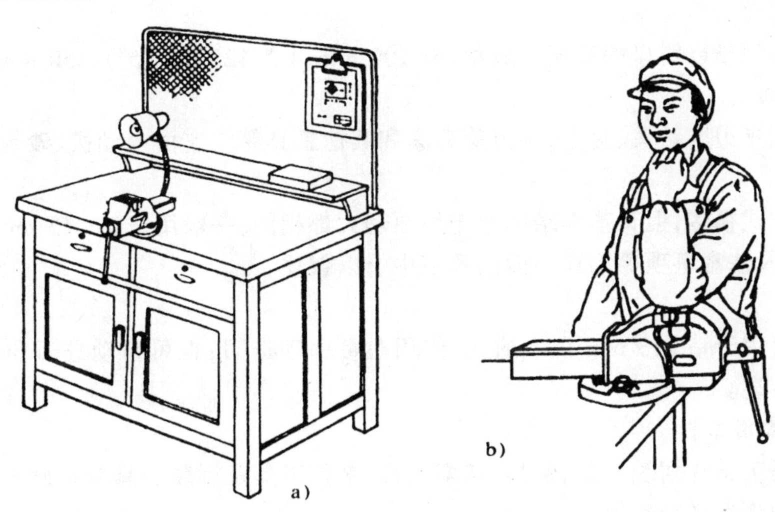

图 2-1　钳台及高度

a）钳台；b）钳台高度

2．台虎钳

台虎钳如图 2-2 所示，主要是用来夹持加工工件，有固定式和回转式两种。图 2-2 b)为回转式台虎钳，其构造和使用方法如下：

活动钳体 1 通过导轨与固定钳体 2 滑动配合，丝杆 3 与活动钳体相联接并与安装在固定钳体内的丝杆螺母相配合。当转动手柄 5 使丝杆旋转时，就可带动活动钳体相对于固定钳体作进退移动而达到夹持工件的作用。弹簧 6 借助挡圈 7 和销子 8 固定在丝杆上，其作用是使活动钳体在松动丝杆时能及时地退出。在夹持工件的钳体处装有钢质钳口 9，并用螺钉 10 加以固定。钳口经过热处理以提高其硬度和耐磨性并在其表面制有交叉的网纹，使工件夹紧后不易产生滑动。固定钳体装在转座 11 上，并能绕转座轴线旋转，当转到所需方向(角度)时通过转动手柄 12 旋紧夹紧螺钉，便可在夹紧盘 13 的作用下把活动钳体固紧。转座上有 3 个孔是用以贯穿螺栓与钳台固定。

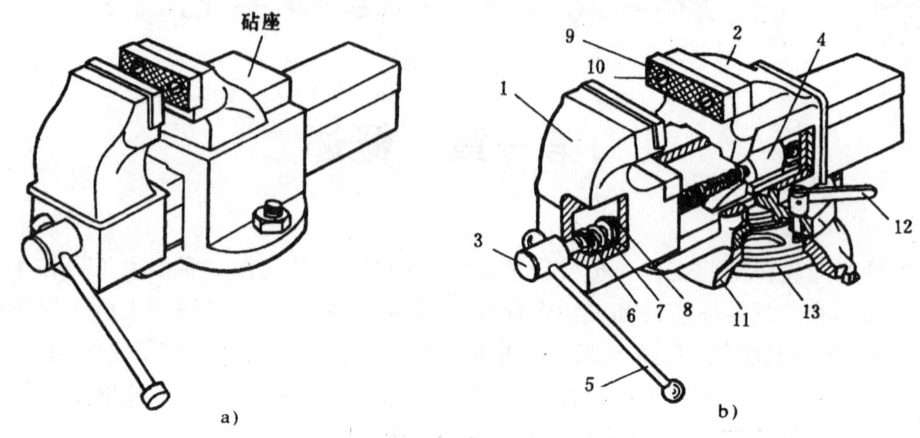

图 2-2　台虎钳

a)固定式；b)活动回转式

1-活动钳体；2-固定钳体；3-丝杆；4-丝杆螺母；5-手柄；6-弹簧；7-挡圈；8-销子；9-钳口；10-钳口固定螺钉；11-钳座；12-转动手柄；13-夹紧盘

台虎钳的规格以钳口的宽度来表示，有 100 mm(4″)、125 mm(5″)、150 mm(6″)等。

3．砂轮机

砂轮机用来刃磨钻头、錾子、刮刀等刀具和其他工具等。它由电动机、砂轮和机体组成。

4．台钻

台钻的样式很多，但其基本结构及作用原理大都相同，一般用来钻 ø13 mm 以下的孔。它的结构、使用及注意事项等均在下面的章节中予以叙述。

5．立钻

立钻主要用于钻 ø13 mm 以上的孔，使用时可手动进刀，也可自动进刀，在下面的章节中再予以详细叙述。

6．钳工常用工具

钳工常用工具有划线工具、量具、切削工具、敲打工具及拆装工具等在此不作一一介绍，在下面的章节中将作详细叙述。

第二节　钳工的安全操作注意事项

1. 钳工工作地点应保持整齐清洁、在船舶上机械配件、备件应有条不紊地放在规定地点，并要固定好。

2. 放在钳台上的工具、量具、工件应整齐有序，便于取用。

3. 量具应保管好，不可与工件等物品混放在一起以免损坏量具，影响测量精度。

4. 使用钻床、砂轮机，思想要集中，严格遵守钻床、砂轮机的使用规则，未经许可，不得动用。

5. 工作完毕后应对工作场地做好清洁整理工作。

6. 用虎钳夹持工件时只可用手力，切不允许用其他任何方法在手柄上加力以免损坏虎钳丝杆和螺母。虎钳应保持清洁，活动部分常加些滑油。

7. 在教室及船舶上均不得擅自使用不熟悉的工具及设备。

8. 船舶机舱中，许多重要位置均放有检修机械设备的专用工具，一般情况下不得随意挪用，急需使用时，用后应立即放回原处，并固定好。

9. 使用起重设备时，应注意安全，不得在人的上方进行起吊工作。

10. 使用电器设备时，应严格按照操作规程使用，以防触电。

复习思考题

1. 钳工工作的范围是什么？船舶轮机部门工作人员为什么需掌握这门操作工艺？

2. 虎钳的构造及使用注意事项是什么？

3. 为什么钳口用钢质材料并经热处理？钳口表面为何刻有交叉的网纹？为什么夹持某些工件时应加用软钳口？

第二章　划线

在检修船机配件或零件时，经常碰到需重新制作，这样就必须按图纸尺寸要求首先在加工材料上划出加工部位的形状和界线。

划线的作用不但在加工时有明显的标志作依据，还可通过划线检查加工毛坯件是否可用，以免造成时间的浪费。另外通过划线借料可以弥补缺陷。

划线分为平面划线和立体划线两种。平面划线是在工件的一个平面上进行，立体划线则是在工件几个不同的平面上进行。

划线是一种复杂、细致的工作，应该在划线前首先要看懂图纸，对工件涂料、划线工具准备等工作，并要熟练使用划线工具和测量工具，划线时要认真仔细，划好线后应反复检查，以免由于划线的错误而造成废品。

第一节　划线工具及其使用

1．划针

划针是划线工作中的专用工具，无论是平面划线还是立体划线，都要通过划针在工件的表面上划出加工线来，可见划针的硬度、尖锐等情况都直接关系到划线的质量。

划针是一种 ø3～5 mm、长约 200～300 mm 的钢针，尖端经淬火硬化后磨成 15°～25°的尖角，有的划针在尖端部位焊有硬质合金，其耐磨性更好。

划针有直划针和弯头划针两种，如图 2-3 所示。划线时划针尖端要紧贴钢尺的底边向外和向划线方向倾斜 15°左右以保证划线的正确性，如图 2-4。弯头划针一般用于立体划线或直划针划不到的地方，如图 2-5。

2．样冲

样冲(尖头冲)是用工具钢制成，其尖端和顶部经淬火硬化处理。冲尖的角度根据使用的

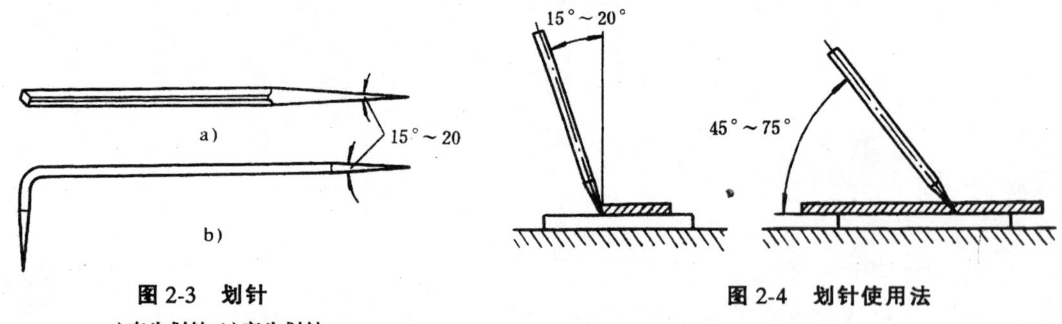

图 2-3　划针

a)直头划针；b)弯头划针

图 2-4　划针使用法

场合而定，用于标志钻孔中心时，尖头成 60°，用于划线作加工标志时，尖角为 40°左右。

冲眼的作用：工件上划好加工线后，可能在加工过程中被抹去以至无法辨认和检查，如在划线的线条上打上冲眼，就可避免上述问题。

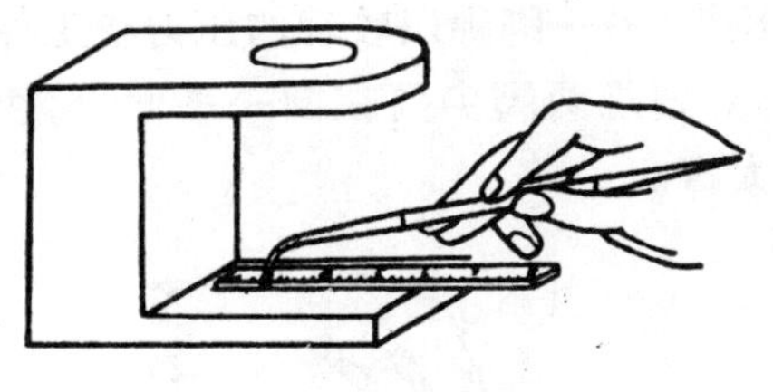

图 2-5　弯头划针使用法

冲眼的方法：先将样冲倾斜使尖端对准线的正中，然后再将样冲立直冲眼，如图 2-6 所示。

冲眼要求：位置要准确，中心不可偏离线条（见图 2-7）；在曲线上冲眼距离要小些，如直径小于 20 mm 的圆周线上应有 4 个冲眼，而直径大于 20 mm 的圆周线上应有 8 个以上的冲眼；在直线上冲眼距离可大些，但在短直线上至少应有三个冲眼；在线条的转折、交叉处则必须有冲眼，冲眼的深浅要掌握适当，在薄板上或光滑表面上冲眼要浅，粗糙表面上要深些，软金属则可不打冲眼。

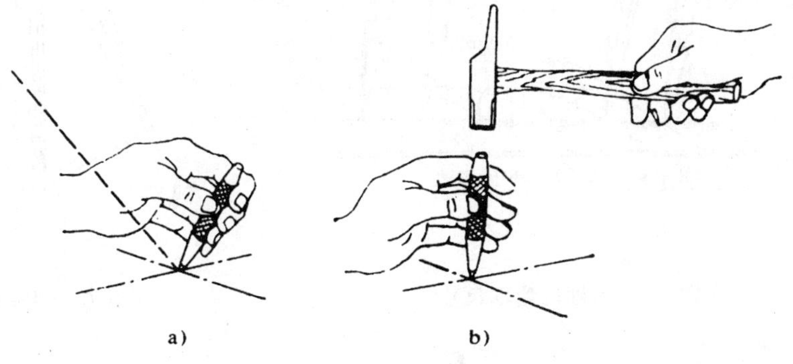

图 2-6　样冲的使用法

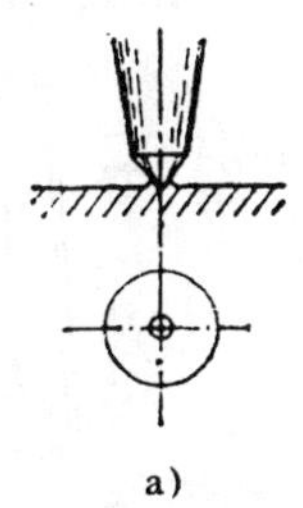

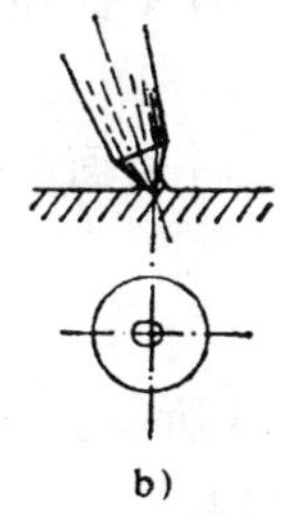

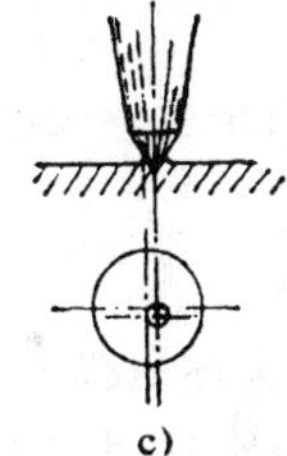

图 2-7　样冲点

a)正确；b)不垂直；c)偏心

3．划规

划规也叫圆规，用来划圆周线、弧线、等分线段、等分角度以及量取尺寸等。

划规由工具钢制成，划规顶尖部分经淬火硬化处理，也有在划规顶尖部位焊上硬质合金以提高划规顶尖部的硬度保持其尖锐和锋利。

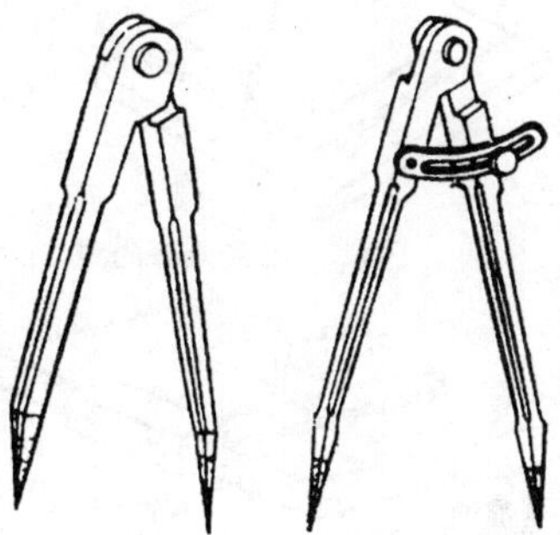
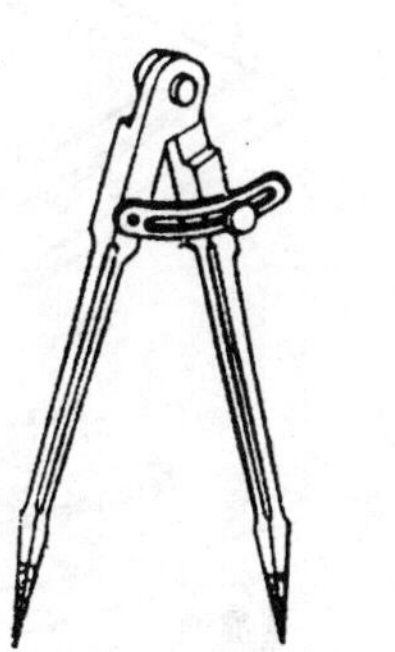
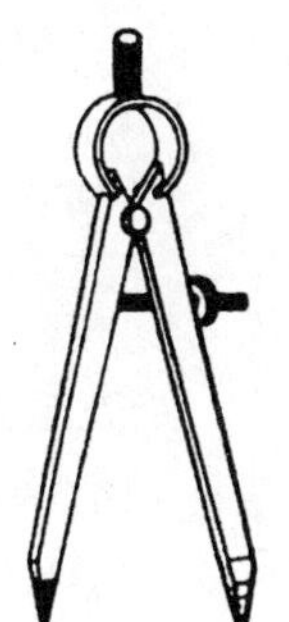

图 2-8　划规

为了能量取和划出较小的尺寸，所以要求划规两脚等长以及两脚相并合时脚尖能紧密贴合，两脚开合要松紧适当。图 2-8 所示为三种常用的划规。

用划规量取尺寸时应沿着钢尺重复量取数字，以减少误差（见图 2-9）。

使用划规划圆时，作为旋转中心的一脚应加以较大的压力，另一脚则以较轻的压力在工件表面上划出圆或圆弧，这样可使中心不致滑动（见图 2-10）。划规两脚尖要在同一平面上，否则尖脚间距离就不是所划圆的半径，因此中心眼不能冲得太深。

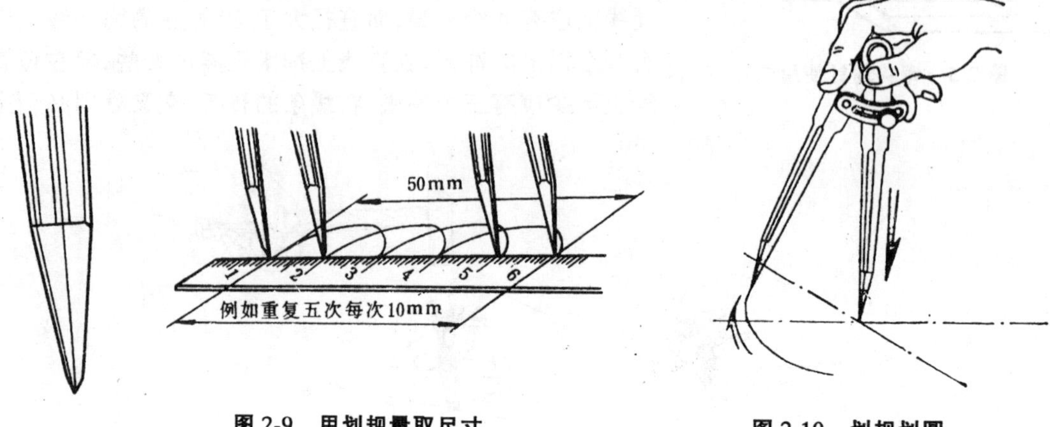

图 2-9　用划规量取尺寸

图 2-10　划规划圆

4．角尺

角尺（见图 2-11）除用来做工件 90°的垂直检查外，在划线时常用作划平行线和垂直线的导向工具，在立体划线中还可用来找正工件平面在划线平台上的垂直位置，如图 2-12 所示。

5．钢尺

钢尺主要用来度量长度，也可检验工件表面的平面度，也可与划针配合划直线用。

图 2-11　角尺

6．划线平台

划线平台（又称划线平板），如图 2-13 所示。

划线平台由铸铁制成并经过时效处理，平台工作面经过精刨、精磨或刮削加工，作为划线时的基准平面，划线平台一般搁置在木架上，放置时应使平台工作表面处于水平状态。

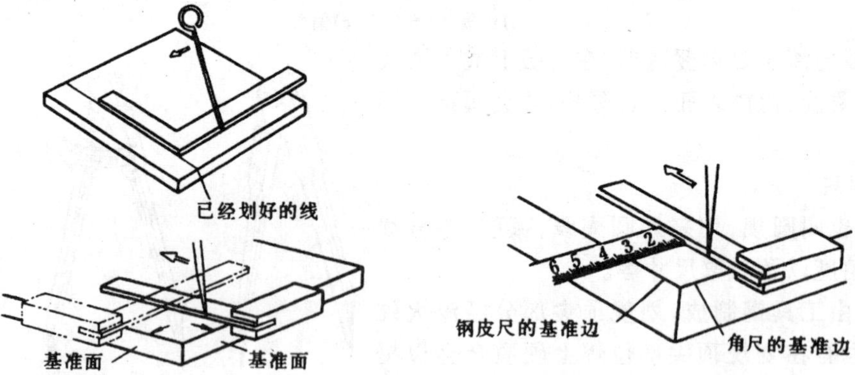

已经划好的线

基准面　基准面

a）

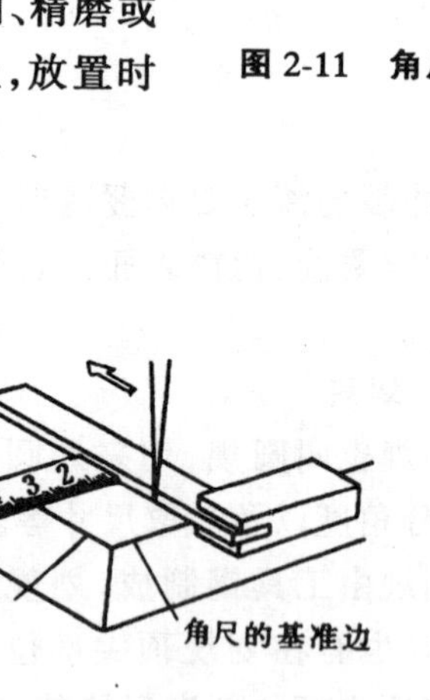

b）

图 2-12　角尺的应用

平台工作表面应经常保持清洁，工具和工件在平台上都要轻拿轻放，不应损伤其工作表面，用后要擦干净，并涂上机油防锈。

7．划针盘

划针盘（划线盘）有两种形式，即普通划针盘和可微调式划针盘（见图 2-14）用来划平行线和水平线以及在划线平台上对工件进行校正，以保证工件在平台上获得正确的划线位置。

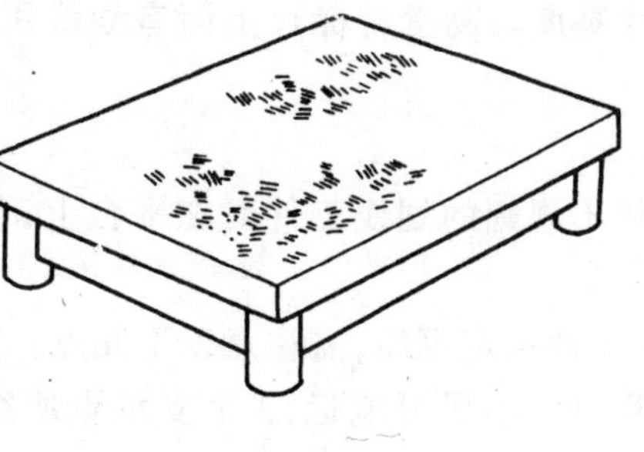

图 2-13　划线平台

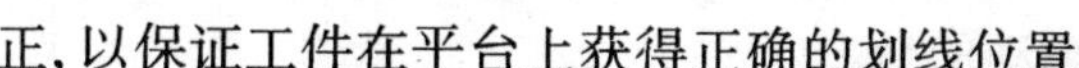

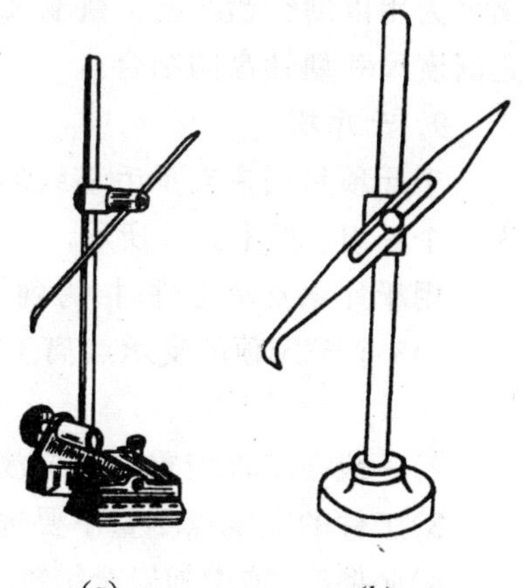

图 2-14　划针盘

a）微调划针盘；b）普通划针盘

使用注意事项：

1）划针伸出的长度应尽可能短些，以免工作时产生震动。

2）划针与工件表面之间保持 40°～60°角度为宜（沿划线方向），以减小划线阻力和防止划线时划针产生震动而影响划线的质量。

3）每划完一条线后，应返回划线起点进行校对，并应对照高度尺检查所取尺寸是否正确。

4）划线时对划针用力应均匀适当，不可在同一条线上重复划几次而使线条变粗，从而降低划线精度。

5）划线盘用完后应将划针尖端朝下，固定放好。

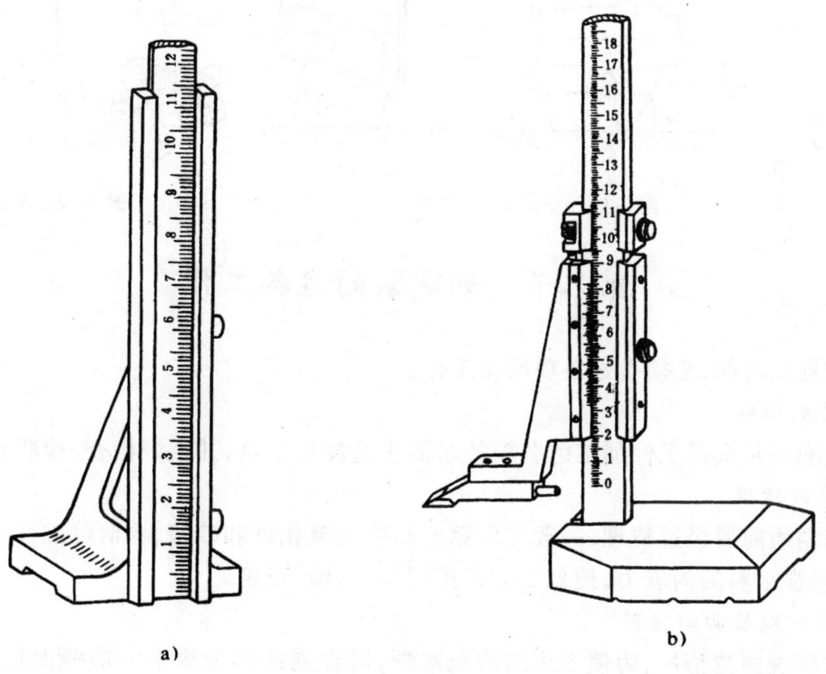

图 2-15　高度尺

a）普通高度尺；b）高度游标尺

8．高度尺

高度尺（见图 2-15），分普通高度尺与高度游标尺两种，普通高度尺由钢直尺和底座组成，钢尺为用以划针盘在上面量取尺寸高度。高度游标尺上附有划线用的硬质合金刀头，实际上是高度尺和划针盘的结合。

9. 千斤顶

千斤顶是用来支承毛坯或形状不规则的划线工件时在平台上调整高度用的，通常使用时为3个一组，如图2-16所示。

用千斤顶支承工件时，为确保工件稳定可靠，需注意以下几点：

1)3个千斤顶的支承点离工件的重心尽可能远，3个支承点所组成的三角形面积尽可能大。

2)一般在工件较重的部位放2个千斤顶，较轻的部位放1个千斤顶。

3)工件的支承点尽量不要选择在容易发生滑动的地方。

4)必要时，须增加安全措施，如在工件上拴绳子吊住或在工件下面加辅助垫铁，以防止工件不稳滑动时产生伤害事故。

10. V型铁

V型铁(元宝铁)如图2-17所示，主要用于水平位置安放圆柱形工件，以便用划针盘划出中心线等。V型铁槽一般呈90°或120°角，有良好的对中性，使用时通常是2个一组且等高的V型铁同时使用，以保证划线的准确性。

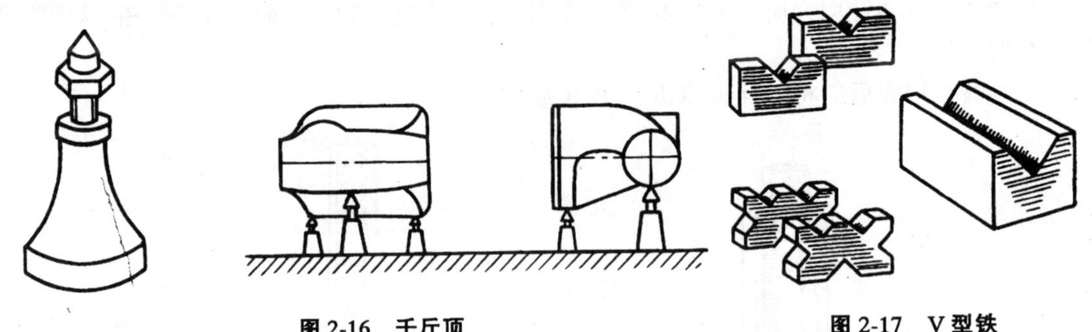

图2-16　千斤顶　　图2-17　V型铁

第二节　划线前的准备工作

在进行划线之前，必须做好各项准备工作。

1. 工具的准备

工具的准备是根据工件加工的各项技术要求选择好工具，并做好检查、校验和修理。

2. 工件的清理

工件在划线前要经过清理，一般先用钢丝刷除去氧化铁和砂粒，再清除工件毛坯上的毛头和油污，以增强涂料的附着力，使划出的线条明显、清晰、正确。

3. 工件划线表面的涂料

工件划线表面清洁后，为使划出的线条清晰，需在划线部位涂上一层薄而均匀的涂料，在涂料干燥后，即可进行划线，涂料的种类很多，应根据工件表面的精度来确定，下面介绍几种常用的涂料。

1)石灰水：石灰水中加入适量的胶水、则可增加附着力。一般用于粗糙的工件表面，也可用电石糊代替。

2)品紫:用2%～4%的紫颜料(如蓝油等),3%～5%的漆片和91%～95%的酒精混合而成,一般船舶上用的都是配好的成品,常用于已加工表面的划线涂色。

3)硫酸铜溶液:用硫酸铜和酒精混合而成,同样用于已加工表面的划线涂色。

4)粉笔:一般在划线精度要求不高的较小工件上使用,此种涂料使用灵活、方便。

4. 工件孔装中心塞块

在有孔的工件上划圆或等分圆周时,必须先求出孔的中心,为此一般要在孔中装上中心塞块,对于不大的孔,通常用铅块打入,较大的孔则可用木料或用可调节塞块(见图2-18)。

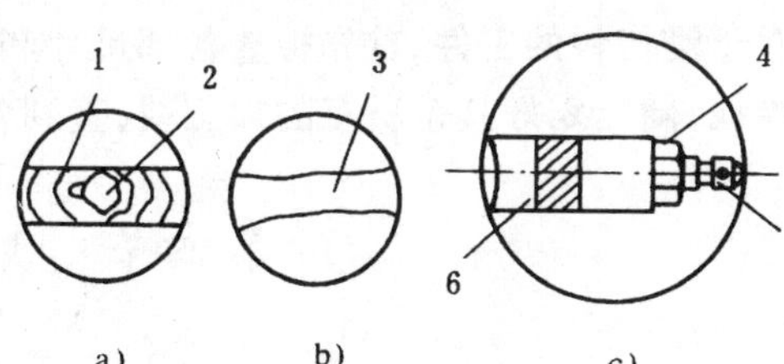

图2-18 孔中心塞块

1-木块;2-铝皮或铜皮;3-铅条;4-锁紧螺母;5-伸缩螺钉;6-钢块

第三节 划线基准的选择

1. 划线基准的概念

划线时选择和确定一个或几个面,或一条和几条线作为划线的基准,而画其他线时都要以此线或面为依据进行,这个线和面就是划线基准。只有正确地确定划线基准才能保证划线的准确、迅速。因此划线前必须研究图纸上的尺寸、形状和技术要求。

2. 选择划线基准的原则

1)以两个互相垂直的边(或面)为基准,如图2-19 a)。划线前先把这两个垂直的边(面)加工好,使其互成90°角,再以这两边为基准划出其余的加工线。

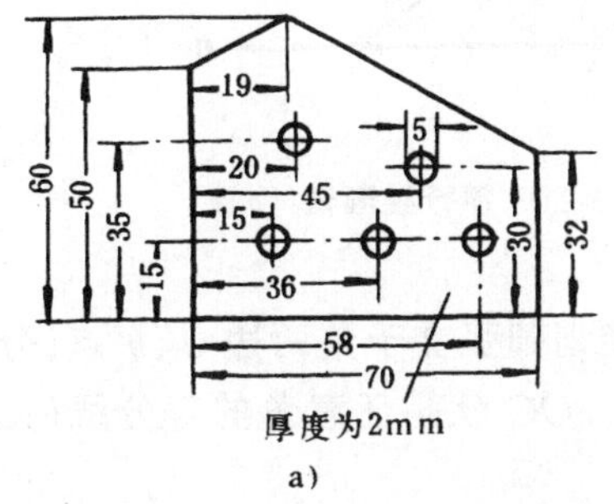

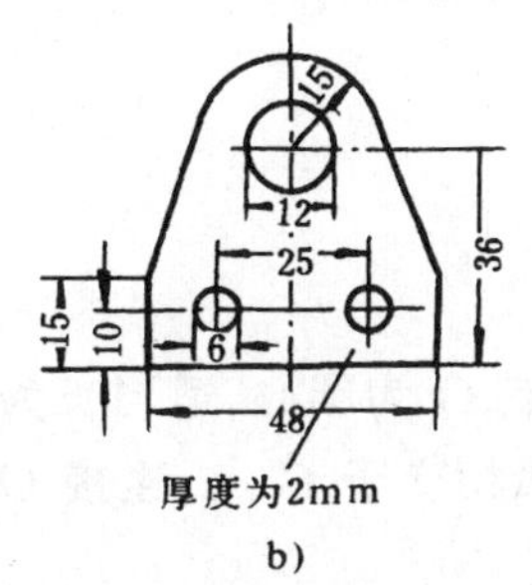

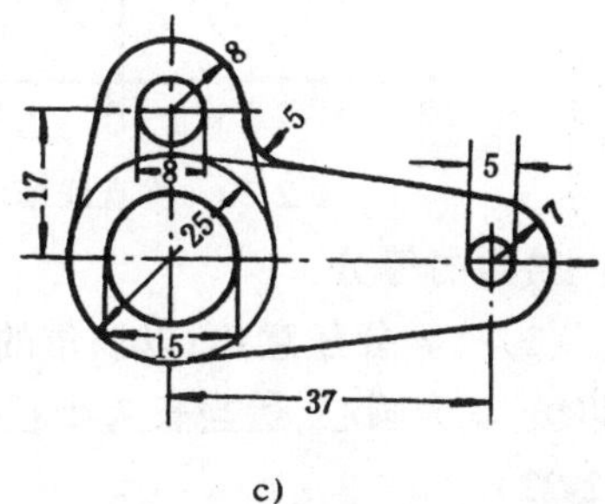

图2-19 划线基准的选择

2)以两个互相垂直的中心线(或中心平面)为基准,找出其余两圆的位置,再根据两圆位置线划出外形加工界线,如图2-19 c)。

3)以一个边(或面)和一条中心线(或中心平面)为基准如图2-19 b),划线前按要求先加工底平面,再划出中心线和其他加工线。

如果是立体划线则应以基准边的平面和中心平面为基准。

平面划线中,为提高工作效率,可以按样板划线,如制作柴油机气缸头垫床及各种管系法兰盘垫片等,可将拆下的旧垫片、垫床当样板使用。

3. 划线中的借料

经铸造、锻造或气割成型的毛坯件由于加工造型的原因，产生轮廓歪斜、孔眼位移等。在局部缺陷、误差较小的情况下，可通过划线将各加工余量重新分配，使误差较小的毛坯件得以补救，这种用划线补救工件缺陷的方法叫做借料。

对于需借料的工件，首先检查各部尺寸和偏移的情况，然后确定借料的方向和尺寸，并划好基准线，随之划好其余所有的加工线，直到各部尺寸均达到要求为止。

第四节　划线操作举例

1．基本划线方法

任何复杂的图形都是由直线、曲线、圆及角组成。当用图来表示各种零件的轮廓时，就是用这些线条组合连接而成的。为了能在工件上划出精确的加工线，就必须掌握基本的划线方法。

1)垂直线(见图 2-20)：由直线上的定点 O 作该直线 AB 的垂线。作法是以 O 为圆心，取任意长为半径划圆弧与直线 AB 相交于 D、E 点，再分别以 D、E 点为圆心，任意长 R 为半径划圆弧交于 F 点；连接 O、F 点；则 $FO \perp AB$。

2)平行线：划一直线与已知直线平行。在已知直线 AB 上任意取两点 a 和 b 作圆心(这两点应有一定的距离)，以所要求的两线距离为半径划圆弧；再作一直线同时与两圆弧相切，那么此直线 CD 就为所求的已知直线 AB 的平行线(见图 2-21)。

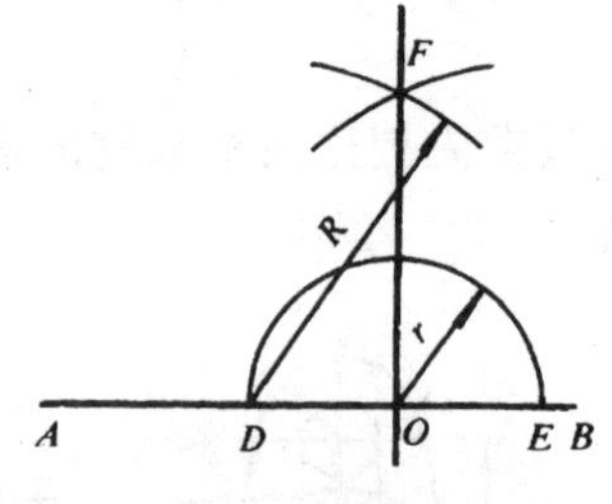

图 2-20　垂直线画法

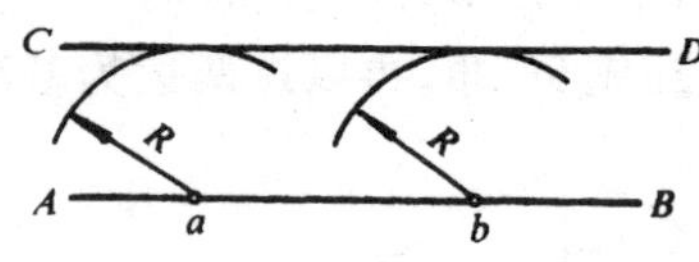

图 2-21　平行线画法

3)角的等分：

(1)二等分任意角：以该角的顶点 O 为圆心，适当长为半径划圆弧交于角两边 a、b 点；分别以 a、b 为圆心，适当长为半径画弧相交于 C 点；连接 OC 点，OC 就是任意角的等分线(见图 2-22)。

(2)三等分直角：以角顶点 O 为圆心，适当长为半径划弧，于两直角边相交于 a、b 两点；再用上述同样半径分别以 a、b 点为圆心划圆弧交于 $\overset{\frown}{ab}$ 上的 c、d 点，连接 oc、od 则即为所求角的三等分线(见图 2-23)。

4)切线的划法：

(1)已知半径为 R 的圆弧相切于两条直线。

①以已知半径 R 为距离作已知直线 AB 的平行线 $A'B'$；

②再以已知半径 R 为距离作已知直线 CD 的平行线 $C'D'$；

③以直线 $A'B'$、$C'D'$ 的交点 O 为圆心，以 R 为半径作圆弧即相切于两条直线 AB、CD(见图 2-24)。

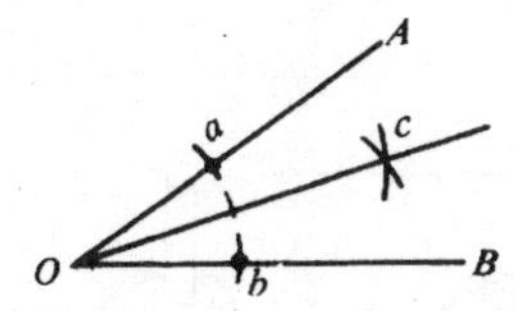

图 2-22 二等分任意角

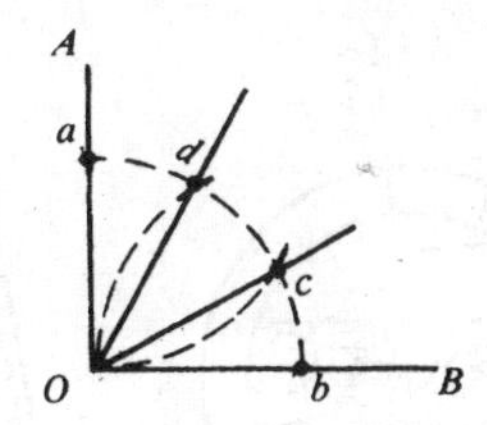

图 2-23 三等分直角

(2)已知半径 R 的圆弧与直角边 AB、BC 相切。

①以 B 点为圆心，R 为半径作短弧，相交于直角边 τ、τ' 两点。

②以 τ、τ' 点为圆心，R 为半径作圆交于 O 点。

③以 O 点为圆心，R 为半径划弧即于直角边相切(见图 2-25)。

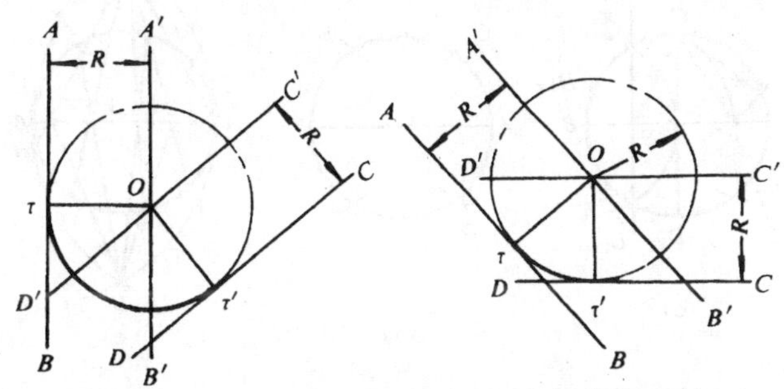

图 2-24 两直线与已知半径圆弧相切

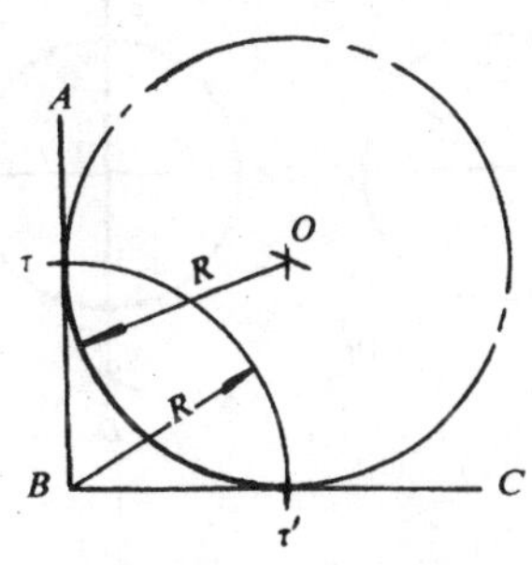

图 2-25 直角与已知半径圆弧相切

(3)以已知半径 R 作圆弧相切于两圆 R_1、R_2。

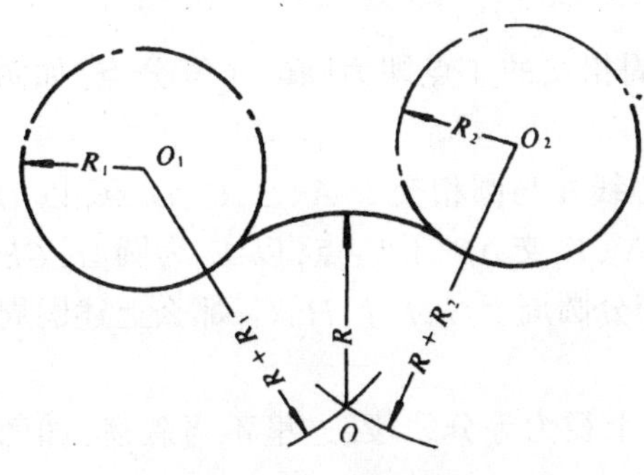

图 2-26 圆弧相切

①以 O_1 为圆心，$R+R_1$ 为半径作弧。

②以 O_2 为圆心，$R+R_2$ 为半径作弧且与上弧相交于 O 点。

③以 O 点为中心，R 为半径划圆弧相切于 R_1 圆和 R_2 圆即为所需求相切圆(见图 2-26)。

5)求圆心：

(1)几何作图法求圆心：在圆周上任意取三点 A、B、C；分别作 AB、BC 的垂直平分线并相交于 O 点，O 点便为所求圆心(见图 2-27)。

(2)划规求圆心(又称井字法求圆心)：

将划规两脚分开约为半径的开度，分别以圆周上近似对称的 4 个点为圆心划出 4 条相交短弧，那么弧的 4 个交点的对角线的交点即为所求圆的圆心(见图 2-28)。

(3)划针盘求圆心：把工件放在 V 型铁上，将划针的高度调到大约为圆的中心位置上划一直线，把工件转 180°再划一直线(划针高度不变)，若两线重合即为中心线，如两线不重合则可通过调整划针盘的高度重划两线，直至两线重合为止，即求出中心线。然后在划针高度不变的情况下只要将工件转动一个角度，再划一条线并于先划出的中心线相交于一点，那么相交点即为圆的中心(见图 2-29)。

6)圆周等分法：

等分圆周有几何作图法和查表求弦长法两种。下面仅介绍几何作图法：

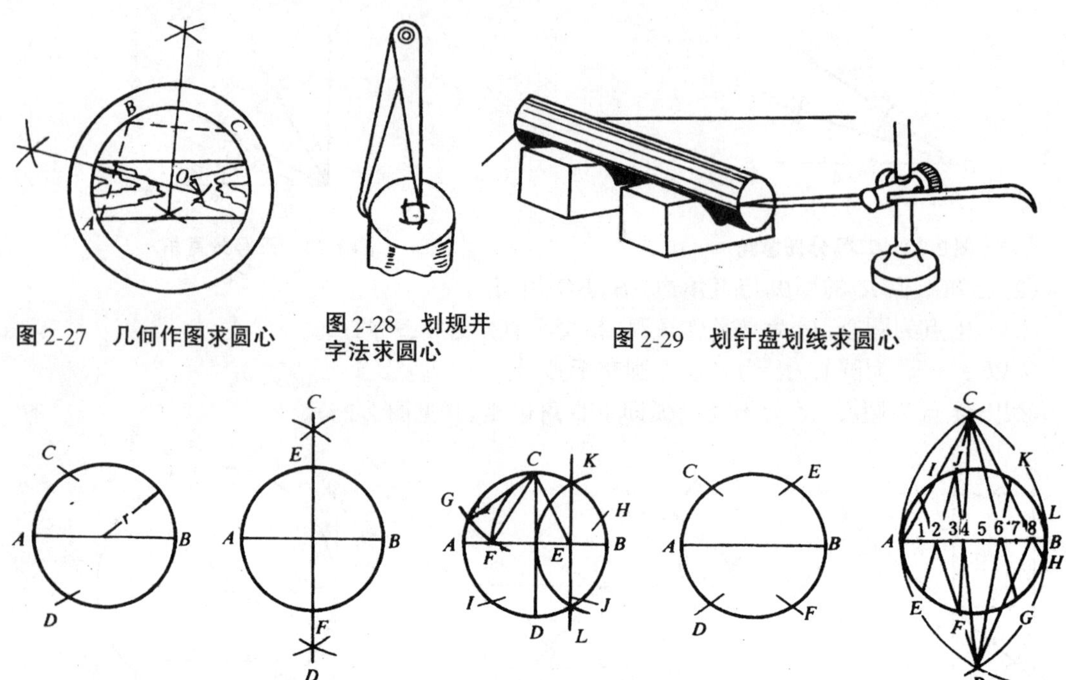

图 2-27　几何作图求圆心

图 2-28　划规井字法求圆心

图 2-29　划针盘划线求圆心

图 2-30　等分圆周划法

(1)3 等分圆周划法：作圆直径 AB，以 A 为圆心，圆半径 r 为半径划圆弧交圆周于 C、D、点，那么 D、B、C3 点即为圆的 3 等分点，如图 2-30 a)。

(2)4 等分圆周划法：通过圆心的垂直中心线与圆周相交的 4 点即为圆的 4 等分点，如图 2-30 b)。

(3)5 等分圆周划法：先划出两条互为垂直的圆中心线并与圆相交于 A、B、C、D 点，以 B 为圆心，以圆半径为半径划弧交于圆周 K、L 点；连接 K、L 交 AB 于 E 点；以 E 为圆心，CE 为半径作弧相交 AB 于 F 点；以 C 为圆心，CF 为半径等分圆周于 G、I、J、H、C；那么上述圆周上的 5 点即为圆的 5 等分点，如图 2-30 c)。

(4)6 等分圆周划法：与 3 等分圆周相似，即以圆的半径为等分线段，这里不再叙述，如图 2-30 d)。

(5)任意等分圆划法：作直线 AB，分别以 A、B 点为圆心，AB 长为半径作弧交 C、D 两点；再根据所需圆的等分数来等分线段 AB 并定出分段点 1、2、3、4……，分别自 C、D 两点与直线 AB 上的分段点的奇数或偶数相连并延长与圆周相交，则交点 I、J、K、L、H、G、F、E 就是圆周上的等分点，如图 2-30 e)。

2. 平面划线操作实例

平面划线操作，如图 2-31 所示，这是一个法兰盘，表面已经车光，要在它上面划 4 个螺孔和一个中心大孔。这些孔的位置实际上都是根据垂直中心线而定，所以划线的基准就是这两条相互垂直的中心线。为了求得准确的中心，通常用硬木牢固地装入孔中，并在近似中心处钉上菱形铁皮，以便用井字法找出圆心和便于用划规划线；当划出互为垂直的中心线后再根据图纸要求画出其他的加工线。

3．立体划线操作实例

图 2-32 所示为船舶管系中常见的三路通，毛坯为铸造件，它的基本划线过程是在平台上完成的，现将划线的操作过程简述如下：

1)做好划线前的各项准备工作。

2)分析图纸、找出基准：它是从 3 个不需加工而又互相贯通的内孔中心，即空间位置互成 90°的 3 个中心平面为基准。

3)第一次支承：用 3 个千斤顶将三路通支承在平台上，通过划针盘校对和调节千斤顶的高度使三孔中心在同一水平面上，划出通过三孔中心的第一条中心线，如图 2-33A 和图 2-33B a)。

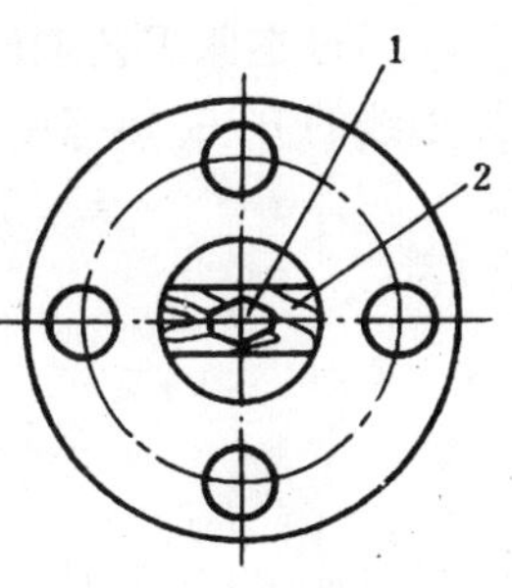

图 2-31　法兰盘划线
1-菱形铁皮；2-木块

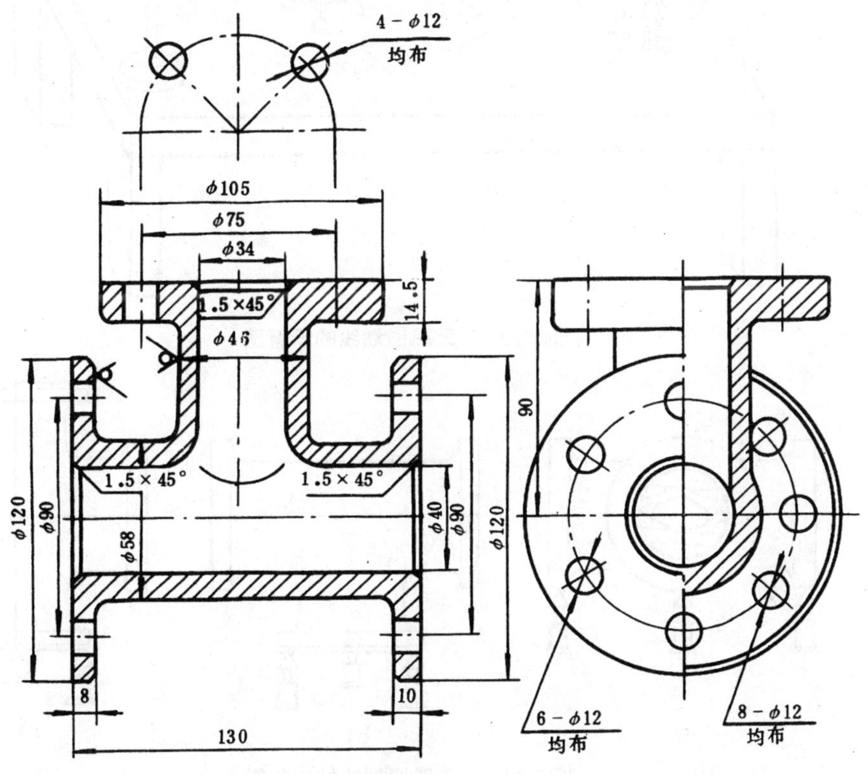

图 2-32　三路通

4)第二次支承：将三路通转换 90°位置[见图 2-33B b)]通过上述方法使三路通的两个对称端的孔中心点在同一水平面上，用 90°角尺校正使已划出的第一条中心线与直角尺一边在与平台竖直方向上重合，然后划出通过两端孔中心点的第二条中心线(且与第一条中心线相垂直)。同时通过高度尺调节划针盘划出三路通一个端面水平方向的切削加工线。

5)第三次支承：再将三路通转动 90°[见图 2-33B c)]，用上述同样方法调整好千斤顶，使第一、第二两条中心线与角尺边重合，并通过端面的孔中心点划第三条中心线，同时划出三路通其余上下两端面的切削加工线。

6)撤除千斤顶，按已划出的中心点和中心线，分别按平面划线的方法划出 3 个端面上孔的加工线。

7)对照图纸，仔细检查划线的准确性，确定无错后打上样冲眼。

通过本课工艺理论的学习与操作实践，应能正确选择划线基准，掌握一般的平面划线和立体划线的方法，熟练使用划线工具并掌握好修磨保养的方法，同时应达到划线的准确性。

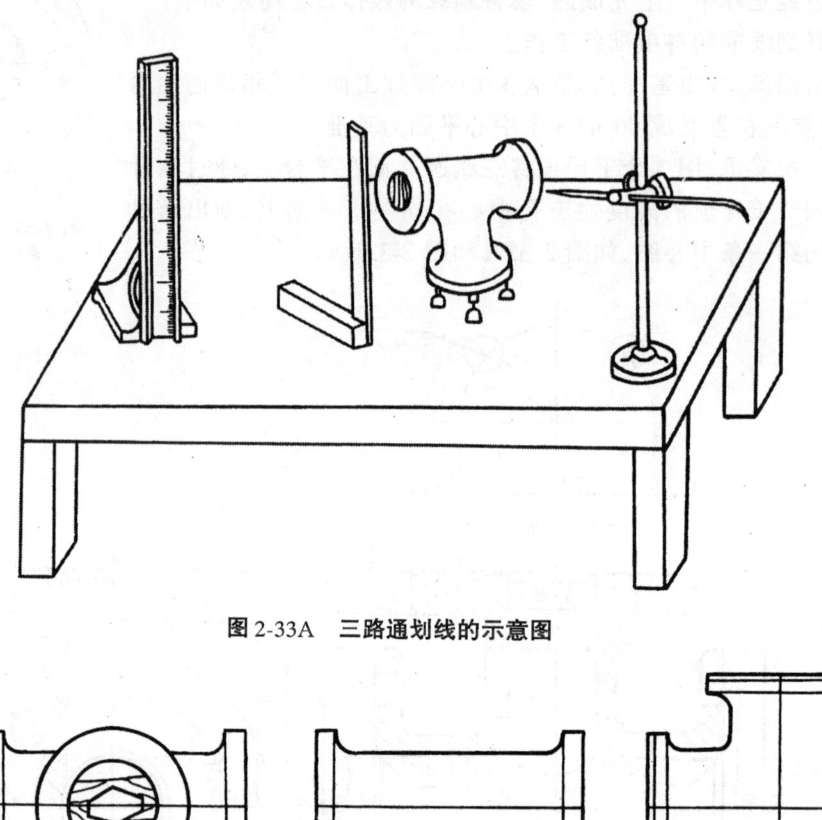

图 2-33A　三路通划线的示意图

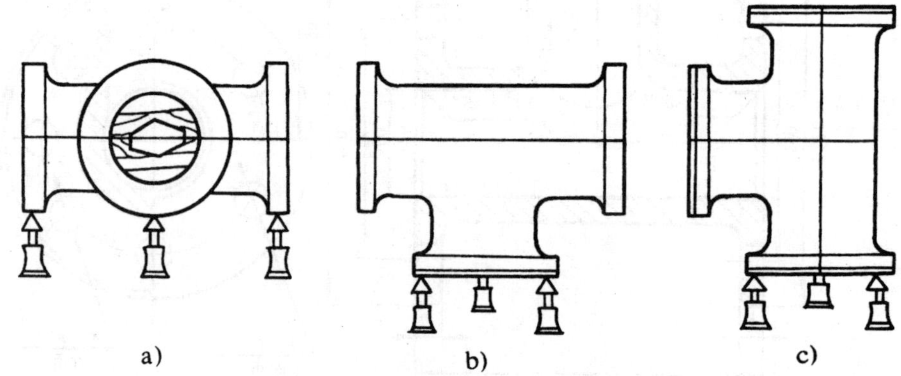

a)　　b)　　c)

图 2-33　B 三路通划线的过程图

复习思考题

1．划线的作用是什么？
2．划线分为哪两种形式？举例说明。
3．为保证划线的准确性，使用划针时要注意些什么问题？
4．打冲眼的方法和要求是什么？

5. 对划规有什么要求?
6. 使用划线盘时应注意哪些问题?
7. 划线前应做好哪些准备工作?
8. 划线基准的选择有几种?
9. 求圆心的方法有几种?

第三章　金属錾削

在检修船舶设备中，常会遇到錾削工作。如錾开固定管子的卡箍、錾开锈蚀的螺母、轴上开槽、轴瓦上开油槽等。因此錾削工作是轮机工作人员必须熟练掌握的基本功。

第一节　錾削的概念

用手锤敲击錾子对金属进行切削加工，这种操作叫做錾削。

錾子是刀具的一种，一切刀具所以能对材料进行切削是因为具备了下列两大因素：

1. 刀具本身的材料比被切削材料硬。

2. 刀具的切削部分成楔形。楔的形状对切削有很大的关系，在用力相等的情况下，楔的分割作用是随着楔角(β)的大小而变化的。

1)楔角的大小影响錾子的切入深度。楔角(β)愈小，錾子就愈容易切入，而且切入深度愈深，但是楔的强度也就愈小，如图 2-34 a)。

2)楔角的宽度影响切入材料的深度。窄的楔角压入材料的深度比宽的深，如图 2-34 b)。

3)材料的硬度影响切入材料的深度。用同样的楔角，同样宽度的楔切入软材料要比切入硬材料深，如图 2-34 c)。

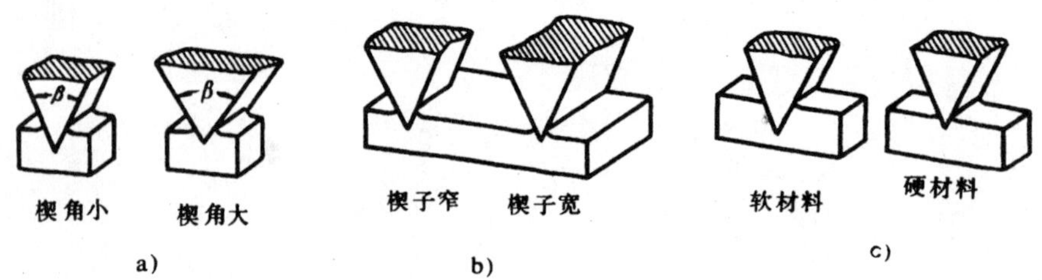

图 2-34　刀具楔的工作情况

在实际工作中，錾子一般都是斜放在工件上进行切削的，切削加工中极为重要的各个表面和角度(见图 2-35)有：

前倾面——切屑流出的面。

后隙面——对应切削平面的面。

切削角(δ)——前倾面和切削平面的夹角。

楔角(β)——前倾面和后隙面间的夹角。楔角的大小是根据被切削材料的性质而定。

前角(γ)——指前倾面和垂直于切削平面的平面间的夹角，它的大小与切削过程中排屑是否方便有关。

后角(α)——后隙面和切削平面间的夹角。它的作用是减少后隙面与切削平面间的摩擦。

总的来说在錾削过程中，切削角的大小直接影响到切削质量和切削效率。切削角愈大，后

角也愈大，前角就愈小，这样由于切削的压力大，会使錾子压入材料太深，如 2-36a)。当切

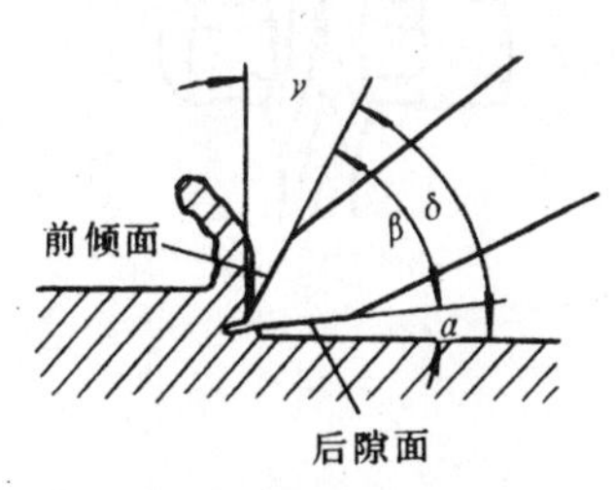

图 2-35　錾削时的角度

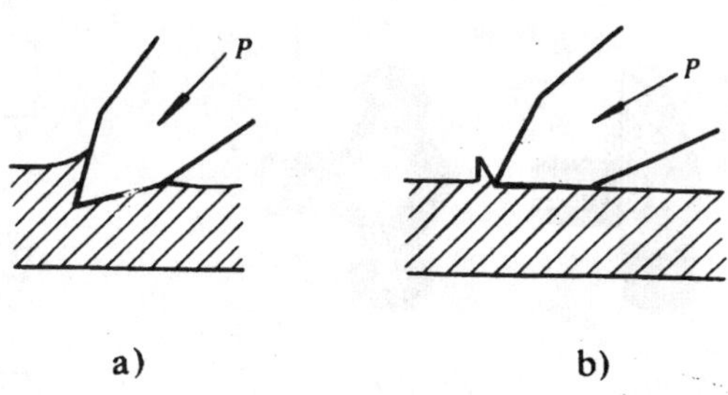

图 2-36　切削角的大小与切削工作关系

a)切削角大，切入材料深；b)切削角小，切入材料浅

削角小的时候，后角也小，前角就增大，这时由于切削的压力小，錾子的锋口容易从材料表面滑出，如图 2-36b)。一般錾子的后角约 5°～8°。

第二节　錾削工具

1. 錾子

錾子是用碳素工具钢锻制而成，刃口部分经淬火处理。常用錾子有以下三种(见图 2-37)。

1)扁錾：主要用来錾削平面，切断小尺寸的材料如扁钢、板料、螺栓等。

2)尖錾：刃口狭窄，主要用錾槽和分割曲线型板料的切断等。

3)油槽錾：刃口小呈圆弧形，用来錾削机械滑动面的油槽。

錾削的时候，錾子楔角大小要根据加工材料的性质而定；硬金属为 60°～70°，结构钢为 50°～60°，软金属为 30°～50°。

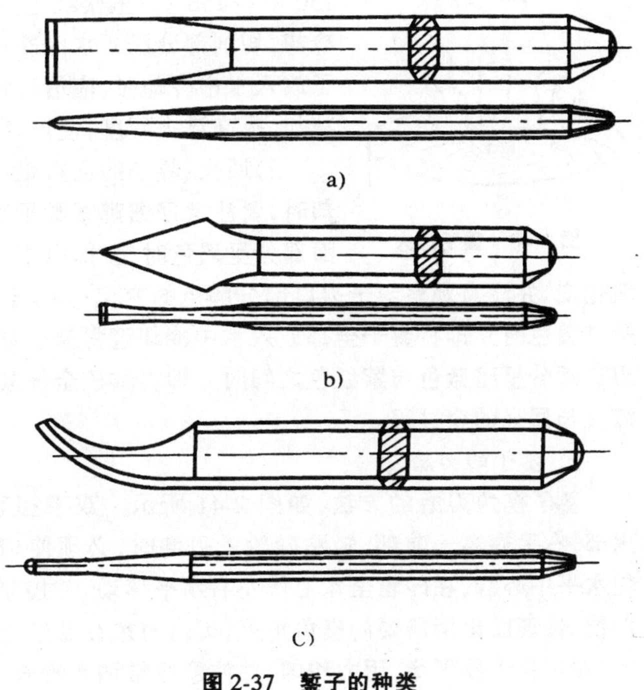

图 2-37　錾子的种类

a)扁錾；b)尖錾；c)油槽錾

2. 手锤(榔头)

錾削工作是借手锤的锤击力而使錾子切入金属的，因此手锤就成为錾削工作中不可缺少的一种工具。手锤由碳素工具钢制成并经淬火处理，重量一般为 0.75 kg，柄长 350 mm 左右。

钳工常用的手锤有圆头和方头两种(见图 2-38)。圆头手锤多用于錾削，方头手锤多用于打样冲眼工作。

无论哪一种形式的手锤，嵌锤柄的孔都是椭圆形的，而且孔的两端比中间部分略大，这样有利装紧，锤柄装入后为了避免锤头甩出伤人，必须用斜形的楔子打入(见图 2-39)，加以紧

固，打入的深度应为锤孔深的2/3。

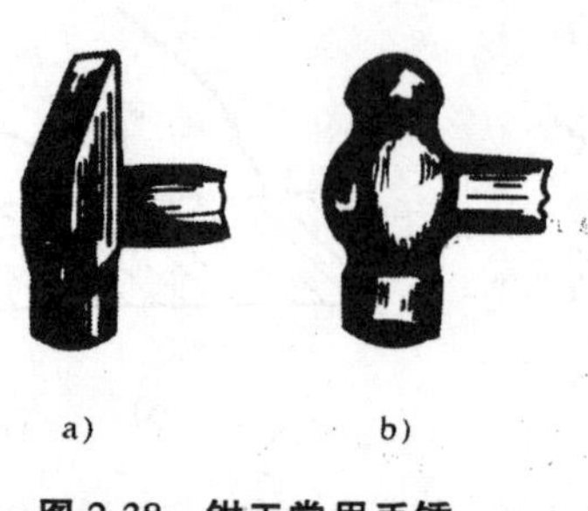

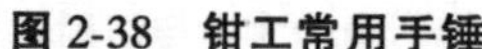

图2-38 钳工常用手锤

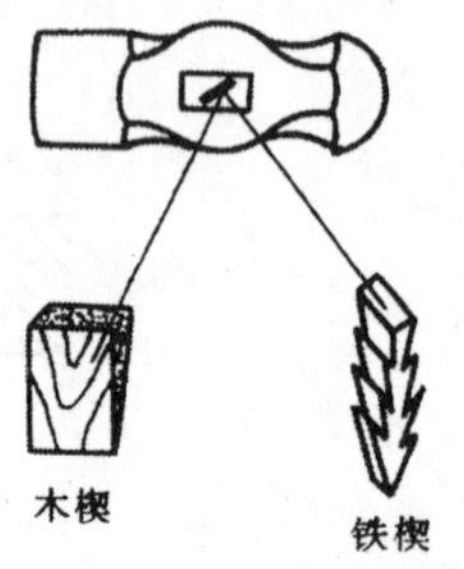

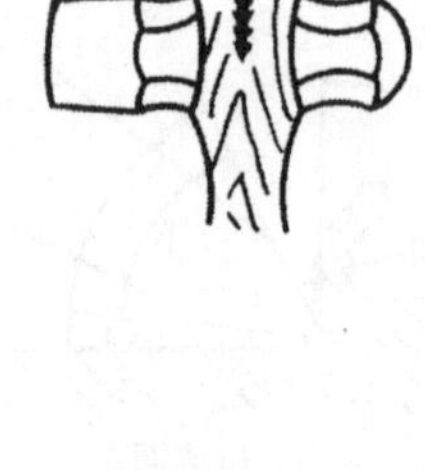

图2-39 楔的安装

第三节 錾子的淬火与刃磨

1．錾子的淬火

錾子的淬火包括淬火和回火两个过程。其目的是为了保证錾子切削部分具有较高的硬度和一定的钢性。

图2-40 錾子淬火

1）淬火：将錾子的切削部分约20 mm长的一端，均匀加热至750 ℃～780 ℃（呈樱红色）后迅速取出，并垂直地把錾子放入冷水内冷却，切削部分浸入水内冷却的深度约为5～6 mm（见图2-40）。錾子放入水中冷却时，应沿着水面缓慢地移动，其目的是加速和均匀地冷却，提高淬火硬度，使淬硬部分与未淬火部分不致有明显的界线。

2）回火：錾子的回火是利用本身的余热进行的，当錾子在水中冷却时，要注意仔细观察錾子露在水外部分颜色的变化，当錾子露出水面部分呈黑色时，立即由水中取出，快速用旧砂轮片除去切削部分的氧化皮，并注意观察錾子刃口部分颜色的变化；如果经淬火的錾子是加工硬材料，则刃口部分呈红黄色时立即将錾子全部放入水中冷却至常温。如果经淬火的錾子是加工较软材料时，则刃口部分呈暗蓝色与紫红色之间时立即将錾子全部放入水中冷却至常温。上述过程就是錾子淬火与回火的全过程。

2．錾子的刃磨

錾子楔角刃磨的方法，如图2-41所示。双手握錾，左手拿錾子尾部，右手握錾子前部，轻贴砂轮。刃磨时，必须使切削刃口高于砂轮水平中心线，在砂轮全宽上作左右水平移动，并控制好錾子的刃磨部位，保证磨出所需要的楔角角度，刃磨时加在錾子上的压力不宜过大，左右移动要平稳，用力均匀，并注意经常沾水冷却，以防刃口部分产生高温而退火失去一定的硬度。刃磨好的錾子刃口应平直，锋口两面须相交成一直线并在錾子的中心线上。

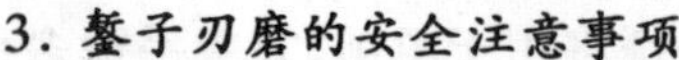

图2-41 錾子淬火

3．錾子刃磨的安全注意事项

1）刃磨錾子时操作者应站在砂轮的斜侧方向，不要正对砂轮。

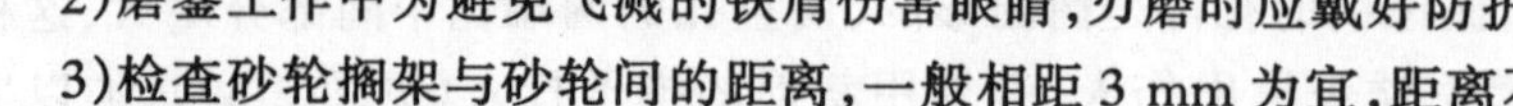

2）磨錾工作中为避免飞溅的铁屑伤害眼睛，刃磨时应戴好防护眼镜。

3）检查砂轮搁架与砂轮间的距离，一般相距3 mm为宜，距离不可太大，搁架应安装牢固。

4)开动砂轮机后首先检查其旋转方向是否正确,并且应等到转速稳定后方可使用。

5)刃磨时对砂轮施加压力不可太大,如砂轮表面有严重跳动时应及时检修(可用砂轮割刀修整)。

6)不可戴手套或用棉纱包住錾子进行刃磨,以防发生伤害事故。

第四节　錾削姿势、握錾法和挥锤法

1. 錾子的握法

1)正握法:左手心向下,腕部伸直,用中指、无名指握住錾子,小指自然合拢,食指和大拇指自然放松伸直。錾子头部伸出约 20 mm,如图 2-42 a)。

2)反握法:左手心向上,手指自然握住錾子,手掌悬空,如图 2-42 b)。在维修工作中遇到有些环境不允许用正握法时,采用反握法而给工作带来便利。

2. 站立姿势

操作时工作者的站立位置如图 2-43 所示,身体与虎钳中心线大约成 45°,且略前倾,左脚跨前半步,膝盖稍有弯曲,保持自然。右脚站稳伸直,不要过于用力,总之应自然和有利操作。

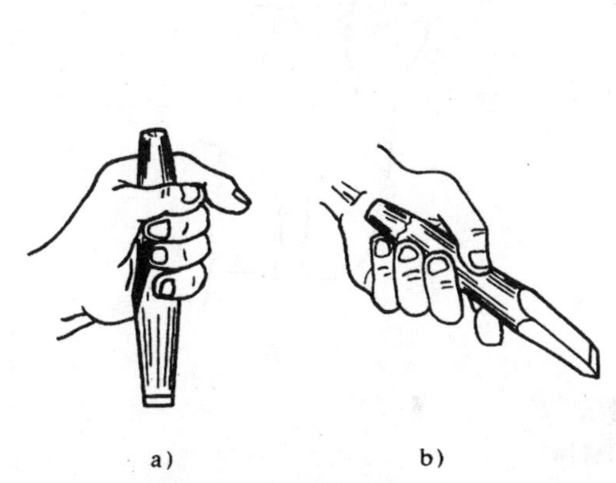

图 2-42　錾子握法
a)正握法;b)反握法

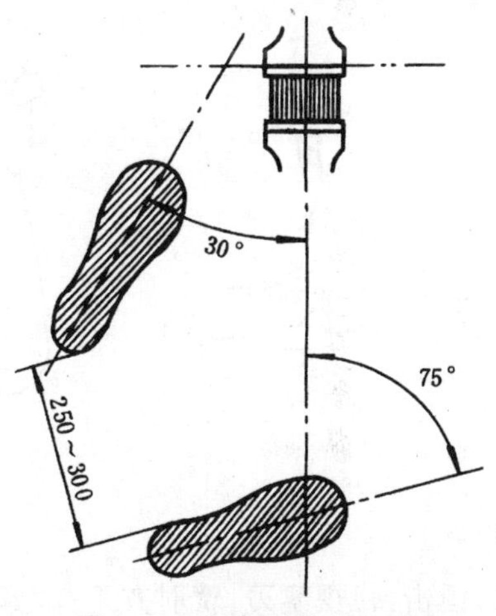

图 2-43　錾削时的站立位置

3. 手锤的握法

1)紧握法:用右手五指握锤柄,大拇指合在食指上,虎口对准锤头方向,木柄尾部露出约 15～30 mm。挥锤和锤击时五指始终紧握。使用这种握法由于工作中易产生疲劳,所以不为广泛应用。

2)松握法:只用大拇指和食指握锤柄,在挥锤时,小指、无名指、中指则随榔头的运行而依次放松;锤击时,又以相反的次序依次收拢,并加速手锤的运动。这种握法当掌握熟练后不仅可以增加锤击力,而且不宜产生疲劳,所以被广泛应用(见图 2-44)。

4. 挥锤法

挥锤方法有以下 3 种(见图 2-45):

1)手挥:只有手腕的运动,锤击力小,仅用于錾削开始和收尾及錾油槽和錾削软金属等。

2)肘挥:手腕和肘一起动作,锤击力较大,适用最广。

3)臂挥：即腕、肘、臂一起动作，锤击力最大，用于錾断金属材料和开脱螺母等。但应用较少。

5．锤击要领

1)挥锤：肘收臂提，举锤过肩；手腕后弓，三指微松；锤面朝天、稍停瞬间。

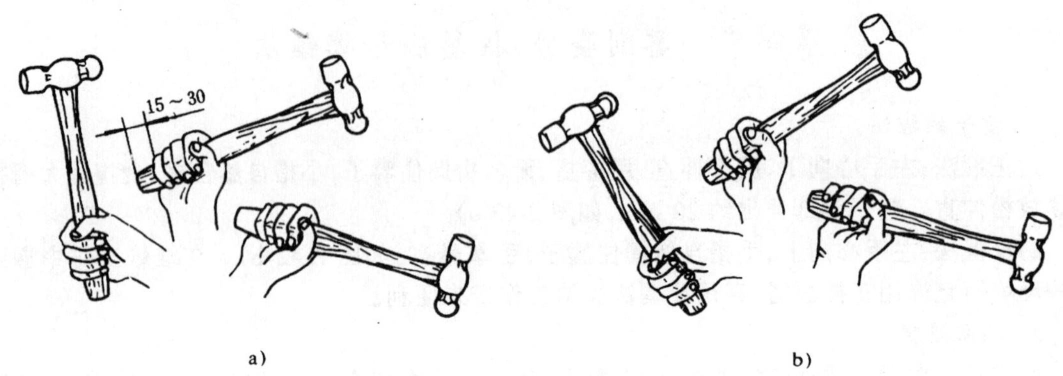

图 2-44　手锤握法

a)紧握法；b)松握法

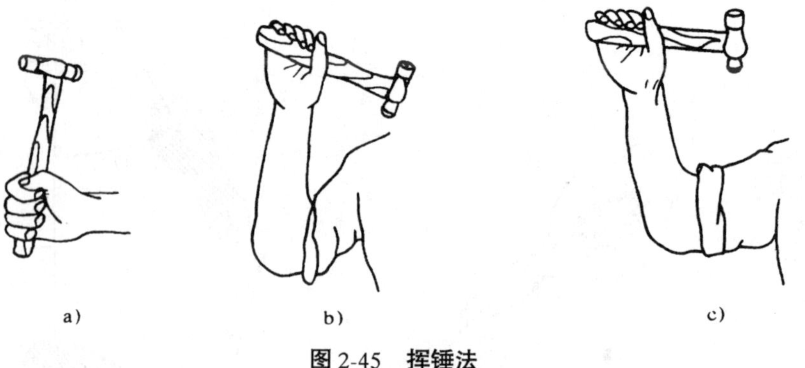

图 2-45　挥锤法

a)手挥；b)肘挥；c)臂挥

2)锤击：目视錾刃、臂肘齐下；收紧三指、手腕加劲；锤錾一线，锤走弧形；左脚着力，右腿绷紧。

3)要求：稳——速度节奏每分钟锤击 40 次左右；准——命中率高；狠——锤击有力。

第五节　錾削的操作方法

1．起錾方法

錾削时起錾方法有斜角起錾和正面起錾两种(见图 2-46)。在錾削平面时，应采用斜角起錾的方法，即先在工件尖缘角处，将錾子放成负角，如图 2-46 a)。錾出一个斜面，然后按正常的錾削角度逐渐向中间錾削。在錾槽时，则必须采用正面起錾，即起錾时全部刃口贴住工件錾削部位的端面，如图 2-46 b)。錾出一个斜面，然后按正常角度錾削，这样的起錾可避免錾子的弹跳和打滑，且便于掌握加工余量。

2．尽头地方的錾法

在一般情况下，当錾削接近尽头约 10～15 mm 时，必须掉头錾去余下的部分，如图 2-47 b)。当錾削脆性材料，如铸铁和青铜时应特别注意，否则錾到尽头就会崩裂，如图 2-47 a)。

3．薄板料的切断

薄板料的切断可以在虎钳上进行，用扁錾沿着钳口并斜对着板料(大约成 45°角)，自右向左錾切(见图 2-48)。

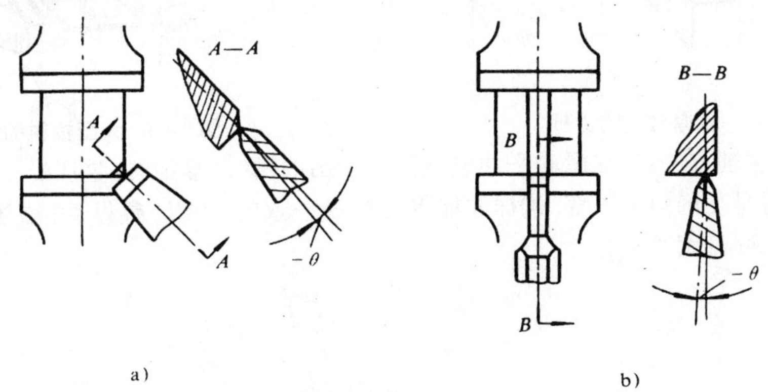

图 2-46　起錾方法

a)斜角起錾；b)正面起錾

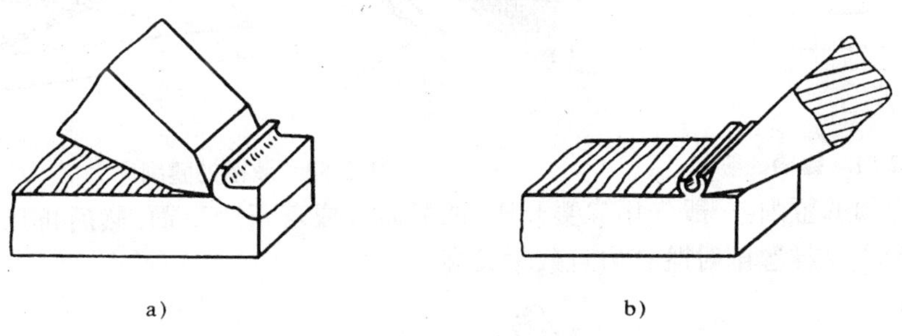

图 2-47　尽头部位的錾削

a)不正确；b)正确

4．较厚材料及大型板料的切断

1)錾切较厚材料时，可先在材料各 面錾出一凹痕，然后再打断，这样又省力又省时(见图 2-49)。

2)大型板料的切断：材料厚度在 4 mm 以下的大型板料切断时，不能在虎钳上进行，可以在铁砧或旧平板上进行(见图 2-50)。工作时应用软材料垫在下面，然后从上面用錾子进行錾切。

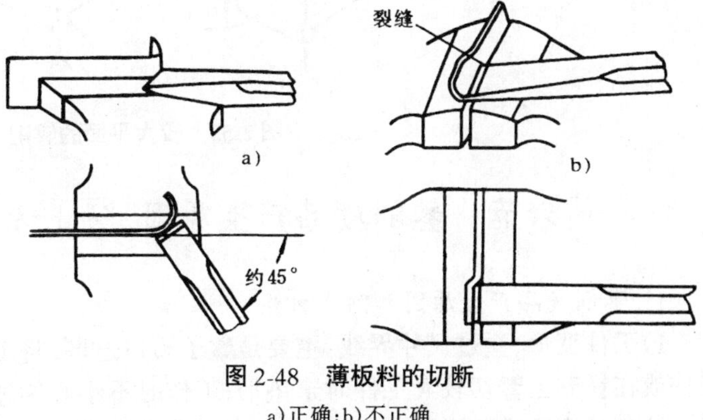

图 2-48　薄板料的切断

a)正确；b)不正确

3)键槽的錾削方法：先划出加工线，再在槽的一端或两端钻上与键槽深度相同的孔，并将尖錾切削部分磨成与键槽宽度相适应的尺寸，然后进行錾削(见图 2-51)。

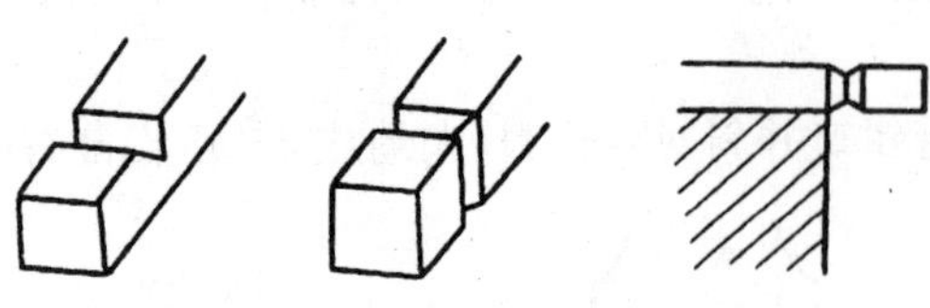
图 2-49　较厚材料的切断

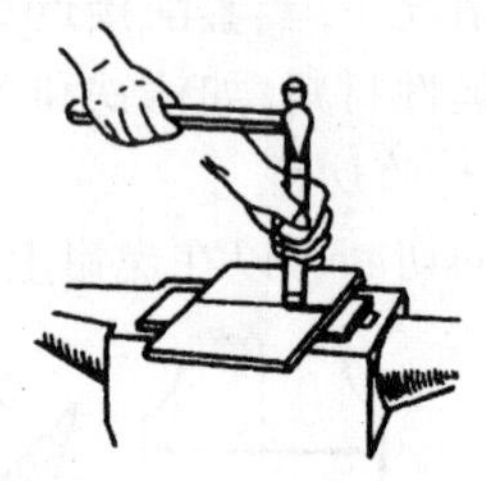
图 2-50　大型板料的切断

4)油槽的錾削方法:先在滑动平面或轴瓦上划出油槽线,錾削时,錾切的方向要随着曲面、圆弧而变动,但是切削角度不变,这样才能得到深浅一致的油槽。錾好后,槽边上的毛刺要用刮刀或砂布修除(见图 2-52)。

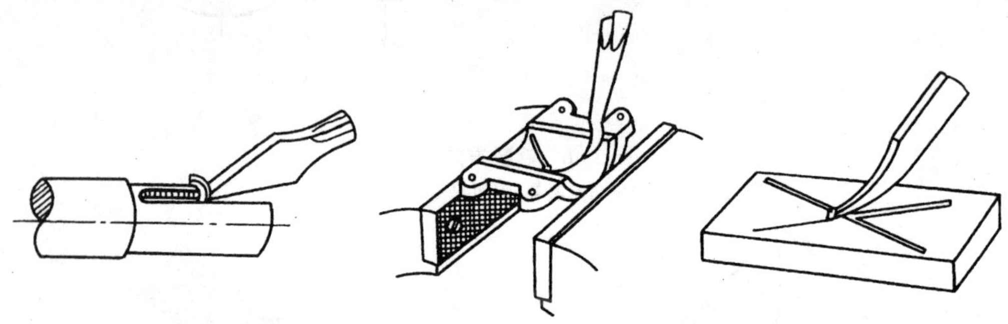
图 2-51　键槽的錾削　　图 2-52　油槽的錾削

5)较大平面的錾削:一般先用尖錾开槽,把宽面分成若干个窄面,然后再用扁錾将窄面錾去(见图 2-53)。这样錾削时既省力且效率又高。

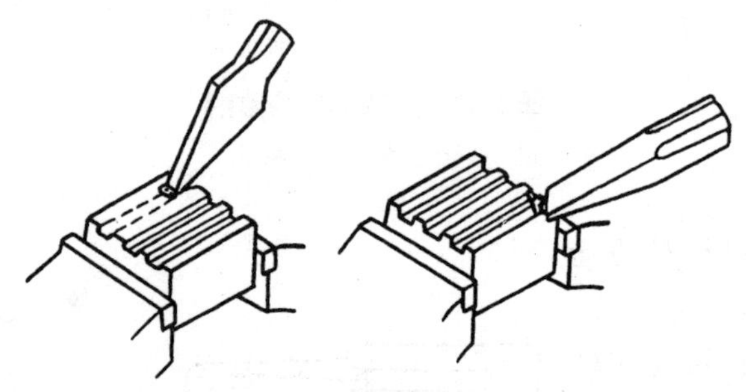
图 2-53　较大平面的錾削

第六节　錾削废品产生原因、防止方法和安全注意事项

1. 錾削废品产生原因和防止方法

1)工件变形、錾过尺寸界线:主要是錾子刃口过厚,将工件挤压变形;未用软钳口而把工件夹伤或在铁砧上錾切较大工件时未垫平;工作时不小心錾过了尺寸界线。

2)工件表面留下粗糙錾痕,使下道工序无法除去:由于錾削时后角掌握不当(或大或小)或使用刃口损坏的錾子所造成;另外锤击力不匀及使用刃口不锋利的錾子也易使工件表面产生粗糙不平。

3)损伤工件:工件棱角和边崩缺是工件损伤的主要现象,因此脆性材料錾削时一定要从边向中间錾,特别是錾到尽头处应掉头錾。

2．錾削时的安全注意事项

1)錾削时应戴防护眼镜,工作台应有护网。

2)锤头松动或柄有裂纹不能使用,以免锤头松动飞出伤人。另外握锤的手不应戴手套。

3)錾子尾部被敲击后出现毛刺和卷边要及时修磨,以免毛刺伤手。

4)錾削时要保持正确的錾切角度,如后角太小,用手锤锤击时,容易打滑伤手。

5)錾削时錾子和手锤不要对着旁人,以防铁屑飞出伤害他人。

6)锤柄严防沾有油污,否则手锤容易飞出伤人。

复习思考题

1．切削刀具的要素是什么？哪些因素影响切入材料的深度?

2．切削角的大小对錾削有何影响？錾子的楔角大小如何选择?

3．在砂轮上刃磨錾子时应注意哪几点?

4．试述锤击要领。

5．挥锤的方法有几种？各有什么特点?

6．錾削时废品产生的原因、防止方法及注意事项有哪些?

第四章　锯割

用手锯把材料(或工件)锯出狭槽或进行分割的工作称为锯割。

当前,各种自动化,机械化的切割设备已被广泛地采用,但在单件小批生产场合,尤其在船舶机械检修中,往往对于诸如薄钢板,管子和尺寸不大的型钢等不能或不便于机械锯割的材料,仍然采用手工锯割。

其工作范围包括:

1. 分割各种材料或半成品[见图 2-54 a)];

2. 锯掉工件上多余部分[见图 2-54 b)];

3. 在工件上锯槽[见图 2-54 c)]。

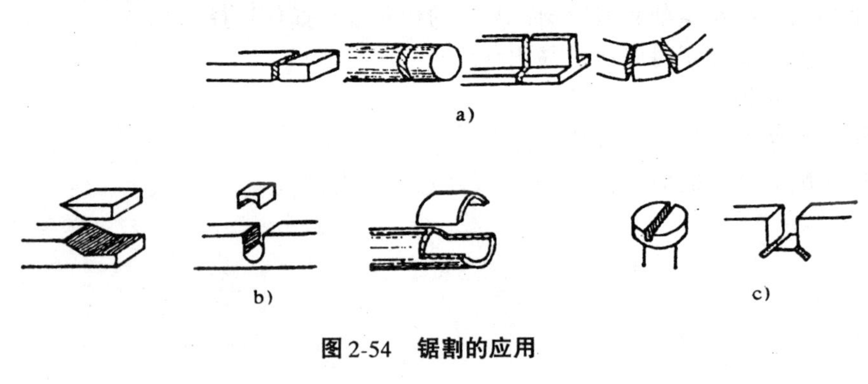

图 2-54　锯割的应用

第一节　手锯

手锯是由锯弓和锯条两部分组成的。

1. 锯弓

锯弓是用来安装锯条的。有固定式和可调式两种(见图 2-55)。固定式锯弓只能安装一种长度的锯条;可调节式锯弓则通过调整可以安装几种长度的锯条。这种锯弓两端各有一个夹头,用以安装锯条用,通过旋紧翼形螺母(元宝螺母)来调节锯条安装的松紧度。

2. 锯条

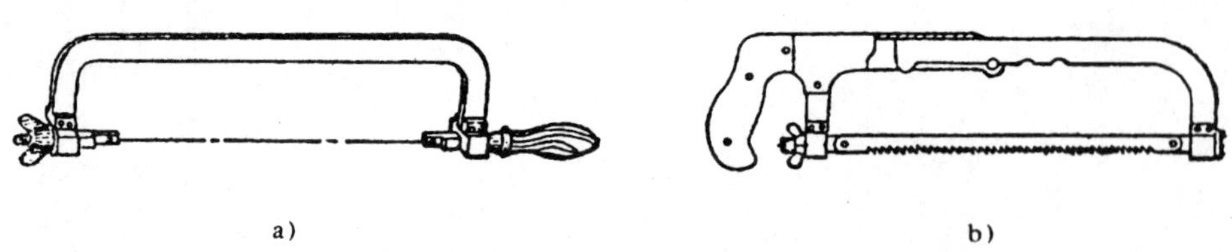

图 2-55　锯弓的构造

a)固定式;b)可调节式

锯条一般用渗碳软钢冷轧而成,也有用碳素工具钢或合金钢制成,并经热处理淬硬。锯条的长度是以两端安装孔的中心距来表示的,手工锯常用的是 300 mm 这一种。

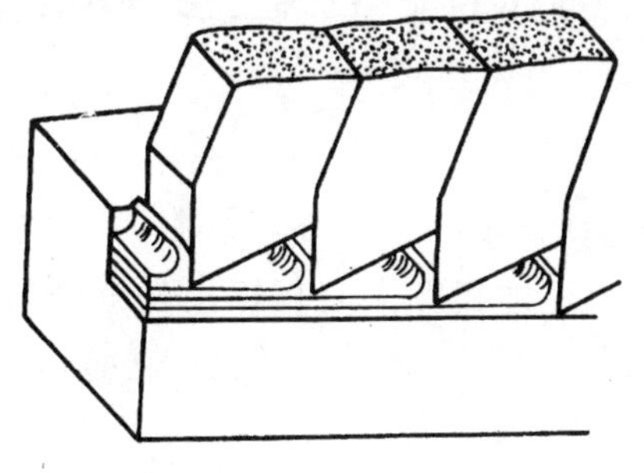

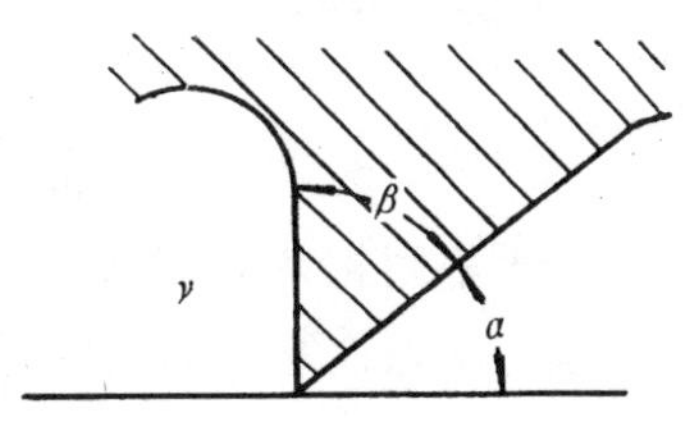

图 2-56　锯齿的形状

1)锯齿的角度(见图 2-56):锯条的切削部分是由很多锯齿组成的,相当于一排同样形状的凿子。由于锯割时要求获得较高的工作效率,必需使切削部分具有足够的容屑槽,因此锯齿的后角较大。为了保证锯齿具有一定的强度,楔角也不宜太小。综合以上因素,目前使用锯条的锯齿角度是后角 α 为 40°,楔角 β 为 50°,前角 γ 为 90°。

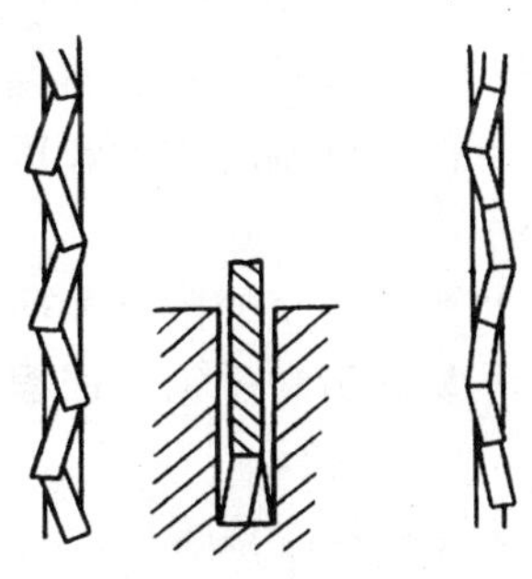

图 2-57　锯齿的排列

2)锯齿的排列:锯条的许多锯齿在制造时按一定的规则左右错开,排成一定的形状,一般有交叉形和波浪形(见图 2-57)。锯割时锯缝宽度大于锯条背的厚度,这样,锯割时锯条既不会被卡住,又能减少锯条与锯缝的摩擦阻力,工作就比较顺利,锯条也不致过热与加快磨损。

3)锯齿粗细:锯齿的粗细是以锯条的齿距及每榔牙数来表示的。齿距 1.8 mm 或 14～18 牙为粗齿,齿距 1.4 mm或 24 牙为中齿,齿距 1.0 mm～0.8 mm 或 32 牙为细齿。

粗齿锯条的容屑槽较大,适用于锯软材料和锯较大的表面,因为此时每锯一次的排屑较多,容屑槽大就不致产生堵塞而影响切削效率。

中齿锯条适用于锯割一般钢材及厚壁管子。

细齿锯条适用于锯割硬材料，因硬材料不易锯入，每锯一次的排屑较少，不会堵塞容屑槽，而锯齿增多后，可使每齿的锯削量减少，材料容易被切除，故推锯过程比较省力，锯齿也不易磨损。在锯割管子或薄板时必须用细齿锯条，否则锯齿很容易被钩住而崩断。严格而言，薄板（壁）材料的锯割截面上至少应有两齿以上同时参加锯割，才能避免锯齿被钩住和崩断的现象。

第二节　锯割方法

1. 锯条的安装

手锯是在向前推进时进行切削的，所以锯条安装时要保证锯齿的方向，如图 2-58 a)。如果装反了，如图 2-58b)，则锯齿前角为负值，切削很困难，不能正常的锯割。

锯条的松紧也要调节适当，太紧锯条受力太大，在锯割中稍有阻止而产生弯折时，就很

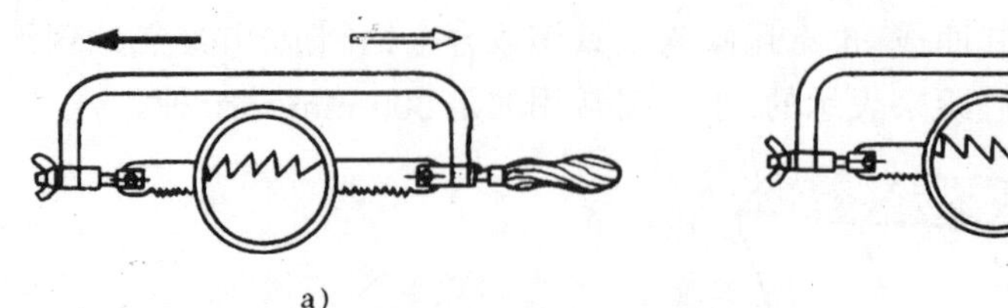

图 2-58 锯条的安装方向

容易崩断；锯条太松则锯割时锯条容易扭曲，也很可能折断，而且锯出的锯缝容易发生歪斜。装好的锯条应尽量使它与锯弓保持在同一中心平面内。这样，对阻止锯缝的歪斜比较有利。

2．工件的夹持

1）工件伸出钳口不应过长，防止锯割时产生振动。锯割线应和钳口边缘平行，并夹在台虎钳的左边，以便操作。

2）工件要夹紧，避免锯割时工件移动造成锯条折断。

3）防止工件变形和夹坏已加工面。

3．锯割姿势和基本方法

锯割时站立姿势：左脚在前，右脚在后，两脚距离约为锯弓之长，成 L 形。锯弓的握法：右手推锯柄，左手大姆指扶在锯弓前面的弯头处，其他四指握住下部。锯割时推力和压力均主要由右手控制。左手所加压力不要太大，主要起扶正锯弓的作用。

推锯时锯弓的运动方式有两种。一种是直线运动，适用于锯缝底面要求平直的槽子和薄壁工件的锯割；另一种为锯弓可上下摆动，这样可使操作自然，两手不易疲劳。手锯在回程中，不应施加压力，以免锯齿磨损。

锯割的速度以每分钟 20～40 次为宜。锯割软材料可以快些；锯割硬材料应该慢些。速度过快，锯条发热严重，容易磨损。必要时可加水和乳化液冷却，以减轻锯条的磨损。

在推锯时应使锯条的全部长度都有效使用到。若只集中于局部长度使用，则锯条的使用寿命将相应缩短。一般往复长度应不小于锯条全长的 2/3。

起锯是锯割工作的开始。起锯质量好坏，直接影响锯割的质量。起锯有远起锯［见图 2-59 a)］和近起锯［见图 2-59 b)］两种。一般情况下采用远起锯较好，因为此时锯齿是逐步切入材料，锯齿不易被卡住，起锯比较方便。如果用近起锯，则掌握不好时，锯齿容易被工件棱边卡住甚至崩断。

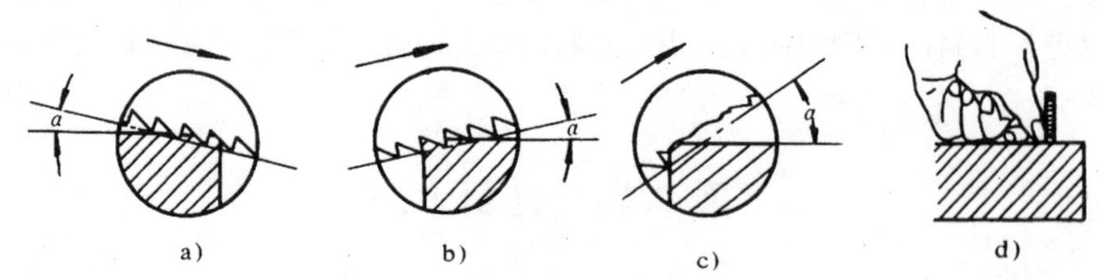

图 2-59 起锯方法

a）远起锯；b）近起锯；c）起锯角太大；d）用拇指挡住锯条的起锯

无论用远起锯或近起锯，起锯的角度要小（α 不超过 15°为宜）。如果起锯角太大［见图

2-59 c)]，则起锯不易平稳，尤其是近起锯时锯齿更容易被工件棱边卡住。但起锯角也不宜太小，如接近平锯时，由于锯齿与工件同时接触的齿数较多，不易切入材料，经过多次起锯后就容易发生偏离，使工件表面锯出许多锯痕，影响表面质量。

为了起锯平稳和准确，也可用手指挡住锯条，使锯条保持在正确的位置上起锯［见图2-59 d)]。起锯时施加的压力要小，往复行程要短，这样就容易准确地起锯。

第三节　锯割实例

1. 棒料的锯割

如果要求锯割的断面比较平整，应从开始连续锯到结束，若锯出的断面要求不高，锯时可改变几次方向，使棒料转过一定的角度再锯。这样，由于锯割面变小而容易锯入，可提高工作效率。

锯毛坯材料时，断面质量要求不高，为了节省锯割时间，可分几个方向锯割，每个方向都不锯到中心，然后将毛坯折断（见图2-60）。

2. 管子锯割

锯割管子的时候，首先要做好管子的正确夹持。对于薄壁管子和精加工的管件，应夹在有V形槽的木垫之间（见图2-61），以防止夹扁和夹坏表面。

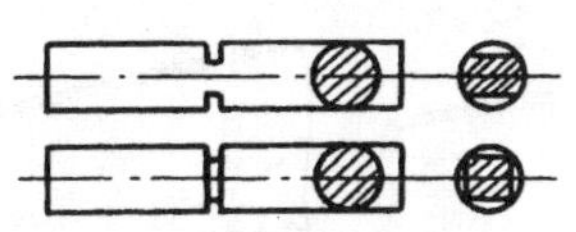

图2-60　锯断棒料的方法

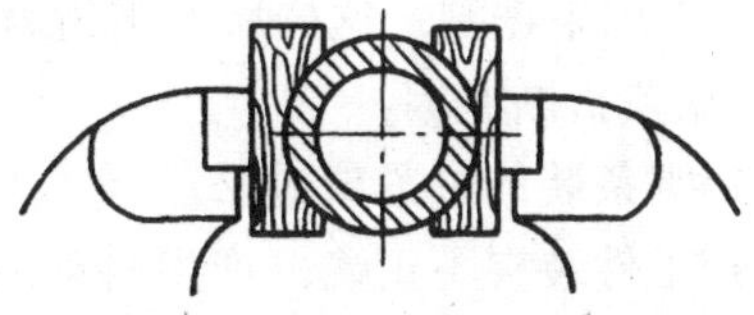

图2-61　管子的夹持

锯割时一般不要在一个方向上从开始连续锯到结束，因为锯齿容易被管壁钩住而崩断。尤其是薄壁管子更容易产生。正确的方法是每个方向只锯到管子的内壁处，然后把管子转过一个角度，仍旧锯到管子的内壁处。如此逐渐改变方向，直至锯断为止（见图2-62），薄壁管子在转变方向时，应使已锯的部分向锯条推进方向转动，否则锯齿仍有可能被管壁钩住。

3. 薄板料锯割

锯割薄板料时，尽可能从宽的面上锯下去，这样锯齿不易产生钩住现象。当一定要在板料的狭面锯下去时，应把它夹在两块木块之间，连木块一起锯下。这样才可避免锯齿钩住，同时也增加了板料的刚度，锯割时不会弹动（见图2-63）。

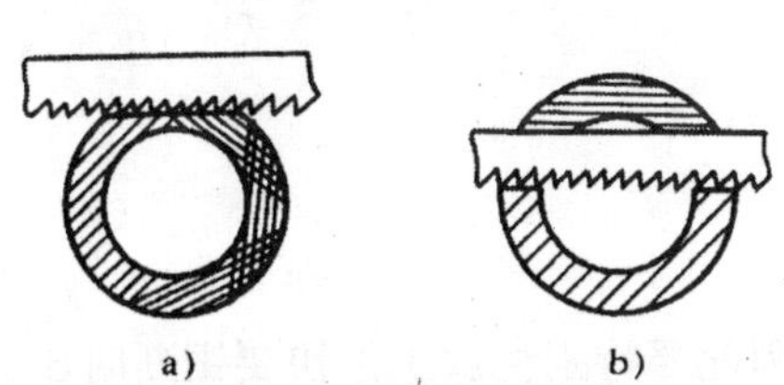

图2-62　锯管子的方法
a）正确；b）不正确

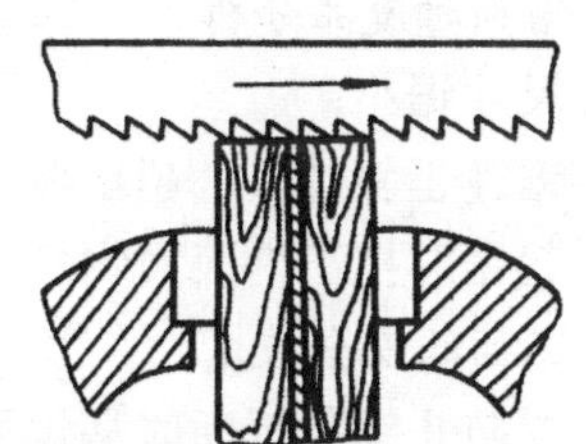

图2-63　锯薄板的方法

4. 深缝的锯割

当锯缝的深度到达锯弓的高度时（见图2-64），为了防止锯弓与工件相碰，应把锯条转过 90°安装后再锯。由于钳口的高度有限，工件应逐渐改变装夹位置，使锯割部位处于钳口附近，而不是在离钳口过高或过低的部位锯割。否则工件易产生弹动而影响锯割质量，同时也容易损坏锯条。

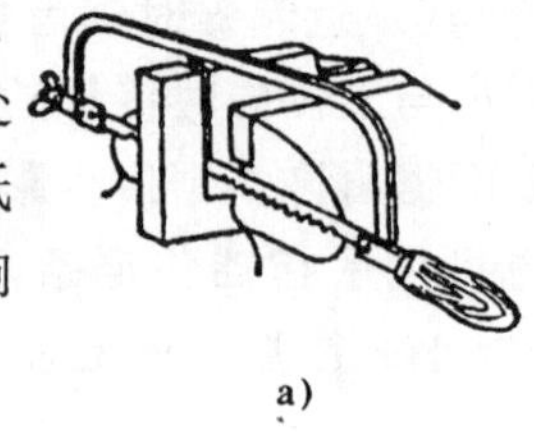
a)

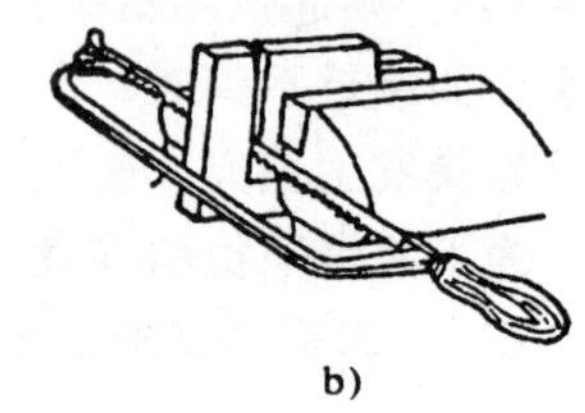
b)

图 2-64　深缝的锯法

第四节　锯条损坏原因、锯割废品分析和安全技术

1．锯条损坏原因

锯条损坏有锯齿崩裂，锯条折断和锯齿过早磨损 3 种。

1）锯齿崩裂原因：

（1）锯薄板料和薄壁管子时没有选用细齿锯条。

（2）起锯角太大或采用近起锯时用力过大。

（3）锯割时突然加大压力，锯齿被工件棱边钩住崩裂。

当锯齿局部几个崩裂后，应及时把断裂处在砂轮机上磨光，并把后面二三齿磨斜（见图 2-65）后再用来锯割，这样后面锯齿就不会连续崩裂，而延长了锯条的使用寿命。

2）锯条折断原因：

（1）锯条装的过紧或过松。

（2）工件装夹不正确，产生抖动或松动。

（3）锯缝歪斜后强行校正，使锯条扭断。

（4）压力太大，当锯条在锯缝中稍有卡紧时就容易折断；锯割时突然用力也易折断。

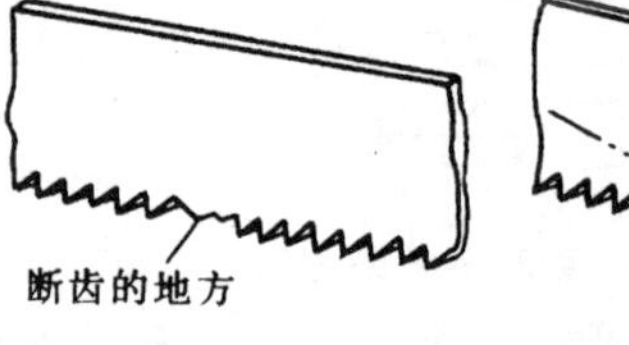

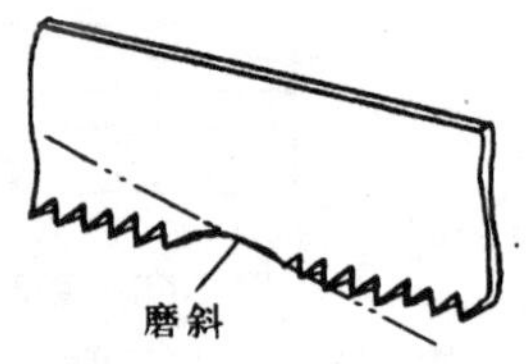

图 2-65　锯齿崩裂的处理

（5）新换锯条在旧锯缝中被卡住而折断。一般应改换方向再锯割。如在旧锯缝中锯割时应减慢速度和压力。

（6）工件锯断时没有掌握好，致使手锯碰撞台虎钳等物，而锯条被折断。

3）锯齿过早磨损的原因：

（1）锯割速度太快，使锯条发热过度而锯齿磨损加剧；

（2）锯割较硬材料时没有加冷却液。

2．锯割时废品分析

1）尺寸锯小；

2）锯缝歪斜过多，超出要求范围；

3）起锯时把工件表面锯坏。

3．锯割的安全技术

1）要防止锯条折断时从锯弓上弹出伤人。因此要特别注意工件快要锯断时压力要减小；锯条松紧装得要恰当以及不要突然用过大的力量锯割等。

2）工件被锯下的部分要防止跌落砸在脚上。

复习思考题

1. 锯条的粗细有哪几种？各用在什么场合？
2. 为什么锯条装得太紧太松都不对？
3. 为什么远起锯比近起锯好？
4. 锯管子和薄材料为什么容易断齿？怎样防止？
5. 锯条折断的原因有哪些？

第五章　锉削

用锉刀在工件表面锉掉多余部分，使工件达到所要求的尺寸、形状和表面粗糙度，这项操作叫做锉削。

锉削是轮机管理人员必须熟练掌握的钳工技能，它是机械零件精加工的一种方法。在船舶机械检修过程中，经常要用到锉削加工。

第一节　锉刀

1．锉刀的构造

锉刀是用高碳工具钢T13或T12制成，并经过热处理，硬度达HRC62-67。是专业厂生产的一种标准工具。

锉刀各部分名称如图2-66。

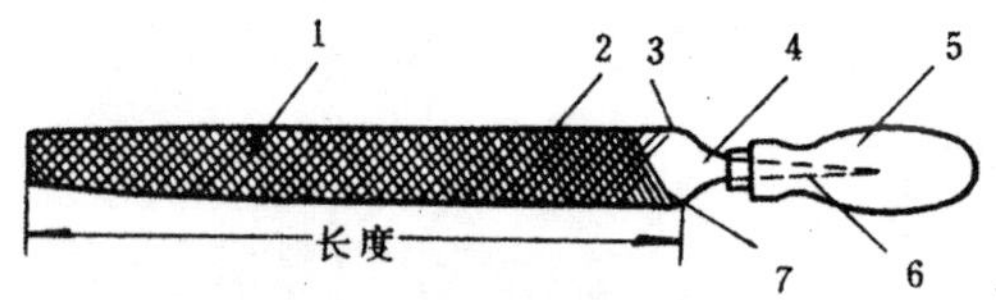

图2-66　锉刀的各部分名称

1-锉刀面；2-锉刀边；3-底齿；4-锉刀尾；5-木柄；6-舌；7-面齿

锉刀的规格用长度表示，有100 mm（4 in）、150 mm（6 in）、200 mm（8 in）、250 mm（10 in）、300 mm（10 in）、350 mm（14 in）。

锉刀面是锉削的主要工作面，锉刀面在前端做成凸弧形，其作用是在平面上锉削局部隆起部分时比较方便，不容易因锉削时锉刀的上下摆动而锉去其他部位。

锉刀边指锉刀的二个侧面，有的没有齿，有的其中一个边有齿。没有齿的一边称为光边。

锉刀舌是用来安装锉刀柄的。

2．锉刀的齿纹

锉刀的齿纹有单齿和双齿两种。

1）单齿纹：锉刀上只有一个方向的齿纹称为单齿纹。单齿纹锉刀由于全齿宽都同时参加切削，需要较大的切削力，因此适用于锉削软材料。图2-67所示为一种铝板锉，用来锉削铝及其他软材料。

2）双齿纹：锉刀上有两个方向排列的齿纹称为双齿纹，如图2-68。浅的齿纹是底齿纹；深的齿纹是面齿纹。齿纹与锉刀中心线之间的夹角叫做齿角。面齿角制成65°，底齿角制成45°，由于面齿角与底齿角不相同，使许多锉齿沿锉刀中心线方向形成倾斜和有规律的排列。这样可使锉出的锉痕交错而不重叠，表面比较光滑，如图2-68 a)。

图 2-67　铝板锉

如果面齿角与底齿角相同，则许多锉齿沿锉刀中心线平行地排列。锉出的表面就要产生沟纹，而得不到光滑的效果，如图 2-68 b)。

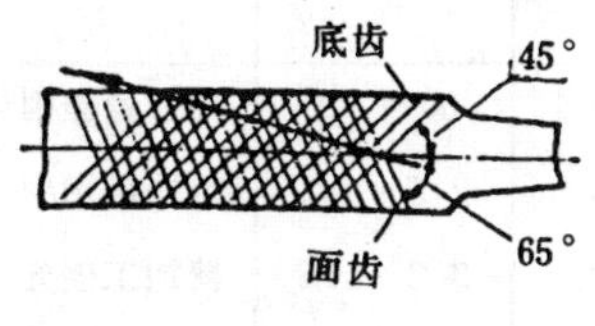

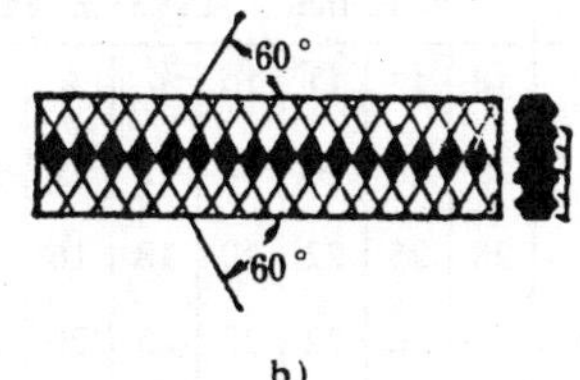

图 2-68　锉齿的排列

双齿纹锉刀由于锉削时切屑是碎断的，故锉削硬材料时比较省力。

3）锉刀的粗细：锉刀的粗细规格是按锉刀齿纹的齿距大小来表示的。其粗细等级分以下几种：

1 号锉纹：用于粗锉刀，齿距为 2.3～0.83 mm；

2 号锉纹：用于中粗锉刀，齿距为 0.77～0.42 mm；

3 号锉纹：用于细锉刀，齿距为 0.33～0.25 mm；

4 号锉纹：用于双细锉刀，齿距 0.25～0.2 mm；

5 号锉纹：用于油光锉，齿距为 0.2～0.16 mm。

3．锉刀的种类和选择

1）锉刀的种类：锉刀分普通锉、特种锉和整形锉（什锦锉）3 类。

普通锉按其断面形状的不同又分平锉（板锉）、方锉、三角锉、半圆锉和圆锉 5 种（见图 2-69）。

特种锉是加工零件上的特殊表面用的，其断面形状如图 2-70。

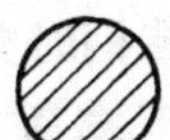

图 2-69　普通锉的断面形状

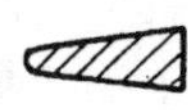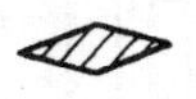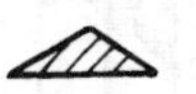

图 2-70　特种锉的断面形状

整形锉用于修整工件上的细小部位。图 2-71 所示为整形锉的各种形状。每 5 把、6 把、8 把、10 把或 12 把为一组。

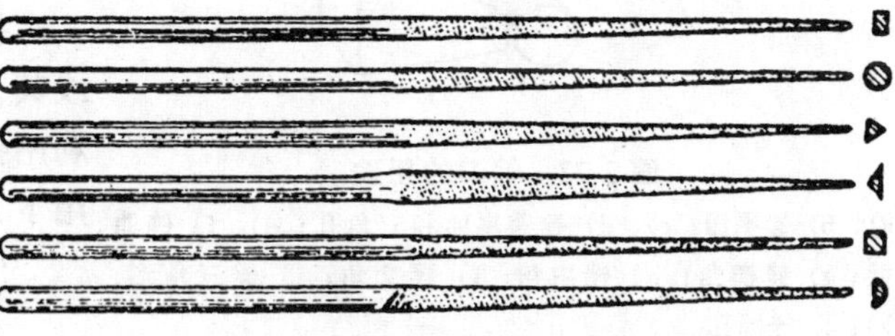

图 2-71　整形锉（什锦锉）

2）锉刀的选择：

每种锉刀都有它适当的用途，如果选择不当，就不能充分发挥它的效能。因此，锉削之前必须正确地选择锉刀。

锉刀粗细的选择，决定于工件加工余量的大小，加工精度和表面粗糙度的高低，工件材料的性质。粗锉刀适用于加工余量大、加工精度和表示粗糙度要求低的工件；而细锉刀适用于加工余量小，加工精度和表面粗糙度要求高的工件。锉刀的选择可参照表 2-1。

锉刀的规格及适用范围 表 2-1

锉刀											适用范围		一般用途
类别	锉纹号	长度 mm									加工余量 (mm)	表面粗糙度 R_a	
		100	125	150	200	250	300	350	400	450			
		每 10 mm 长度内的主要锉纹条数											
粗齿锉	I	14	12	11	10	9	8	7	6	5.5	>0.5	00~2.5	大余量锉削或锉软金属
中齿锉	II	20	18	16	14	12	11	10	9	8	⩽0.5	2.5~3.2	粗锉后用中齿锉加工
细齿锉	III	28	25	22	20	18	16	14	12		<0.2	3.2~1.6	精加工锉光表面和锉硬金属
油光锉	IV	40	36	32	28	25	20	20			<0.1	1.6~0.4	最后精加工时打光表面
	V	56	50	45	40	36	32				<0.1	1.6~0.4	最后精加工时打光表面

锉削软材料时如果没有专用的软材料锉刀，则可选用粗锉刀。因为如选细锉刀锉软材料时则由于齿缝容屑空间小，很容易被切屑堵塞而失去切削能力。

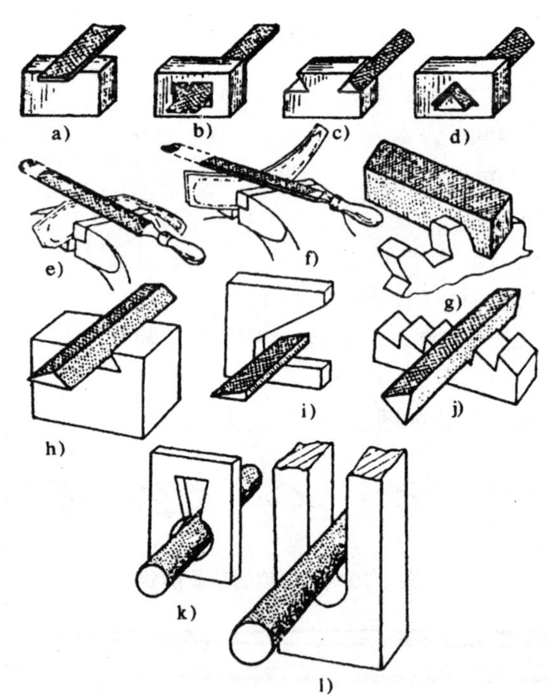

图 2-72 锉刀的用途

a)、b) 锉平面；c)、d) 锉燕尾面和三角孔；e)、f) 锉曲面；g) 锉楔角；h) 锉内角；i) 锉交角；j) 锉三角形；k)、l) 锉圆孔

锉刀断面形状的选择，决定于工件加工表面的形状。图 2-72 为工件加工表面形状不同时所适用的各种锉刀。

锉刀长度规格的选择，决定于工件加工面的大小和加工余量的大小。加工面尺寸和加工余量较大时，宜选用较长的粗锉刀；反之则选用较短的细锉刀。

4. 锉刀柄的装卸

为了握住锉刀和用力方便，锉刀必须装上木柄。锉刀柄安装孔的深度约等于锉舌的长度，孔的大小使锉舌能自由插入 1/2 的深度。装柄时先把锉舌插入柄孔，然后把锉刀柄的下端垂直地往虎钳等坚实的平面上敲击，使锉舌长度的 3/4 左右进入柄孔为止，如图 2-73 a)。

拆卸锉刀柄可在台虎钳口，如图 2-73 b) 或其他稳固件的侧平面，如图 2-73 c) 进行。利用锉刀柄撞击台虎钳等平面后，在惯性作用下，锉刀与木柄就会互相脱开。

5. 锉刀的保养

合理使用和保养锉刀可以延长锉刀的使用期限，否则将受到早期的损坏，为此必须注意下列使用和保养规则：

1) 不可用锉刀来锉毛坯件的氧化皮硬表面以及经过淬硬的工件，否则锉齿很易磨损。

2) 新锉刀应先用一面，用钝后再用另一面。因为用过的锉面较容易锈蚀。

3）锉刀在多次使用完毕后，应用锉刷刷去锉纹中的残留铁屑，以免生锈腐蚀锉刀。使用过程中发现铁屑嵌入锉纹，也要及时刷去，或用铁片剔除（见图 2-74）。

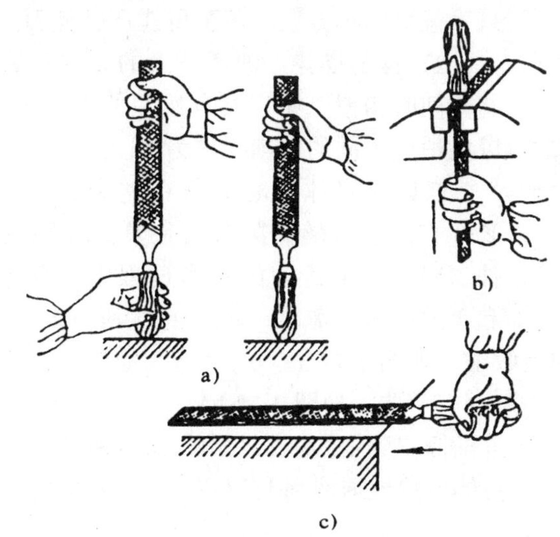

图 2-73　锉刀柄的装拆

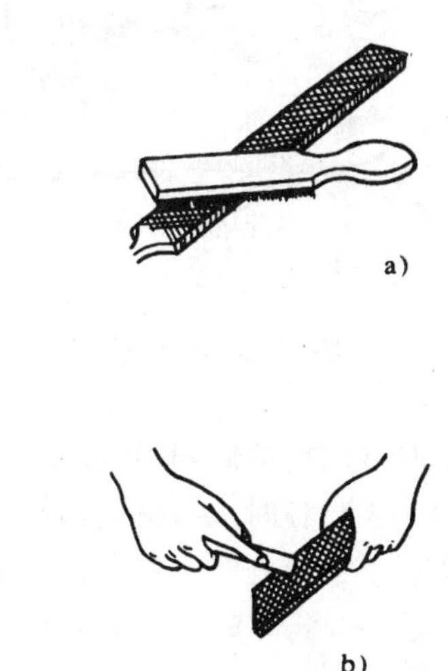

图 2-74　清除锉刀上的切屑

a）用锉刷；b）用铁片

4）锉刀放置时不能与其他硬物相碰，不能与其他锉刀互相重叠堆放，以免锉齿损坏。

5）防止锉刀沾水、沾油，以防锈蚀和锉削时打滑。

6）不能用锉刀当作装拆工具，若用以敲击或撬动其他物件，则很易损坏。

7）使用整形锉时，用力不可过猛，以免锉刀折断。

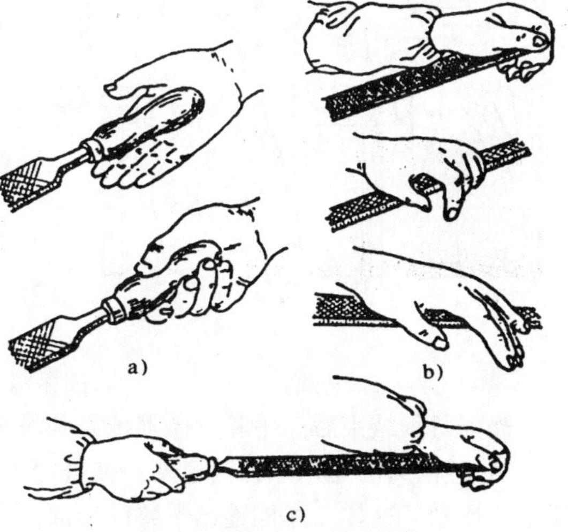

图 2-75　较大锉刀的握法

第二节　锉削方法

1. 锉削姿势

1）锉刀握法：锉刀的握法掌握得正确与否，对锉削质量、锉削力量的发挥和人的疲劳程度都有一定影响。由于锉刀的大小和形状不同，所以锉刀的握法也应不同。

比较大的锉刀（250 mm 以上的），用右手握锉刀柄，柄端顶住掌心，大拇指放在柄的上部，其余手指满握锉刀柄，如图 2-75 a)。左手的姿势可有 3 种，如图 2-75 b)。

锉削时左手的肘部要适当抬起，不要下垂，否则不能发挥力量。

中型锉刀（200 mm），右手的握法与上述大锉刀的握法一样，左手只需用大拇指和食指、中指轻轻扶持即可。不必像大锉刀那样施很大的力量，如图 2-76 a)。

较小的锉刀（150 mm 左右），由于需要施加力量较小，故两手握法也有不同，如图 2-76 b)。这样的握法不易感到疲劳，锉刀也容易掌握平稳。

更小的锉刀（150 mm 以下），只要用一只手握住即可，如图 2-76 c)，用二只手握反而不方便，甚至可能压断锉刀。

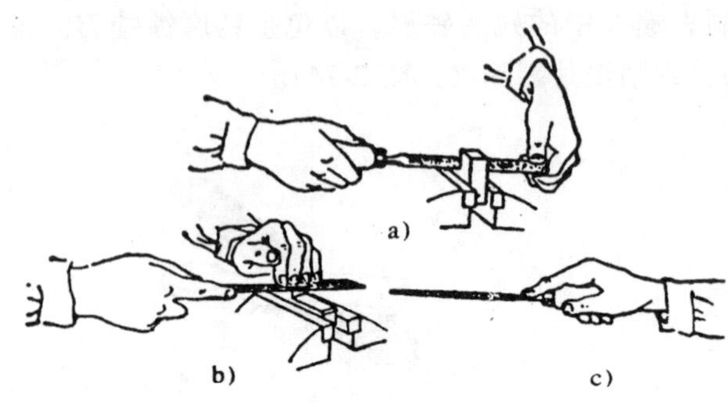

图 2-76 中小锉刀的握法

2）锉削姿势：锉削时人的站立位置与錾削时相似。站立要自然并便于用力，以能适应不同的锉削要求为准。

锉削时身体重心要落在左脚上，右膝伸直，左膝随锉削时的往复运动而屈伸。锉刀向前锉削的动作过程中，身体和手臂的运动情况，如图 2-77 所示。

开始时身体向前倾斜 10°左右，右肘尽量向后收缩，如图 2-77 a)。

最初 1/3 行程时，身体向前倾到 15°左右，左膝稍有弯曲，如图 2-77 b)。

锉最后 1/3 行程时，右肘向前推进锉刀，身体逐渐倾斜到 18°左右，如图 2-77 c)。

锉最后 1/3 行程时，右肘继续向前推进锉刀，身体自然地退回到 15°左右，如图 2-77d)。

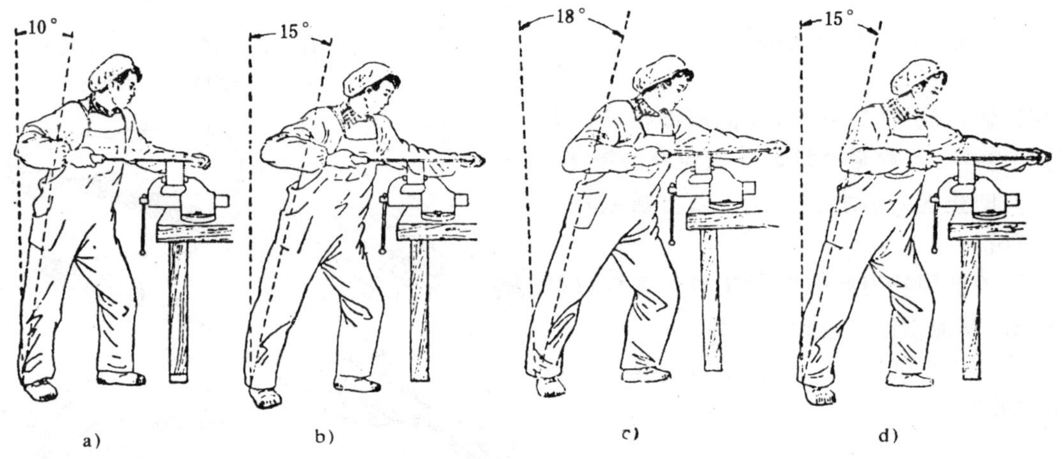

图 2-77 锉削姿势

锉削行程结束后，手和身体都恢复到原来姿势，同时，锉刀略提起退回原位。

3）锉削力的运用和锉削速度：推进锉刀时两手加在锉刀上的压力，应保证锉刀平稳而不上下摆动。这样，才能锉出平整的平面。

推进锉刀时推力大小，主要由右手控制，而压力大小，是由两手控制的。为了保持锉刀平稳地前进，应满足以下的条件：即锉刀在工件上任意位置时，锉刀前后两端所受的力矩应相等。由于锉刀的位置是不断在改变的，显然，要求两手所加的压力也要随之作相应的改变。即随着锉刀的前进，左手所加的压力由大逐渐减小；而右手所加的压力应由小逐渐增大(见图 2-78)。这就是锉削平面时最关键的技术要领，必须认真锻炼才能掌握好。

锉削时的速度一般为每分钟 40 次左右。速度太快，容易疲劳和加快锉齿的磨损。

2．工件的夹持

工件夹持的正确与否，直接影响着锉削的质量。因此，工件夹持要符合下列要求：

1）工件最好夹在台虎钳的中间。

2）工件夹持要牢固，但不能使工件变形。

3）工件伸出钳口不要太高，以免锉削时工件产生振动。

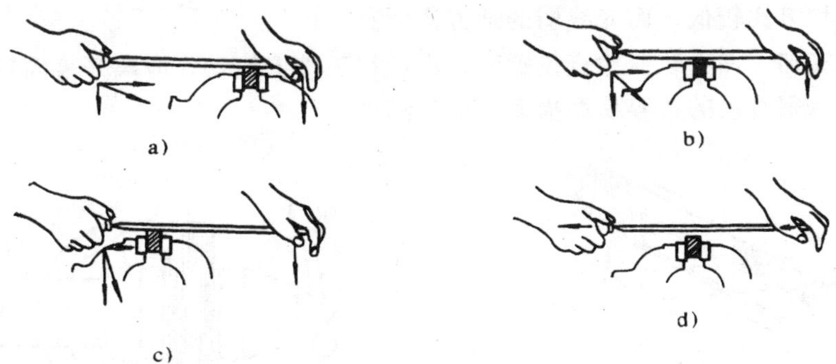

图 2-78　锉削力矩的平衡

4）表面形状不规则的工件，夹持时要加衬垫。例如夹圆形的工件时要衬以 V 型铁或弧形木块；夹较长的薄板工件时用两块较厚的铁板夹紧后，再一起夹入钳口。露出钳口要尽量少，以免锉削时抖动。

5）夹持已加工面和精密工件时，在台虎钳口应衬以软钳口，以免表面损坏。

3．平面的锉法

1）顺向锉（见图 2-79)：顺向锉是最普通的锉削方法。不大的平面和最后锉光都用这种方法。顺向锉可得到正直的锉痕，比较整齐美观。

2）交叉锉（见图 2-80)：交叉锉时锉刀与工件的接触面增大，锉刀容易掌握平稳。同时，从锉痕上可以判断出锉削面的高低情况，因此容易把平面锉平。交叉锉进行到平面将要锉削完成之前，要改用顺向锉法，使锉痕变化正直。

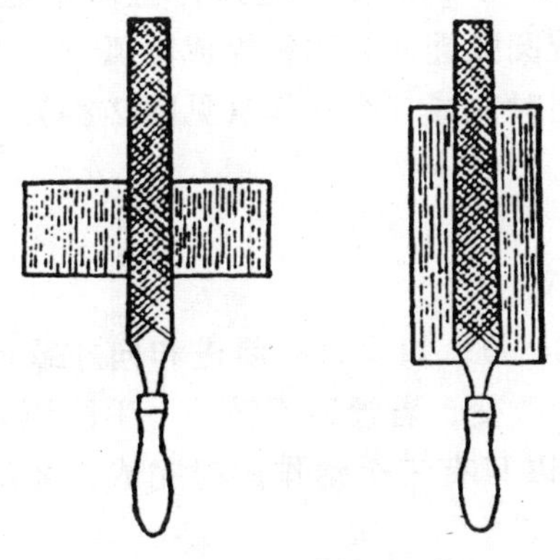

图 2-79　顺向锉法

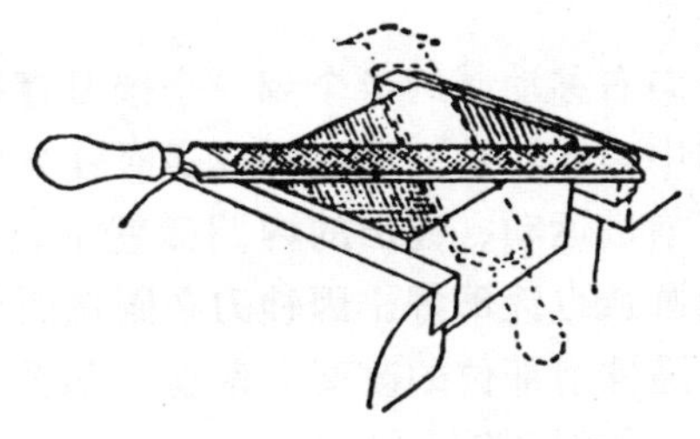

图 2-80　交叉锉法

在锉平面时，不管是顺向锉还是交叉锉，为了使整个加工面能均匀地锉削到，一般在每次抽回锉刀时，要向旁边略为移动（见图 2-81)。

3）推锉（见图 2-82)：推锉法一般用来锉削狭长面或用顺向锉法锉刀推进受阻碍时采用。推锉法不能充分发挥手臂力量，同时切削效率不高，故只适宜在加工余量较小和修正尺寸时应用。锉刀推进时两手应尽量靠近工件边缘减少锉刀摆动。

平面锉削时，常需检验其不平度。一般可用钢尺或刀口直尺以透光法来检验。刀口直尺沿加工面的纵向、横向和对角线方向多处进行。如果检查处在直尺与平面间透过来的光线微弱而均匀，表示此处比较平直。如果检查处透过来的光线强弱不一，则表示此处有高低不平、光线强的地方比较低，而光线弱的地方比较高。

刀口直尺在加工面上改变检查位置时，不能在工件上拖动，应离开表面后再轻轻放到另一检查位置。否则直尺的边容易磨损而降低其精度。

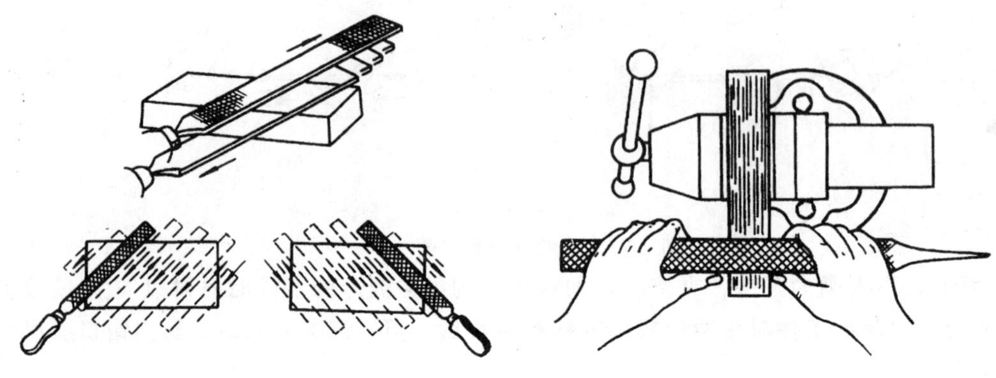

图 2-81 锉刀的移动　　图 2-82 推锉法

4. 其他表面的锉法

1）曲面的锉法：

（1）外圆弧面的锉法：锉外圆弧面一般是采用锉刀顺着圆弧锉削的方向，如图 2-83 a)。在锉刀作前进运动的同时，还应绕工件圆弧的中心作摆动。摆动时，右手把锉刀柄部往下压，而左手把锉刀前端向上提，这样锉出的圆弧不会出现有棱边的现象。但顺着圆弧锉的方法不易发挥力量，锉削效率不高，故适用于余量较小或精锉圆弧的情况。

当加工余量较大时，可采用横着圆弧锉的方法，如图 2-83 b)。由于锉刀作直线推进，用力大，故效率较高。当按圆弧先锉成多棱形后，再用顺着圆弧锉的方法精锉成圆弧。

（2）内圆弧面的锉法：锉削内圆弧面时，半圆锉刀要同时完成 3 个动作（见图 2-84)。

①前进运动；

②向左或向右移动（约半个到一个锉刀直径)；

③绕锉刀中心线转动（顺时针或逆时针方向转动约 90°)。

如果只作前进运动，锉出的内圆弧就不正确，如图 2-84 a)；如果只有前进和向左或向右的移动，内圆弧也锉不好，因锉刀在圆弧面上的位置不断改变，若锉刀不转动，手的压力方向就不便于随锉削部位的改变而改变，如图 2-84 b)；所以只有三个动作同时完成，才能锉好内圆弧面，如图 2-84 c)。

无论锉内圆弧或外圆弧都要注意圆弧面同两侧面的关系（垂直)。

2）球面的锉法：锉圆柱形工件端部的球面时，锉刀在作外圆弧锉法的同时，还要绕球面的中心作摆动（见图 2-85)。

3）直角面的锉法：锉内外直角面也是锉削工作中经常遇到的一种。用直角尺经常检查工件直角，将直角尺的短边 A 轻轻地贴紧在工件的基准面上，移动短边并使角尺的长边 B 轻 轻 靠上被检查工件的另一面，用透光法检查其垂直度（见图 2-86)。

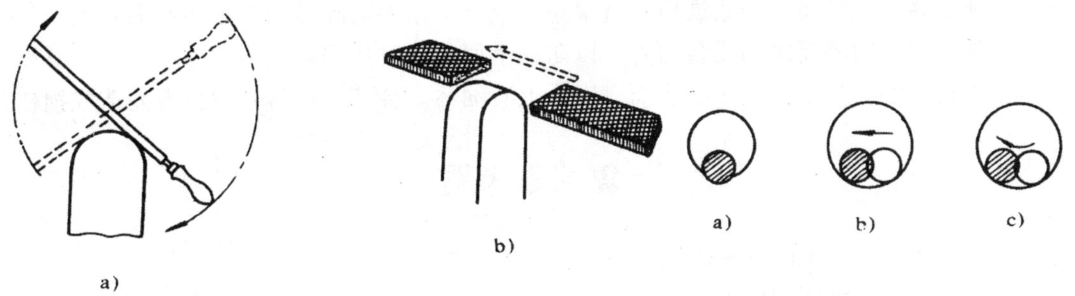

图 2-83　外圆弧锉法

图 2-84　内圆弧锉法

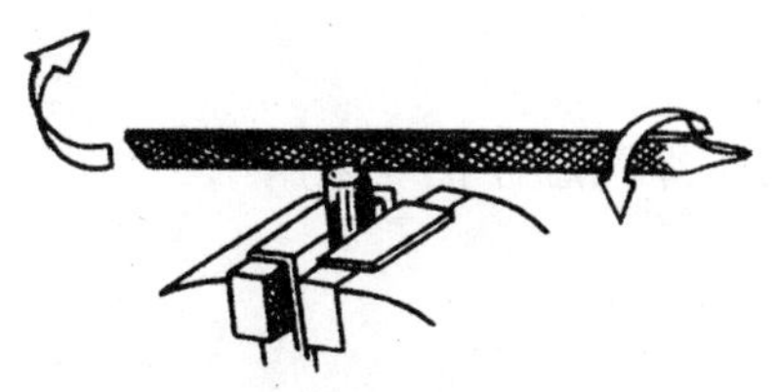

图 2-85　球面的锉法

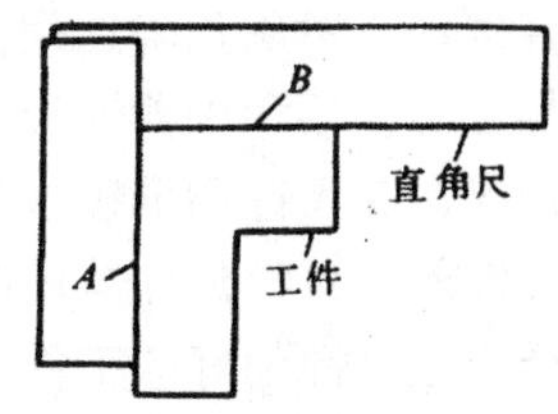

图 2-86　用直角尺检查不垂直度

第三节　锉削废品分析和安全操作

目前锉削主要作为修整工件或工件的精加工工作，它常常是最后一道工序。要是出了废品，则将造成很大的损失。

1．锉削时的废品分析

1）工件夹坏：

（1）精加工过的表面被台虎钳夹出伤痕。其原因大多为没有用软钳口夹持工件。有时虽用软钳口夹持但夹紧力过大，也会将工件表面夹坏。

（2）空心工件被夹扁。其原因是夹紧力太大或直接用台虎钳口夹紧而变形。例如，夹空心的圆柱形零件时，钳口两面应衬以 V 型铁或弧形木块，否则由于夹紧力作用于工件表面的较小面积上，局部压力太大，就要产生变形。

2）尺寸和形状不准确。其原因除了由于划线不正确或锉削时检查测量有误差外，多半是由于锉削量过大而又没及时检查，以致锉过了尺寸界线。此外，由于操作技术不熟练或选用了不合适的锉刀，造成废品。锉削角度面时，由于不细心，把已锉好的相邻面锉坏。

3）表面粗糙。由于表面粗糙而产生废品的原因有以下几种：

（1）在精锉时仍采用较粗的锉刀；

（2）粗锉时锉痕太深，以致在精锉时无法去除粗痕；

（3）铁屑嵌在锉纹中未及时清除，而把工件表面拉毛。

2．锉削的安全操作

锉削一般不易产生事故，但为了避免不必要的伤害，工作时仍应注意以下事项：

1）不使用无柄或柄已裂开的锉刀，锉刀柄要装紧。否则不但用不上力，而可能因柄脱落而刺伤手腕。

2）不能用嘴吹铁屑，防止铁屑飞进眼睛，也不准用手清除铁屑，以防铁屑扎入。

3）锉刀放置时不要露出钳台边外，以防跌落而扎伤脚或损坏锉刀。

4）锉削时不要用手去摸锉削表面，因手上有油污，会使锉削时锉刀打滑而造成损伤。

复习思考题

1. 锉刀的种类和规格有哪些？
2. 锉刀的光边和平面呈凸弧形各有何作用？
3. 双齿纹锉刀的面齿角与底齿角为什么不同？
4. 怎样按加工对象正确选用锉刀？
5. 怎样正确使用和保养锉刀？
6. 顺向锉、交叉锉和推锉这三种锉法各有何优点？怎样正确采用？
7. 怎样锉外圆弧？怎样锉内圆弧？
8. 怎样检查已锉削好的工件平面质量？

第六章 钻孔、扩孔、锪孔和铰孔

在各种机械上，孔的运用十分广泛，作用也十分重要。在船舶上，轮机部门工作人员经常在检修机械工作中用钻头在原来的机械或新配的工件上钻孔。如主机观察窗（有机玻璃）、法兰盘和开口销孔及穿过螺栓或销钉的连接孔；轴瓦和铜套的注油孔以及机械零件攻丝前的钻孔等。都是由钳工利用各种钻孔设备来完成的。钳工工作范围内的钻孔加工，主要指钻孔、扩孔、锪孔和铰孔。

用钻头在工件上打孔叫做钻孔。用扩孔钻扩大工件上原有的孔径叫做扩孔。刮平孔的端面使其与孔的轴线垂直，用锪孔钻将孔端锪成各种形状叫做锪孔；用铰刀对孔进行提高孔径尺寸精度和减少表面粗糙度值的精加工叫做铰孔。

在钻床上钻孔、扩孔、锪孔和铰孔时，工件都是固定不动的。刀具要求同时完成两个运动：一是主运动，即刀具绕本身轴线所作的旋转运动，也就是切屑运动；二是走刀运动，即刀具沿本身轴线方向对着工件所作的直线运动，也是使切屑得以连续进行下去的运动。

第一节 钻床和钻孔工具

钻床有台式钻床、立式钻床、摇臂钻床3种。手电钻也是一种常用的钻孔工具。

1. 台式钻床

台式钻床简称台钻，是一种放在台上使用的小型钻床，一般用于钻直径13 mm以下的孔。

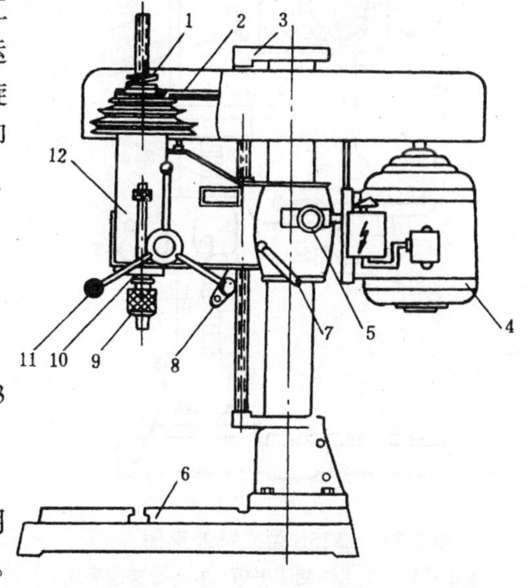

图2-87 Z512型台钻

1-塔轮；2-三角胶带；3-丝杠架；4-电动机；5-滚花螺钉；6-工作台；7-紧固手柄；8-升降手柄；9-钻夹头；10-主轴；11-走刀手柄；12-头架

图2-87为Z512型台钻的外形图。该钻床传动部分由电动机4及一组五级塔轮传给主轴10，通过三角皮带的连结进行变速。钻床上装有电器转换开关。能使钻床正转、反转、停止。钻孔时的走刀量靠扳动走刀手柄11进行。钻轴头架12的升降调整：松开紧固手柄7，摇动升降手柄8使螺母旋转，由于丝杆架3固定不动，螺母便带动头架12进行升降。调整到适应工件的钻孔高度后。再固紧手柄7。

2. 立式钻床

1）立式钻床及特点：立式钻床简称立钻。也是钻床中最普通的一种。这类钻床最大钻孔直径有25 mm，35 mm，40 mm，和50 mm等几种。一般用来钻中型工件。

立式钻床和台式钻床相比有如下特点：

（1）可以自动走刀；

(2) 钻床的刚性好，功率大，因而允许采用较高的切削用量，效率高，加工精度也较高；

(3) 主轴的转速和走刀量变化范围大，可以适应不同材料的刀具及钻孔、扩孔、铰孔、锪孔，攻丝等各种不同的加工需要。

2) Z525B 型立式钻床：Z525B 钻床是一种通用钻床，可以进行钻孔、扩孔、锪孔、铰孔等工作，最大钻孔直径为 25 mm。图 2-88 为该型钻床的外形图。

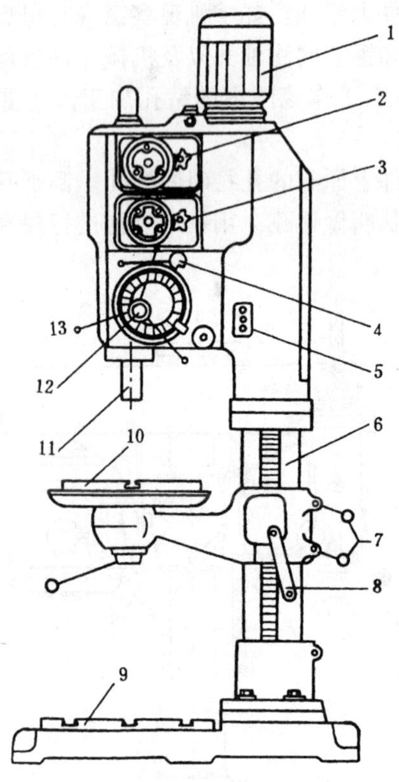

图 2-88 Z525B 型立钻外形图

1-电动机；2-主轴变速手柄；3-进给变速手柄；4-离合器手柄；5-按钮；6-立柱；7-锁紧手柄；8-工作台升降手柄；9-方形工作台；10-圆形工作台；11-主轴；12-手工及自动进给变换端盖；13-进刀手柄

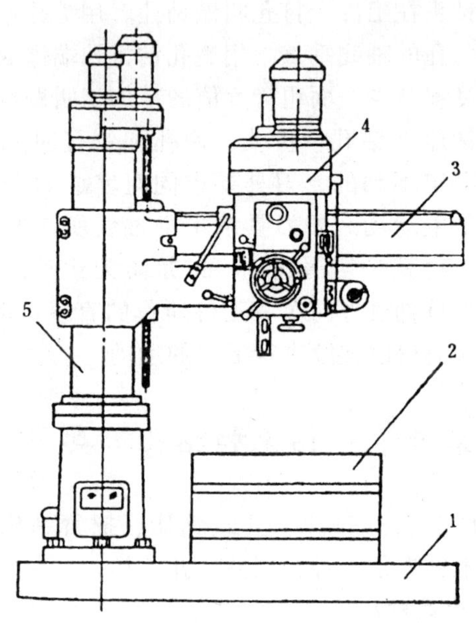

图 2-89 摇臂钻床

1-底座；2-工作台；3-摇臂；4-主轴箱；5-立柱

3．摇臂钻床

图 2-89 为摇臂钻床的外形图。它适用于笨重的大工件以及多孔工作上钻孔。

摇臂钻床主要由下列部分组成：底座 1、立柱 5、摇臂 3、主轴箱 4、工作台 2 等。由于主轴箱 4 能在摇臂 3 上作范围移动，摇臂 3 能绕立柱 5 回转 360°并沿着主柱 5 上下移动，从而使摇臂钻床能在很大范围内钻孔。工件可以固定在工作台 2 上或直接固定在底座 1 上。当主轴箱调整到需要的位置后，摇臂 3 和主轴箱 4 可分别由夹紧机构锁紧，以防止刀具在切削时走动和振动。

摇臂钻床的主轴转速范围和走刀量范围很广，可用于钻孔、扩孔、锪孔、铰孔、镗孔、攻丝等各种工作。

4. 电钻

当工件很大或由于孔的位置关系，不能把工件放在钻床上钻孔时，可用电钻钻机。

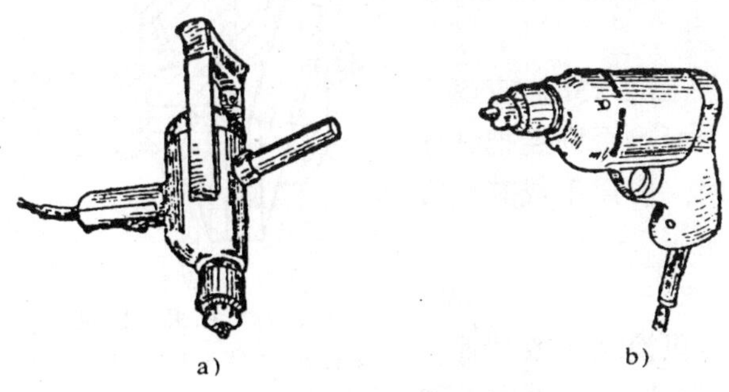

图 2-90　电钻

a）手提式；b）手枪式

电钻的电源电压一般有 220 V 和 36 V 两种。其尺寸规格有 6 mm、10 mm、13 mm等几种。

图 2-90 所示电钻为常用形式。

电钻是操作人员直接握持操作的，保证电气安全极为重要。220 V 的电钻操作时一般均需采取相应的安全措施，而36 V 的电钻又需供应低压电源，因此目前已采用一种双重绝缘结构的电钻。采用这种电钻（工作电压为 220 V）操作时就不必另加安全措施。图 2-91 便是双重绝缘电钻的构造。

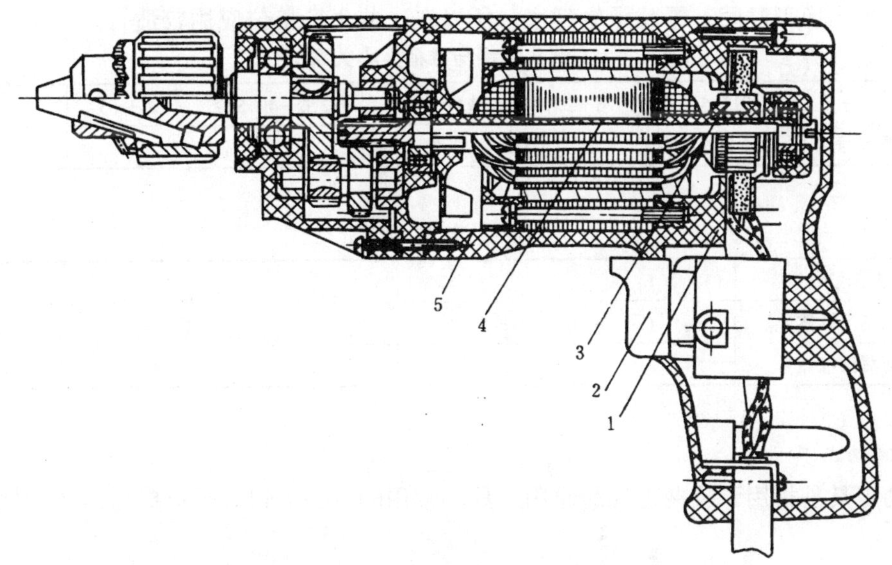

图 2-91　双重绝缘结构的电钻

1-电刷加强绝缘；2-开关加强绝缘；3-换向器加强绝缘；4-转子保护绝缘；5-定子保护绝缘

5. 钻头装夹工具

1）钻夹头：柱柄钻头用钻夹头夹持。钻夹头（见图 2-92）上端有一锥孔，紧配入一根上下两端均带有莫氏锥度的芯棒，装入钻床主轴的锥孔内使用。夹头体 1 的三个斜孔中装有带螺纹的卡爪 5，用来夹紧柱柄钻头。它和环形螺母 4 啮合。当带用小齿轮的钥匙 3 插入钻夹头 1 中并转动时，小伞齿轮便传动钻头套 2 上的大伞齿轮，进而使压合在钻头套 2 内部的环形螺母 4 旋转，使 3 个卡爪 5 同时推出或缩入，达到夹紧和放松钻头的目的。

2）钻头套与楔铁

钻头套是将钻头和钻床主轴连接起来的过渡工具，如图 2-93 a)。钻头直径不同时，钻柄的莫氏锥度号也不同（见表 2-2）。而一般立式钻床主轴的锥孔是 3 号或 4 号莫氏锥体，摇臂钻床主轴的锥孔为 5 号或 6 号莫氏锥体。当较小的钻头要装到较大的钻床主轴上时，就是用钻头套作过渡连接。钻头套的规格见表 2-3。

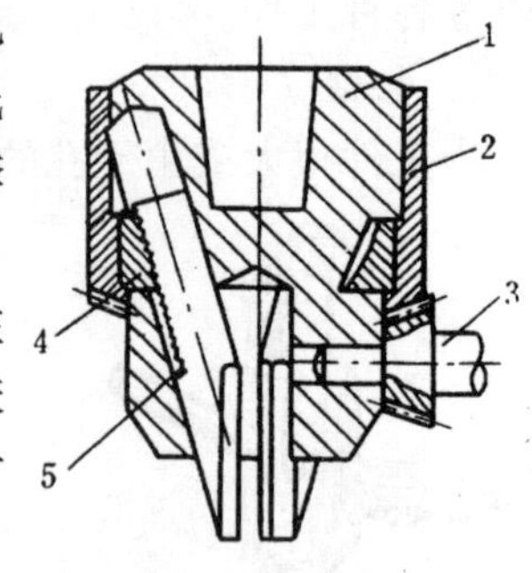

图 2-92 钻夹头结构

1-夹头体；2-钻头套；3-钥匙；4-环形螺母；5-卡爪

楔铁用来从钻套中取出钻头。使用时（见图 2-93b）应该注意两点：一是楔铁带圆弧的一边一定要放在上面，否则会把钻床主轴套或钻套的长圆孔打坏。二是取出钻头时，要用手或其他方法接住钻头，以免落下时损坏钻床台面和钻头。

3）快换钻夹头

快换钻夹头是一种能在主轴转动情况下，更换钻头或其他刀具的夹紧工具（见图 2-94）。更换刀具时，一手将外环 1 向上提起，钢珠 2 受离心力的作用甩出贴往外环下部大直径处，由于不受钢珠的卡阻，装有钻头的可换钻套 3 便靠自重落下，用另一只手接住。然后再把另一个装有钻头的可换套筒装上，放下外环，钢珠又卡入可换套筒的凹坑内，于是又带动钻头旋转。快换钻头夹装卸迅速，使用方便，减少了换刀时间，提高了生产率，所以在一些生产单位应用较适合。

钻头直径与锥柄大小关系 表 2-2

钻头直径（mm）	<15.5	15.6～23.5	23.6～32.5	32.6～49.5	49.6～65	>65
锥柄莫氏锥度号数	1	2	3	4	5	6

钻头套的规格 表 2-3

钻头套号数	1	2	3	4	5
内表面莫氏锥体号	1	2	3	4	5
外表面莫氏锥体号	2	3	4	5	6

6. 辅助工具

辅助工具是指用于装夹工件的通用工具。常用的有手虎钳、平口虎钳、V 形铁，螺钉压板。

1）手虎钳如图 2-95 所示。在手不能拿的薄、小工件上钻孔或钻孔孔径超过 8 mm 时，必须用手虎钳夹持工件。

2）平口虎钳用于装夹外形平整工件（见图 2-96）。

3）V 形铁用在轴或套筒类工件上钻孔，工件常用螺钉压板装夹在 V 形铁上（见图 2-97）。

4）压板螺钉用在钻大孔或不适应用虎钳夹紧的工件可直接用压板，螺钉把它固定在钻床工作台上（见图 2-98）。采用压板，螺钉夹紧时应注意使螺钉尽量靠近工件，支架压板的垫铁高度应略高于或等于所压工件，这样才能获得较大的夹紧力和夹紧效果。此外，压板下的工件如表面已经过精加工的，要衬垫铜皮或铝皮，以避免损坏精加工表面。

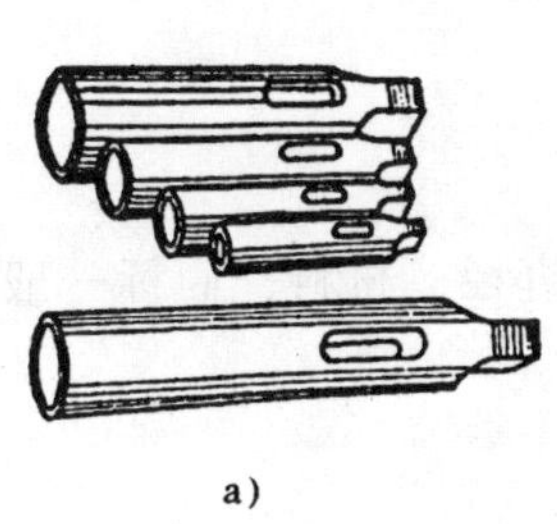

a)

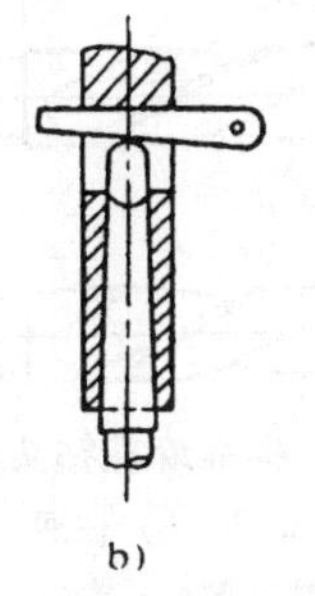

b)

图 2-93　钻头套与楔铁

a）钻套；b）锲铁用法

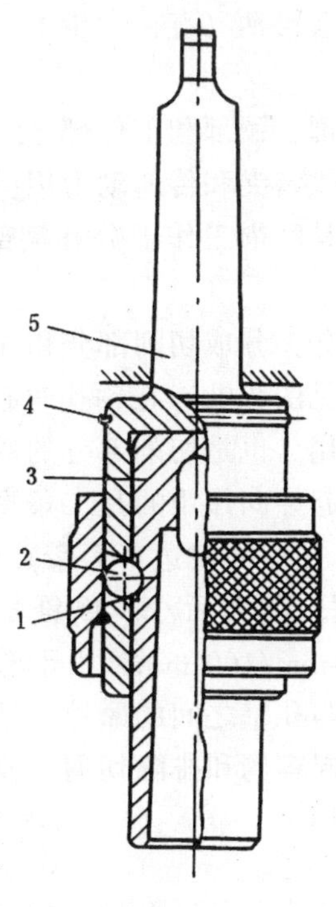

图 2-94　快换钻夹头

1-外环；2-钢珠；3-快换钻套；4-钢丝；5-莫氏锥柄

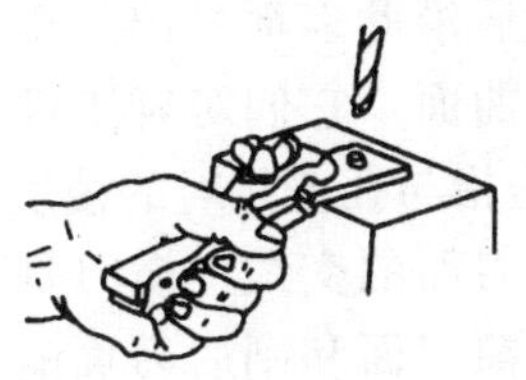

图 2-95　用手虎钳夹持工件钻孔

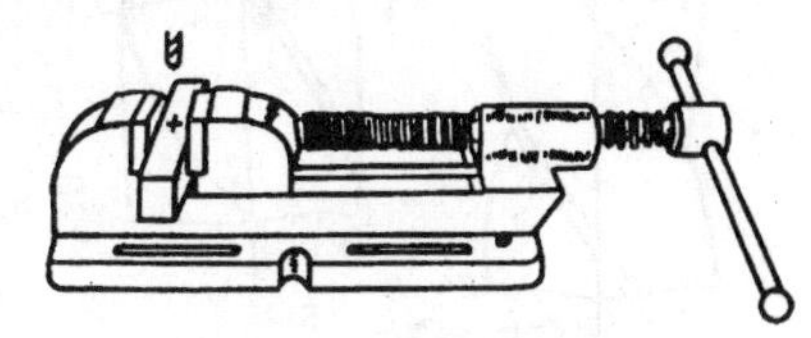

图 2-96　平整工件用平口虎钳夹紧钻孔

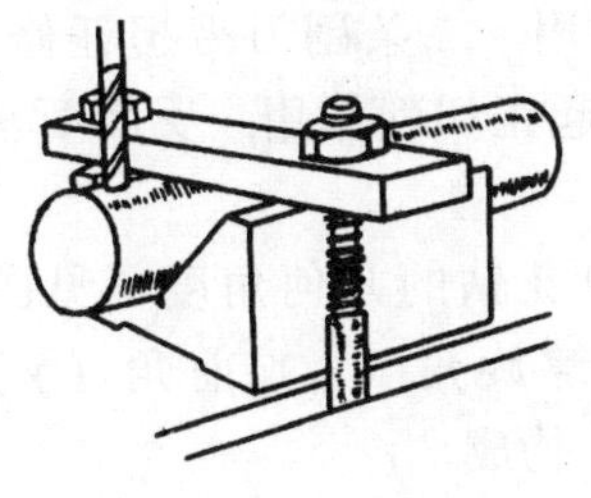

图 2-97　用 V 型铁装夹轴、套筒类工件钻孔

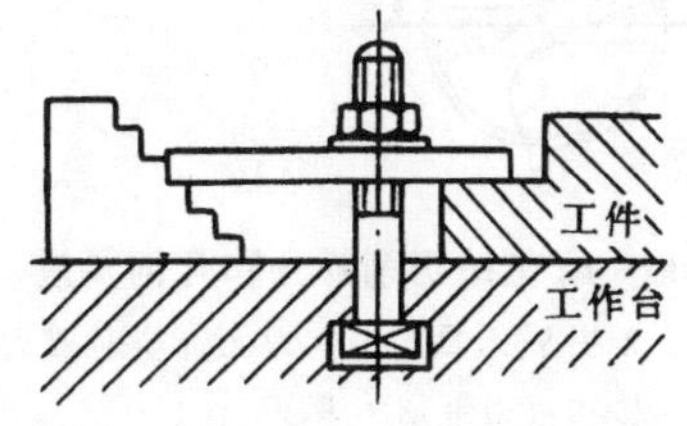

图 2-98　用压板螺钉夹紧工件钻孔

第二节　麻花钻

1．麻花钻

1）形式和组成部分：麻花钻头是钻孔的主要刀具，因为工作部分外形像根“麻花”，所以俗称麻花钻。麻花钻用高速钢制成，工作部分经热处理淬硬至 HRC62—65。

标准麻花钻有锥柄（直径大于 13 mm 的钻头）和柱柄（直径在 13 mm 以下的钻头）两种（见图 2-99）。

麻花钻由柄部、颈部和工作部分组成。

（1）柄部：供装夹和传递动力用；

（2）颈部：是磨削工作部分和柄部的退刀槽。钻头直径、材料、商标一般都刻印在颈部。

（3）工作部分：分成切削部分和导向部分。

导向部分（见图 2-99）在钻孔时起引导钻头方向的作用，也是切削部分的后备部分。导向部分起导向作用的是二条高出螺旋槽约 0.5～1 mm 的棱边（刃带），其直径略有倒锥度，前大后小，倒锥量为 0.03/100～0.12 mm/100 mm。由于有倒锥，减少了钻头与孔壁之间的摩擦。钻头上的两条螺旋槽起容屑和排除切屑、输送冷却润滑液的作用。

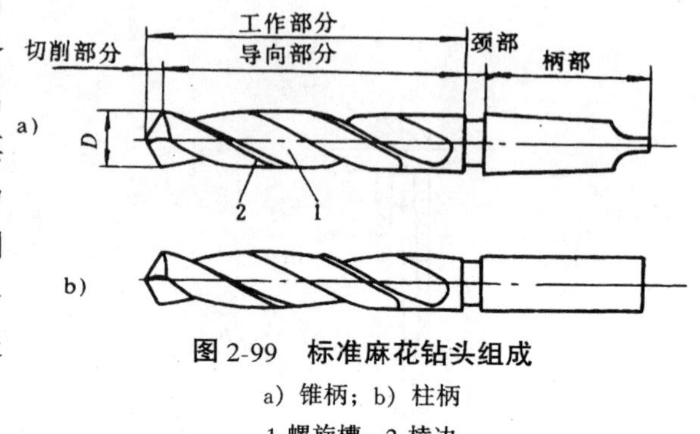

图 2-99　标准麻花钻头组成

a）锥柄；b）柱柄

1-螺旋槽；2-棱边

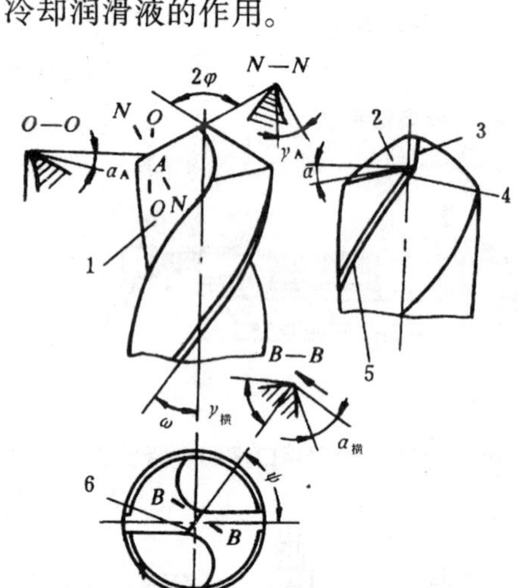

图 2-100　麻花钻切削部分和几何角度

1-前刀面；2-主后刀面；3-主刀刃；4-副刀刃（棱刃）；5-棱边（刃带）；6-横刃

切削部分（见图 2-100）担负主要切削工作。它有前刀面、副后刀面、主刀刃、横刃和副刀刃等组成。前刀面指螺旋槽表面，切屑沿此表面排出。主后刀面是指切削部分顶端的两个曲面，它们对着工件的加工表面（孔底）。副后刀面是指与孔壁相对的棱边（刃带）。主刀刃是前刀面和主后刀面的交线。横刃是两个主后刀面的交线。副刀刃是前刀面和副后刀面的交线，也叫棱刃。钻头切削部分共有五条刀刃：二条主刀刃和一条横刃担负切削作用，二条副刀刃担任修光作用。横刃由钻芯派出，不起正切削作用，反而要消耗百分之五十轴向力。

2）几何角度：麻花钻的几何角度（见图 2-100）主要有顶角（2φ）、螺旋角（ω）前角（γ）、后角（α）和横刃斜角（ψ）构成。

（1）顶角（2φ）：是钻头两条主刀刃之间的夹角。有了顶角钻头才能切入工件。顶角大，钻尖强度好，但钻削时轴向阻力大。顶角小，轴向阻力小，但钻尖强度差。顶角大小应根据工件材料的性能来选取。工具厂出厂的标准钻头的顶角为 $118° \pm 2°$。

（2）螺旋角（ω）：指钻头棱刃切线和钻头轴线间的夹角。螺旋角愈大，切削愈容易，但钻头强度愈低。螺旋角小时则相反。目前工具厂出品的标准钻头，直径 10 mm 以上的 $\omega = 30° - 2°$；直径 10 mm 以下的，由于强度的原因，取 $\omega = 18° \sim 30°$，钻头愈小，ω 也愈小。

（3）前角（γ）：随螺旋槽形成，是主刀刃上的任意一点主剖面（$N-N$ 剖面）内基面与前刀面的夹角。前角与螺旋角有很大关系，螺旋角愈大，前角愈大，切削容易进行，主刀刃每一点上的前角数值都不一样。钻头外径边缘的前角为最大，约 30°左右，但外缘至中心逐渐减小，到钻头半径的 30％处前角约为 0°，再往里主切削刃上的前角就是负角了，到靠近横刃处主刀刃上的前角为 $-30°$左右。横刃上的前角为 $-50° \sim -60°$（见图 2-100 的 $B-B$ 剖面）。

(4) 后角（α）：是主刀刃上任意一点纵剖面（$O-O$ 剖面）内切削平面和主后刀面之间的夹角。后角在主切削刃上各点也磨得不一样，在外径边缘处后角磨得较小，约为 8°～14°，越近中心磨得越大，至钻心处后角约为 20°～26°。钻削过程中，由于工件材料的弹性变形，使钻头主后刀面与工件之间摩擦，增加了切削阻力。钻头有了后角后，这种摩擦就可以减小，阻力损失也大为减小。

(5) 横刃斜角（ψ）：是横刃与主刀刃在端面投影线间的夹角。横刃斜角大小与后角的大小有关。当近钻心处后角刃磨得较大时，横刃斜角就较小，相应横刃长度就长一些；反之，则相反。工具厂出品的标准钻，其横刃斜角为 50°～55°。横刃斜角可以用来判断钻头近中心处后角磨得是否正确。

2. 标准麻花钻的刃磨

钻头在使用过程中常会出现退火及主刀刃磨损需经常刃磨以保持良好的切削效果。标准麻花钻刃磨的一般要求是：顶角大小要符合要求并被钻头中心线平分，两条主切削刃长度相等。

标准麻花钻的刃磨方法如图 2-101 所示。一手握住钻头前部靠在砂轮的搁架上（有时腾空）作为支点，将主刀刃摆平（植高于砂轮中心面）。平行地接触砂轮母线，同时使钻头轴线与砂轮母线在水平面内成 $\varphi=59°$夹角。另一只手捏住钻尾，在刃磨时上下摆动。粗磨时，应当使后刀面的下部先接触砂轮，钻柄朝上摆动进行刃磨，磨到刀口后沾水冷却，以免刀刃退火。钻柄摆动的角度约等于钻头的后角。精磨时，应当使刀口先接触砂轮，另一只手捏住钻柄向下摆动进行刃磨。在摆动钻柄的同时，由作支点的手使钻头绕本身轴线转动，以保证钻心处磨出的后角较大。一条主刀刃磨好后，将钻头转过 180°再磨另一条。此时应注意保持钻头的空间位置不变，按上述方法继续刃磨。钻头刃磨后的角度，一般是凭经验目测检查，也可用样板检查。

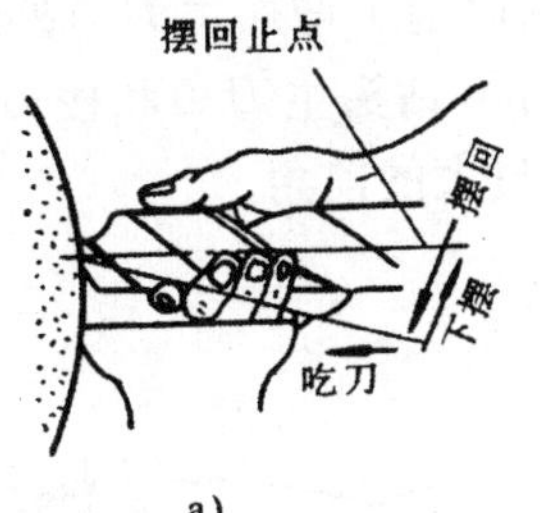

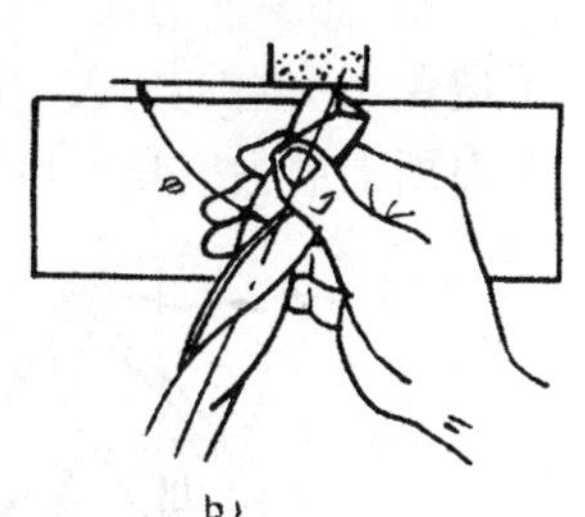

图 2-101 标准麻花钻刃磨方法

3. 麻花钻的修磨

麻花钻修磨的原因有两个，一是工件材料性质的变化，要求钻头的几何角度有所变化。二是标准麻花钻的结构还存在一些缺点。

结构上的缺点有：

(1) 钻头外径上的前角 γ 太大，而钻心处的前角又为负值，切削条件差；

(2) 横刃上有很大的负前角，使得横刃在钻削中不是在切削，而是在刮削和挤压，并且横刃太长，定心作用也不好；

(3) 主刀刃的全宽都参加切削工作，切削卷成很宽的螺旋，既不利排屑，又不便于加冷却润滑液。

(4) 棱刃上没有后角，棱边和孔壁摩擦剧烈，磨损较快等。

经过正确的刃磨和修磨的钻头，不仅刀口锋利，而且切削部分的角度更加合理，切削性能大为改善。钻孔时，可以获得较高的生产率和较好的加工精度。钻头的使用寿命也延长。常用的修磨方法如下：

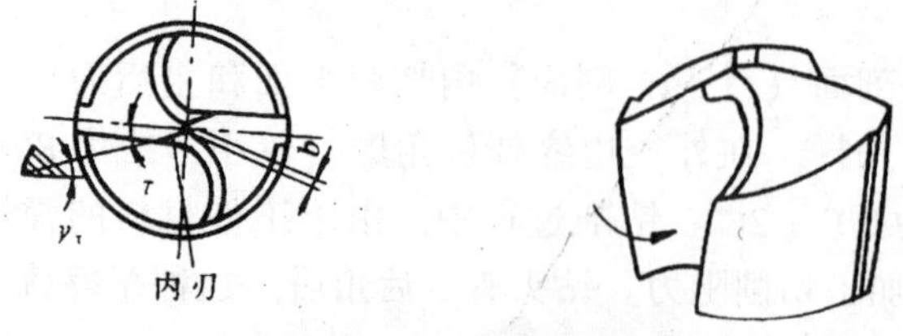

图 2-102 **修磨横刃**

1）修磨横刃（见图 2-102）：把横刃磨短，使钻心处主刀刃的负前角数值减小。修磨后横刃的长度 b 为原来的 1/3～1/5。修磨横刃后形成内刃，内刃前角 $\gamma_\tau = 0° \sim 15°$，它比原来标准钻头上该处的 $-30°$ 前角切削条件要好得多。一般直径 5 mm 以上的钻头应该修磨横刃，修磨后可减少钻孔时产生的轴向力。

2）修磨顶角（见图 2-103）：把钻头磨成双重或三重顶角，增加主刀刃长度和刀尖角 ε，改善散热条件，使主刀刃与棱刃交角处的耐磨性提高，以提高钻头的耐用度。一般 $2\varphi_0 = 70° \sim 75°$，$f_0 = 0.2D$（$D$ 为钻头直径）。修磨顶角的钻头适宜于加工铸铁。

3）修磨分屑槽：在主后刀面上磨出错开的分屑槽，把宽切屑分成几条窄切屑，使排屑方便（见图 2-104）。修磨分屑槽的钻头适宜加工钢料。

4）修磨前刀面：加工硬材料时为了增加主刀刃外缘部分的强度；加工黄铜、青铜时为了避免钻头自动切入（啃刀），可将钻头主刀刃和棱刃交角处（见图 2-105 中阴影部分）的前刀面上磨去一块，以减小该处过大的前角。

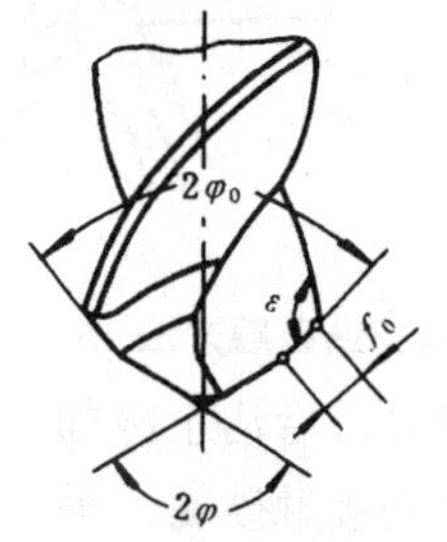

图 2-103 **修磨顶角**

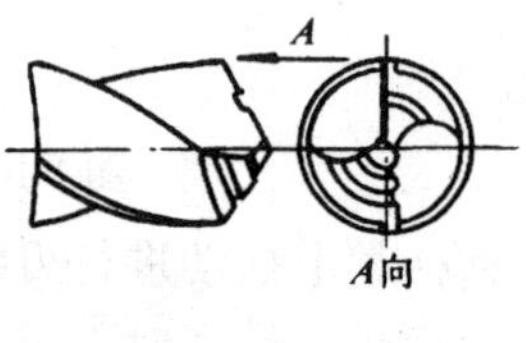

图 2-104 **修磨分屑槽**

图 2-105 **修磨前刀面**

5）常用特殊钻头、薄板钻修磨：薄板钻又称三尖钻。常用于生产数量不多或船舶机械上做金属垫片时需要钻孔的工件上（其厚度在 0.1～1.5 mm 的薄板、薄钢板、镀锌铁皮、薄铝板、铜皮上钻孔）。

图 2-106 为常用薄板钻的结构。把钻头的两主后刀面磨成凹圆弧，在顶部出现三个顶尖为好。工作时，钻心先切入工件，定住中心起到钳制作用，两个锋利的外尖转动包抄迅速把中间的圆片切离，得到要求的孔。

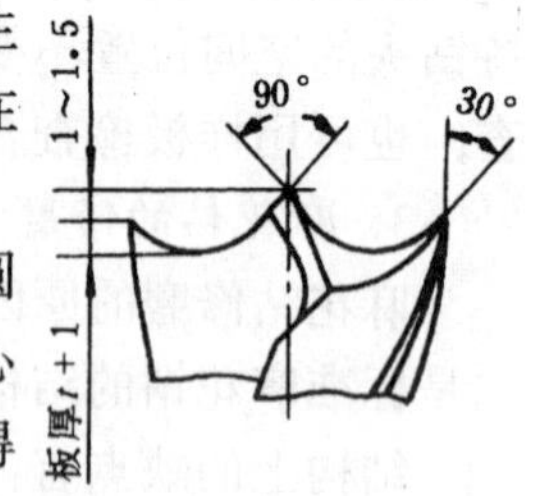

图 2-106 **薄板钻**

用三尖钻钻薄板，干净利落，安全可靠。

第三节 钻孔方法及注意事项

1．一般工件的钻孔方法

按划线钻孔的方法大致如下：钻孔前先用样冲把孔中心眼打大一些，用钻尖对准样冲眼锪一个浅坑，检查浅坑与所划的孔边圆是否同心（称试钻）。如稍有偏斜，可移动工件借正；如偏移的较多或者钻孔较大，可用尖錾或样冲在偏移的相反方向錾几条槽（见图2-107）；较小的孔也可以在偏的方向用垫铁垫高些再开钻，直到钻出的圆窝完整，与所划出的孔边圆同心或重合时才可以正式开钻。

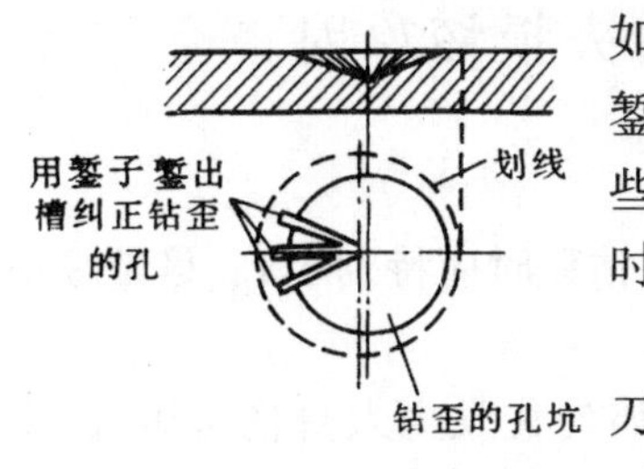

图2-107 用凿槽纠正中心钻偏的孔

1）钻通孔：在孔快要钻穿时，必须减小走刀量，变自动走刀为手动走刀。避免钻头钻穿孔的瞬时因走刀量骤然增大（横刃不工作了，轴向力减小，走刀机构、工作台等的弹性变形恢复）而“啃刀”，影响加工质量，甚至会损坏钻头。

2）钻盲孔（不通孔）：钻盲孔时，要按钻孔深度调整好钻床上的挡铁，深度标尺或采用其他控制钻孔深度的办法，以免孔钻得过浅或过深。注意孔尖不计入深度尺寸。

3）钻深孔：一般钻进深度达到直径3倍时，钻头必须退出排屑，此后每钻进一些就应退出钻头排屑。并应注意冷却钻头，防止因切屑堵塞，使钻头过热而退火。

4）钻大孔：直径超过30 mm的孔一般分二次钻。第一次用0.6～0.8倍孔径的钻头钻孔，第二次再用所需直径的钻头扩孔。这样做可以减去钻削时的轴向阻力，保护机床。扩孔时应保证扩孔钻头两条主切削刃长度相等、对称，否则会使孔径扩大。

5）钻半圆孔：钻半圆孔的方法，是将工件对合起来钻孔。如果只有一件上要钻半圆孔，则必须另找一块与工件同样材料的垫铁与工件拼在一起钻。

6）在斜面上钻孔：用普通钻头在斜面上钻孔时，为避免钻头偏斜滑移、孔钻歪等情况发生。(1) 可先用铣刀或錾子在所需钻孔的斜面上铣出一个平台，然后再用钻头钻孔。(2) 用錾子在斜面上錾出一小平面，在孔中心位置打上样冲眼并用小钻头钻出锥坑，这样钻头有了定心坑就不会偏了。

7）钻对合螺钉（销）孔（俗称骑缝孔）：机器装配过程中，常要在两个零件之间打对合孔。若两个零件的材料相同，则很容易钻。若两个材料不同，一硬一软，则钻孔前，无中心的样冲要打在材料硬的零件上，即钻头预先往硬材料零件一边“借”。钻削过程中，由于两种材料的切削阻力不同，钻头会朝软材料一边偏移，最后钻出的孔正好在两个零件的中间，符合要求。

2．钻孔时注意事项

1）检查钻床的传动部分和润滑情况，准备好刀具和安装工件用的工夹具等。安装工件要牢固，不允许有松动现象。

2）切削用量：切削用量是指钻头转速（r/min）和走刀量（钻头每转一转钻头沿轴线行进的距离，用mm/r表示）。切削用量是否选择适当，直接影响钻头寿命和生产效率。一般来说，钻大直径和材料硬的孔时，转速和进刀量要小。反之，可适当加快转速和进刀量。

3）冷却润滑液选用：钻头在切削过程中所产生的热量会使钻头温度升高，从而使钻头磨损加快，甚至退火，失掉切削能力。为此，必须用冷却润滑液不断地加在钻头工作部分。以降低温度，延长使用寿命，提高钻孔的质量。冷却润滑液必须根据材料性质选用，如：结构钢、工具钢、紫铜、铝合金等在钻孔时需加乳化液冷却润滑。冷硬铸铁一般不加或加5%～8%的乳化液。又如：铸铜、胶木等不需加冷却液。

第四节　钻孔安全技术、废品分析和钻头损坏原因

1．钻孔安全技术

钻孔时工件一定要压紧(除在较大工件上钻小孔外)，在孔要钻穿时应特别小心，尽量减小进刀量，以防进刀量突然增大而发生工件甩出等事故。

钻孔时不准带手套，手中也不准拿棉纱头，以免不小心被铁屑勾住发生人身伤害事故，不准用手去拉切屑和用嘴吹碎屑。清除切屑应用钩子或刷子，并尽量在停车时清除。

钻孔时，工作台上不准放置刀具、量具及其他物品。钻通孔时，工件下面必须垫上垫块或使钻头对准工作台的槽，以免损坏工作台。车未停妥不准去捏钻夹头。松、紧钻夹头必须用钥匙，不准用手锤或其他东西敲打。钻头从钻头套中退出要用斜铁敲出。钻床变速前应先停车。

使用电钻时(低压及双层绝缘的电钻外)应戴橡胶手套和穿胶鞋(或站在绝缘板上)，以防触电。在工作中要随时注意站立的稳定性，以防滑倒。

2．钻孔时的废品分析

钻孔时产生废品的原因是由于钻头刃磨不准确，钻头或工件装夹不妥当，切削量选择不当和操作不正确等所造成(见表2-4)。

钻孔时的废品分析　　表2-4

废品形式	产生原因
孔径大于规定尺寸	1．钻头两切削刃长度不等，角度不对称 2．钻头摆动(钻头弯曲、钻床主轴有摆动、钻头在钻夹头中未装好和钻头套表面不清洁等引起)
孔壁粗糙	1．钻头不锋利 2．进给量太大 3．后角太大 4．冷却润滑不充分
钻孔偏移	1．划线或样冲眼中心不准 2．工件装夹不稳固 3．钻头横刃太长 4．钻孔开始阶段未借正
钻孔歪斜	1．钻头与工件表面不垂直(工件表面不平整和工件底面有切屑等污物所造成) 2．进给量太大，使钻头弯曲 3．横刃太长，定心不良

3．钻头损坏原因

钻孔时钻头损坏原因是由于钻头用钝，切削用量太小，排屑不畅，工件装夹不妥和操作不

正确等所造成,具体原因见表2-5。

钻头损坏的形式及其原因　　表2-5

损坏形式	产生原因
钻头工作部分折断	1. 用钝钻头钻孔 2. 进给量太大 3. 切屑在钻头螺旋槽中塞住 4. 孔刚钻穿时,进给量突然增大 5. 工件松动 6. 钻薄板或铜料时钻头未修磨 7. 钻孔已歪斜而继续工作
切削刃迅速磨损	1. 切削速度太高,而冷却润滑液又不充分 2. 钻头刃磨未适应工件的材料

第五节　扩孔和铰孔

1. 扩孔

扩孔是利用扩孔钻或麻花钻对工件已有的孔进行扩大的加工,如图2-108所示。

扩孔时切削度 t:

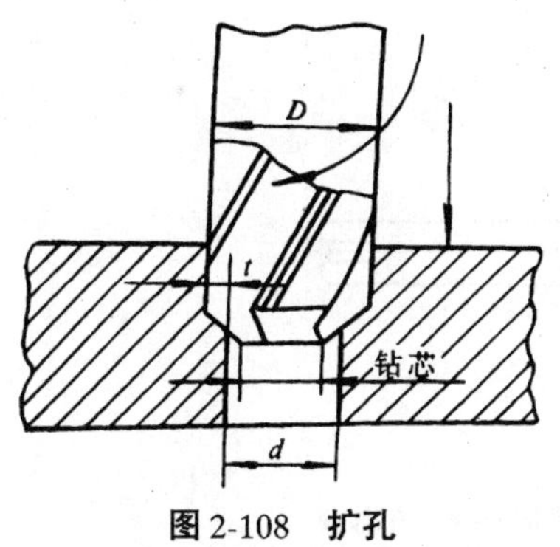

图2-108　扩孔

$$t=\frac{D-d}{2}\ \text{mm}$$

式中　D——扩孔后的孔径, mm;

d——预加工孔径, mm。

1)扩孔的特点:

(1)扩孔时无横刃切削,切削阻力比钻孔时小。

(2)扩孔时切削深度小,切削时省力。

(3)扩孔钻刚性好,切削平稳。

扩孔可提高孔的尺寸精度,减少表面粗糙度值。扩孔后公差等级可达IT10～IT9,表面粗糙度可达 R_a2.5～6.3 μm。

2)扩孔常作为孔的半精加工或铰孔前的预加工,扩孔时进给量为钻孔进给量的1.5～2倍,切削速度为钻孔的1/2。

实际生产中,常用麻花钻代替扩孔钻使用,扩孔钻多用于大批量生产,当孔径大于30 mm时,先用0.5～0.7倍孔径麻花钻头钻孔,再用等于扩孔孔径的钻头扩孔,效果较好。

2. 铰孔

铰孔是用铰刀对已加工的孔进行精加工。公差等级可达IT9～IT7级,表面粗糙度值可达 R_a3.2～0.8 μm。

1)铰刀的种类及特点

(1)整体式圆柱机铰刀(见图2-109),铰刀可通过钻套可直接在主钻或摇壁钻主轴上,靠机床引导其铰削方向进行铰孔。

(2)直槽圆柱手铰刀:直槽圆柱手铰刀的切削部分比机铰刀长得多,如图2-110所示。手铰刀铰孔时速度低,靠校准部分导向,所以校准部分较长,倒锥呈很小(0.005～0.008 mm),没有圆柱部分。

(3)螺旋槽手铰刀：如图 2-111 所示，这种铰刀铰削平稳，铰削的孔光滑，有键槽的孔用这种铰刀铰削。

(4)可调手铰刀：如图 2-112 所示，调节前后螺母，使刀片沿槽移动，改变铰刀直径，以适应加工不同孔径的需要。

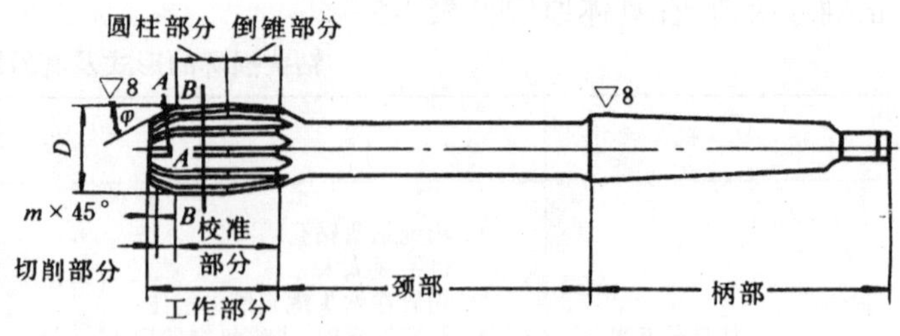

图 2-109 机用铰刀

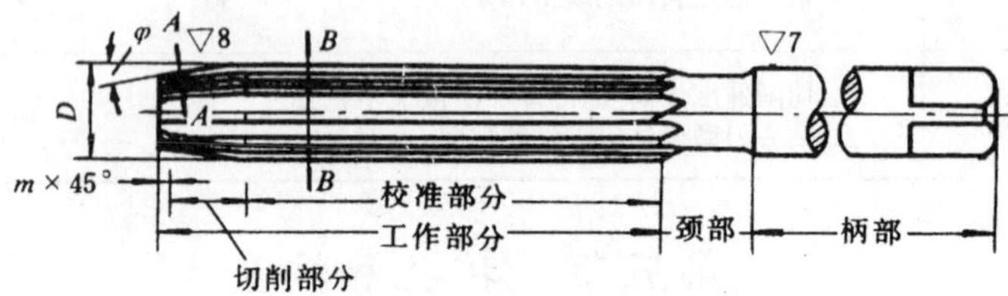

图 2-110 手用铰刀

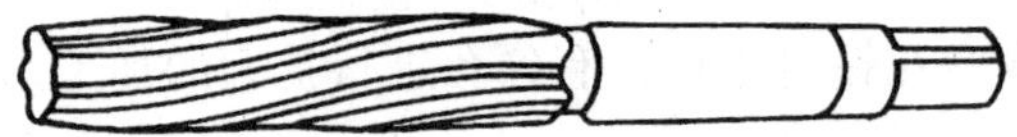

图 2-111 螺旋槽手铰刀

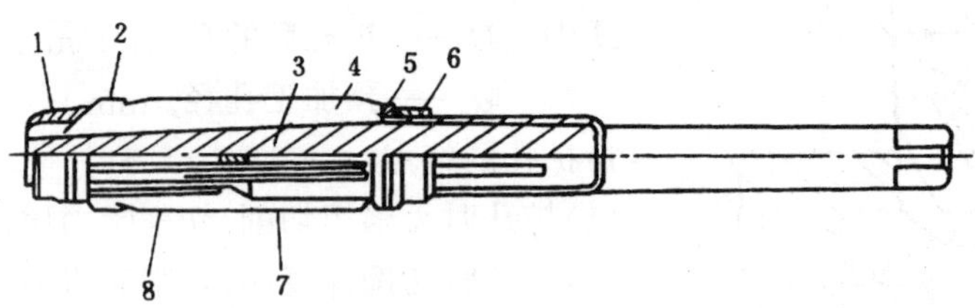

图 2-112 可调手铰刀

1-螺母；2-圆柱面；3-刀体；4-刀条；5-垫圈；6-螺母；7-校准部分；8-切削部分

(5)锥铰刀：锥铰刀用于铰削锥孔，常用锥铰刀有以下 4 种：

①1:10 锥铰刀，如图 2-113 所示，用于加工联轴节工件。

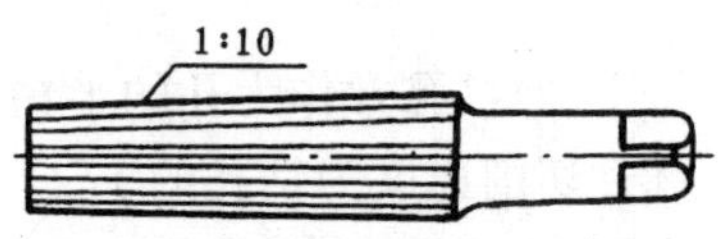

图 2-113 1:10 锥度铰刀

②莫氏锥铰刀：如图 2-114 所示，用于加工 0～6 号莫氏锥度的锥孔(锥度近似 1:20)。

③1:30 锥铰刀：用于加工套或刀具上的锥孔。刀的形状如图 2-114 所示，只是锥度较小。

④1:50 锥铰刀：用于加锥形定位销孔，如图 2-115 所示。

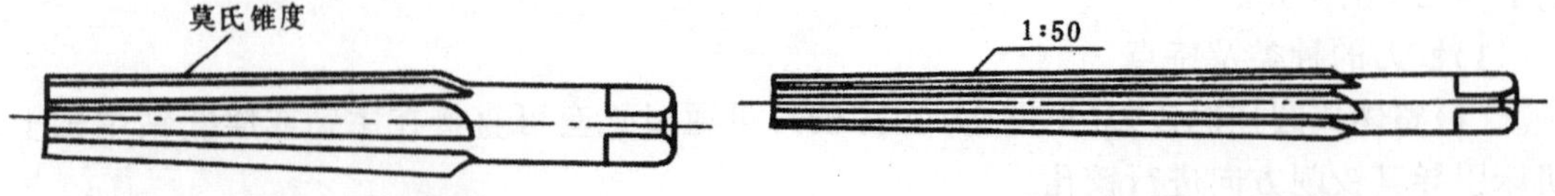

图 2-114 1:30 锥铰刀　　图 2-115 1:50 锥铰刀

1:10 锥铰刀和莫氏铰刀，切削量较大，一般做成二三把一套，见图 2-116。

2)铰孔方法

(1)根据孔的公差等级和表面粗糙度,确定工艺过程。一般当孔径小于 ø40 mm 的孔,要求公差等级为 IT9~IT8,表面粗糙度值为 $R_a2.5\sim1.25$ μm 时,加工过程是先钻孔后扩孔,再粗铰和精铰。

(2)铰孔余量不能过大或过小,否则影响铰孔质量。

(3)铰孔操作方法如下:

①工件要夹牢、夹正,使铰刀与孔中心同轴。

②手工铰削时,两手用力均匀,转动和进刀要平稳,不能摇摆。

③注意改变每次铰刀停歇位置,避免在孔壁形成振痕。

④铰时铰刀不能反转,以免刀刃磨钝或崩刀。

⑤铰制钢件时,要及时清除粘在刀齿上的切屑及刀瘤。

⑥铰削 1:10 和莫氏锥孔时,因铰削余量大,故铰削前要钻成阶梯孔,使各段余量均匀,如图 2-117 所示。

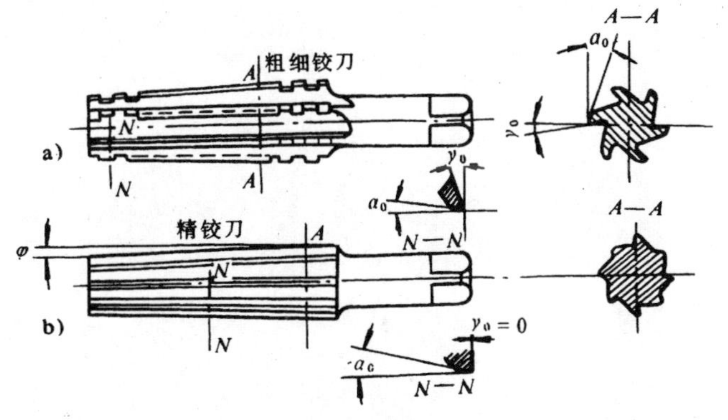

图 2-116 成套铰刀

a)粗铰刀;b)精铰刀

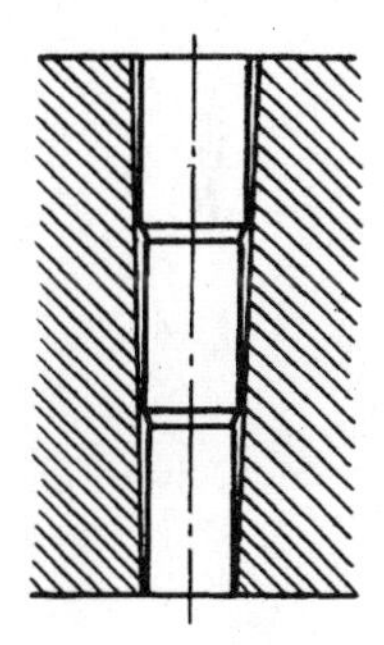

图 2-117 钻阶梯孔铰削

⑦用手铰刀铰孔前,铰刀直径要用千分尺检查。

(4)为保证铰孔的表面质量和减少铰刀磨损,必须用切削液冷却和润滑,铰削时参考表 2-6。

表 2-6

加工材料	冷却润滑液
钢	1. 10%~20%乳化液 2. 铰孔要求高时,采用 30%菜油加 70%肥皂水 3. 铰孔的要求更高时,可用茶油、柴油、猪油等
铸铁	1. 不用 2. 煤油,但要引起孔径缩小,最大缩小值达 0.02~0.04 mm 3. 低浓度的乳化液
铝	煤油
铜	乳化液

复习思考题

1．试述麻花钻各组成部分的名称及其作用。

2．麻花钻头顶角及横刃角各是多少?

3．薄板钻的特点在哪里？起何作用?

4．钻孔时为什么要用冷却润滑液？怎样正确选用?

5．钻孔时注意事项有哪些?

6．分析钻孔产生废品的各种原因。

7．扩孔比钻孔在切削性能上有哪些优点?

8．在铰孔时铰刀为什么不能反转？进刀为什么不能太快或太慢?

第七章　攻丝和套丝

螺纹在整个船舶机械及各种设备中得到了广泛的应用，在船机保养维修工作中攻、套丝工作是经常碰到的一项操作。

用丝锥(丝攻)在孔中内表面切削出内螺纹称为攻丝；用板牙在圆柱外表面切出螺纹称为套丝。

第一节　螺纹的一般知识

1．螺纹的形成

如果将一底边 $AB=\pi d$ 的直角三角形 ABC 绕在一直径为 d 的圆柱体上，且使三角形底边 AB 与圆柱体的底边重合，则三角形的斜边 AC 在圆柱表面上形成一条螺旋线，如图 2-118 所示。

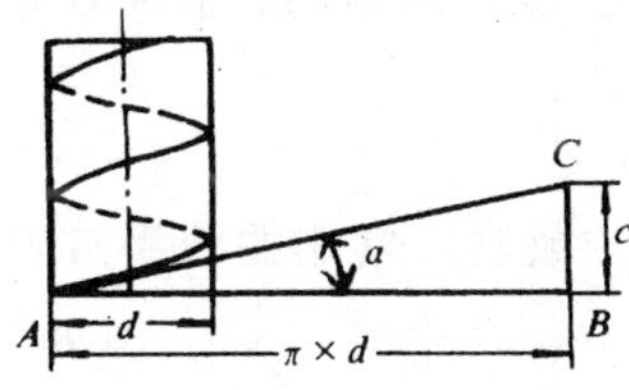

图 2-118　**螺旋线的形成**

螺旋线是螺纹的基础，如果在圆柱表面上沿螺旋线加工出具有相同剖面的连续凸起和凹槽，那么在圆柱面上就形成了螺纹。常见螺纹的形状有三角形、方牙形、梯形、锯齿形和圆角形等几种。

按照在圆柱面上的绕行方向，螺纹可分为右旋(正扣)和左旋(反扣)两种。螺纹从左向右升高的，叫做右旋螺纹(顺时方向旋紧螺母)，反之为左旋螺纹。

三角螺纹

方型螺纹

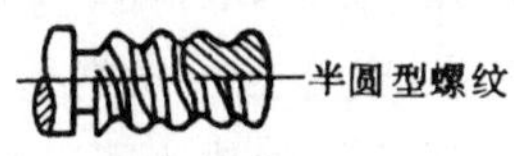

图 2-119　**各种螺纹的牙型**

2．螺纹的分类

船舶机械中常用螺纹形式进行零件连结，由于螺纹种类很多，用途不一样，因而对机械上螺纹的种类、牙型等要求也不相同，这里仅就螺纹的主要类型、种类、使用场合简述如下(见图 2-119)：

螺纹的种类：有标准螺纹、特殊螺纹和非标准螺纹 3 种。

标准螺纹按牙形分类有三角形螺纹、梯形螺纹、锯齿形螺纹。

三角形螺纹中又可分为普通公制螺纹(包括粗牙和细牙螺纹)、英制螺纹、管螺纹。

1)公制螺纹：公制螺纹是应用最广泛的一种螺纹，我国机器制造业中都采用公制螺纹，其牙型角为 60°，尺寸以 mm 为单位，螺纹间有径向间隙，以补偿刀具的磨损和储存润滑油。

公制粗牙螺纹和细牙螺纹的代号标注，同一外径的细牙螺纹比粗牙螺纹的螺距要小。细牙螺纹用字母 M 和外径乘以螺距来表示，如 $M16\times1.5$。粗牙螺纹用字母 M 和外径来表示，如 $M16$、$M24$。一般连接件都用粗牙螺纹。

2)英制螺纹：英制螺纹仅限于配制原有英制机器配件时用，其牙型为 55°。为了提高牙底或牙顶的强度均制成平的或圆的，这种螺纹的外径以 in 为单位，螺距用 1 in 长度内的牙数来表示，如 3/16″－24；表示直径为 3/16″的螺纹有 24 牙/in。

3）三角形螺纹：公制粗牙螺纹、细牙螺纹、英制螺纹、管螺纹都属三角形螺纹，该螺纹加工精度高，内、外螺纹连结紧密。能防止动载荷下引起松动，具有较高抗压强度。钳工攻丝、套丝主要指加工此类螺纹，适用于重要机件的螺纹连结。例如船舶柴油机连杆螺栓、汽缸头螺丝、螺帽、主辅机上的地脚螺栓，各管系中的接头等。

4）梯形螺纹：主要用在传递动力的运动部件上，如船舶各管系中阀门上的阀杆，车床丝杆等。螺纹代号标注例：$T30\times10/2-3$ 左。表示梯形螺纹，外径 30 mm、导程 10 mm、头数 2、3 级精度、左旋。

5）锯齿形螺纹：在传递单向动力的机械上常应用这种螺纹。

第二节　攻丝

1. 丝攻

丝攻是加工内螺纹的工具，构造如图 2-120 所示。丝攻由工作部分 1 和柄部 4 组成。工作部分 1 包括切削部分 2 和校准部分 3。切削部分磨出锥角，以便将切削负荷分配在几个刀刃上。校准部分具有完整的齿形，用于校准已切削出的螺纹，并引导丝攻轴向运动。柄部有方榫 5，装在绞手内传递动力。丝攻的规格刻在柄部。

2. 丝攻铰手

手工攻丝必须用绞手夹住丝攻的柄部方榫处，转动绞手带动丝攻旋转。常用的绞手有固定式和调节式两种，如图 2-121。它的使用范围参照表 2-7。

铰手使用范围　　表 2-7

调节式铰手规格	6″	9″	11″	15″	19″	24″
适用螺丝攻范围	$M5\sim M8$	$M8\sim M12$	$M12\sim M14$	$M14\sim M16$	$M16\sim M22$	$M22$ 以上

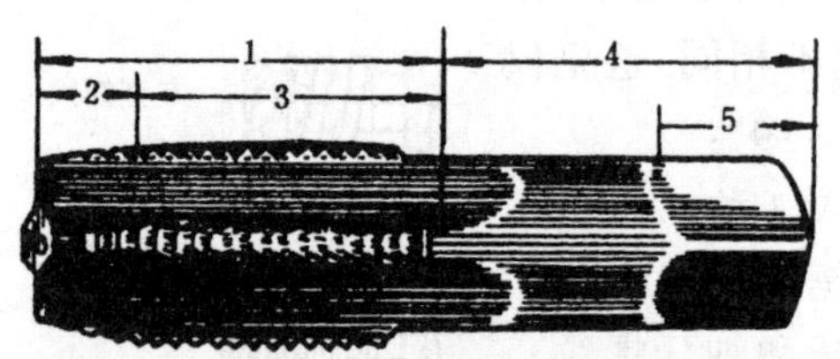

图 2-120　丝攻（丝锥）的构造
1-工作部分；2-切削部分；3-校准部分；4-柄部分；5-方榫

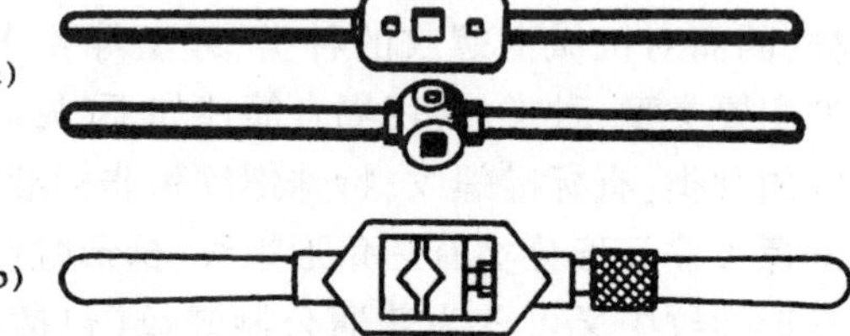

图 2-121　丝攻铰手
a）固定式铰手；b）调节式铰手

3. 成套丝攻切削量的分配

手用螺丝攻为了减小切削力，提高耐用度，将整个切削工作分配给几只螺丝攻来担任，通常 $M6\sim M24$ 的螺丝攻一套有二只，$M6$ 以下和 $M24$ 以上的螺丝攻一套有三只。这是因为小螺丝攻强度不高，容易折断，所以备三只；而大螺丝攻切削量大，需要几次逐步切削，所以也做成三只一套。细牙螺丝攻不论规格大小均为二支一套。三支一套的螺丝攻按头攻负荷 60％、二攻 30％、三攻 10％来分配切削量，如图 2-122 所示。二支一套的螺丝攻按头攻负荷 75％，二攻负荷 25％来分配。这样分配切削量，丝攻磨损均匀，使用寿命较长，攻丝时也较省力。

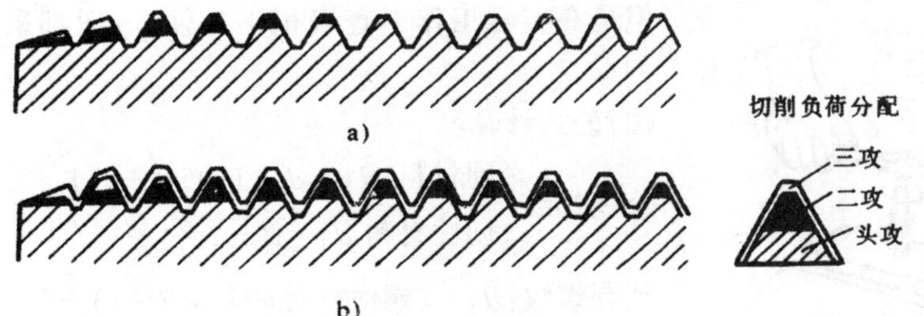

图 2-122　成套丝攻切削负荷分配方法
a)锥形分配;b)柱形分配

4．攻丝方法

攻丝前钻头底孔直径要认真选择,两面孔口要倒角,便于丝攻切入。然后将螺丝攻插入孔内,再把丝攻绞手套入丝攻方榫内,使丝攻轴线与孔中心线一致,然后轻加压力慢慢旋入孔内,用角尺或目测检查一下丝攻是否与孔中心一致,如发现歪斜,应立即纠正。开始攻丝时,要用些压力使丝攻绞进工件孔中。当攻出几牙后,就不需要压力了,只要均匀转动绞手即可。攻丝时,每正转一圈或半圈要倒退 1/4 圈到 1/2 圈,使切削碎断后再往下攻(攻软材料、深孔或不通孔时更要这样)。钢件攻丝时要加冷却润滑液,可使丝攻寿命长、工件质量好、牙型光滑。头攻攻完后用二攻或三攻时,必须用手先将丝攻旋进螺孔,然后再用铰手旋转。如果二次、三次还没有对准原有的螺纹就用绞手板,螺纹就会乱扣,工件就要报废。

攻丝的要领可归纳如下(见图 2-123):**两手握柄压力均,旋转丝攻顺时转;绞出两牙需校正,进出回断压力停。**

5．底孔直径和深度的确定

1)攻丝前底孔直径的确定:由于材料的韧性不同,挤压后隆起的程度也不一样,因此底孔直径要根据材料的性质来决定,其方法有下述两种。

(1)查表(见表 2-8):

攻普通螺纹时底孔的直径　　表 2-8

螺纹直径(mm)	普通螺纹		第一细牙螺纹		第二细牙螺纹		第三细牙螺纹	
	生铁、青铜	钢、黄铜	生铁、青铜	钢、黄铜	生铁、青铜	钢、黄铜	生铁、青铜	钢、黄铜
2.6	2.15		2.25		—		—	
3.0	2.5		2.65		—		—	
3.5	2.9		3.15		—		—	
4	3.3		3.5		—		—	
5	4.1	4.2	4.5		—		—	
6	4.9	5.0	5.2		5.5	5.5	—	
7	5.9	6.0	6.2		6.1	6.5	—	
8	6.6	6.7	6.8	6.9	7.1	7.2	7.4	7.5
9	7.6	7.7	7.8	7.9	8.1	8.2	8.4	8.5
10	8.3	8.4	8.8	8.9	9.1	9.2	9.4	9.5
11	9.3	9.4	9.8	9.9	10.1	10.2	10.4	10.5
12	10	10.1	10.5	10.9	10.8	10.9	11.2	
14	11.7	11.8	12.3	12.4	12.8	12.9	13.2	
16	13.8	13.8	14.3	14.4	14.8	14.9	15.2	

但是在实际工作中查表很不方便，一般都采用经验公式来计算。

(2)公式计算：

公制螺纹$\begin{cases}硬材料：d_1 = d - 1.05\ t \sim 1.1\ t \\ 韧性材料\ d_1 = d - t\end{cases}$

英制螺纹：$d_1 = (螺纹外径吩数 \times 7 - 1)\dfrac{1}{64}''$

式中　d_1——底孔直径；

d——螺纹外径；

t——螺距。

攻丝切削方向
退回断屑方向
继续攻丝方向

图 2-123　攻丝方法

2)攻不通孔，底孔深度的确定：攻不通螺孔时，由于丝攻切削部分不能绞制出完整的螺纹，所以钻孔深度至少要等于螺纹深度加上丝攻切削部分长度。这段长度大约等于螺纹外径的 0.7 倍，钻孔深度 = 需要螺纹长度 + $0.7d$。

6．丝攻折断原因和取出的方法

丝攻折断的原因：

1)底孔直径太小，切削阻力大，强行攻丝造成折断。

2)丝攻中心线与底孔中心线不吻合，造成切削阻力不匀，单边受力。

3)绞手选择不当，绞手柄太长或柄两端用力不匀，用力过大等。

4)工件材料太硬而粘，未及时加润滑液。

5)攻不通孔时，未做螺纹深度记号以致丝攻碰到孔底而硬攻造成折断。

6)攻丝过程中未及时回转以致造成切屑卡死而折断丝攻。

螺丝攻折断在孔内后的取出方法：

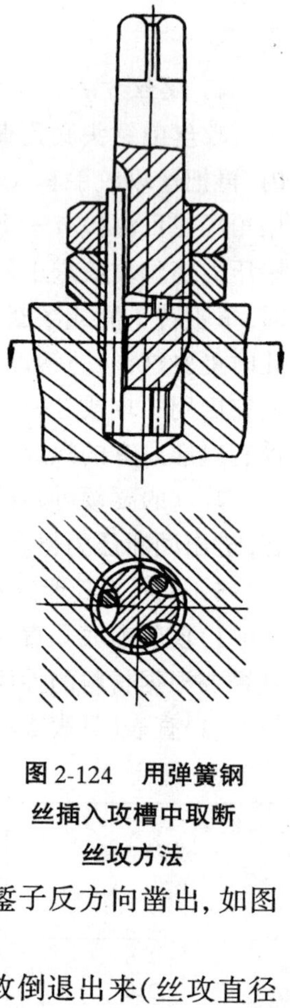

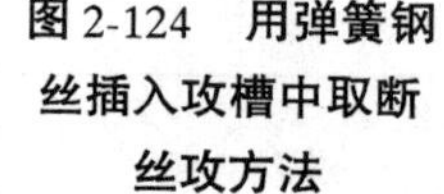

图 2-124　用弹簧钢丝插入攻槽中取断丝攻方法

1)可采用专用扳手或用 3 根钢丝插入丝攻 3 个出屑槽内反旋出来，如图 2-124。

2)如断丝攻尚有部分伸出孔外，可用钢丝钳夹住反旋出来，或用小錾子反方向凿出，如图 2-125。

3)当丝攻断于孔中很深而难取出时，应将丝攻加热退火，用反牙丝攻倒退出来(丝攻直径较大的情况下也可用此方法)。

4)在不影响工件使用的情况下，也可将很难取出的断丝攻进行退火，然后重新在原位钻大一点的孔，改攻大一些的螺纹。

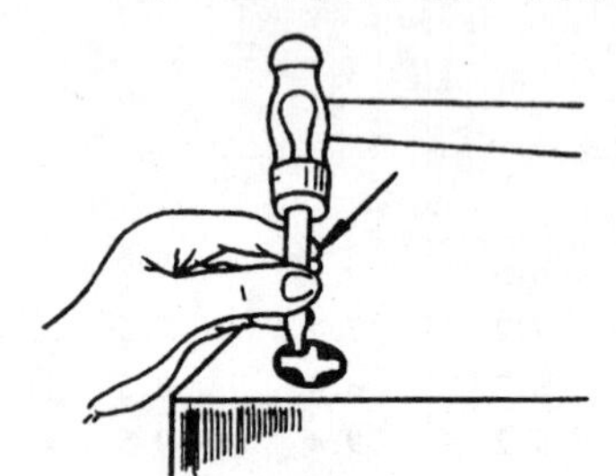

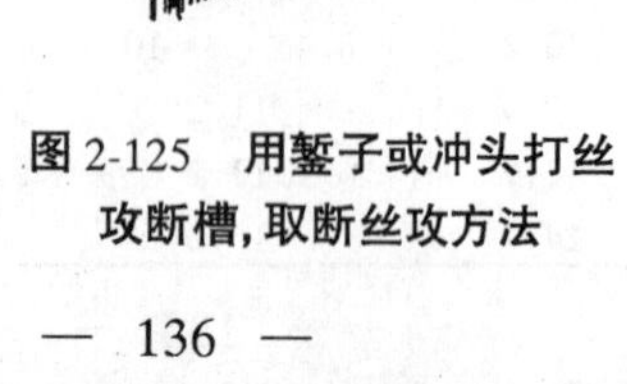

图 2-125　用錾子或冲头打丝攻断槽，取断丝攻方法

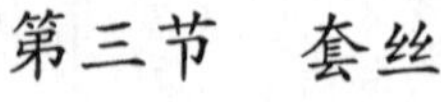

第三节　套丝

1．板牙和板牙绞手

1)板牙：板牙是套丝用的刀具，它具有所绞制螺纹的同样螺纹。板牙两端的锥角部分是切削部分，当中具有完整齿深的一段

是校准部分，也是套丝时的导向部分。板牙上有出屑孔，其主要用途是形成切削刀并排出切屑。出屑孔的数量由螺纹直径的大小来决定，一般为3～8个，板牙按其构造不同可以分为以下4种。

(1)固定式板牙，如图2-126所示。这种板牙螺纹直径是固定的，不能调节，几乎所有船上都备有这种板牙。在拆装机器时，常用它对外螺纹进行理丝，以改善其旋合性。

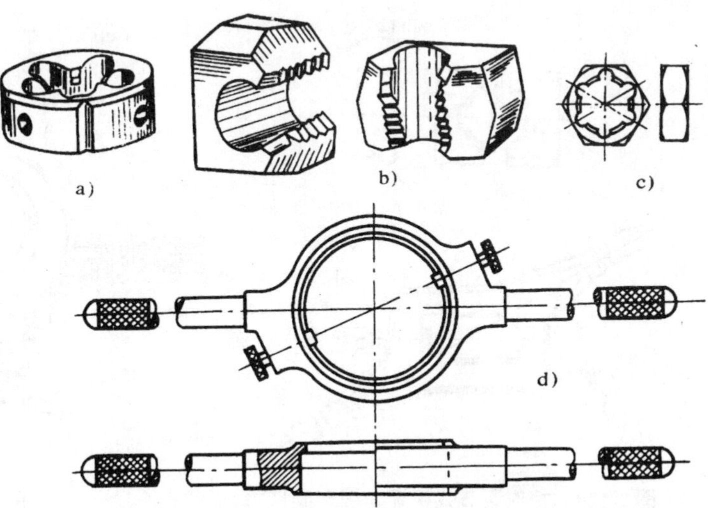

图2-126　固定式板牙和圆形板牙架

a)圆形板牙；b)方形板牙；c)六角形板牙；d)圆形板牙架

(2)圆形调节式板牙，如图2-127所示。这种板牙自内孔至外圆开了一条槽，把槽张开些，螺孔就扩大些；把槽缩小些，螺孔也就缩小些，所以尺寸可以略微调节。

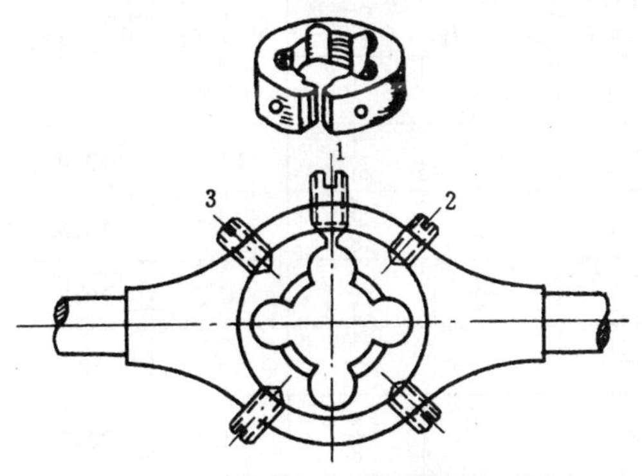

图2-127　圆形调节式板牙和板牙架

1-撑开螺丝；2、3-压缩螺丝

(3)相对调节式板牙，如图2-128所示。这种板牙可在较大范围内调节尺寸，套丝可以分为两次或多次进行，从而可以避免板牙齿崩裂，也可提高螺纹的表面粗糙度。

(4)管子板牙，如图2-129所示。管螺纹是一种螺纹深度较浅的特殊细牙螺纹，其牙型角为55°，螺纹配合后没有径向间隙。这种螺纹专门用来连接管子，它的公称直径是指管子的内径，以in为单位。一般均为管子板牙套制而成。

2)板牙绞手(板牙架)：它是用来带动板牙转动而进行套丝的工具。板牙装在板牙架上后用止动螺丝顶紧。

2．套丝前圆杆直径的确定

同攻丝一样，由于材料的切削性能不同，塑性材料套丝时牙尖总要挤高一些，所以在塑性材料上套丝时，螺杆直径要比在脆性材料上套丝时小一些。各种螺纹套丝前圆杆直径的确定见表2-9，但也可以通过计算来确定。

计算圆杆直径的螺纹公丝直径$-0.13t$(螺距)。

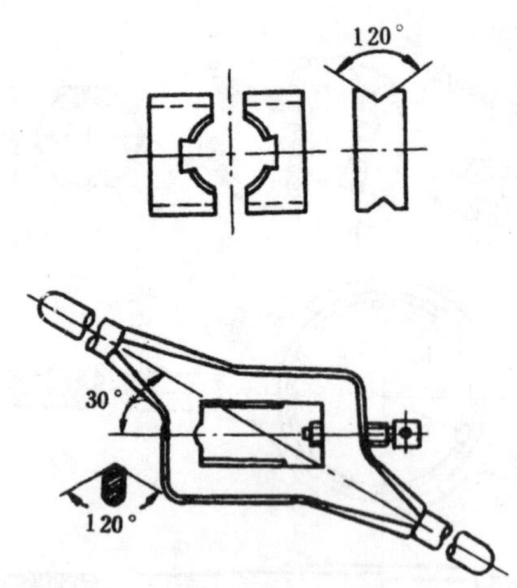

图 2-128 相对调节式板牙和板牙架

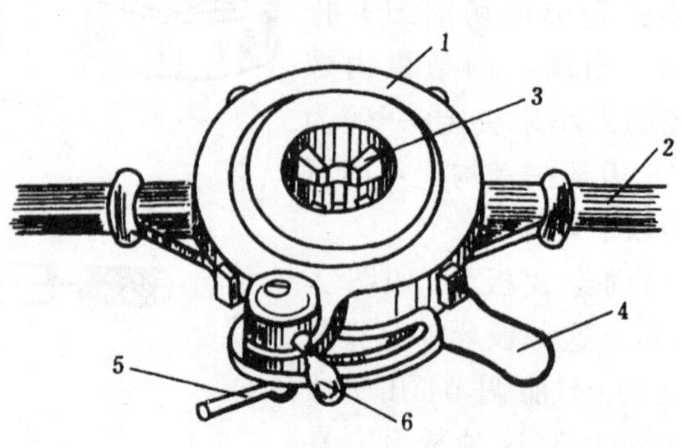

图 2-129 管子板牙

1-调径盘;2-手柄;3-牙块;4-导板手柄;5-舒张手柄;6-紧固手柄

板牙套丝时圆杆的直径

表 2-9

公制螺纹				英制螺纹			管子螺纹		
螺纹直径(mm)	螺距(mm)	丝杆直径(mm)		螺纹直径(″)	丝杆直径(mm)		螺纹直径(″)	丝杆直径(mm)	
		最小直径	最大直径		最小直径	最大直径		最小直径	最大直径
$M6$	1.00	5.80	5.80	$\frac{1}{4}$	5.9	6.0	$\frac{1}{8}$	9.4	9.5
$M8$	1.25	7.80	7.90	$\frac{5}{16}$	7.5	7.6	$\frac{1}{4}$	12.7	13.0
$M10$	1.50	9.75	9.85	$\frac{3}{8}$	9.1	9.2	$\frac{3}{8}$	16.2	16.5
$M12$	1.75	11.76	11.88	—	—	—	$\frac{1}{2}$	20.5	20.7
$M14$	2.00	13.70	13.82	—	—	—	—	—	—
$M16$	2.00	15.70	15.82	$\frac{1}{2}$	12.1	12.2	$\frac{5}{8}$	22.4	22.7

3．*套丝方法*

1)棒料套丝:套丝前,先将棒料需套丝一端倒成15°～20°的斜角,然后把板牙切口朝下套在棒料上,并使板牙端面与棒料轴线垂直。开始套丝时,两手握柄距离要小,尽量靠拢些,加以适当压力,顺时针旋转,套出2～3牙后,用目测方法两边校正,检查是否歪斜,如不歪斜就可套下去。同攻丝一样,每旋转一圈要倒退1/4或1/2圈,以便切断并排出切屑。套好时要加以适当的冷却润滑液,以提高螺纹的表面粗糙度和延长板牙块的使用寿命。

套丝要领可归纳如下:

两手握柄近中心，　切口朝下压力匀，　顺时旋转套二牙，
两边校正免压进，　冷却润滑不可少，　进切回断再进行。

2)管子套丝:套丝前先根据管径选择好相应的板牙块,按牙块上的号码与板牙架上的牙块槽号码对应按顺序装上,旋转调径盘使牙块到位后将紧固手柄旋紧。管子夹在管虎钳上后,将板牙架套在管子一端。旋转导块板手手柄,使3个导块与管壁相接触以保证板牙架在管子上的稳定性。然后加压力顺向转动手柄,套出2～3牙后去除压力,转动手柄套丝至完成。套完后将舒张手柄松开一点再转动一下板牙架以便切断切屑。最后将舒张手柄完全松开退出板牙架。注意在整个操作过程中要加以适当的冷却润滑液以保证螺纹的质量。

管子套丝要领可简单归纳如下：

导板靠拢管， 松开调径盘， 拉紧舒张柄， 调整板牙径， 紧固调径盘，
推力右下转， 丝出免推力， 只需顺向转， 到头径放大， 屑断松导板。

复习思考题

1．用计算法或查表法确定下列螺纹攻丝前的底孔直径：

1)钢料上攻 $M14$ 的螺纹；

2)铸铁上攻 $M14$ 的螺纹；

3)钢料上攻 1/2″的螺纹。

2．攻丝操作的注意事项有哪些?

3．套丝时螺纹表面粗糙度、牙距不对产生的原因是什么？怎样防止?

第八章　刮削

用刮刀在工件表面上刮掉很薄一层金属的操作叫做刮削。

第一节　刮削的作用

刮削的主要作用是把工件经机械加工遗留下来的加工痕迹清除掉。因为刮刀在对工件表面切削时，由于刮刀具有负前角，对工件表面进行多次的反复推刮和压光作用，所以刮削后的表面组织要比机械加工件表面精度高，粗糙度好，因而滑动阻力小，磨损小。

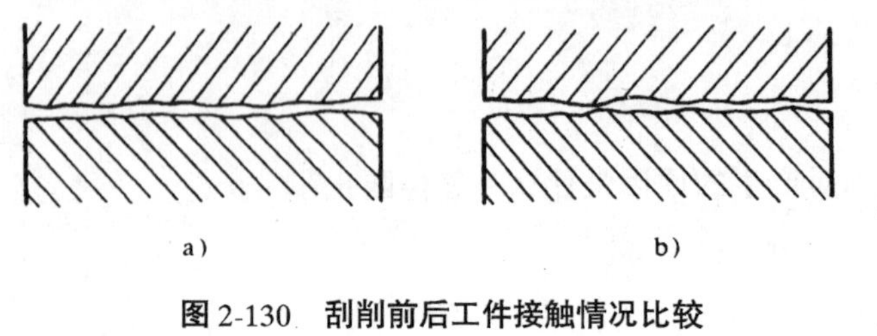

图 2-130　刮削前后工件接触情况比较

a)未刮过的平面；b)刮过后的平面

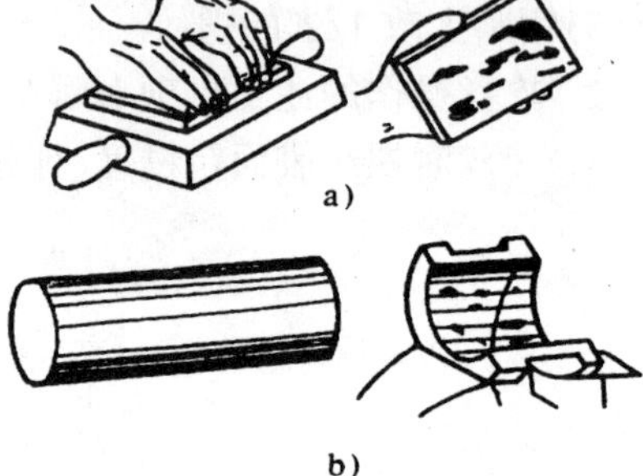

图 2-131　平面和曲面的显示法

a)平面显示法；b)曲面显示法

图 2-130 比较出刮削前后的工件表面情况。另外，通过刮削可把使用过的机械部件因磨损而形成不平的工作表面重新加工成合乎要求的滑动表面，以保证机械的正常运转。船舶主辅机滑动部分，如导板、轴瓦等，由于长时间工作而磨损，出现沟痕，影响机械效率和安全航行，常通过刮削来加以修复。

第二节　显示剂和刮削精度的检查

显示剂是用来显示刮削表面和标准表面之间的不平程度，检查接触面积大小和部位的涂料。显示剂应色泽鲜明，对工件没有磨损及腐蚀作用。

1. 显示剂的种类

1)红丹粉：它分为氧化铅(呈桔黄色)和氧化铁(呈红褐色)两种。使用时，用机油或牛油调合而成，多用于对黑色金属的显示。

2)蓝油：它是由普鲁士蓝粉和蓖麻油调合而成，多用于对有色金属及精密工件的显示用。

2. 显示剂的使用方法

显示剂可涂在工件表面上，也可涂在标准平板表面上。显示剂涂在工件上显示的研点，是红底，暗黑点，没有闪光，容易看清，一般可用于细刮。显示剂涂在标准平板表面上研点是灰白色底，黑红色点子，闪光眩目，不易看清，但切屑不易粘附在刀口上，刮削方便，一般可用于粗刮(见图 2-131)。

显示剂在粗刮时，可涂得稍厚些，随着精度的提高而减薄，但涂布必须均匀。

3．刮削精度的检查

图 2-132　用方框检查研点

检查刮削精度的方法有两种：

1)以贴合点的数目来表示。就是用边长 25 mm 正方形框内点子数目多少，贴合点数目越多精度越高。

2)用水平仪或百分表对刮削面进行中凸、中凹、波形及两导轨面的扭曲情况检查。

在船舶机械的实际修刮中，常用两个滑动件互磨来检查。刮削质量的好坏，可根据刮削研点的多少，分布情况和表面粗糙度来确定。刮削研点的检查是用边长 25 mm 的方框来检查的，如图 2-132，刮削精度以在方框内的研点数目来表示。

第三节　刮削工具

1．校准工具

校准工具有标准平板、校准直尺和角度直尺 3 种。校准平板用来检验宽的平面；校准直尺用来检验狭长的平面；角度直尺用来检验燕尾导轨的角度。船舶机械的实际修刮中常用 2 个滑动件互磨来检查。

2．平面刮刀的刃磨方法

1)平面刮刀：图 2-133a)所示为普通刮刀，它是平面刮刀中最常见的一种，按所刮表面的精度及顶端角度可分为粗刮刀、细刮刀、精刮刀 3 种。图 2-133b)为活头刮刀，采用此种刮刀不仅可以节约优质金属材料，而且可以根据不同需要调换各种刀头。

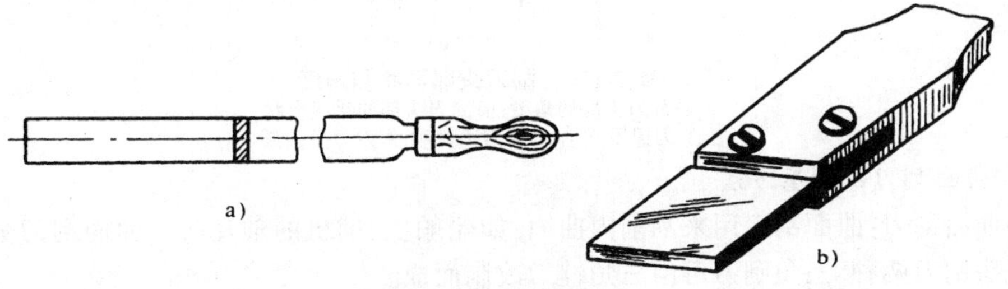

图 2-133　平面刮刀
a)普通刮刀；b)活头刮刀

2)平面刮刀的刃磨方法：

(1)粗磨刮刀：把经淬火硬化的刮刀顶端放在砂轮搁架上磨平，如图 2-134 所示。然后把刮刀的宽平面和窄平面放在砂轮侧面上磨平或 90°角。磨时应沾水冷却，以防刮刀头部退火发软。

(2)细磨刮刀：粗磨后的刮刀刀刃上留有极细的凹痕或毛刺，必须用油石加以细磨，刃磨方法如图 2-135 所示。先在油石上滴些煤油或机油，刃磨刮刀的顶端面，刃磨时刀身垂直于油石表面稍有前倾，同时也需横向刃磨刮刀的两侧面。这样顶面和侧面交替研磨，使毛刺断落下来。

为磨出刮刀刃口的一定角度，刮刀的刃口和刃磨时的运动方向需交成一个交小的角度，其角度按粗、细、精刮的要求而定。如图 2-136 a)所示，粗刮刀为 90°～92.5°，刀口平直，刮削量较大；细刮刀为 95°左右，刀刃稍带圆弧，切削量较小，精刮刀为 97.5°左右，刀刃带圆弧，刮削量较小；刮韧性材料的刮刀，可磨成正前角，但这种刮刀只适用于粗刮。刮刀平面应平整光洁，刃口无缺陷，无砂轮磨痕，顶端角度交线要直。图 2-136 b)所示的几种错误形状，刃磨时必须注意防止，否则刮刀刃口将不锋利。

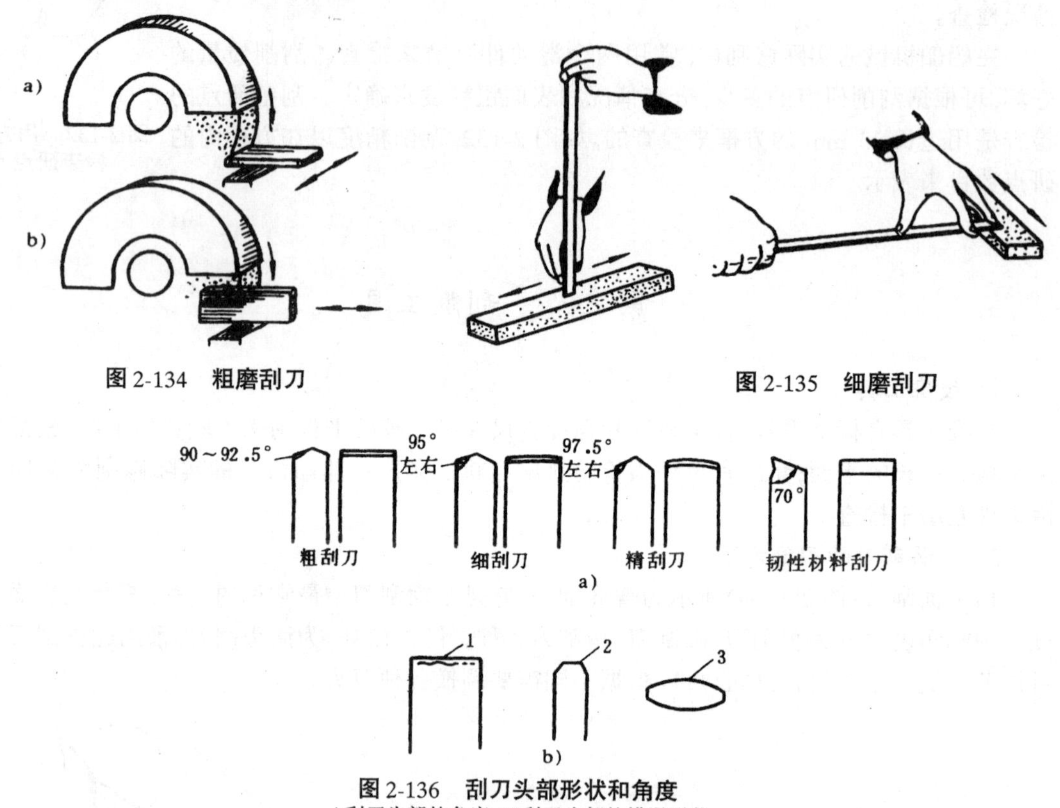

图 2-134　粗磨刮刀

图 2-135　细磨刮刀

图 2-136　刮刀头部形状和角度

a)刮刀头部的角度；b)刮刀头部的错误形状

1-刀刃不光洁；2-刀刃不锋利；3-刀刃呈圆弧

3．曲面刮刀及刃磨方法

1)曲面刮刀：曲面刮刀用来刮削内曲面，如船舶主、辅机的轴瓦等。曲面刮刀分为三角刮刀和蛇头刮刀两种，三角刮刀可由三角锉刀改制而成。

2)曲面刮刀的刃磨：曲面刮刀刃磨也与平面刮刀刃磨类似分为两步进行。粗磨时，以左手轻轻地把刃口压在砂轮上，右手握着刮刀柄使它依照刀口弧形摆动，同时又在砂轮上移动。细磨时，油石上涂上机油，把刮刀的两个刃同时放在油石面上，使刮刀的长度方向与油石的长度方向一致，右手握柄，左手轻压刀身，沿着油石来回移动，同时还要依照刀刃的弧形作上下摆动，直至刃磨合乎要求为止，如图 2-137 所示。

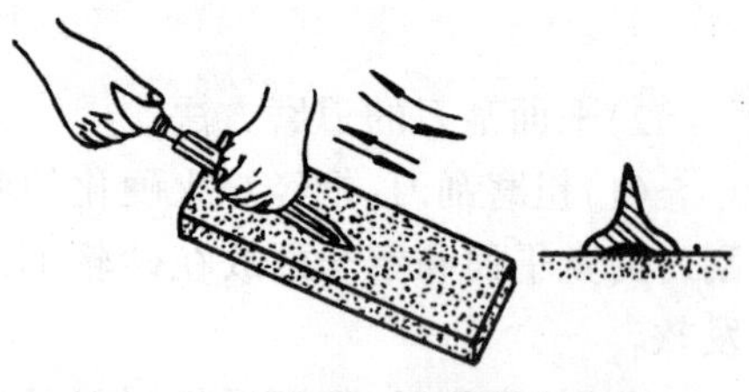

图 2-137　在油石上精磨三角刮刀

第四节　刮削方法

1. 平面刮削的方法

1)挺刮法:如图 2-138 所示,将刮刀柄顶在小腹右下侧,双手握住刀身(距刀刃约 80 mm 左右)。刮削时,利用腿和臂部的力量使刮刀向前推剖,刮刀开始向前推时,双手加压力,在推动后的瞬间,右手引导刮削方向,左手立即将刮刀提起,这样就完成了刮削动作。

2)手刮法:如图 2-139 所示,右手握刀柄,左手握住刮刀头部(距刀头部约 50 mm)。刮削时,右臂利用上身摆动向前推;左手向下压,并引导刮削的方向,左足前跨,上身随着向前倾,这样可增加左手压力,也易看清刮刀前面的点子情况。双手如同挺刮一样动作,左手向下加压前推随即将刮刀提起。手刮法的推、压和提的动作都是依靠两只手臂的力量来完成的。

图 2-138　挺刮法

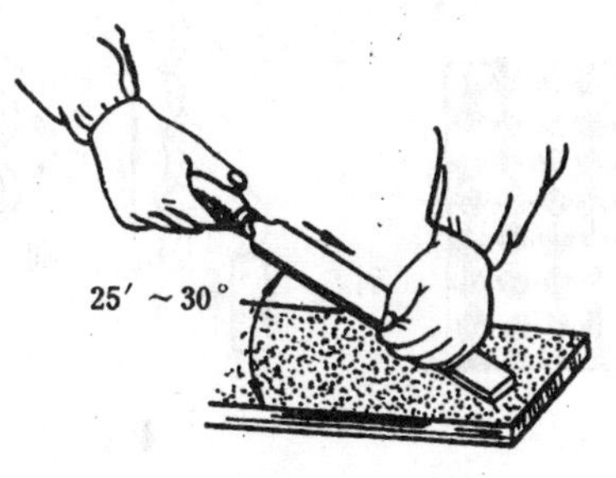

图 2-139　手刮法

无论用什么样的刮法,其动作基本上是相似的,可简单归纳如下:

握好刮刀,　　　　前低后高;
对准高点,　　　　推压带挑;
过点提刀,　　　　一点一刀。

3)平面刮削步骤:

(1)将工件放平稳,将刮削面擦干净(清除油污、铁锈、毛刺等)。

(2)在标准平板上均匀地涂上显示剂。

(3)粗刮:工件表面有显著加工痕迹、严重锈蚀或较多加工余量(0.1～0.25 mm)时,必须先进行粗刮。所谓粗刮就是刮削时用力大、刀印长,并使刀印连成一片。刮第二遍时,应与第一遍刀印约成 30°～45°,按此法刮削一二遍后,机加工纹路基本上可以消除。然后将工件放到涂有显示剂的标准平板上推磨(推磨时压力要均匀,走“8”字形),经推磨后显示的点子面用刮刀刮掉。这样继续磨点子、刮削,直至整个工件刮削面上达到在边长 25 mm 的正方形内有 4～6 个点子时为止。

(4)细刮:用涂好显示剂的标准平板校验工件的表面平面度,如显示出的点子硬(斑点发亮),就应刮重些,显示的点子软(斑点发暗),则应刮轻些,直至显示出的点子软硬均匀,无明显区别。在刮削过程中,随着出现的点子逐渐增多,显示剂涂布需薄而均匀,细刮时刀痕要短而连锁,所以细刮刀的刀宽要小些或稍带圆弧以便对准点子。当边长 25 mm 的正方形内能达到 12～15 个点子时,细刮即可结束。

(5)精刮：显示剂应薄而均匀地涂布在工件表面上，使点子显示清晰。先刮最大最亮的点子，中薄点子在点子群中部刮去少许，小点子则留着不刮，这样刮削几遍后，直到小点子分布均匀为止。点子越多，落刀要越轻，起刀也应挑起，直到刮出边长 25 mm 正方形内有 20～25 个点子为止。

不论是粗刮、细刮和精刮，都要交叉刮。即每刮一遍交换一个方向，使刮纹交叉，这样容易刮平。

(6)刮花：刮花的目的除增加美观外，还能保证良好的润滑条件，并可根据花纹的消失情况来判断平面的磨损程度，一般常见的花纹，如图 2-140 所示。

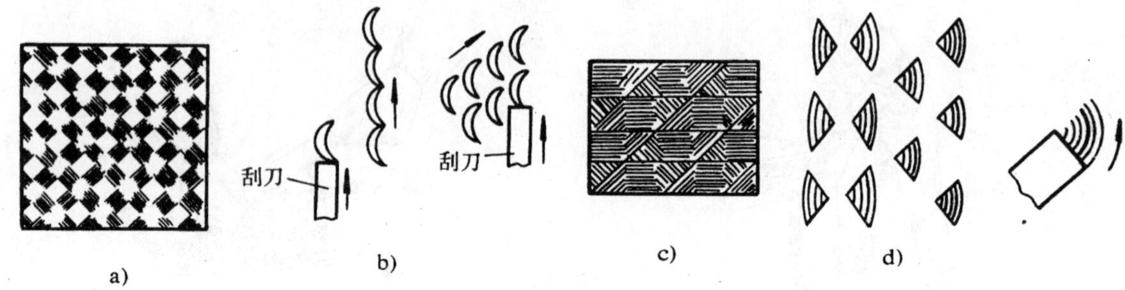

图 2-140　几种常见刮削花纹

a)斜纹花；b)鱼鳞花；c)斜地直纹花；d)扇面花

2．曲面刮削的方法

右手握刀柄(如是长柄，则搭在右手臂的肘腕上)，左手掌向下用四指横握刀杆。刮削时，

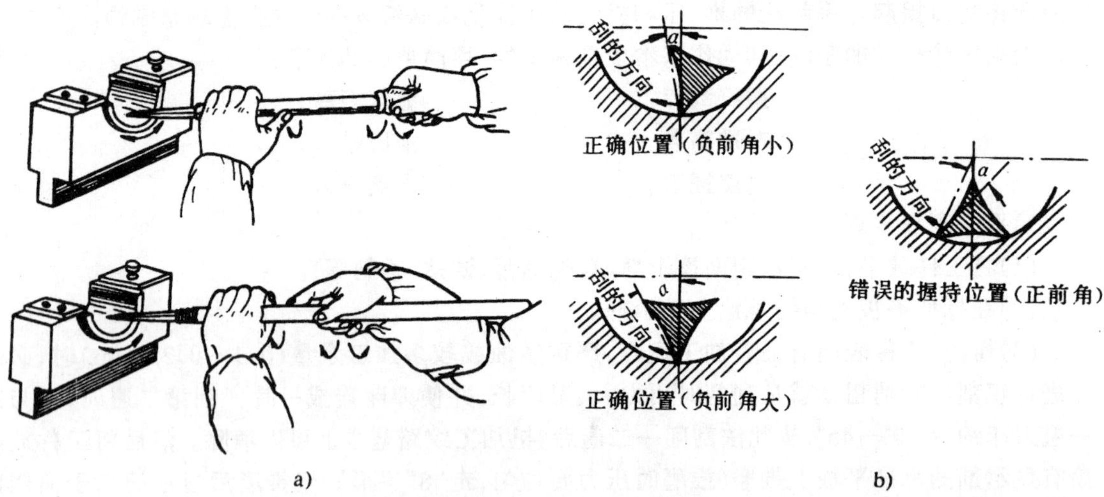

图 2-141　曲面刮削姿势与刮刀的角度

右手作圆弧转动，左手顺着曲面方向拉或推，如图 2-141 a)所示。与此同时，刮刀还应沿着轴向少许移动(即刮刀做螺旋移动)，刮时用力不可太大，否则容易发生抖动而使刮削面产生振痕。

曲面刮削也要交叉进行，不可顺着一个方向刮，否则会产生波纹。刮削时刮刀的位置(角度)，如图 2-141 b)所示。

曲面刮削的基本操作方法可简单归纳如下：

左手握刀身，右手握刀柄；
角度选择好，刀刃对准点；
刀口沿弧转，刀程斜向行。

曲面刮削与平面刮削步骤一样，所不同的是校准时将显示剂涂抹在心棒或与其相配合的轴上，将心棒或轴置于所刮削后的轴瓦中旋转相磨合来显示点子，如图 2-142 所示。

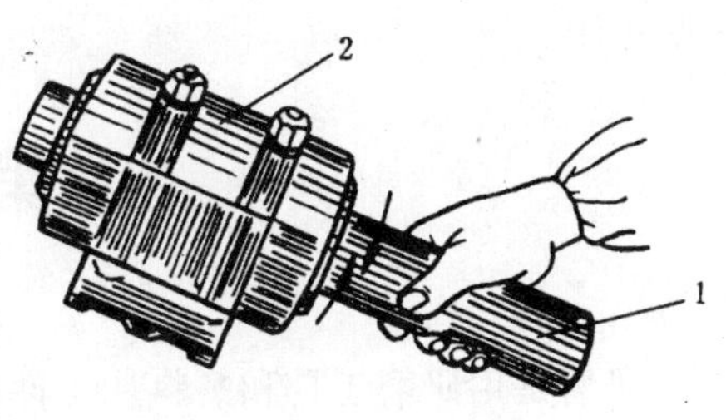

图 2-142　机油研磨点子
1-轴或心棒；2-轴瓦

第五节　刮削中的弊病产生原因和防止方法

刮削中常见的弊病形式有凹痕、振痕、丝纹以及表面精度差等，产生原因和防止方法见表 2-10。

刮削中的弊病产生原因和防止方法　　表 2-10

弊病形式	产生原因	防止方法
深凹痕	1. 刮削时刮刀倾斜 2. 用力太大 3. 刃口磨得过于弧形	1. 刮削时握稳刮刀 2. 减轻压力 3. 刃口弧形应适当
振痕	1. 刮削只一个方向进行 2. 刮工件边缘时刮刀平行边缘	1. 刮削时必须交叉进行 2. 刮刀应与工件边缘成 45°角
丝纹	刮刀刃口不锋利或不光滑	刃口必须磨锐，而且应光滑平整
刮削面不精确	1. 使用不正确或不精确的检验工具 2. 显示点子时涂色不均匀或太厚，推磨压力太大	1. 及时检查、清洁检验工具和工件 2. 涂色均匀，不宜太厚，压力不宜过大

复习思考题

1. 粗刮和精刮，刮削方法和显示点子的方法有什么不同？
2. 刮削中的弊病有哪些？怎样防止？

第九章　研磨

研磨是用研磨工具和磨料从工件表面磨去极薄的金属层,使工件具有准确的尺寸、形状和高的表面粗糙度。这种在工件表面进行最后一道精加工的工序叫做研磨。

第一节　研磨的目的和原理

1. 目的

1)增加表面粗糙度:加工过的零件,粗看上去很光滑,但用显微镜观察时,就发现它的表面仍很粗糙、高低不平。如系轴则会破坏轴与轴承间的油膜,使轴与轴承间直接发生摩擦,轴很快会被磨损。因此高速旋转的轴和滚动轴承,都必须经过研磨,以减轻磨耗。船上配合精度要求很高的零件,如油压系统的控制阀和柴油机的喷油嘴,进、排气阀 都必须进行研磨,才能保证高压力的油或气不会泄漏。特别是柴油机的喷油嘴,由于受到高温、高压燃烧气体的腐蚀,冲击和机械磨损等而发生漏油,影响油嘴喷射雾化,致使功率降低,甚至影响机器的正常运转。因此,轮机部门工作人员应经常通过研磨对上述工件予以修复。

2)得到精密尺寸:有些机械零件的尺寸精度要求很高,而一般机加工无法达到,因此只有经过研磨才能使零件符合其精度要求。如进、排气阀与阀座的密封性,柴油机高压油泵柱塞和喷油嘴针阀的精度都必须通过研磨来得到(高压油泵柱塞的锥度不得超过 0.005 mm,喷油嘴针阀的锥度不得超过 0.001 mm。

2. 原理

1)物理作用:将研磨剂均匀地涂在研具上,当受到工件或研具的压力后,部分研磨剂就嵌进研具内,研具就像砂轮一样有了无数的切削刃,从而能在研磨时产生挤压及切削作用,一般每研磨一遍所磨去的金属层厚度不超过 0.002 mm,所以研磨量仅留 0.005～0.03 mm 即可。

2)化学作用:当采用氧化铬、硬酯酸和其他化学研磨剂进行精研磨或抛光时,金属表面很快形成一层氧化膜,这种氧化膜容易被研磨掉,在研磨中氧化膜不断地形成又不断地被磨掉,因而加快了研磨的速度。

第二节　研磨工具和研磨剂

1. 研具

为了使磨料能嵌入研具,研具的材料要比工件软,但也不可太软,否则会使磨料全部嵌入而失去研磨的作用。常用的研具材料有铸铁、皮革等。

2. 研磨剂

研磨剂是由磨料和研磨液混合而成的一种混合剂,磨料的种类有:

1)氧化铝系,有普通刚玉 G,白刚玉 GB。适用于钢件粗研磨。

2)碳化物系,有黑碳化硅 T;绿碳化硅 TL。适合铸铁、青铜、黄铜粗研磨用。

3)金刚石系，有人造金刚石 JR、天然金刚石 JT。适合对硬质合金粗、精研磨。

4)氧化铁与氧化铬，适合精研磨时作抛光用。

研磨时，一般是磨料直接加机油、猪油、煤油、松节油和酒精调成糊状即可使用。

目前船上常用的研磨剂还有软磨膏。分为粗、中、细 3 种。该软磨膏经过用过筛法取得的磨粉 100#～280#。采用沉淀法取得微粉 W40～W0.5。在选用时，常把磨粉作粗研磨用，微粉作精研磨用。粗研磨时选大号数，半精或精研磨时取小号数。

第三节 研磨的操作

1. 上料的方法

研磨时把磨料压入研具内叫做上料。上料的方法有直接和间接两种。

直接上料是工作开始前，将研磨剂加入研具内；间接上料是在工作前先将研磨剂涂在工件上，而在研磨过程中才压进研具内。研具上的研磨剂不可过多，应是很薄的一层，工件愈精密愈薄，过多的研磨剂会妨碍摩擦表面的接触，降低研磨速度，并且磨料也会掉下来，如图 2-143 所示。

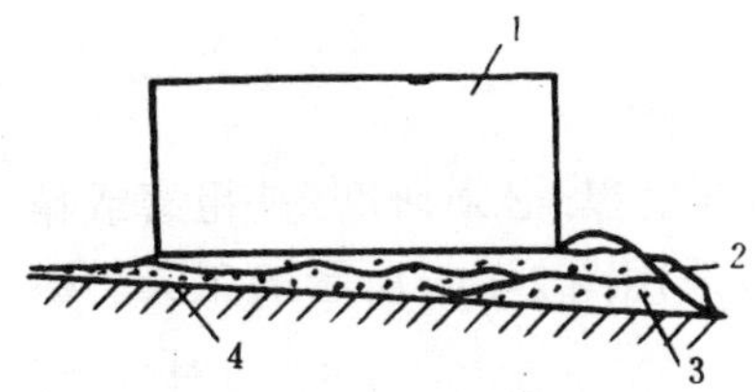

图 2-143 研磨剂过多的影响

1-工件；2-研磨剂；3-磨料；4-研磨平面

2. 平面的研磨

平面研磨在平板上进行。研磨平板的尺寸由研磨工件的形状和大小来决定，研磨分为粗磨和精磨。粗磨在刻有槽的平板上进行，精磨在光滑的平板上进行。

研磨前，先用煤油擦净平板，然后在平板上涂一层薄的研磨剂。

把工件需要研磨的表面合在平板上，一般以旋转和直线移动相结合的方法，沿平板的全部表面进行研磨，研磨的压力应均匀、思想应集中，以免工件过热变形。如果工件过热，就应停止研磨，等工件冷却后再研磨。船舶柴油机喷油头平阀的研磨，就是在铸铁平板上进行的。研磨时，平板上涂上极少量的 220 号金刚砂研磨剂，用手指轻轻压住平阀进行研磨，工件的运动轨跡呈"8"字形（见图 2-144)并按图中箭头所示来回移动，同时还需定时把工件掉转 90°。只有这样才能使工件磨耗均匀，不会产生倾斜。直到阀面的伤痕磨去(注意不能磨得过多)，再用煤油把阀和平板上的研磨剂洗净，然后在平板上滴几滴机油进行研磨一二分钟即可。

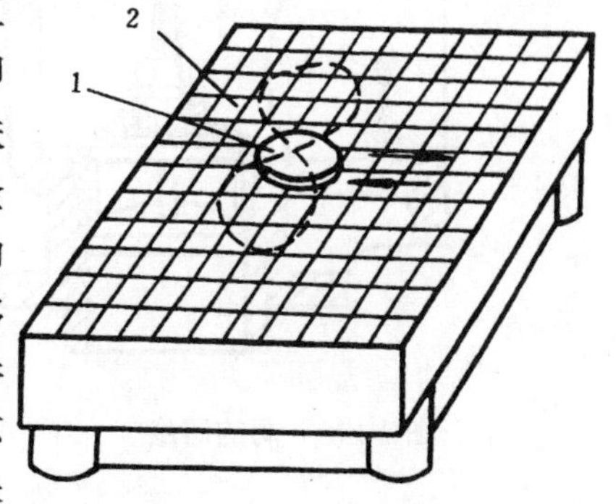

图 2-144 平阀的研磨

1-平阀；2-刻槽平板

3. 圆锥形表面的研磨

研磨圆锥形表面是轮机工作人员在检修机器中经常进行的工艺操作，因为船舶上这类机件很多，如旋塞、阀门、安全阀、柴油机进、排气阀和喷油头等，各种阀的结合部位都应有良好的密封性，以保证不漏气、漏水、漏油。为了达到密封的要求，正确地掌握研磨方法是十分必要的。现以阀的研磨方法为代表，介绍如下：

拆开阀盖，用柴油清洁阀和阀座，在阀上装一木柄或铁柄(见图 2-145)，观察阀面有无伤痕。如果是锥形阀座，还要观看锥形面(俗称阀线)是否太宽。如果伤痕较深或锥形面太宽，应在车床上车光，若锥面不太宽，伤痕又较浅时，可用砂布把伤痕磨去，也可用粗研磨剂进行粗磨。即在阀的接触面上均匀地涂上研磨剂，将阀贴在阀座上略加压力往复旋转 30°～45°，每旋转 6～7 次后即把阀转动 45°后再研磨。如果是钢制阀，研磨过程中还应使阀与阀座略有撞击，直至阀与阀座口出现一条不间断的黑色窄带(阀线)。粗磨完成后进行精磨。精磨的方法与粗磨相同，但不用很大压力，速度要快一些，直到把阀座磨得光亮后，再用清油磨 1～2 min。清洁后进行检查。如阀面上的一条磨纹(阀线)没有中断现象，而且色泽均匀一致，工作即告完成。

阀的研磨质量可采用铅笔划线的方法进行检查，即在阀的研磨面上用软铅笔划若干条与锥形面成垂直的线，然后与阀座对磨一下，注意转动角度应极小，观察这些线条是否全部磨断，如果不断，则证明质量不好，需重新研磨。检查时应注意到用上述方法再改变阀与阀座的相对位置多检查几次，这样检查后的质量情况准确性更高。在条件许可的情况下，质量好坏可通过液压试验来检查，确认不漏时才能装复。

4．柴油机进排气阀和油头针阀的研磨

1)气阀的研磨：气阀拆出后，如发现锥形面上有麻点或局部变黑，必须研磨，是粗磨或精磨，要根据阀和阀座的表面情况来决定。中小型气阀的研磨多采用图 2-146 所示的工具。研

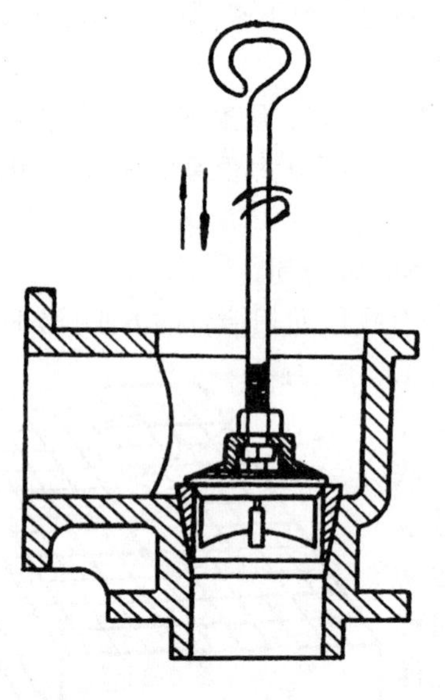

图 2-145　阀的研磨

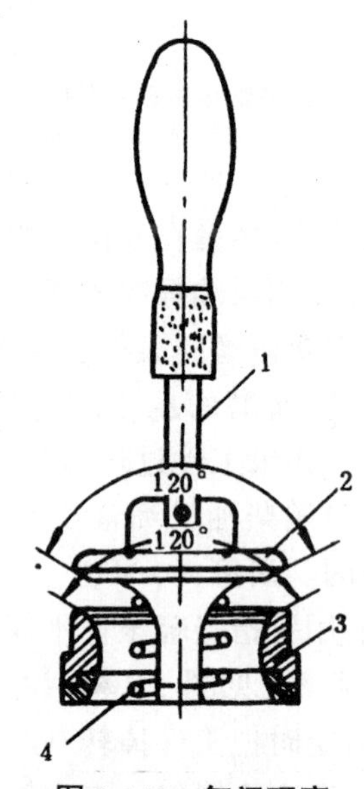

图 2-146　气阀研磨

1-研磨工具；2-气阀；3-阀座；4-弹簧

磨时，首先在阀的表面涂上一层薄而匀的研磨剂，把气阀装上，一方面适当用点压力，另一方面通过手柄将气阀左右旋转(即采用旋磨与撞击相结合的方法)，磨时应注意旋转数次后，将气阀转一个新的位置，以免研磨剂集中而将气阀磨得凹凸不平。磨一段时间后将气阀取下擦净，重涂研磨剂(从粗号、中号到细号)再磨。这样一直磨到阀面上有一圈黝黑色的光圈和没有细小纹路为止。然后用煤油将研磨剂洗净，再用机油研磨，使配合更加紧密。磨好后的气阀可以采用上述铅笔划线检查法，也可以将磨好气阀、阀座洗净，用煤油对气阀与阀座接合面进行密封试验。煤油密封试验就是将煤油倒入气阀背面及阀座嵌入缸头后露出的空间，经 1～2 h 后，观察煤油面有否泄漏迹象。

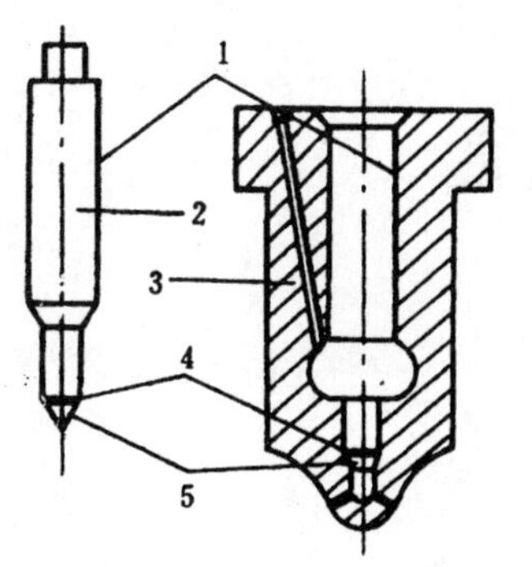

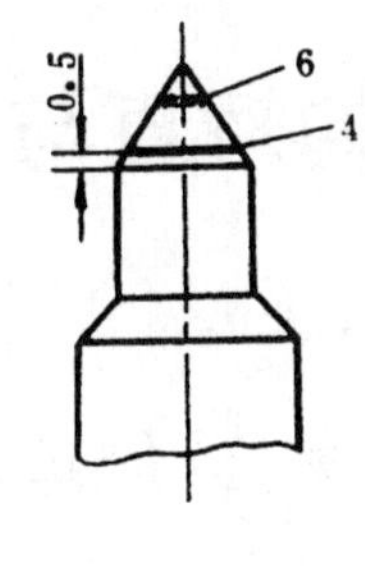

图 2-147 针阀的研磨

1-导向柱面;2-针阀;3-针阀体;4-密封阀线;5-锥形阀面;6-研磨剂

2)喷油嘴针阀的研磨:针阀研磨主要是阀面研磨,首先应将针阀清洗干净并在针阀导向柱表面涂上少许润滑油进行润滑,在针阀阀面上均匀地点上几点研磨剂,如图 2-147 所示。然后将针阀放入阀体内,用手轻轻地压住,并进行旋转和轻轻地敲击,使锥形面互相研磨。开始时研磨剂应放在靠近头部,随着阀面的磨出,研磨剂的位置随之下移,直到离边缘 0.5 mm,而且磨出密封阀线宽度为 0.2～0.4 mm 左右为止。磨好的喷油嘴应进行试泵,压力达 30 MPa(3×10^3 N/cm^2)时滴油为好。雾化后压力表指针下移时间为 1 min 即可,下移很快不符合要求,不能使用。

5.研磨时的废品及防止方法

研磨质量的好坏与研磨剂的选用、操作是否正确、操作以及工件表面的清洁与否有很大关系,表 2-11 可供参考:

研磨时的废品及防止方法　　表 2-11

废品形式	废品产生原因	防止方法
表面不光洁	1.磨料过粗 2.研磨液不当 3.研磨剂涂得太薄	1.正确选用研磨料 2.正确选用研磨液 3.研磨剂涂布应适当
表面拉毛	研磨剂中混入杂质	重视并做好清洁工作
平面成凸形或孔口扩大	1.研磨剂涂得太厚 2.孔口或工件边缘被挤出的研磨剂未擦去就继续研磨 3.研磨棒伸出孔口太长	1.研磨剂应涂得适当 2.被挤出的研磨剂应擦去后再研磨 3.研磨棒伸出长度应适当
孔成椭圆形或有锥度	1.研磨时没有更换方向 2.研磨时没掉头研	1.研磨时应变换方向 2.研磨时应掉头研
薄形工件拱曲变形	1.工件发热了仍继续研磨 2.装夹不正确引起变形	1.不使工件温度超过 50 ℃,发热后应暂停研磨 2.装夹要稳定,不能夹得太紧

复习思考题

1.研磨的目的和原理是什么?

2.简述柴油机进、排气阀研磨的方法?

第十章 金属的矫直与弯曲

第一节 金属矫直(矫正)

1. 矫直的概念

消除金属板料、型材的不平、不直或翘曲等缺陷的操作称为矫直。

矫直可以在机器上进行(如棒料校直机、压床或冲床等),也可靠手工矫直。本章讲的是手工矫直的方法。

手工矫直在虎钳、铁砧上进行,包括扭转、弯曲、延展和伸张等4种操作。根据工件变形情况,可用一种方法或几种方法并用,使工件恢复原来的平直度。

金属变形有两种:

1)弹性变形:在外力作用下,材料发生变形,当外力去除后,材料恢复到原来形状,这种变形称之弹性变形。弹性变形量一般是较小的。

2)塑性变形:在外力作用下,材料产生变形,当外力去除后,材料不能恢复到原来形状,这种变形称之塑性变形。

矫直是使工件材料发生塑性变形,将原来不平直的部分变为平直。因此具有较好塑性的材料才能进行矫直。而塑性差的材料如铸铁、淬硬钢等就不能矫直,否则工件要断裂。

矫直时不仅改变了工件的形状,而且增加了材料表面的硬度和脆性。这种在冷加工塑性变形过程中产生的材料变硬的现象叫做冷作硬化。冷硬后的材料给下一步的矫直或其他冷加工带来的困难,可进行退火处理,使材料恢复到原来的机械性能。

2. 矫直与弯曲用的工具

1)矫直平板:用来做矫直工件的基准面。

2)软、硬手锤和压力机手工矫直、弯曲一般用圆头硬手锤。当矫直已加工过的表面或薄钢件及有色金属制件,应采用软手锤(如铜锤、铅锤和木锤等)。另外还可以用压力机进行机器矫直。

第二节 金属矫直的各类操作法

当材料产生弯曲、翘曲等变形后,可采用弯曲法、扭转法、伸张法、延展法进行矫直。

1. 扭转法

这种方法用来矫直条形材料的扭曲变形,一般在虎钳上进行,如图2-148。用专用工具或板扳手将扁条回扭。

2. 伸张法

这种方法用于矫直线料,如图2-149所示。把线料的一端夹紧在虎钳上,在靠近钳口处把线料在圆柄(如旧锉刀柄)上绕一圈,用左手握紧圆柄,使线料在食指和中指间穿过,然后用左

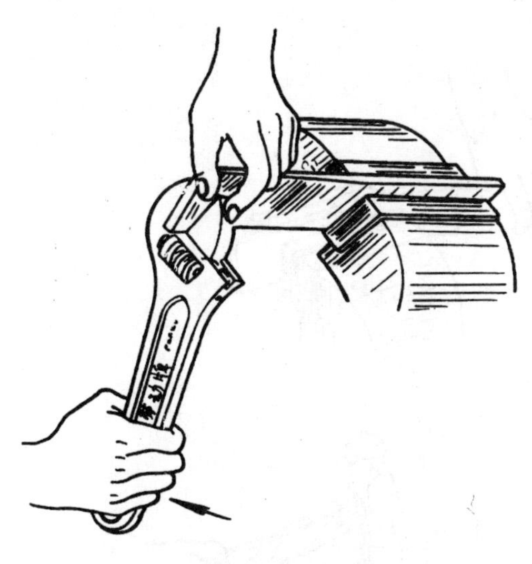

图 2-148　扭转法

手把圆柄向后拉，右手展开线料，并适当拉紧，线料在拉力的作用下得到伸张矫直。

3. 弯曲法

这种方法用来矫直弯曲的棒料和在宽度方向上弯曲的条料。一般可以用台虎钳夹持靠近弯曲的地方，用活络扳手把弯曲部分扳直，如图 2-150 a)，或用台虎钳将弯曲部分夹持在钳口内，利用台虎钳把它初步压直，如图 2-150 b)，再放在平板上用手锤矫直，如图 2-150 c)。直径大的棒料和厚度尺寸大的条料，常用压力机矫直。

4. 延展法

这种方法是用锤敲击材料，使它延展伸长达到矫直的目的。所以通常又叫做锤击矫直法，如图 2-151 所示。在宽度方向上弯曲的条料，如利用弯曲法矫直，就会发生裂痕或折断，此时可用延展法来矫直，即锤击弯曲里边的材料，使里边材料延展伸长而得到矫直。

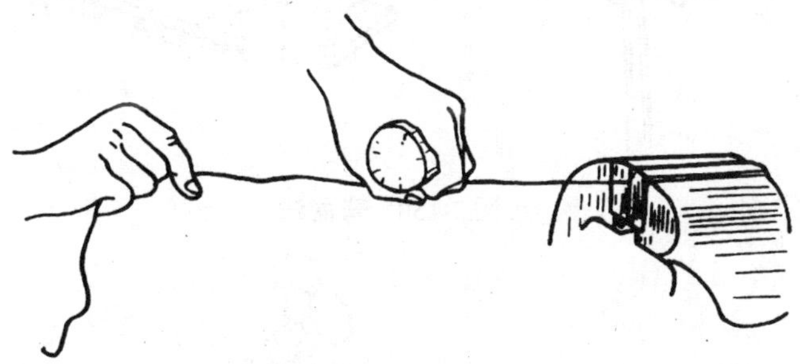

图 2-149　伸张法

图 2-152 所示的中部凸起的薄板料，如果锤击凸起部分，由于材料的延展，就会使凸起部分更加凸。因此必须在凸起部分的四周锤击，锤击时锤要端平，不可使锤边接触材料而敲击出麻点，同时要不断翻转板料，在正反两面进行锤击。在锤击时应先锤击边缘，从外到里逐渐由重到轻，由密到稀，使材料延展，凸起部分自然消除，最后达到平整。

第三节　金属弯曲

1. 弯曲概念

用板料、条料、棒料制作零件，往往需要将材料弯成一定的弧度或角度，这种操作叫做弯曲。弯曲方法有冷弯和热弯两种。

在常温下进行弯曲叫冷弯。对于厚度大于 5 mm 的板料以及直径较大的棒料和管子等，通常要将工件加热后进行弯曲，这种方法叫做热弯。

2. 弯曲变形情况

弯曲工作是使材料产生塑性变形，因此只有塑性好的材料才能弯曲。图 2-153 为弯曲后

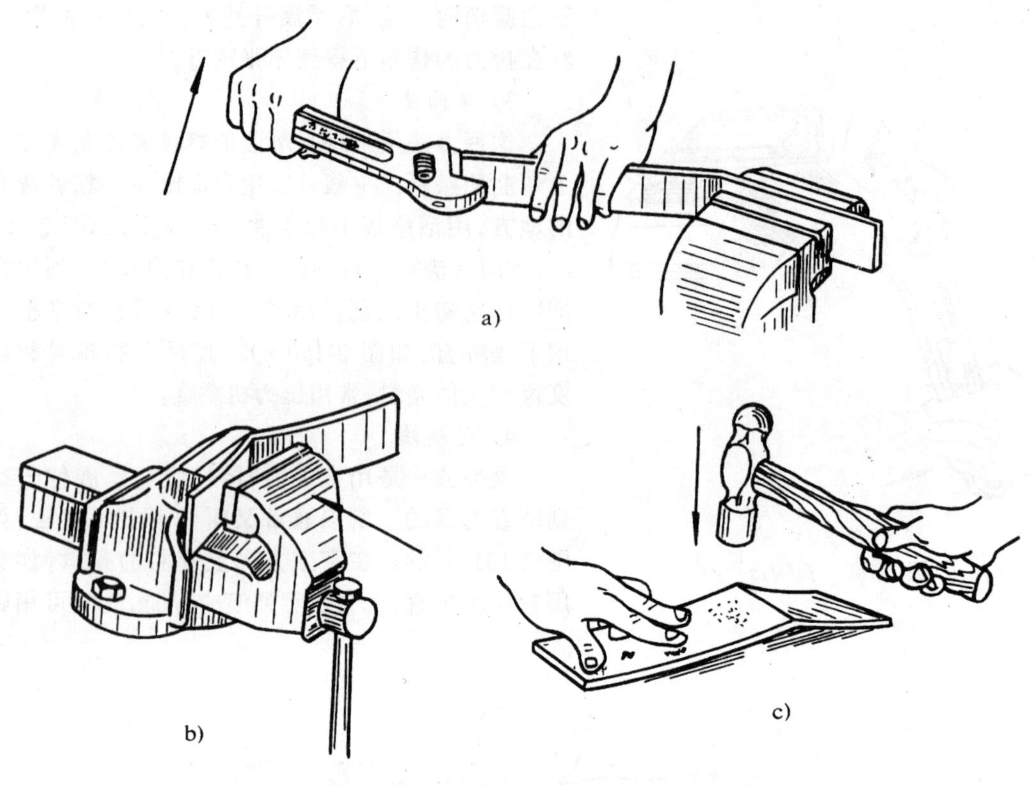

图 2-150　弯曲法

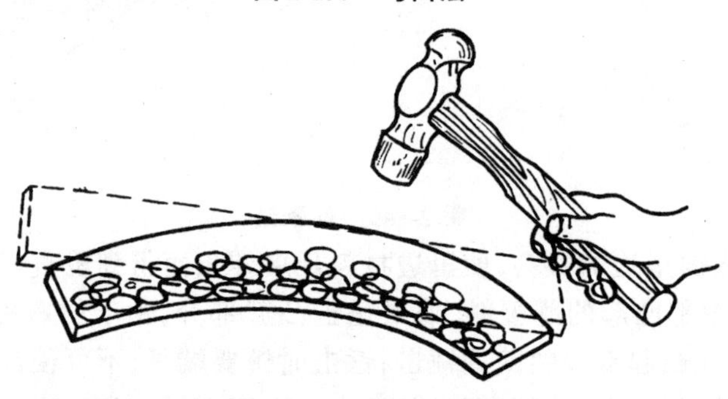

图 2-151　延展法

的材料变形情况。它的外层材料伸长，内层材料缩短，而中间层在弯曲时长度不变，这一层又叫做中性层。同时材料的断面也产生了变形(见图 2-154)，其面积保持不变。

弯曲变形的大小与下列因素有关(见图 2-155)。

1)当 r/t 值愈小，变形愈大；反之 r/t 值愈大，变形愈小。

2)弯曲角 α 愈小，变形愈大；反之弯曲角 α 愈大，变形愈小。

由于弯曲变形而产生的内应力，以及弯曲处的冷硬化，可用退火的方法来消除。

3. 各种角度弯曲法

1)冷弯直角：薄板和扁钢，可以不用特殊的器具，就可以在虎钳上弯成直角。弯曲前要在变曲部位划好线，然后夹持在虎钳上。夹持时，使划线处与钳口(或衬铁)对齐，两边要与钳口垂直，如果钳口的宽度比工件短或深度不够时，可用角铁做的夹持工具(见图 2-156)来夹持。

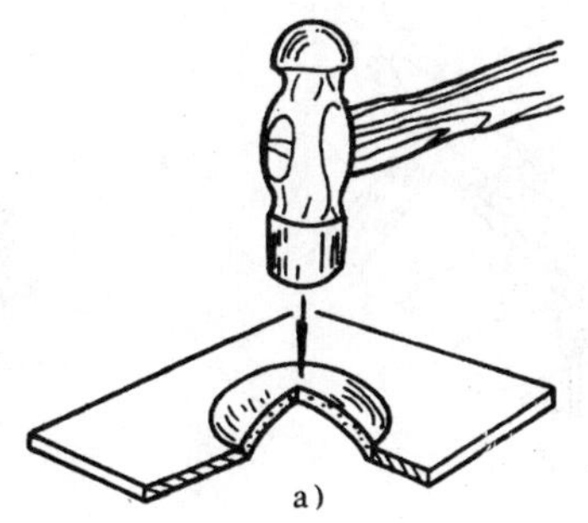

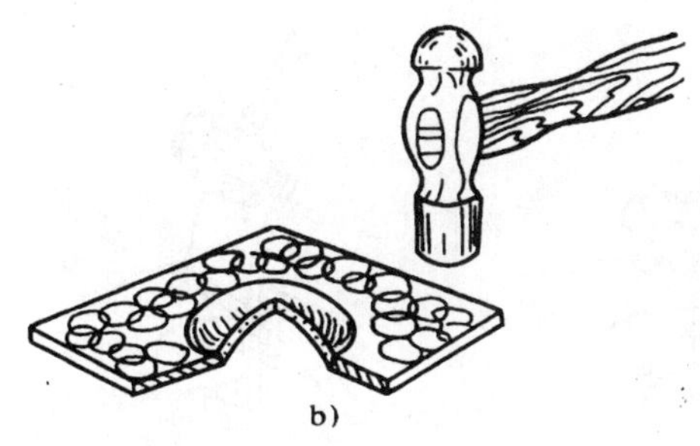

图 2-152　薄板料的矫直

a)错误;b)正确

若弯曲的工件在钳口以上时,应如图 2-157 a)所示,用左手压在工件上部,用木锤在靠近弯曲部位的全长上轻轻敲打,逐步弯成所需要的角度。而不应如图 2-157 b)所示,错误地敲打板料上端。

当弯曲的工件,在钳口以上较短时,如图 2-158 a)所示,可用硬木块

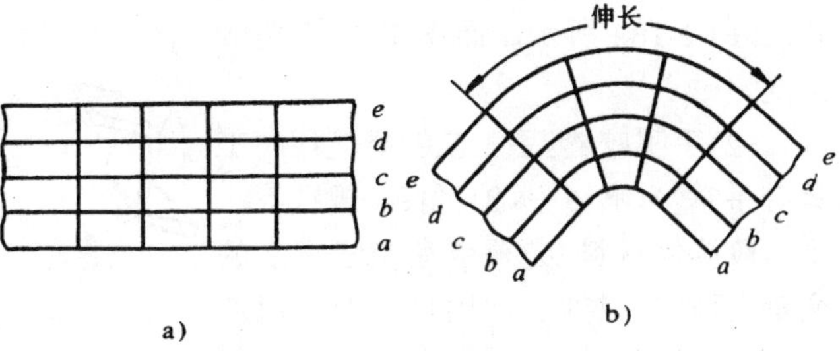

图 2-153　弯曲前后的钢板

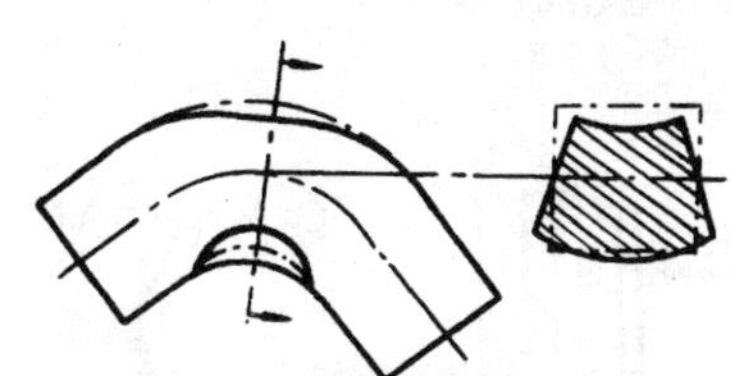

图 2-154　弯曲处横断面的变形

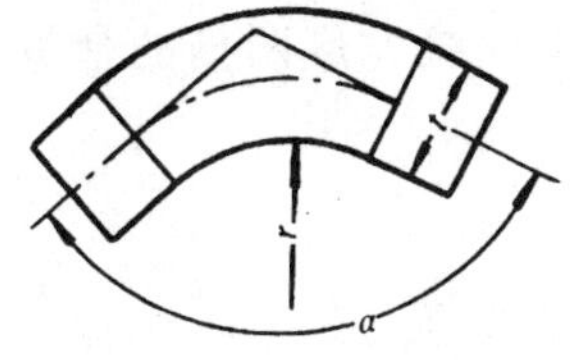

图 2-155　弯曲半径和弯曲角

垫在弯角处,再用力敲打,弯成所需角度,而不能如图 2-158 b)所示,用手锤直接敲打。否则工件不易变得平整。

2)弯成形件

弯制各种成形工件时,可用木垫或金属垫作辅助工具。它的弯曲程序如图 2-159 和图 2-160 所示。

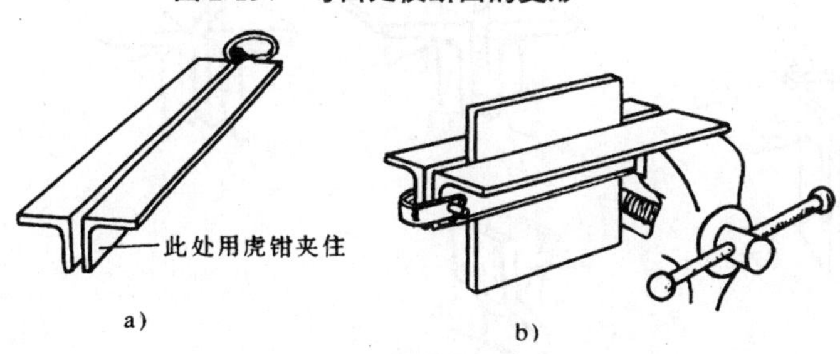

图 2-156　用角铁夹持弯直角

弯半圆形压板的方法,是在虎钳上以两块角铁做垫衬(见图 2-161),用手锤小端锤击,经过 a)、b)、c)3 步初步成型,然后在圆模上修整成所需形状,如图 2-161 d)。

4. 板料咬缝和卷边

1)咬缝:

(1)咬缝的种类和应用:把两块板料的边缘(或一块板料的两边)折转扣合,并彼此压紧,这种连接叫做咬缝。

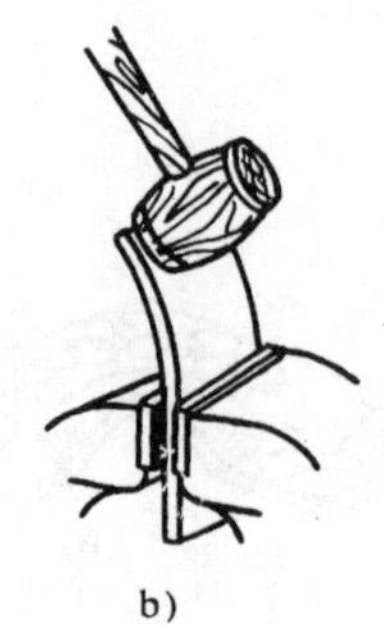

a)　　b)

图 2-157　**弯上段较长的直角件**

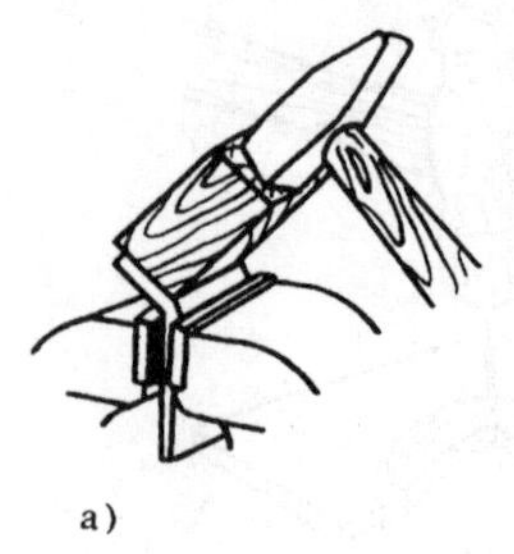

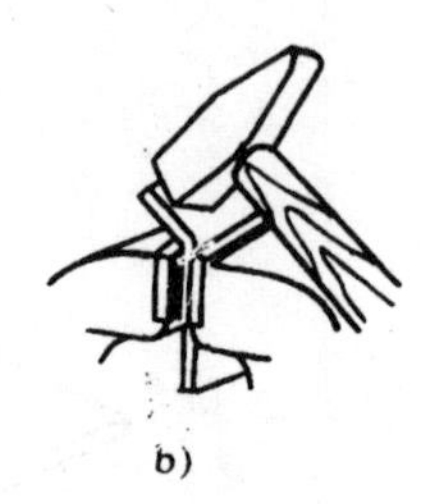

a)　　b)

图 2-158　**弯上段较短的直角件**

根据需要可采用不同种类的咬缝形式，如图 2-162 所示。而图中 c）应用较广泛。

（2）手工咬缝：手工咬缝所使用的工具有手锤、弯嘴钳、木拍、角钢、规铁等。

咬缝件材料，必须留有咬缝宽度的余量，否则制成的工件因尺寸变小而产生废品。比如卧缝单扣，在一块板料上留有咬缝宽度的余量，而在另一块板料上须留有咬缝宽度两倍的余量，所以制

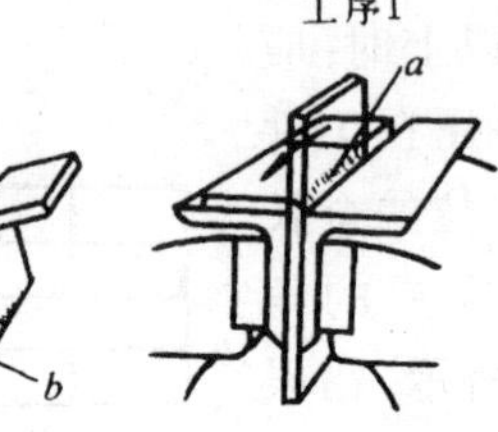

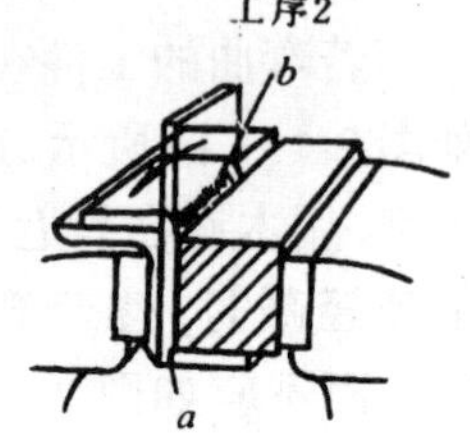

图 2-159　**弯成形件的程序**

工序 1-依划线夹入角铁衬里，弯成 α 角；工序 2-方衬垫放入 α 角里，对准划线夹入角铁衬垫弯成 b 角

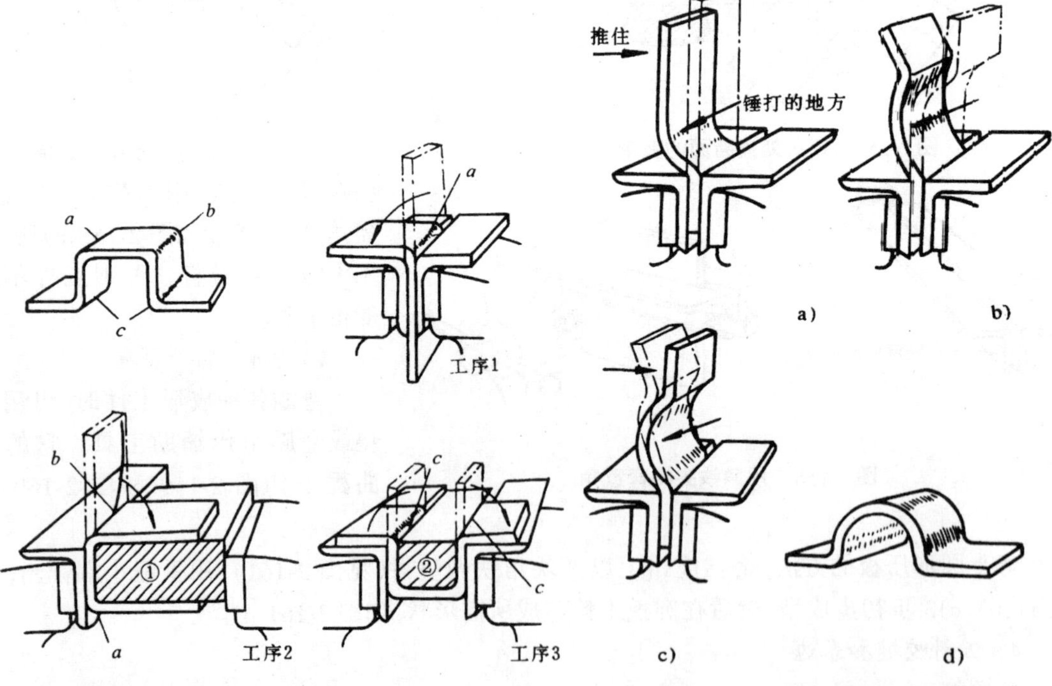

图 2-160　**弯成形件的程序**

工序 1-弯成 α 角；工序 2-用衬垫①弯成 b 角；
工序 3-用衬垫②弯成 c 角

图 2-161　**板料弯成半圆形压板**

单扣缝的材料留有的总余量是咬缝宽的 3 倍。

弯制卧缝单扣的过程，如图 2-163 所示，在板料上划出扣缝的弯折线。把板料放在角钢(或规铁)上，使弯折线对准角钢(或规铁)的边缘，弯折伸出部分成 90°角，然后朝上翻转板料，再把弯折边向里扣，不要扣死，留出适当的间隙。用同样的方法弯折另一块板料的边缘，然后相互扣上，捶击压合后还需将缝的边部敲凹，以防松脱，最后压紧即成。

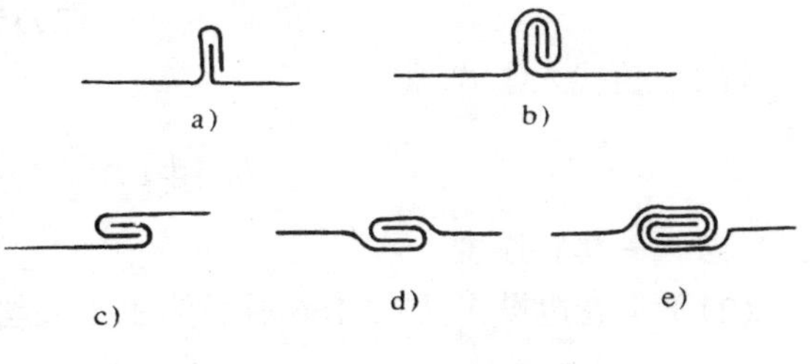

图 2-162　咬缝的种类

a)站缝单扣(半咬)；b)站缝双扣(整咬)；c)卧缝挂扣；d)卧缝单扣(咬扣)；e)卧缝双扣(整咬)

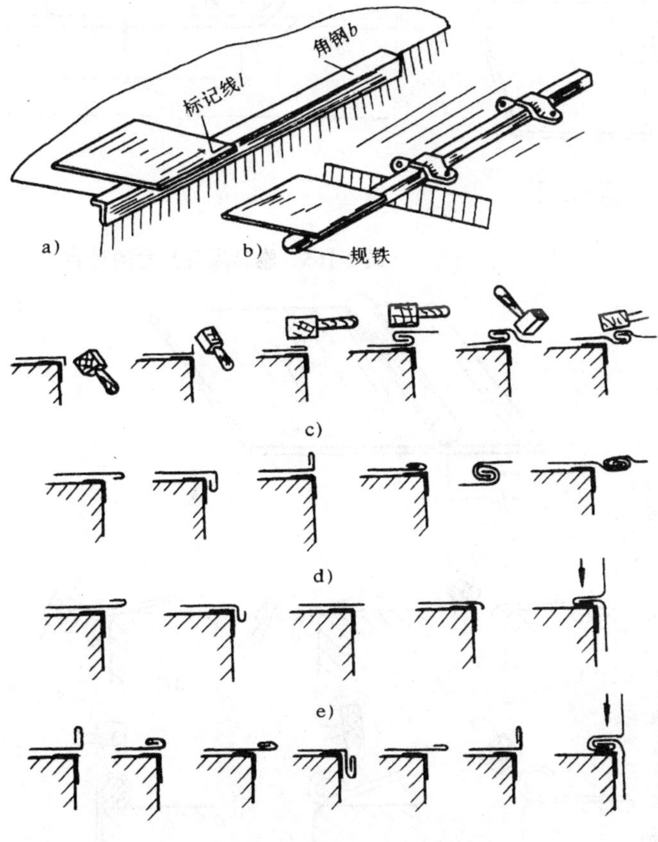

图 2-163　咬缝工具及过程

a)固定在钳桌上的角钢；b)固定在钳桌上的规铁；c)卧缝单扣的弯制过程；d)卧缝双扣的弯制过程；e)站缝单扣的弯制过程

2)卷边：为增加零件边缘的刚性和强度，将零件的边缘卷起来，这种工作称为卷边。需要卷边的零件如各种整流罩、机罩等，日常生活中用的锅、盆、壶、桶等的边缘一般都需要卷边加强。卷边分夹丝卷边和空心卷边两种，如图 2-164 所示。

夹丝卷边，如图 2-165 所示，在卷起来的薄板料边缘内嵌入铁丝，使边缘更刚强。铁丝的粗细根据零件的尺寸和所受的力来确定，一般铁丝的直径为板料厚度的 3 倍以上。包卷铁丝的边缘长度，应不大于铁丝直径的 2.5 倍。

(1)卷边零件展开尺寸的计算：卷边展开的长度如图 2-166 a)所示，主要是算出卷曲部分的长度，然后再加上平直部分的长度，便得出总的展开尺寸。

图 2-166 a)所示零件的展开长度 L 为：

$$L = L_1 + \frac{d}{2} + L_2$$

式中　L_1——板料的直线部分长度；

L_2——板料 270°卷曲部分的长度；

d——铁丝的直径。

$$L_2 = \frac{3\pi}{4}(d + \delta)$$

$$=2.35(d+\delta)$$

将 L_2 值代入上式，得：

$$L=L_1+\frac{d}{2}+2.35(d+\delta)$$

式中　δ——材料厚度。

(2)手工卷边操作：图 2-166 所示为手工夹丝卷边的操作过程。

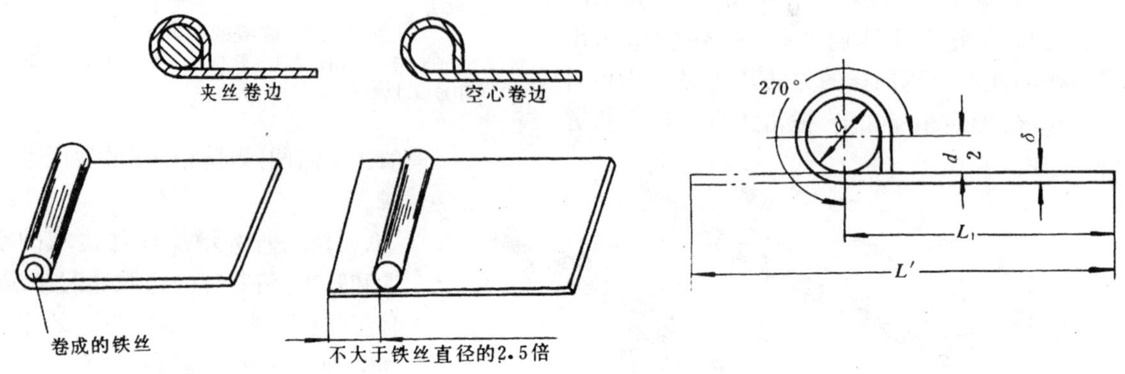

图 2-164　卷边　　　　图 2-165　卷边展开尺寸的计算

5. 管子弯曲方法

弯管工作不但是船舶修造中的一项大工程，也是平时船机检修中经常碰到的工作之一。

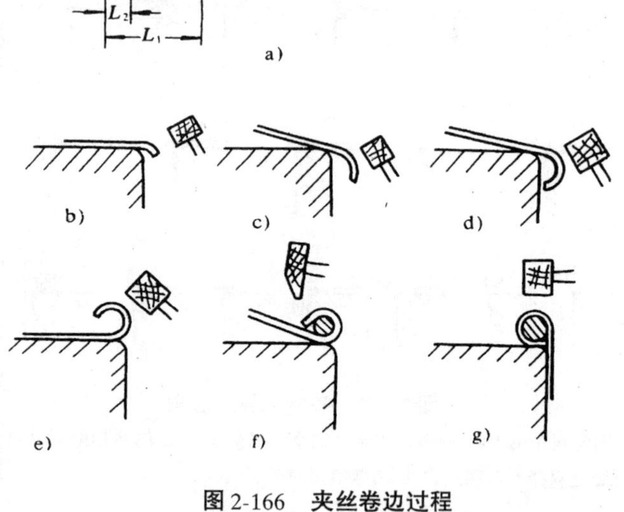

图 2-166　夹丝卷边过程

管子弯曲分为冷弯和热弯两种，当管子直径在 13 mm 以下，一般都用冷弯，而直径在 13 mm 以上的管子，则用热弯。管子弯曲的最小曲率半径，必须大于管子直径的 4 倍。

当弯曲的管子内径在 10 mm 以下时，不用灌砂。而内径大于 10 mm 的管子弯曲时，则一定要灌满干砂(灌砂时用木棒敲击管子，使砂子能灌紧)，两端用木塞塞紧，如图 2-167 所示，这样弯曲时管子才不会瘪。对于有缝管子的弯曲，焊缝必须放在中性层的位置上，如图 2-168 a)所示，否则会使焊缝裂开。

冷弯管子可以在虎钳上或在花盘上进行，如图 2-168 b)所示。弯曲大直径管子时，常使用弯管器，如图 2-169 所示。热弯大管子时，弯曲处的加热长度可按经验公式来计算。例如，曲率半径为 5 倍管子直径时：加热长度为$\frac{弯曲角度}{15}$×管子直径。

管子弯曲处的加热温度一般为 900 ℃左右，弯曲时将管子放在钉好的铁桩或花盘上，按规定的角度进行弯曲。

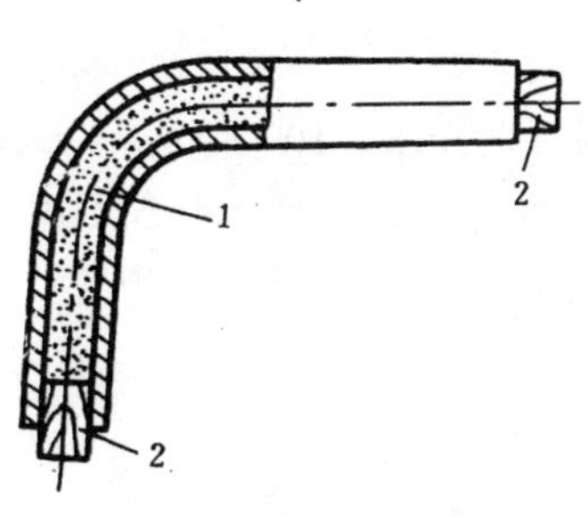

图 2-167　管子灌沙弯曲

1-干砂；2-木塞

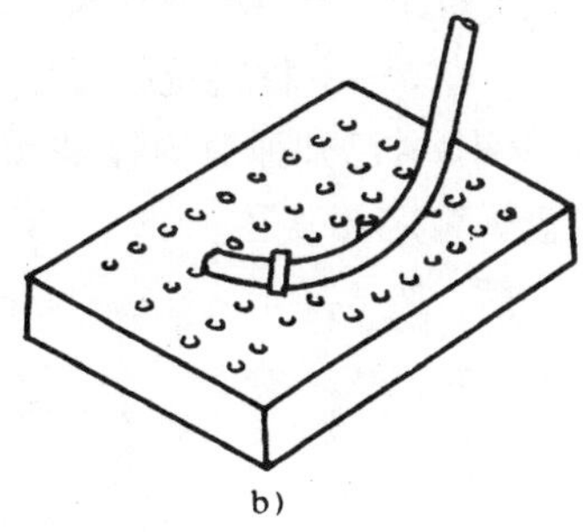

图 2-168　在虎钳和花盘上弯管

a)在虎钳上弯管；b)在花盘上弯管

6. 弯曲前毛坯长度的计算

如果毛坯的展开长度在图纸上未注明，则可以用计算的方法求出。

例 1　设有厚度为 t mm 的扁钢，用以制成外径为 D mm 的圆环，求毛坯长度，如图 2-170 a)。

解：毛坯长度：$L=\pi(D-t)$

例 2　求图 2-170 b)所示工件的毛坯长度。

解：毛坯长度：$L=a+b+C+\pi\left(r+\frac{t}{2}\right)$

图 2-169　用弯管器弯管子

如果把工件弯成内边不带圆角的直角，每个角的展开长度相当于 $0.5t$。

例 3　求图 2-170 c)所示工件的毛坯长度。

解：毛坯长度：$L=a+b+0.5t$

7. 盘弹簧

弹簧是船舶上不可缺少的重要零件之一。因此常用含碳 0.65%～1.00% 的高级优质碳素钢，合金钢和有色金属丝(磷青铜丝、铍青铜丝)这三种具有很高强度和弹性的钢丝缠制而成。它的作用是避震、夹紧、回弹……等。弹簧的种类很多，按受力情况可分为压力弹簧、拉力弹簧和扭力弹簧；按外形可以分为圆柱弹簧、圆锥弹簧和板弹簧等。弹簧缠法分手工和机械两种。机械缠制是在弹簧机或车床上进行；手工缠制则用芯棒在虎钳上进行。下面主要介绍圆柱压力弹簧的手工缠法。手工盘圆柱形压弹簧是钳工最基本的操作之一，盘弹簧前，应先做好一根缠弹簧用的芯棒，芯棒一端开槽或钻小孔，另一端弯成手柄或直角弯头，如图 2-171 所示。

确定芯棒的直径尺寸，应考虑到弹簧盘好以后，盘绕力消除，在钢丝本身弹性应力作用下，弹簧的直径会随之增大，圈距和长度也随着增长，因此芯棒的直径要比弹簧内径小。

计算芯棒直径的经验公式是：

$$D_{外}=\frac{D_{内}}{K}$$

式中 $D_{外}$——芯棒外径尺寸，mm；

$D_{内}$——弹簧内径尺寸，mm；

K——材料抗拉强度对弹性的影响系数(见表2-12)。

例4 已知弹簧内径是30 mm，弹簧钢丝直径2 mm，抗拉强度为1.8×10^3 N/mm²，试确定盘弹簧芯棒直径。

解：按$\delta_b=1.8\times10^3$ N/mm²，查表2-12知：$K=1.12$，代入公式：

$$D_{外}=\frac{D_{内}}{K}$$
$$=\frac{30}{1.12}=26.79\ \text{mm}$$

由钢丝抗拉强度决定的 K 值 表2-12

钢丝的抗拉强度极限 Q_b(10 N/mm²)	K 的数值	钢丝的抗拉强度极限 Q_b(10 N/mm²)	K 的数值
1000～1500	1.05	2250～2500	1.16
1500～1750	1.10	2500～2750	1.18
1750～2000	1.12	2750～3000	1.20
2000～2250	1.14	大于3000	1.22

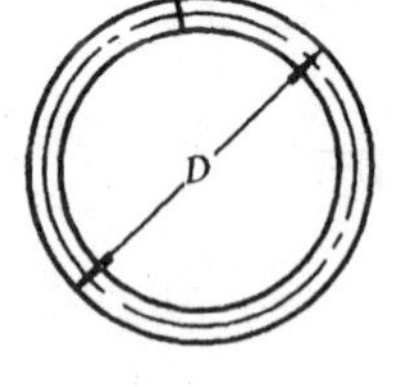

a)

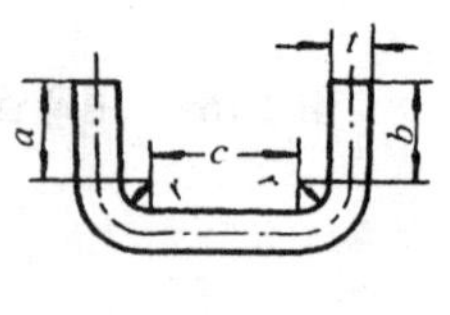

b)

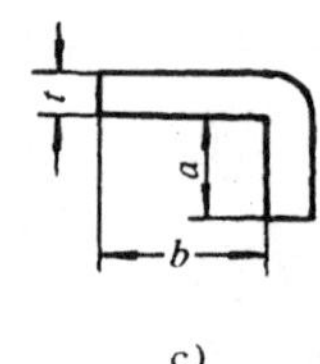

c)

图2-170 毛坯长度计算

缠制弹簧时，把钢丝一端插入芯棒的小槽(或孔)内并折弯卡牢，然后用虎钳(垫上铜钳口或硬木)夹紧钢丝，夹紧力的大小是以能否转动芯棒为宜。缠制时，左手扶芯棒中部作支点，右手按弹簧旋转方向用力均匀地摇转手柄，同时使芯棒稍向前移，使钢丝一圈紧靠一圈地缠在芯棒上。如图2-171所示。缠制中还要根据转动芯棒力量的大小随时调节虎钳的夹紧力。缠足总圈数后，应再多缠2～3圈供修正簧距损耗用。取下后按规定的簧距拉长，方法是将尾端钢丝头夹在虎钳上，逐渐而细心地向前推动芯棒使弹簧形成均匀的簧距。若芯棒太短，可用拉距法，即一端夹于虎钳，另一端用钢丝钳夹住，用手拉出簧距后切断多余的部分，再用喷灯或烧红的铁块把两端$1\sim1\frac{1}{4}$处加热至微红时，迅速压平合拢，最后在砂轮上磨平簧头，并用角尺测量弹簧轴线与端面垂直度和自由长度等。

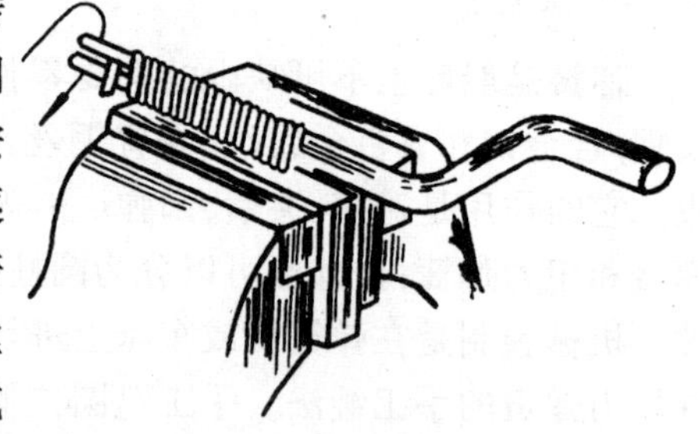

图2-171 手工盘弹簧方法

为了消除加工应力和稳定材料的内部组织，凡是优质碳素弹簧钢丝缠制的弹簧，都必须经过回火处理。其方法是擦净弹簧，将钢丝加热到280 ℃，待弹簧表面呈黄色时，迅速取出投入油或水中冷却。

第四节　矫直和弯曲的废品原因及预防方法

矫直和弯曲的废品原因及预防方法见表 2-13。

矫直和弯曲的废品原因及预防方法　　表 2-13

废品形式	产生原因	预防方法
工件表面有麻点和锤痕	1. 用锤头的边缘锤击 2. 锤头表面不光滑 3. 有色金属矫直时，用硬锤直接锤击	1. 落锤要轻和正 2. 锤头表面无伤痕 3. 矫直软金属应用软手锤
工件断裂	工件材料塑性较差、组织不均匀、变形较大	经热处理后再加工
工件弯曲部位发生断裂	1. 材料太硬或太脆 2. 锤击力过大 3. 弯曲方向错误，再反方向弯曲	1. 热弯 2. 锤击力适当 3. 判断好位置再弯曲
弯缝歪斜或尺寸不正确	1. 夹持不正 2. 用了不正确模具 3. 锤击力过重	1. 按划线进行夹持 2. 选用正确的模具
毛坯长度不够	弯曲前毛坯长度计算错误	正确计算好落料长度
管子熔化或氧化太严重	管子热弯温度太高	1. 加热温度要适当 2. 加热次数要少
管子上有瘪痕或焊缝裂开	1. 砂子灌的不实 2. 重复弯曲 3. 焊缝没放在中性层 4. 弯曲时用力过大	1. 把砂子灌实 2. 计算好弯曲位置 3. 把缝放在中性层 4. 弯曲时用力要适当

复习思考题

1. 什么叫做矫直？材料具备哪些性质才能矫直？常用的矫直方法有哪几种？

2. 什么叫做弯曲？什么性质的材料才可以进行弯曲？弯曲后金属材料内外层有何变化？

3. 已知弹簧内径 $D_{内}$ 为 12 mm，弹簧钢丝直径 1 mm，抗拉强度为 $2.3\times10^3\ \text{N/mm}^2$，试求盘弹簧用的芯棒直径。

第十一章　铆接

第一节　铆接的概念

用铆钉连接两个或两个以上工件的操作称为铆接。

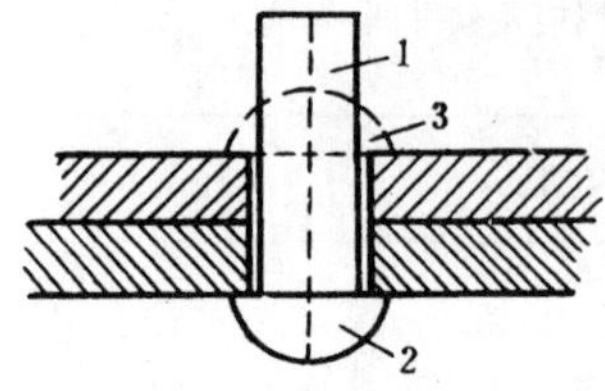

图 2-172　铆接过程
1-铆钉杆;2-铆钉原头;3-铆合头

如图 2-172 所示,铆接的过程是将铆钉插入被铆接工件的孔内,并把铆钉头紧贴在工件表面,然后将铆钉杆的一端镦粗成铆合头。

目前,虽然在很多零件连接方法中,铆接已被焊接所代替,但因铆接有操作方便,工艺简单和连接可靠等特点。所以仍被广泛应用。

第二节　铆接的形式与要求及应用场合

按铆接形式不同可分以下两种:

1. *活动铆接(铰链铆接)*

铆接部位可以相互转动。例如:钢丝钳、剪刀、划规、卡钳等工具。

2. *固定铆接*

铆接部位是固定不动的。这种铆接按用途和要求不同,还可分为:

1)强固铆接(坚固铆接):应用于结构需要有足够的强度,承受强大作用力的地方。如桥梁、车辆和起重机等。

2)紧密铆接:应用于低压容器装置。这种铆接只能承受很小的均匀压力,但对接缝处要求非常严密,以防止渗漏。例如:气筒、水箱、油灌等。这种铆接的铆钉小而排列密,铆缝中常夹有橡胶或其他填料。

3)强密铆接(紧固紧密铆接):这种铆接不但能承受很大的压力,而且要求接缝非常紧密,在较大压力下,液体或气体也保持不渗漏。应用于蒸汽锅炉、压缩空气罐及其他高压容器的铆接。

按铆接方法不同,铆接还可分如下 3 种:

1)冷铆:铆接时,铆钉不需加热,直接镦出铆合头。铆钉的材料必须具有较高的塑性。直径在 8 mm 以下的钢制铆钉都可以用冷铆法铆接。

2)热铆:把整个铆钉加热到一定温度,然后再铆接。因铆钉受热后塑性好,容易成型,并且冷却后铆钉杆收缩,从而增大了结合强度。热铆时要把铆钉孔直径放大 0.5~1 mm,使铆钉在热态时容易插入。直径大于 8 mm 的钢铆钉多用热铆。

3)混合铆：在铆接时，只把铆钉头部加热。对于细长的铆钉，采用这种方法，可以避免铆接时铆钉杆的弯曲。

第三节　铆钉的种类和铆接工具

1．铆钉的种类

铆钉按形状、用途和材料不同可分为以下几种：

1)按铆钉的形状分：常用的有平头、半圆头、沉头、半圆沉头、管状空心和皮带铆钉等，如表 2-14 所示。

铆钉种类及应用　　表 2-14

名　称	形　状	应　用
平头铆钉	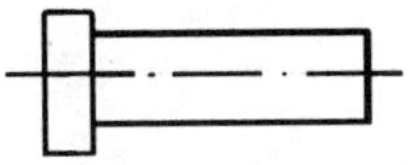	这种铆钉铆接方便，应用广泛，常用于一般无特殊要求的场合。如铁皮箱盒、防护罩壳及其他结合件等
半圆头铆钉	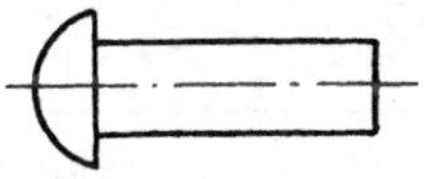	这种铆钉应用也很广泛，如钢结构的屋梁、桥梁和车辆、起重机等，常用这种铆钉
沉头铆钉	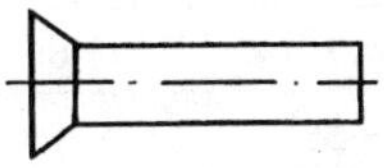	应用于框架等制品表面要求平整的地方，如铁皮箱柜的门窗及工具等
半圆沉头铆钉	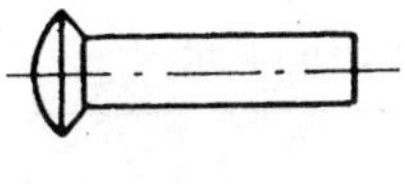	用于表面粗糙，不容易滑跌的地方，如踏脚板和走路梯板等
管子空心铆钉	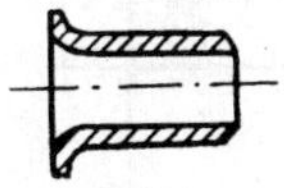	用于在铆接处需有空气流动要求的地方，如电器部件的铆接等
皮带铆钉	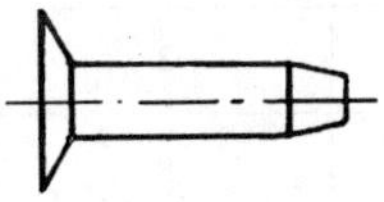	常用于铆接机床制动带以及铆接毛毡、橡皮、皮革等制件中

2)按铆钉材料分：有钢铆钉、铜铆钉和铝铆钉等。

2．铆钉的标记

一般要标出直径、长度和国家标准序号。

例：

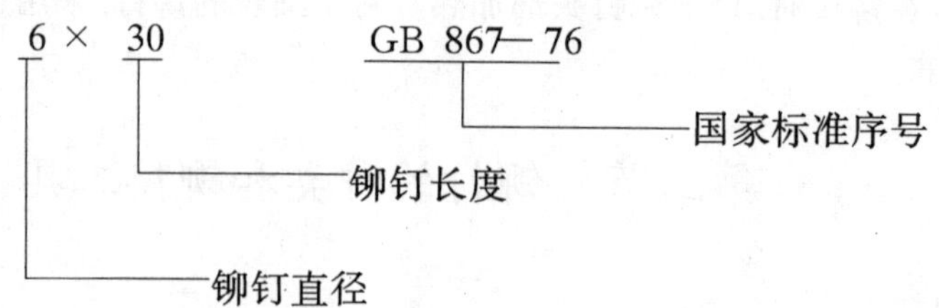

表2-15、表2-16是几种铆钉尺寸标准：

半圆头铆钉（粗制）(GB867—76) 表2-15 mm

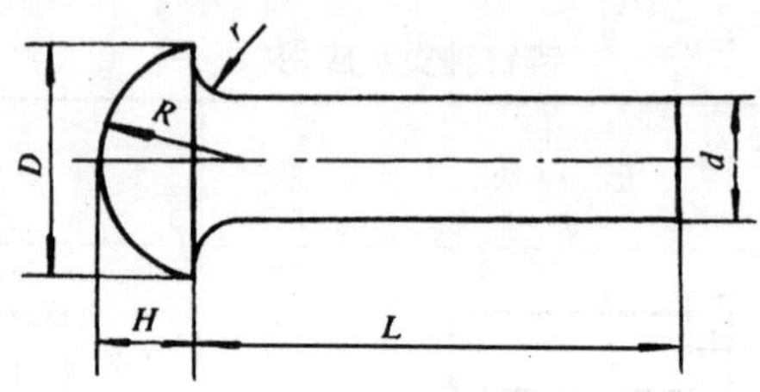

d	3	4	5	6	8	10
D	5.3	7.1	8.8	11	14	17
H	1.8	2.4	3	3.6	4.8	6
γ⩽	0.1	0.3				
R	2.9	3.8	4.7	6	8	9
L	5～26	7～50	7～55	8～60	16～65	16～85

平 头 铆 钉(GB 109—76) 表2-16 mm

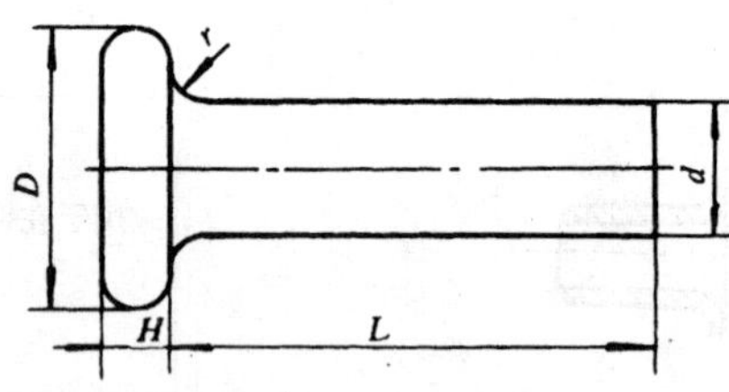

d	2.5	3	4	5	6
D	5	6	8	10	12
H	1.2	1.4	1.8	2	2.4
γ⩽	0.1		0.3		
L	5～10	6～14	8～22	10～26	12～30

3. 铆接工具

手工铆接时所需的工具:

1)手锤:常用有圆头和方头两种手锤。还有一种专门用于铆接的手锤,锤身较长而略带弯形,这种手锤在铆接箱盒形零件的里角时比一般手锤使用方便。手锤的大小应根据铆钉直径来选用,通常使用 0.25~0.5 kg 重的手锤。

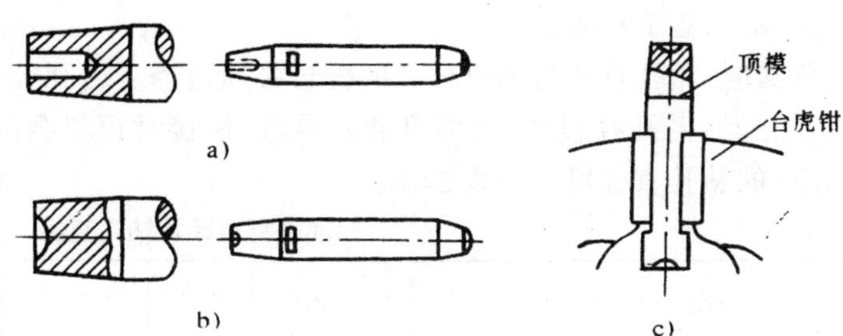

图 2-173 手工铆接工具
a)压紧冲头;b)罩模;c)顶模

2)压紧冲头:当铆钉插入铆钉孔后,用它将铆合件相互压紧,如图 2-173 a)所示。

3)罩模和顶模:罩模和顶模的工作部分可制成半圆形的凹球面,用于铆接半圆头铆钉。也可按平头铆钉的头部形状制成凹形,用来铆接平头铆钉。罩模和顶模是用中碳钢或 T8 碳素工具钢制成,其工作部分经淬火与抛光处理。如图 2-173 b)、c)所示。

第四节 铆钉直径、长度和钻孔直径

1. 铆钉直径的确定

铆钉直径的大小和被连接板料的厚度有关。被连接板的厚度可按以下原则确定:

1)钢板与钢板搭接铆接时,被连接板的厚度为原钢板的厚度;

2)厚度相差较大的钢板相互铆接时,被连接板的厚度为较薄钢板的厚度;

3)钢板与型钢铆接时,被连接板的厚度为两者平均厚度。

根据上述原则,铆钉直径一般等于被连接板厚的 1.8 倍。标准铆钉直径可按表 2-17 选择。

标准铆钉直径 表 2-17

铆钉的公称直径	2.0	2.5	3.0	4.0	5.0	6.0	7.0	8.0	10.0	13.0	16.0
直径允差	±0.1			+0.2 −0.1			+0.3 −0.2			+0.4 −0.2	

2. 铆钉长度的确定

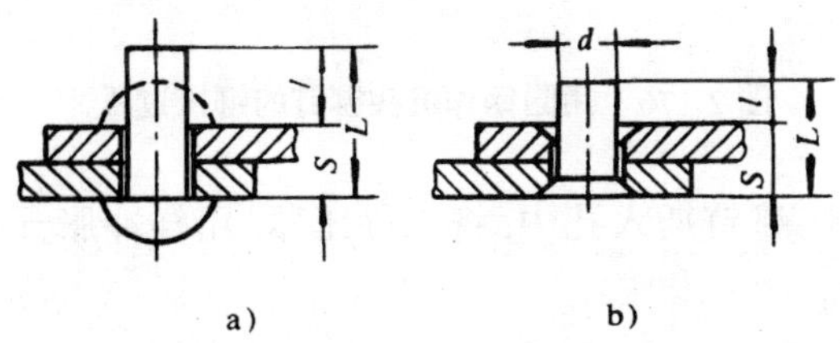

图 2-174 铆钉长度的计算
a)半圆头铆钉;b)沉头铆钉

铆钉长度为铆接板料的厚度加上成形的铆合头的长度。若铆钉过长,铆合后形成的铆合头就会过大,而使铆钉头周围产生帽缘,且在锤击时铆钉杆容易弯曲。若铆钉过短,则不能形成饱满的铆合头而影响铆接强度。半圆头铆钉杆的伸出长度为铆钉直径的 1.25~1.5 倍;沉头铆钉杆的伸出长度为铆钉直径的 0.8~1.2 倍,见图 2-174。

3．钻孔直径的确定

铆接时，钻孔直径与铆钉杆径的配合必须适当。若孔径过大，则铆钉杆容易弯曲，铆接件会产生松动；若孔径过小，则铆钉插入困难，铆接时板料会凸起，甚至因铆钉膨胀而挤坏薄板料，正确的钻孔直径可参照表 2-18。

标准铆钉直径及钻孔直径 表 2-18

公称直径		2.0	2.5	3.0	4.0	5.0	6.0	8.0	10.0
通孔直径	精装配	2.1	2.6	3.1	4.1	5.2	6.2	8.2	10.3
	粗装配	2.2	2.7	3.4	4.5	5.6	6.6	8.6	11.0

第五节 铆接和拆卸的方法

铆接前要清除工件的毛刺、铁锈和钻孔时掉入铆钉孔内的金属屑等杂物。铆接件要压紧，并在铆接缝上预先刷上防锈漆。

活动铆接一般按工作需要采用较硬材料的非标准铆钉，利用混合铆接的方法进行铆接。

1．固定铆接的铆接方法

铆接方法可分为热铆和冷铆两种，按操作方式又可分为手工铆接和机械铆接，这里主要介绍手工冷铆的方法。

1)半圆头铆钉的铆接步骤：先在铆接件上划线、钻孔并将孔口倒角，将铆钉插入孔内，铆件放在顶模上用压紧冲头压紧铆合件，用手锤把铆钉杆伸出部分逐步镦粗，并初步锤击成形，最后用罩模修整铆合头，见图 2-175。

2)沉头铆钉的铆接：这种铆接分为用标准沉头铆钉铆接和用圆钢代替沉头铆钉铆接两种。这里只介绍用圆钢作铆钉的铆接步骤。如图 2-176 所示。首先按线钻孔、倒角并将铆钉插入孔内，使工件相互贴合紧密，然后，用锤反复镦粗两头，最后修整两铆钉头平面。

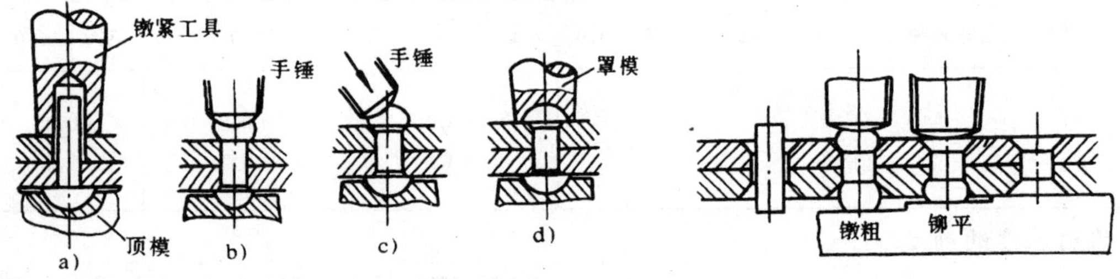

图 2-175 半圆头铆钉的铆接过程

a)压紧板料；b)镦粗铆钉；c)铆打成形；d)修整

图 2-176 用圆钢作沉头铆钉的铆接过程

3)管子空心铆钉的铆接步骤：如图 2-177 所示。铆钉插入孔中，将工件压紧，用样冲胀开铆钉孔口，然后用特制的成型冲头使铆钉孔口翻平。

2．铆接件的接合形式

铆接件的接合形式是根据零件的结构、结合位置和使用要求而决定的。

1)搭接：一块钢板搭在另一块钢板上铆接称为搭接，如图 2-178 所示。如要求铆接后两块板在同一水平面上时，应把一块板折边后铆接。

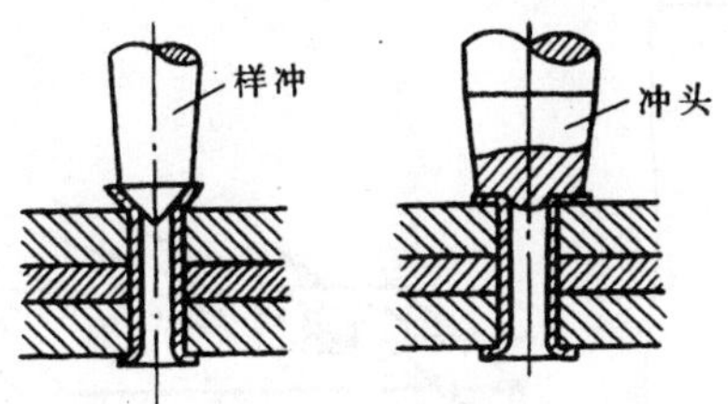

图 2-177　管子空心铆钉的铆接过程

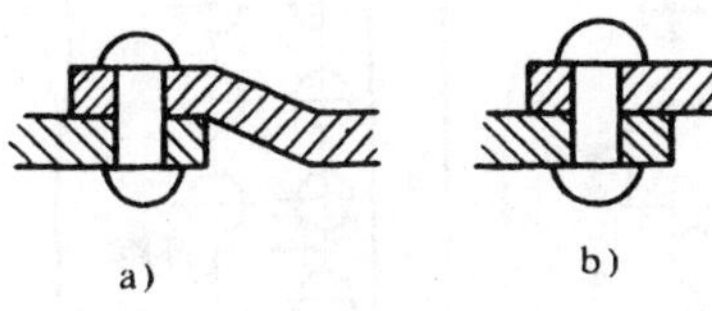

图 2-178　搭接连接

a) 两平板；b) 一块板折边

2) 对接：两块板在同一平面上，在上平面覆有盖板，同盖板一起铆接，这种铆接称为对接。对接有单盖板和双盖板两种。如图 2-179 所示。

3) 角度连接：两结合件互相垂直或组成一定的角度的连接称为角度连接。互相垂直的连接，可在角接处覆上角钢后铆接。如图 2-180 所示。

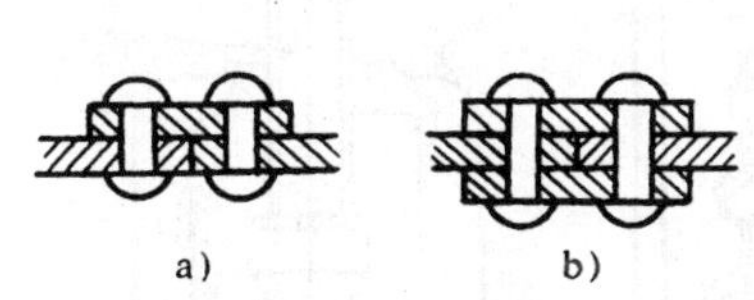

图 2-179　对接连接

a) 单盖板式；b) 双盖板式

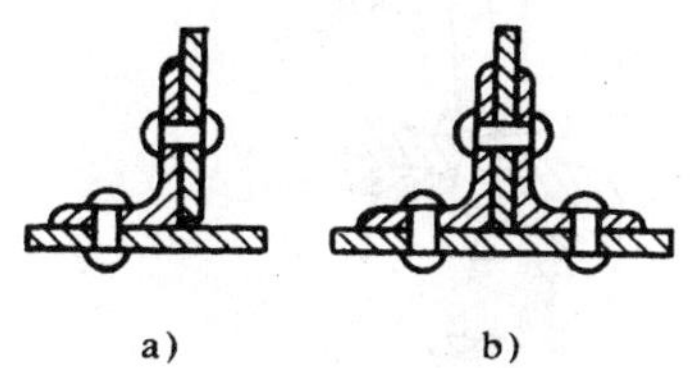

图 2-180　角度连接

a) 单角钢式；b) 双角钢式

3．铆钉的排列

要使铆接达到足够的强度，除正确地选择铆钉直径外，还应具备合理的铆钉排列和铆距，如图 2-181 所示。多排铆钉可以平行排列也可以交错排列。

1) 铆距：在一排铆钉中，两个铆钉中心的距离即为铆距，一般铆距为 $4d \sim 8d$（d 为铆钉直径）。

2) 排距：一排铆钉的中心线与相邻一排铆钉中心线的距离即为排距，一般为 $2.5d \sim 4d$。

3) 边距：铆接缝或板料边缘到铆钉中心的距离即为边距，一般为 $1.5d \sim 2.5d$。

4．铆钉的拆卸法

要拆卸铆钉连接件，必须先将一端的铆钉头铲除，然后用冲头把铆钉冲出。

1) 沉头铆钉的拆卸：沉头铆钉可用钻孔法拆卸。即用小于铆钉直径 1 mm 的钻头钻孔，其深度可稍微超出铆合件的厚度，然后用小于孔径的冲头冲出铆钉。

2) 半圆头铆钉的拆卸：这种铆钉的拆卸，可以直接用錾子錾掉铆钉头，再冲出铆钉，如图 2-182 所示。当接合表面不允许碰伤时，可将铆钉头敲平或锉平，然后在上面钻孔，并用金属棒插入孔中，把铆合头折断，最后用冲头冲出。如图 2-183 所示。

5．喇叭口的铆合法

在油路中的油管接头，需要把管端制成喇叭口，与管接头的锥面相配合，再用螺母压紧形成密封连接。

管端喇叭形，可用管口扩张器加工。管口扩张器由扩张器与管子夹具组成，如图 2-184 所示。它装有活动铰链的二块夹板，二夹板之间钻有多个不同直径的孔，孔口制成 60°倒角。

使用管口扩张器的操作步骤如下：

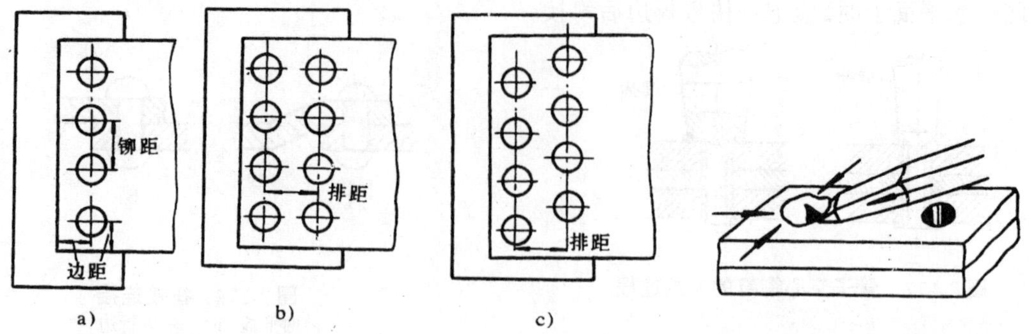

图 2-181　**铆钉的排列**

a)单排铆钉连接；b)双排平行式铆钉连接；c)双排交错式铆钉连接

图 2-182　**錾掉铆钉头**

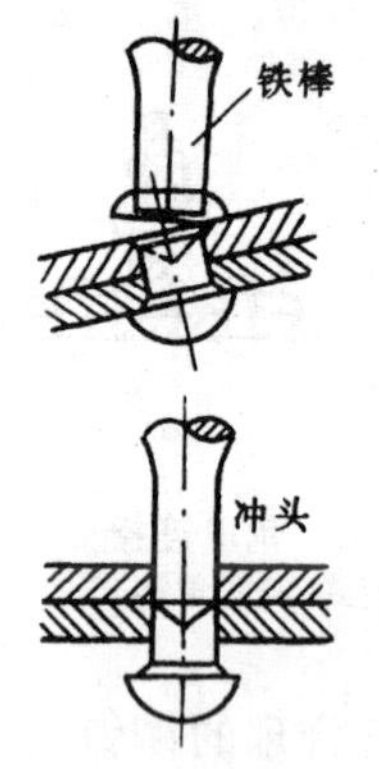

图 2-183　**钻孔拆卸半圆头铆钉**

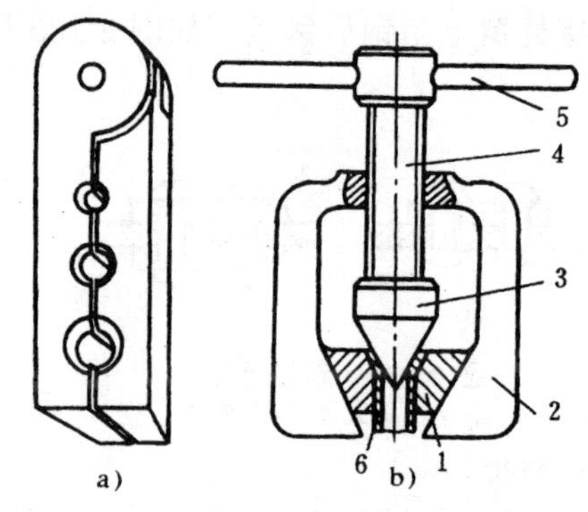

图 2-184　**管口扩张器和管端铆合情况**

a)管子夹具；b)管口扩张器及管端铆合情况

1-夹具；2-扩张器；3-锥头；4-螺杆；5-手柄；6-管子

1)将管子 6 置于夹具 1 相应的孔内；

2)将夹具置于扩张器 2 内，并使螺杆 4 的锥头部分 3 插入管子孔内；

3)转动手柄 5，通过手柄的前端锥头部分压入管口而使管子头形成喇叭口。

第六节　铆接时产生废品的原因及预防方法

铆接时由于工具的选择或使用不当，计算不精确，操作方法不正确等会产生多种形式的废品。铆接的废品形式，产生原因及预防方法见图 2-185 和表 2-19。

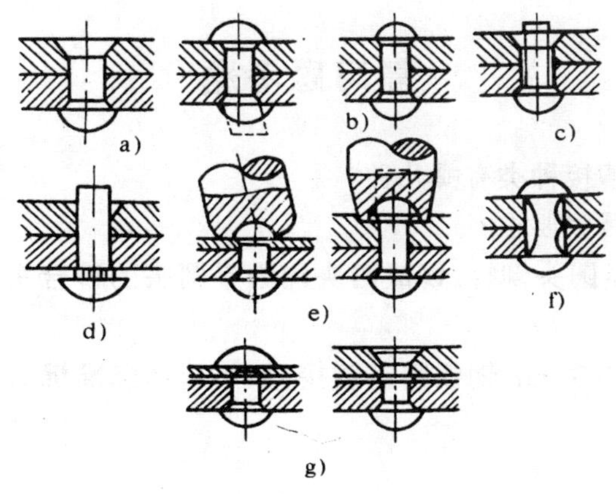

图 2-185　铆接产生废品的形式

铆接时废品形式及其原因和预防方法　　表 2-19

废品形式	产生原因	防止方法
铆合头偏斜 图 2-185a)	1. 铆钉太长 2. 铆钉孔偏斜、孔未对准 3. 镦粗铆合头时，不垂直	1. 正确计算铆钉长度 2. 孔要钻正、上下铆钉孔应同心 3. 镦粗时，锤击力要保持垂直
铆合头不光洁有凹痕 图 2-185a)	1. 罩模工作表面不光洁 2. 锤击时用力过大，速度过快，罩模弹回时，棱边碰伤铆合头	1. 检查罩模并抛光 2. 锤击力要适当，速度不要太快，罩模要扶稳
铆合头太小 图 2-185b)	铆钉杆长度不够	正确计算铆钉杆长度
埋头孔未填满 图 2-185c)	1. 铆钉杆长度不够 2. 镦粗时，锤击方向偏斜	1. 正确选定铆钉杆长度 2. 锤击目标要准确，并与工件垂直
原铆合头未贴紧工件 图 2-185d)	1. 铆钉孔直径太小 2. 孔口未倒角	1. 正确选定铆钉孔直径 2. 孔口应倒角
工件上有凹痕 图 2-185e)	1. 罩模放置太歪斜 2. 罩模太大	1. 罩模应放正 2. 罩模应与铆合头相适应
铆钉杆在孔内弯曲 图 2-185f)	1. 铆钉孔太大 2. 铆钉杆直径太小	1. 正确选定铆钉孔直径 2. 铆钉杆直径应符合标准要求
工件之间有间隙 图 2-185g)	1. 工件板料不平整 2. 板料没压紧贴合	1. 铆接前应平整板料 2. 用压紧冲头，将板料压紧贴合

复习思考题

1. 什么叫做铆接？铆接种类有哪几种？

2. 铆钉材料应具有哪些要求？

3. 用直径 3 mm 的半圆头铆钉，铆成两头均为半圆头的铆合头，应选用多长的铆钉？具体铆接方法是什么？

4. 用沉头铆钉把两块 3 mm 钢板固定铆接，如何选择标准沉头铆钉的直径、长度及通孔直径？

第十二章　锉配合

第一节　锉配合的概念

通过锉削,使一个零件(甲)能放入另一个零件(乙)的孔或槽内,且松紧程度合乎要求,这项操作叫做锉配合(镶嵌)。锉配合广泛地应用在机器装配与修理以及工、模具的制造上。

在现代工业生产中,锉配合可能会遇到两种情况:一种是工件的外形(包括孔、曲面)形状和尺寸已由机械加工完成,这时的锉配合工作主要是修整形状和尺寸,使它达到图纸要求。另一种,在单件生产的情况下,也可由钳工直接下料后进行锉配合。例如:检测车床导轨面的样板、刀杆与刀排上方孔的锉配合、键与键槽的锉配合等。

第二节　锉配合的实际运用

锉配合的基本方法是将相配的两个零件中的一件,按照图纸要求,加工到符合标准,再以其为基准锉配合加工另一件。由于一般零件的外表面比内表面容易加工,所以在通常的情况下,最好先加工配合为外表面的零件,然后再加工配合内表面的零件。在某些锉配合工作中也有与上述顺序相反的加工。由于配合件的表面形状、配合要求不同,锉配合的方法也随之不同,而是根据具体的情况来确定。

锉配合在装配、修配,尤其在冲压裁模的阴阳加工中,应用很广。模具制造中的阴阳模"配锉"的要求较高,一般可先加工阳模着色印油来检查与阴模之间的密合情况。这种锉配合的方法可以达到微小间隙配合。因此要求操作人员要具备一定的钳工基础知识和实践经验。

第三节　配合的种类与要求

锉配合是一项复杂而精密的操作技能。根据零件的要求,配合可分为间隙配合(动配合),过盈配合(精配合)及过渡配合(具有以上两种配合的可能)3 种。在轴和孔的配合时,要想得到不同的松紧程度,可采用基孔制配合与基轴制配合。

在锉配合工件中要注意以下几点要求:

首先要根据加工工件的特点和要求,正确选定好加工的基准件。其次要准确的加工好基准件,为配合精密打下重要基础。最后在测量检查中要认真细致,做到勤测量、勤相配,以保证锉配合的质量。

第四节　锉配合的实例

1．配键

配键属于锉配合操作，即通过锉削，把键装入键槽内，配合的松紧度要符合要求。现以锉配合平键为例(见图 2-186)，介绍配键的方法。

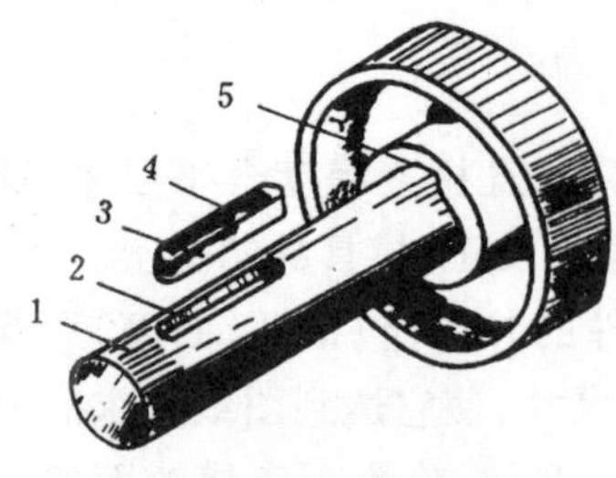

图 2-186　配键

1-轴;2-键槽;3-键侧面;4-键顶面;5-轮槽

1)用游标卡尺测出轮和轴的键槽宽度和高度，如果宽度不一样，要修整一致，并去除毛刺。

2)按键槽宽度尺寸锉削键两侧余量，平键的两侧是主要工作面，锉削时要保证两侧平行，并与底面垂直。两侧面与轴上键槽应该是紧密配合，其松紧程度是以轻轻锤击平键进入槽内为宜。因此，在锉削过程中，要经常试配松紧度，发现过紧处(亮点子)，用锉刀修整。最后达到尺寸精度一致，松紧恰当。

3)键的两侧与轮上键槽的配后要求略有松动。

4)在锉削键的两端时，先把键锉到需要的长度，再把两端锉成半圆形和倒角。键的长度应小于轴上键槽的尺寸(约 0.1 mm 的间隙)，若没有间隙，把键打入轴的键槽内，会引起轴或键的变形。

5)在锉配键与轮槽顶部时，必须留有一定的间隙(0.3～0.4 mm)，此间隙俗称天地间隙。

2．刀杆上锉配合方孔

要求白钢刀头能自如地推入方孔，间隙在 0.1 mm 以内，方孔中心与刀杆中心偏心量也在 0.1 mm 之间。

锉配合步骤如下(见图 2-187)：

1)在刀杆上划方孔加工线，并打好样冲眼。

2)钻毛坯孔，孔径应小于刀杆对边尺寸 1～2 mm。

3)将毛坯孔大致锉成四方(接近划线处)。

4)把 1、2 两面中任意一平面先锉至加工线，若先锉平面 1，要求平面的纵横方向平直，两边都贴线，用游标卡尺测量，x 应等于$\frac{1}{2}(D-a)$。

5)锉平面 2，以面 1 为基准，用内卡钳或游标卡尺测量尺寸，要使面 2 与面 1 平行，并用白钢刀头来试塞，只要孔的两端能紧密地塞进刀头的两角即可。

6)锉平面 3，要求平面纵横方向平直，并且与边 1 垂直，锉到前后两边都贴近所划的线为止。

7)锉平面 4，以平面 3 为基准，用内卡钳或游标卡尺测量平行度，并用白钢刀头试塞，直到塞进两角为止。

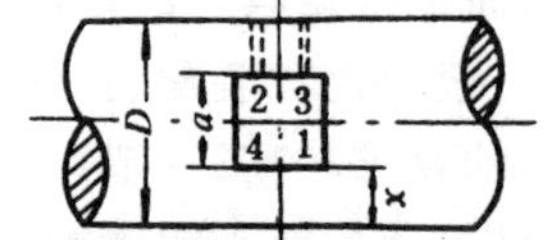

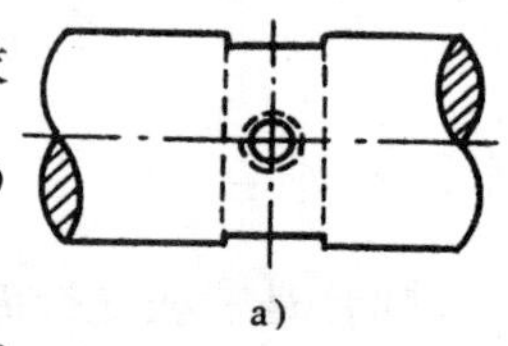

a)

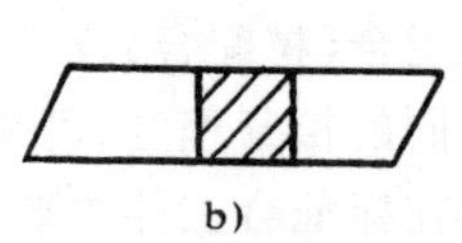

b)

图 2-187　刀杆(刀排)上锉配方孔

a)刀杆(刀排)；b)白钢刀头

8)加工到方孔能初步塞进刀头时，应采用涂色法来检查并加以修正。即在方孔中涂一点红丹粉，然后把刀头塞进，用木锤轻轻敲击刀头，再退出刀头，观察孔内摩擦情况，把接触的发亮部分锉去，这样反复修锉，直到白钢刀头能轻松自如地推进方孔内为止。

锉削方孔时,要注意各平面本身的平面度,以及相互间的平行与垂直的要求,在两垂直平面间的交角处不能有圆角状态(一定要清角)。方孔锉削中常见的弊病是两端孔口大,中间小,成喇叭口状,断面不正方,因此在锉削中要加以防止。

3. 样板的锉配

图 2-188 所示为一对燕尾样板,其锉配要求如下:

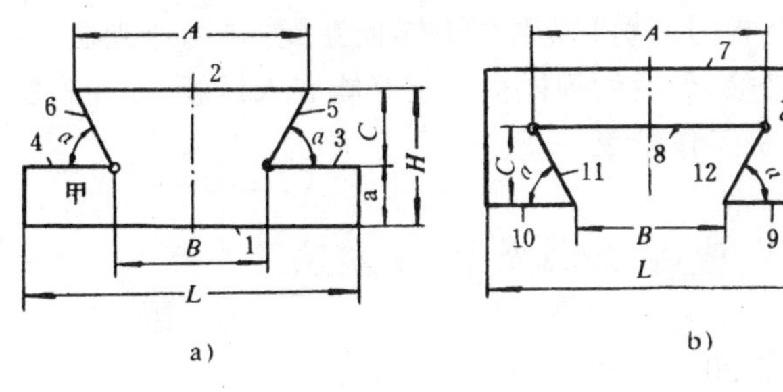

图 2-188 燕尾样板

1)样板甲能嵌入乙内。

2)配合面有细微而均匀的光隙(光隙为 0.01 mm 左右)。锉配样板前,要先锉制两块辅助样板丙、丁(见图 2-189)。在两块辅助样板中先锉外角样板丙,再配锉内角样板丁。要求两块辅助样板拼合后,在 α 角的两边上只可透出细微的均匀光隙。

燕尾样板甲、乙的锉配步骤如下:

1)根据样板图纸尺寸,选好材料并划线下料。

2)打光样板的两大平面,作好甲、乙样板标记,加工成两块对边互相平行,邻边相互垂直的长方体。

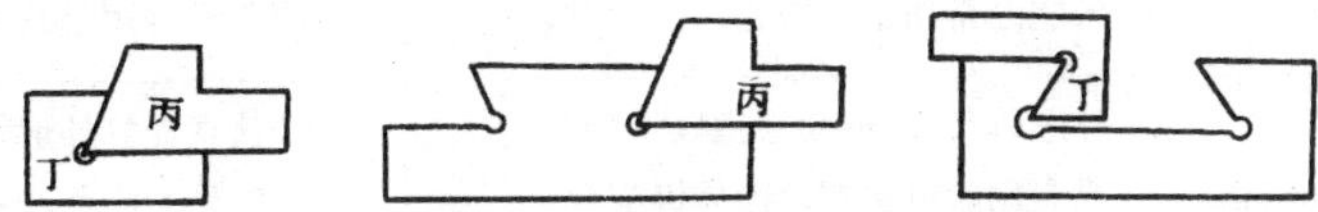

图 2-189 检查燕尾样板角度用的辅助样板

3)在样板甲、乙上划线,并在锐角尖上钻直径为 2~3 mm 的孔,再锯除样板上的多余部分,留有 1 mm 左右加工余量(见图 2-190)。

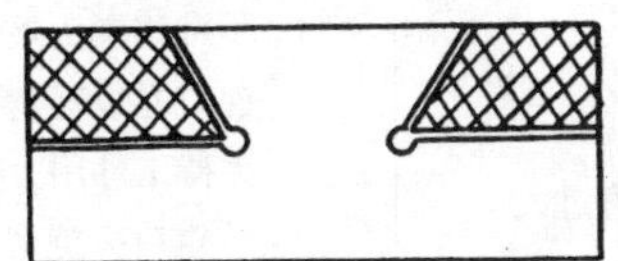 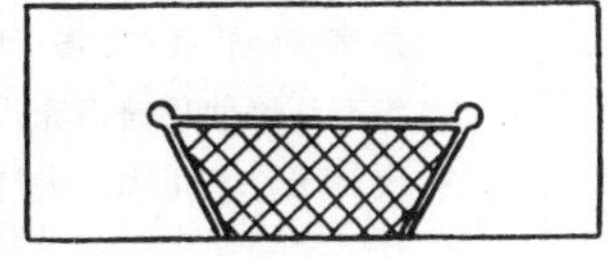

图 2-190 划线、去掉样板上多余部分

4)锉样板甲的 3、4 两面,使它们与面 1 平行,使两端(a)尺寸误差在 0.01 mm 之内,保持尺寸 C 公差在 ±0.01 mm 之内。

5)锉样板甲的斜面 5,用角度样板丙(见图 2-189)检查其 α 角,再锉斜面 6,也用角度样板丙检查其 α 角,并注意控制尺寸 B。

控制尺寸 B 一般用以下两种方法:

(1)通过测量 A 来求 B,$B = A - 2C\text{ctan}\alpha$。

注意:尺寸 A 两边角不尖锐时,量出的 A 不准确。

(2)用投影仪来检查,控制尺寸 B。

6)锉样板乙的面 8,使与面 7 平行 C 两端 $H_1 - C$ 的误差在 0.01 mm 之内,并保持两端尺

寸 C 误差在 ±0.01 mm 之内。

7)锉样板乙的斜面 12,用角度样板丁检查其 α 角,再锉斜面 11,用角度样板丁检查其 α 角,并控制其尺寸 B。

控制样板乙上尺寸 B 常用以下两种方法:

(1)直接量 B;

(2)用投影仪来检查,控制尺寸 B。

当样板甲、乙其中一块做好后,做另一块样板时,就可以用两块样板互配,并用透光法、涂色法检查修正。试配时要把样板上毛刺全部修除,最后做到样板甲正好能嵌入样板乙,在各配合面只有细微而均匀的光隙。至此,锉配合样板工作结束。

第五节　锉配合时产生废品原因及预防方法

锉配合时产生废品原因及预防方法,见表 2-20。

锉配合时产生废品原因及预防方法　　表 2-20

废品种类	原因	预防方法
配合间隙过大	1. 加工工艺不正确 2. 作为外形体的基准不标准 3. 技术不熟练 4. 未能经常用量具检查	1. 按正确加工工艺进行 2. 认真锉好标准的外形体 3. 提高操作技能 4. 要经常用量具测量
配合件互换性差	1. 外形体尺寸,形状不正确 2. 没有用涂色法对内形体锉配合	1. 认真锉好外形体 2. 应采用涂色法精心锉配
配合角度不正确	1. 划线不仔细、有误差 2. 加工技术不熟练 3. 重修内、外形体时超出加工界线	1. 提高划线精确度 2. 提高操作技能 3. 重修时要细心注意多检查
表面损伤	1. 用榔头锤击工件,强行配合 2. 没有正确使用锉刀光边 3. 夹持工件不正确或夹持用力过大	1. 不可用榔头敲击强行配合 2. 锉刀光边毛刺要修磨 3. 夹持工件用力要适当,必要时可用软钳口夹持

复习思考题

1. 什么叫做锉配合?锉配合运用的场合有哪些?
2. 常见的锉配合中,基准的选择有几种?

第十三章　常用管材和简单管工工艺

第一节　船舶常用管材

船舶上的燃油、滑油、水、蒸汽等经过各种管道源源不断地输送到各自所需的部位，同时将污水、废气等排出船外，以保证船舶机械正常运转和船员日常生活有序地进行。根据输送中液体、气体的性质不同及压力不同，因此对管材机械性能、化学性能的要求也不同。一般常见管材如下：

1．无缝钢管

无缝钢管的材料一般有普通碳素钢、优质碳素钢和合金钢3类。

无缝钢管常用在有较高压力的管道，如蒸汽管道、压缩空气管道、高压水管道等。

镍铬不锈钢无缝钢管可用在腐蚀性较大的管道中。

无缝钢管的规格是用外径乘壁厚来表示的，如D32×3.5 。

2．镀锌钢管

这种钢管多用在小直径的低压管道中，如给水、采暖、冷凝水、废气管道等，一般工作压力不超过2.0 MPa。

3．有色金属管

有色金属管有铅管、铜管、铬镍钢管等。常用的铜管有紫铜和黄铜管两种。

船舶上常用紫铜管输送制冷剂，冷凝器及设备润滑油与燃油系统的管路也常用此材料。

第二节　管道中常用的密封材料、防腐材料和保温材料

1．密封材料

管道中常用的密封材料有麻、石棉绳、石棉橡胶板、铅油、铅粉、沥青胶、聚四氟乙烯带等。

麻用来做管螺纹的填料。石棉绳用来做阀门及根母填料、小型锅炉的人孔、手孔垫和盘根等。石棉橡胶板用来制作蒸汽管道的法兰垫片、活接头垫片，一般耐热设备的人孔、手孔垫等。铅油用来涂在管螺纹上及石棉垫、石棉绳里，以增强联接处的密封性能。铅粉常用机油调成糊状，涂于垫片或管接头处以增加联接处的密封性能，又便于拆卸。

2．防腐材料

管道中常用的防腐材料有沥青、银粉漆、防锈漆、油毡等。沥青用于防水管道。银粉漆用于采暖管道、散热器等的面漆。防锈漆则用于管道油漆时的底漆。

3．保温材料

管道工程中常用的保温材料有石棉、硅藻土、膨胀珍珠岩、矿渣棉、玻璃棉、泡沫塑料、油毛毡、岩棉等，其作用是隔热，以减少管道或设备的热(冷)量损失，节省能源，防止管道冻裂和结霜。

第三节　管子弯曲

船舶各种管道在使用一定时期后都会出现不同程度的锈蚀损坏而产生渗漏现象，这时需进行焊补或更换管子。更换新管的工作中常碰到要对管子进行弯曲，对于一般直径较小的管子弯曲则可以用手工来完成，其操作的简单工艺在前面第十章已有阐述。

第四节　管道联接

管道联接的方法有螺纹联接、法兰联接、焊接连接等。

1．螺纹联接

一般管径在 100 mm 及 100 mm 以下，工作压力不超过 1 MPa 的给水管道，管径在 80 mm 以下、工作压力不超过 1 MPa 及介质温度不超过 100 ℃ 的热水管道等均可采用螺纹联接。当温度压力均与上述相似，滑油、燃油管道也可采用螺纹联接。

管道中螺纹联接时常用的是活接头（油令），活接头由公口、母口、套母和垫圈等组成。组装过程是：先将套母套在管子上，并将其内螺纹对着母口方向；再将公口与母口分别装在联接管的管端螺纹上。把起密封作用的垫片涂上铅油粘在公口嘴上；将公口和母口找正，使接触面平行。最后将套母旋在母口的外螺纹上，旋紧即可。由于活接头具有方向性，装配时注意使水流方向从公口流向母口。

活接头的优点是拆卸方便，松开螺母，两段管子便可拆卸下来，是一种较好的管子活动联接。

2．法兰联接

船舶管道中有平焊钢法兰和对焊钢法兰的联接。平焊钢法兰适用于温度不超过 300 ℃，压力不超过 2.5 MPa，通过介质为水、蒸汽、油等中低压管道的联接；对焊钢法兰适应于高温、温度波动、高压（可达 20 MPa）、使用要求较高的管道联接。

平焊钢法兰与管子焊配时，先将法兰套入管端，管口与法兰密封面之间保留 1.5 倍管壁厚度的距离；焊前应先进行定位焊校正，合格后再施焊。当压力小于 1.6 MPa 时只焊法兰外口，而压力大于 1.6 MPa 时则先焊法兰内口，再焊外口。焊完后将焊缝清除干净，法兰密封面不得留有任何杂物。

3．管道简易堵漏法

船舶管道经一定时间的作用，由于受到输送气体、液体的腐蚀作用，常出现管壁锈蚀而产生渗漏。对于较大面积的锈蚀则只有更换管道，而对较小范围的渗漏，则常采用下列方法进行堵漏。

1）焊接法：根据具体情况可采用电焊或气焊补洞，具体操作方法将在本书第三篇中介绍。

2）包扎法：在渗漏处包一块橡皮，然后用管子卡箍紧紧将橡皮箍在管子上。

3）胶粘法：一般用环氧树脂加填料（铁粉）对渗漏处进行粘接，粘接时应注意做好清洁工作和干燥，不可遇水，待粘接剂干固后才可通水，其具体的操作工艺将在下面章节中介绍。

复习思考题

1．船舶中常用管材有几种？说明用途。

2．管道联接形式有几种？各有何特点？

第十四章　装配修理基本知识

船舶机械经过一定时间的运行，常需将零件进行拆卸、清洗、维修和重新装配，以确保机械的正常运行。现将装配及修理工艺作简单介绍。

第一节　修理的概念

对设备拆卸和修复前首先要熟悉设备的构造，明确有关零件的用途和相互间的作用，牢记关键零件的位置后再进行拆卸。

拆卸时的一般要求：

1. 拆卸时应按装配相反的次序进行。要有计划有步骤地拆卸，不可东拆一件西拆一件，以免零件弄乱甚至丢失损坏。

2. 拆卸时，不要用力过大，以免损坏零件，拆下的零件应有序放好，不可乱堆乱放。

3. 拆卸较为复杂的机件时，必须在零件上作好标记。重要及精度较高零件，拆下后立即进行清洁，涂上防锈油并用纸或布包好。

4. 对易产生位移而又无定位装置的零件，拆卸时要做好相对位置的标记以方便重新装配。

5. 进行检查以确定零件的更新或修复的方法。

第二节　螺纹联接的拆装

1. 螺纹联接的种类

1）螺栓联接：螺栓的一端呈六角形，另一端为有一定长度的螺纹，使用时穿过两连接零件的孔，再旋上螺母夹紧零件即可。见图 2-191。

2）双头螺栓联接：这种螺栓其两端都有螺纹，一端旋入固定零件螺孔中，再把被联接件穿过螺栓并旋上螺母将两联接件夹紧。见图 2-192。

3）螺钉联接：使用时不需要螺母，只要通过一零件的孔，旋入另一零件的螺纹孔中。螺钉帽有六方形、方形和内六角形等。这种联接一般用于不需经常拆卸的地方。见图 2-193。

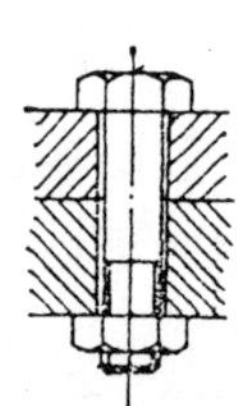
图 2-191　**螺栓联接**

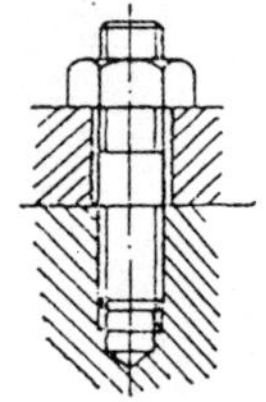
图 2-192　**双头螺栓联接**

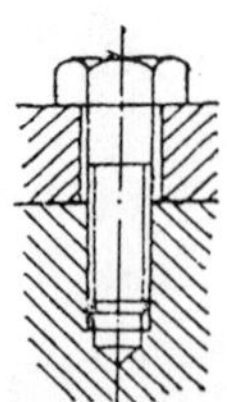
图 2-193　**螺钉联接**

4）机用螺钉联接：螺钉较小，钉头有凹槽，便于起子装卸，用于一些受力不大的轻、小零件联接。见图 2-194。

2. 螺纹联接的装卸工具

由于螺纹联接的种类很多，所以装卸工具也很多，使用时应进行合理的选择。

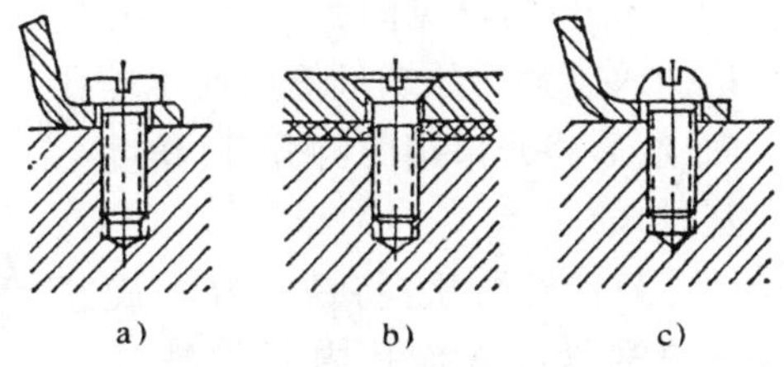

图 2-194 机用螺钉的联接

a)圆柱头；b)埋头；c)圆头

1)平口起子(螺丝刀)：用于头部带凹槽螺钉的装卸。它由手柄、刀体、刀口组成。刀口经淬火处理，根据其长度有 4″、6″、8″、12″、16″等几种。使用时应根据螺钉的大小合理选用(见图 2-195)。

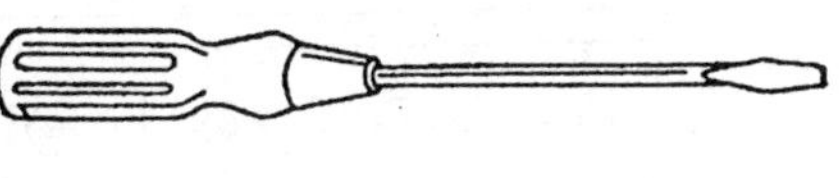
图 2-195 标准起子

2)活络扳手：它由扳手体、固定钳口、活动钳口、蜗杆组成。开口尺寸可根据工作需要进行调节，扳手有大小不同的多种规格，工作中应合理选用。使用活络扳手时应使固定钳口受主要作用力，否则扳手易损坏(见图 2-196)。

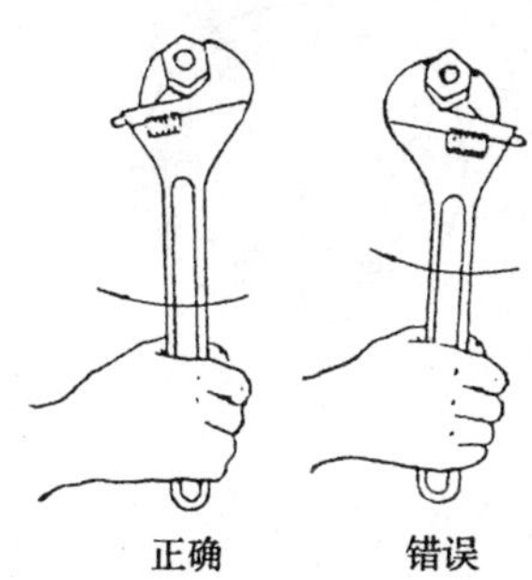

图 2-196 活络扳手的作用

3)固定扳手：主要用来装卸六方形螺母。有开口扳手和梅花扳手两种，其规格以扳手开口的尺寸大小来分，多种规格组成一套以方便使用(见图 2-197)。

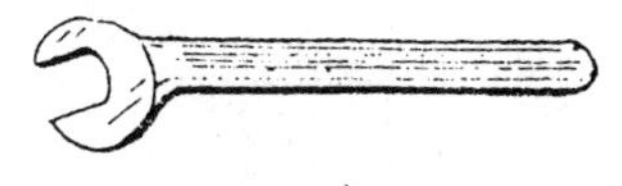
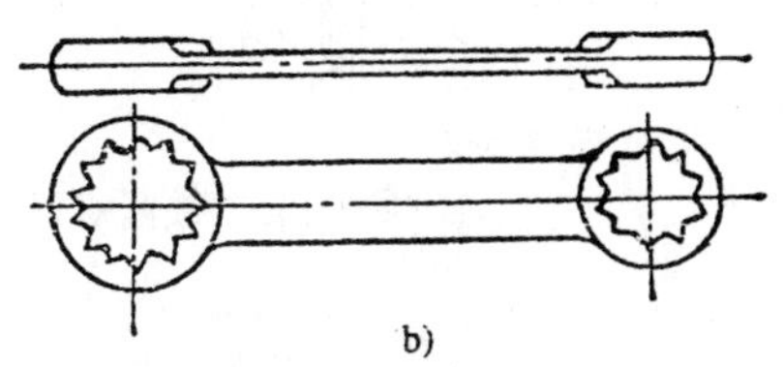

图 2-197 固定扳手

a)开口扳手；b)梅花扳手

4)套筒扳手：这种扳手对摆动角度不小于 20°时就可拆装螺母，在其他扳手无法装拆的情况下用套筒扳手工作可带来方便，节省时间(见图 2-198)。

5)钩扳手：用来拆装圆形螺母(见图 2-199)。

6)内六角扳手：用于内六角螺钉拆装，多种规格组成一套以方便使用(见图 2-200)。

3. 螺纹联接的拆装方法

螺纹联接装(拆)的松紧程度和次序对工作精度和机件的寿命有很大关系，因此必须采用正确的操作方法，常见的形式有(见图 2-201)：先分别将螺钉旋到靠近工件，但不要加力，然后按图示顺序 1、2……依次旋紧程度 1/3 左右，以后再按上述次序旋紧 2/3 程度，最后再按序旋紧。这样能使全部螺钉旋紧程度一致，联接工件不会产生变形。

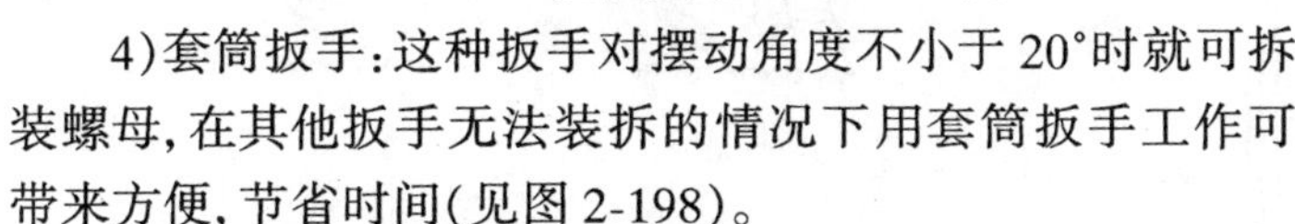
图 2-198 套筒扳手

4. 螺纹联接的防松装置

机器在工作中会产生振动而使螺纹逐渐松脱失去原有的紧固作用，因此螺纹联接中常采用防松装置。

1)锁紧螺母(见图 2-202)：它是依靠两螺母 a、b 向旋紧后两端面间的摩擦力来防松的。但这种方法在高速运转时也不够可靠。

2)开口销(见图 2-203):将开口销插入旋紧后的螺母槽内或螺栓孔内,然后将开口销两脚分开(角度不宜过大)。

3)铁丝防松:将铁丝穿入旋紧后的螺母和螺栓孔内并把铁丝拉紧。穿铁丝时要注意方向(见图 2-204)。图中 1 是正确的,2、3 是错误的。

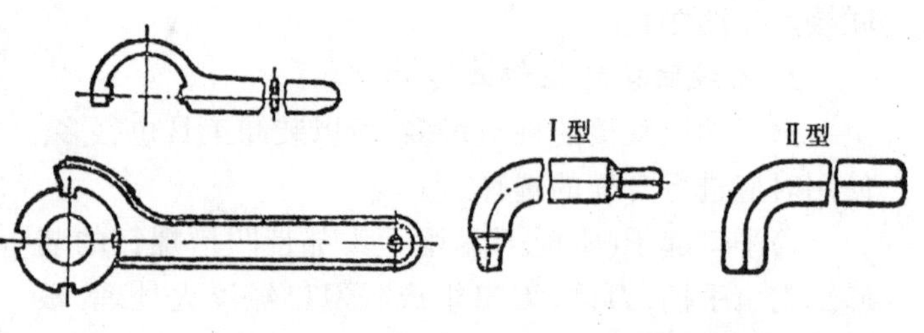

图 2-199　**钩扳手**　　图 2-200　**内六角方扳手**

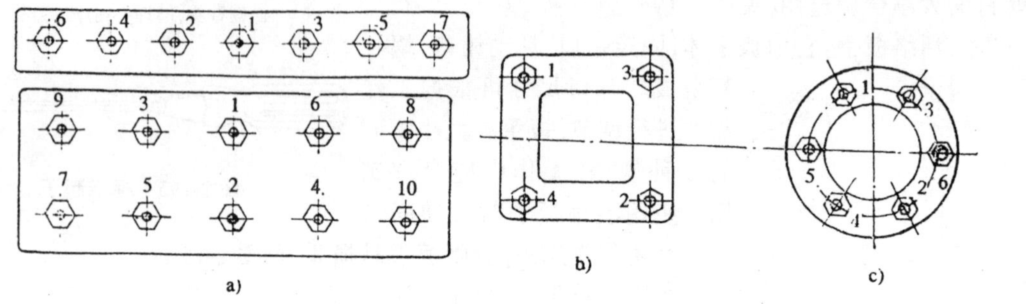

图 2-201　**拧紧螺纹的次序**

a)长条件和长方件;b)方形件;c)圆形件

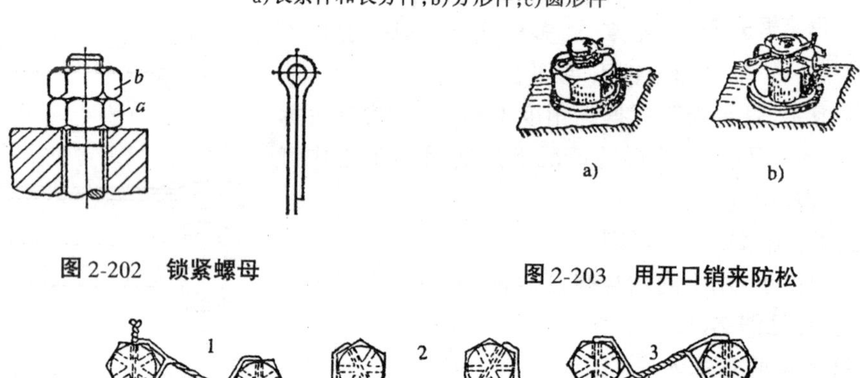

图 2-202　**锁紧螺母**　　图 2-203　**用开口销来防松**

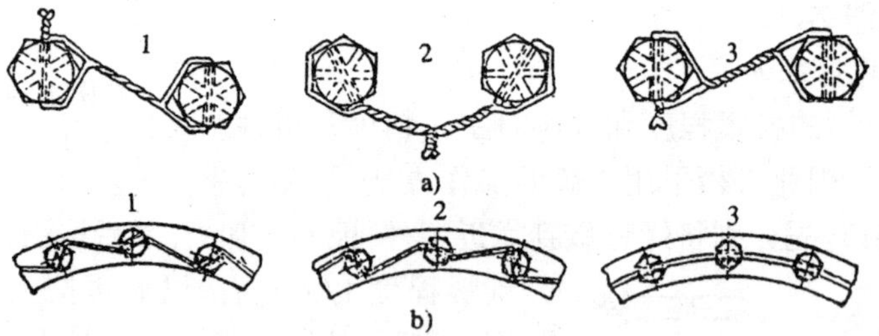

图 2-204　**用铁丝来防松**

4)垫圈防松(见图 2-205):螺母下垫一弹簧垫圈,旋紧螺母时由于弹簧垫圈的张力增强了接触面的摩擦力,同时垫圈的尖边切入螺母的支撑面,以此阻止螺母的自动回松。

也可用止退垫圈(见图 2-206)。旋紧螺母后,将垫圈一边弯到螺母侧面上,另一边弯到联接零件侧面,以此锁住螺母。

5. 双头螺栓的拆装方法

由于双头螺栓的一端需装到机体外，另一端为螺纹而无螺钉头，在没有专用工具情况下，拆装螺栓常用方法是用两个螺母旋在螺栓上并相互压紧，再旋上面的螺母即可把螺栓旋紧在机体螺纹孔中，然后用两个扳手松开紧压的螺母便可。如果需拆卸方法同上，注意反旋下面的螺母(见图2-207)。

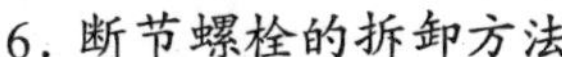

6. 断节螺栓的拆卸方法

螺栓断节时，拆卸可根据螺栓断节的部位采用下列方法：

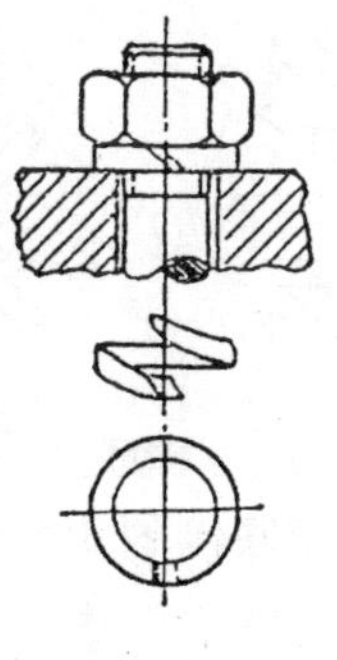

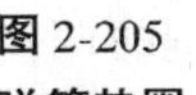

图2-205 弹簧垫圈

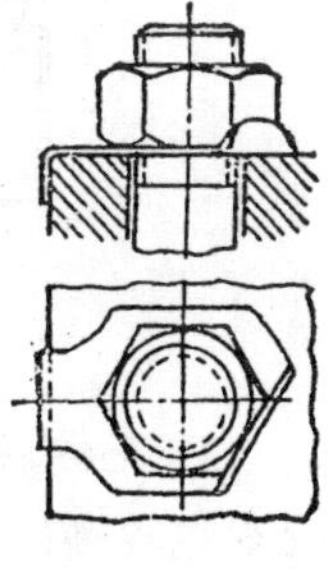

图2-206 止退垫圈

1)螺栓断节后尚有部分留在机体外，则可将留出部分的螺栓锉成一对称平面，而后用扳手旋出，也可用管子钳夹住螺栓旋出。

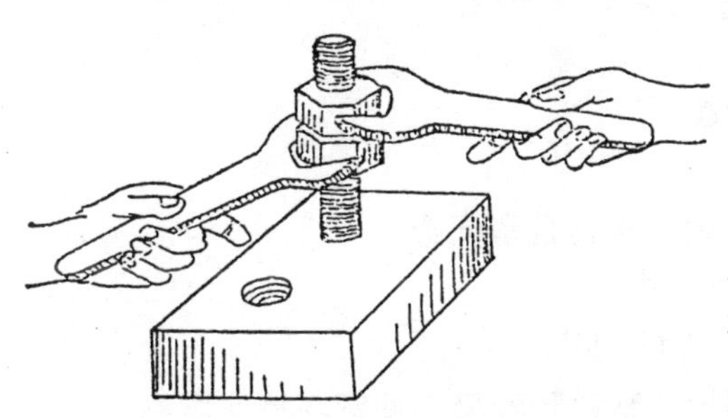

图2-207 用双螺母装拆双头螺栓

2)如断节螺栓残留在机体外的部分较短，可采用一螺钉焊接到螺栓断节处，然后用扳手旋螺钉取出断节螺栓。

3)螺栓断节处在机体内，则可用一直径略小于螺栓螺纹内径的钻头在螺栓上钻孔，这样可减小螺栓与机体的联接摩擦力，而后用尖錾轻轻反向剔出断节螺栓。

无论用上述何种方法取出断节螺栓，应在取出前先用柴油浸泡一下，使柴油渗透到螺栓与机体的连接处，以减少螺栓与机体螺孔间的摩擦力而便于旋出断节螺栓。

第三节 键联接及其装配

要使轴与装在轴上的传动机件(如齿轮、皮带轮等)相互间传递扭矩，键的一部分嵌在轮槽内，一部分嵌在轴槽内(见图2-208)。

1. 平键联接：平键有圆头(A型)、方头(B型)和单圆头(C型)3种类型，其中A型使用较广。键一般用45#钢制造。见图2-209。

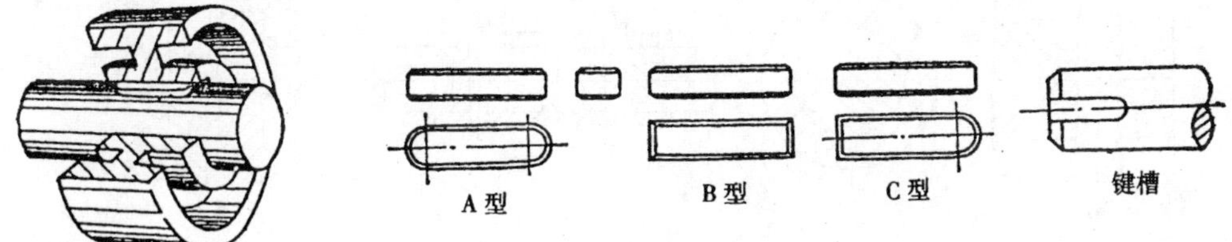

图2-208 键与键槽

图2-209 平键类型

平键的断面形状有正方形和长方形两种，平键的两侧面为工作面传递扭短(见图2-210)。

2. 半圆键联接：它也是靠键两侧与键槽两侧互相紧贴来传递扭矩(见图2-211)。由于轴键槽较深，对轴强度削弱较大，所以只能传递较小扭矩。

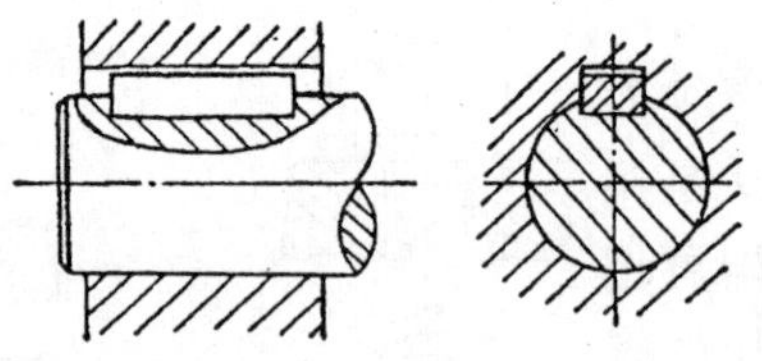

图 2-210 平键联接

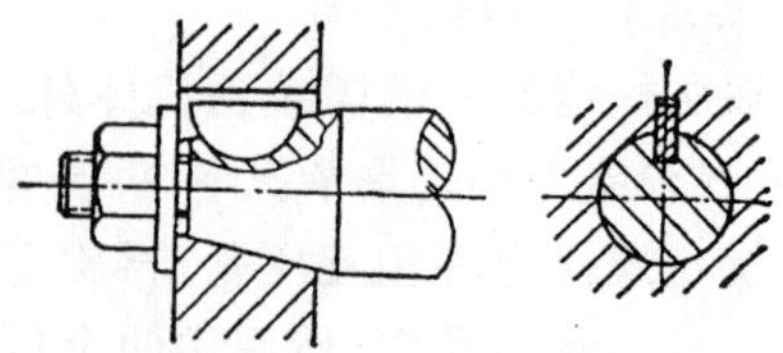

图 2-211 半圆键联接

3. 花键联接：花键联接的主要特点是轴的强度高，传递扭矩大，对中性、导向性好，但制造成本也较高(见图 2-212)。

4. 键联接的装配：键的两侧面与键槽配合必须精确，不可松动。

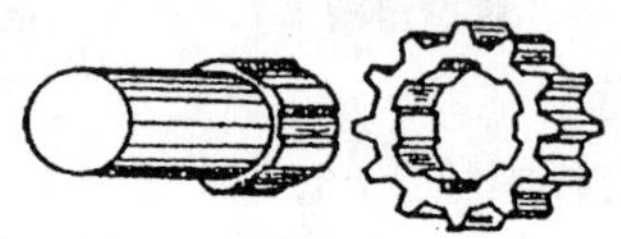

图 2-212 花键联接

1)平键装配要点：

(1)清理键与键槽的锐边，去除加工后留下的毛刺以达到紧密配合。

(2)键长应使键头与键槽间留有 0.1 mm 左右的间隙。

(3)键上面与轮上键槽底面也应留有 0.2 mm 左右的间隙。

(4)键压入轴键槽时应先将键涂少许机油，用铜棒或软锤轻轻敲击使键与槽底紧贴。

2)花键装配要点：

一般花键多用在套件与花键为滑动配合上，装配时可用铜棒或软锤轻轻打入，不宜过紧。轴与轴套间应滑动自如，但也不能过松，不可感觉到有间隙。如花键配合后滑动不灵活，可用涂色法进行修正。

第四节 销联接及其装配

销联接是用销钉把机件联接在一起，使它们之间不能互相转动或移动。销的作用可分为(见图 2-213)：

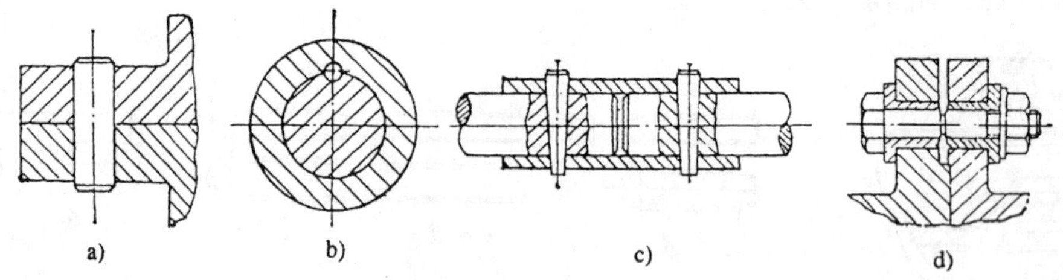

图 2-213 销联接

a)、b)定位使用；c)紧固作用；d)保险作用

1. 紧固联接作用：是二根轴通过轴套用销联接起来的，见图 2-213c)，但这种联接只能传递较小的扭矩。

2. 定位作用：主要是用来精确确定零件间的相互位置，使它们之间不能互相转动或移动，见图 2-213a)、b)。

3. 保险作用：机件运行中超负荷时，销子被切断，以保护其他机件，见图 2-213d)。

销钉可分为圆柱销、圆锥销两种。在装配时应注意：

1. 圆柱销装配要点。圆柱销定位时多是靠过渡配合固定在孔中。装配时，将两联接件紧固在一起一同钻孔和铰孔，使孔壁具有较高粗糙度，然后将销钉涂上润滑油装入孔内。打入销钉时应用软锤敲击，用力不可过大。

2. 圆锥销的装配。装配前同样将两联接件紧固在一起，同时钻孔和铰孔，钻孔时按小头直径选用钻头，然后用 1:50 的铰刀铰孔。销子装入孔内应以自由插入孔内的长度占销子总长度的 80%～85% 为宜。经敲击后，销子大头端可稍微露出联接件表面或一样平(见图 2-214)。

为便于取出销子，可选用大头带螺纹的圆锥销(见图 2-215)。

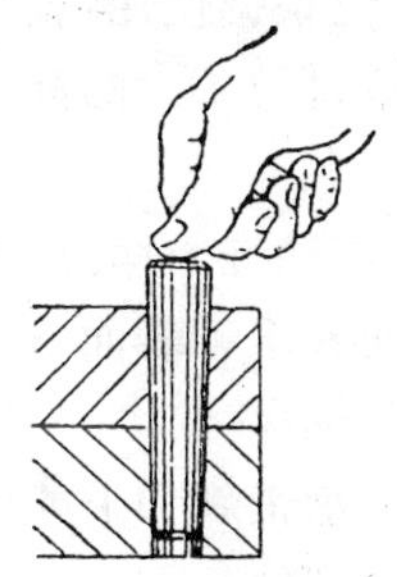

图 2-214　圆锥销自由放入铰过孔的深度

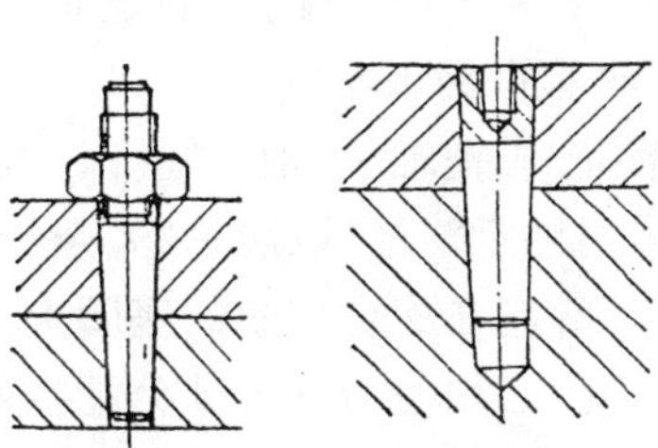

图 2-215　带螺纹的圆锥销

a)带外螺纹；b)带内螺纹

第五节　轴承的装配

1. 整体滑动轴承(轴套)的装配

轴套装入机体内的顺序为：压入和固定轴套，装后检验和修理。

1)压入轴套的方法和工具：由于船舶上工作条件的限制，一般采用简单的用垫板和手锤压入(见图 2-216)。开始压入应放正位置，防止轴套歪斜，然后放上垫板，经垫板传递手锤的敲击力而压入。压入时不能一步到位，要逐步进行，边压边检查。另外在压入轴套之前，还要仔细检查轴套和机体上的油孔位置是否对正，修整压入接触面上的毛刺，涂上润滑油。

2)固定轴套的方法：为防止轴套转动，轴套压入后可用销钉或螺钉固定(见图 2-217)。

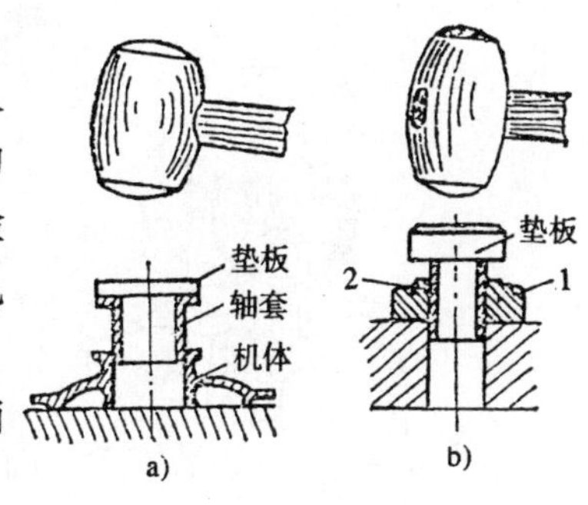

图 2-216　压入轴套

3)装配后的检查和修理：轴套压入后，需对压入产生的缺陷(如轴套少许变形、表面损伤等)进行检查和修整。常采用刮削的方法使轴颈与轴套之间的间隙及接触点达到精度要求。

2. 对开式滑动轴承(轴瓦)的装配

轴瓦装入轴承盖以前，应修光所有配合面的毛刺，检查轴承盖和轴瓦上的油孔是否对正，轴瓦与轴承座和轴承盖间的外表面要贴合好(见图 2-218),否则会造成轴瓦变形或破裂。

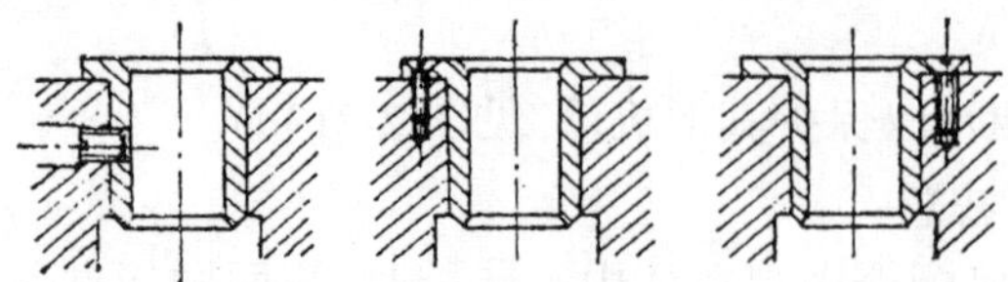

图 2-217　轴套的固定

a)、b)螺钉固定;c)销钉固定

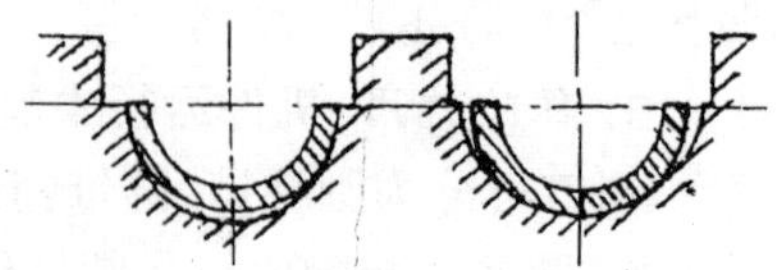

图 2-218　轴瓦不正确配合

装配应进行检验和修刮,其方法是用磨点子、压铅丝的方法来修正轴与轴瓦间的配合面精度和间隙。

3. 滚动轴承的装配与拆卸

1)滚动轴承的配合

滚动轴承内圈和轴的配合以及外圈和轴承座的配合应根据使用情况来决定。

转动圈一般采用过盈配合,固定圈常采用极小间隙或过盈不大的配合。

2)滚动轴承的装卸规则

(1)安装前,应把轴承、轴、轴套以及油孔等用煤油或汽油洗干净,涂上清洁的黄油。

(2)装配时注意清洁,以防污物、杂物掉入轴承内而伤害滚动表面。

(3)装卸时,应在配合较紧的座圈上用力,以避免损坏轴承。

(4)加力时,必须使力均匀地分配在座圈四周,以防轴承歪斜和卡死而损坏贴合面。

(5)轴承应装配到位,其端面应与轴肩或孔的支承面贴紧。

3)滚动轴承的装卸工具和方法

(1)由于船上设备有限,滚动轴承的装配常采用手工敲击的方法。装配时不可直接敲击轴承端面,而垫一木块或铜棒以及相应内孔直径的铜套(见图 2-219)。注意敲击时应使轴承端面均匀受力。

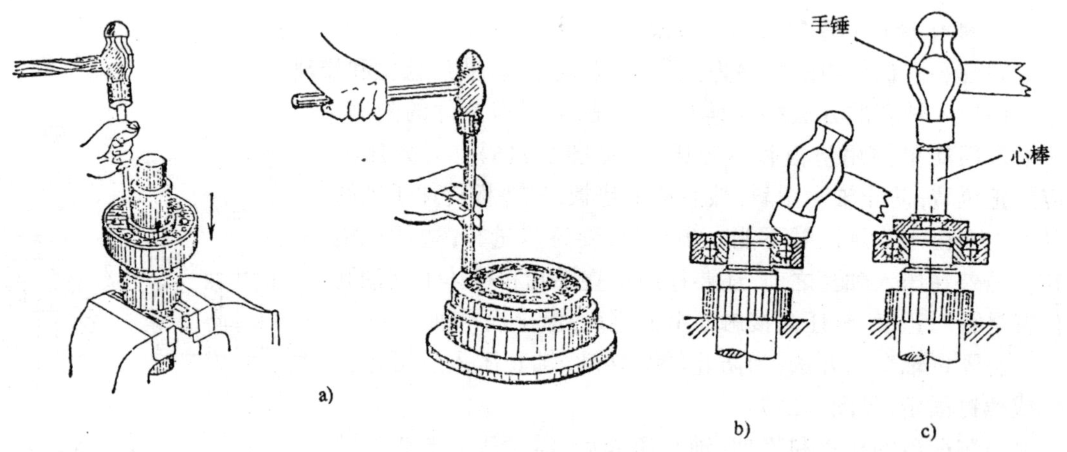

图 2-219　滚动轴承装配时的锤击方法

a)用铜棒均匀敲击;b)不正确;c)正确

(2)拆装滚动轴承时可用专用工具"拉器"将轴承拉出(见图 2-220)。条件许可的情况下也可用敲击法取出。

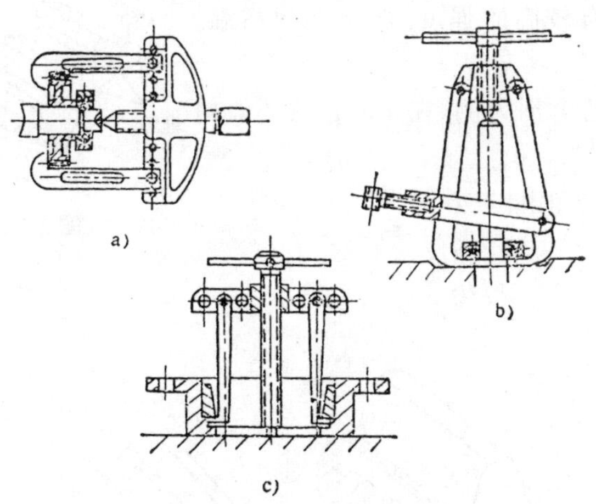

图 2-220　拆卸轴承用的工具

第六节　轴件、齿轮、螺纹表面修复工艺

由于船舶工作条件的限制，在对机械零件修复时不具备工厂车间内的一些机修设备，所以这里仅简单介绍常见的、在船舶工作条件许可的情况下对轴件、齿轮、螺纹表面的修复工艺。

1．更换配件法

对一些易损坏的零件，船舶上往往有一定的备件，只需将新备件替换已损坏机件便可。

2．镶套法

多用于轴颈的磨损，当轴颈磨损无法工作而又无备件更换的情况下，可用与轴同样材料的轴套镶上，并用焊接或螺钉（销钉）加以固定。使用条件允许的情况下也可用胶粘剂固定（见图 2-221）。

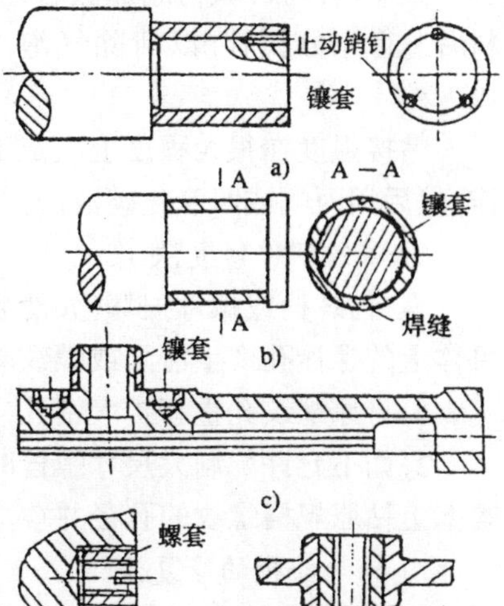

图 2-221　镶套法的应用

a)、b)、c)轴上镶套；d)、e)孔中镶套

3．焊接法

用一般焊接的方法（如气焊、电焊、钎焊），对损坏零件焊补修复。这种方法可修复各种钢件、铸铁和铜合金件。注意焊补铸件时，为防止“白口”铁的产生和改善焊缝的塑性，常采用镍基、铜铁和高钒焊条。焊修前，焊补部位要清洁干净，并进行预热处理，缓慢冷却。最后通过车削、锉削等加工使其达到一定技术要求（见图 2-222）。

4．镶齿法

对于一些不太重要的齿轮，如果轮齿局部损坏，除了可用焊补法外也可用镶齿法进行修复（见图 2-223）。在断齿处镶上一块材料后再加工出齿形，镶上的材料应用螺钉或焊接法固定。

5．胶接（环氧树脂粘接）法

环氧树脂是高分子合成材料，对金属、玻璃、塑料、木材等物有高度的粘合性，粘接工艺简单。

环氧树脂粘结剂具有较高的强度，但不能耐高温。配制方法如下：

以6101[#]环氧树脂粘合剂为例，在100 g的环氧树脂中加入：

增塑剂：磷苯二甲酸二丁酯　20 g
硬化剂：乙二胺　8 g
填　料：铁粉　250 g

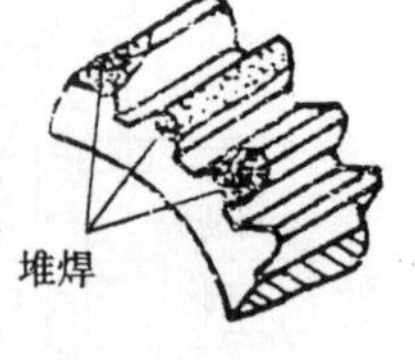

图2-222　**轮齿焊接修理**

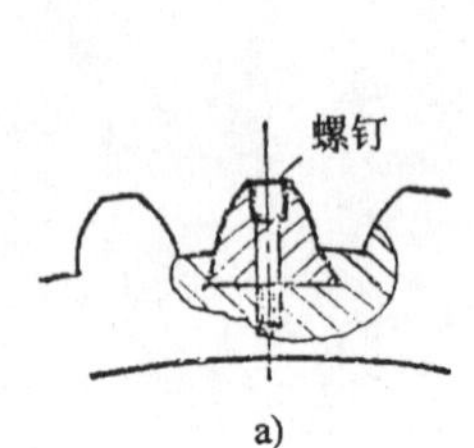

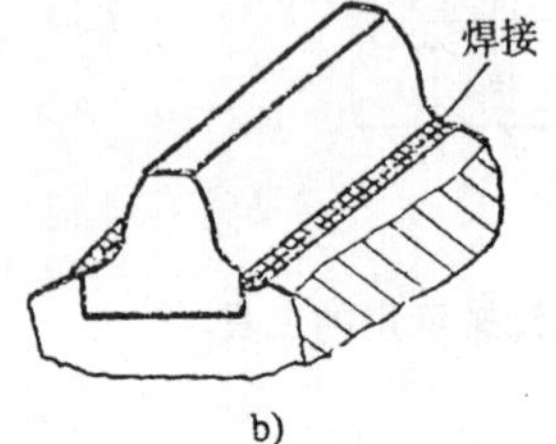

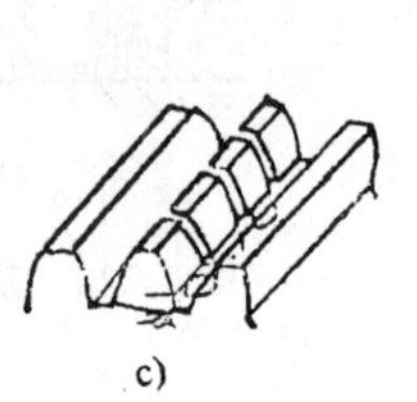

图2-223　**镶齿修理法**

a)用螺钉销钉固定；b)用焊接固定；
c)小模数齿轮分段直接用螺纹旋塞

图2-224　**配螺塞**

配制时，将环氧树脂加热熔化后，倒入瓷质或搪瓷器皿中，根据需用量按比例加入上述配料后进行充分搅拌，以清除气泡，搅拌均匀后即可使用。常温下粘结剂的硬化过程一般为12 h。

粘接强度在很大程度上决定于粘接表面的清洁程度。因此，粘结表面应先进行修刮等工作，然后用丙酮或四氯化碳清洗，待其风干后再进行粘结。

6．螺纹零件修复法

镙钉、螺栓或螺母损坏（如滑牙、头部损坏或杆拉长）后，通常是更换新的。以下主要介绍机体上的螺栓孔产生滑牙或螺纹剥落等现象时的修复。

1）将原螺纹孔重新扩大钻孔，去除原螺纹，重新攻上大尺寸的螺纹并重新配上螺栓。

2）如不允许配制大尺寸螺栓时，可在扩大钻孔的原螺孔内配一个螺塞旋入机体内，然后在螺塞上钻原规格螺纹的孔径并攻丝后再旋入原螺栓（见图2-224）。

7．轴颈磨损的修复法

用浸润了环氧树脂胶粘剂的玻璃纤维布，一道道紧密缠绕在轴颈上，缠绕厚度应超过原轴颈直径尺寸，待固化后再加工至符合要求的轴颈尺寸，便可重新装上滚动轴承继续使用。

复习思考题

1．拆卸机件时要注意什么？

2．简述螺栓的拆装方法。

3. 螺纹防松法有几种？铁丝紧固防松法要注意什么？
4. 断节螺丝如何取出？
5. 键联接装配有什么要求？
6. 装配轴承时要注意什么？
7. 常见机件修复法有几种？
8. 环氧树脂粘接法的工艺是什么？

第三篇　电、气焊基础工艺

第一章　手工电弧焊

第一节　手工电弧焊的基本知识

1．焊接的基本概念

使两个分离的同质或非同质的金属，通过加热、加压或加热同时又加压，借助于原子间或分子间的结合，以形成一个整体的过程称为焊接。

在各种焊接方法中，应用最普遍的是手工电弧焊和气焊，手工电弧焊是利用手工操作在工件和焊条之间引燃电弧，利用电弧高温熔化焊件和焊条来进行焊接。这种焊接方法的优点是灵活、方便、效率高、设备简单。

2．电弧焊设备的使用和保养

手工电弧焊的主要设备是弧焊机，按产生的电流种类不同，弧焊机可分为交流和直流两大类：

1)交流电焊机(弧焊机)：交流电焊机实际上是一种降压变压器，所得到的焊接电流是交流电。图 3-1 为 BX_1-330 型交流弧焊机的结构原理，它属于动铁芯漏磁式。空载电压为 60～70 V，工作电压为 30 V，电流调节范围为 50～450 A。

电焊机是由固定铁芯、可动铁芯、初级线圈和次级线圈组成。初级线圈全部绕在固定铁芯的一个柱上。次级线圈分两部分，一部分绕在初级线圈外面，另一部分绕在固定铁芯的另一个柱上兼作电抗线圈。

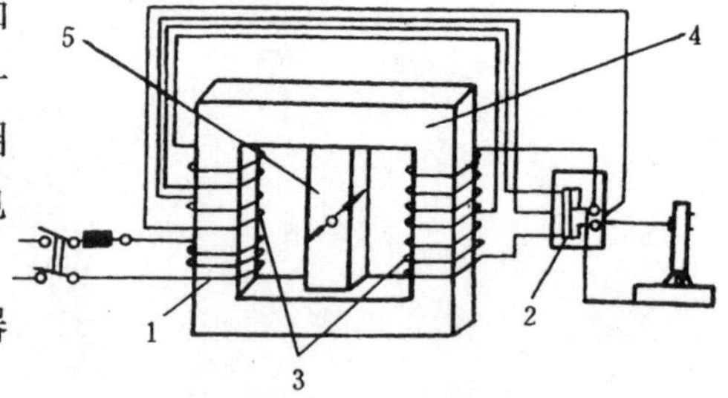

图 3-1　BX_1-330 型交流弧焊机原理

1-初级线圈；2-次级接线板；3-次级线圈
4-固定铁芯；5-可动铁芯

交流电焊机电路，由降压变压器、阻抗调节器和焊接电弧 3 部分组成。

降压变压器将电源电压(初级电压为 380 V 或 220 V)转变成较低的引弧电压(60～70 V)或称空载电压，再通过阻抗调节器使电弧在燃烧过程中保持焊接线路电压 30～40 V(工作电压)。

BX_1-330 型交流电焊机是利用手柄改变可动铁芯的位置，即改变漏磁大小来调节电流。当铁芯向外移动时，漏磁减小，电流增大。反之则电流减小。

交流电焊机常见故障及排除方法见表 3-1。

2)直流电焊机(弧焊机):直流电焊机所得到的焊接电流是直流电。具有结构简单、重量轻、维护方便等优点。焊机空载电压为50～80 V,工作电压为30 V,电流调节范围为45～320 A。常用直流焊机有AX-320型和AX_1-500型。见图3-2。

交流弧焊机常见故障及排除方法　　表3-1

故障特征	可　能　原　因	排　除　方　法
变压器过热	1. 过载 2. 线圈短路 3. 铁芯螺杆绝缘损坏	1. 减小使用电流 2. 消除短路 3. 修复绝缘
焊接电流不稳定	1. 电缆等接触不良 2. 可动铁芯随震动而移动	1. 使接触可靠 2. 防止铁芯移动
可动铁芯强烈震响	1. 可动铁芯制动螺纹弹簧松 2. 可动铁芯移动机构损坏	1. 旋紧螺纹调紧弹簧 2. 修复移动机构
变压器外壳带电	1. 初级或次级线圈碰壳 2. 电源线碰壳 3. 焊接电缆碰壳 4. 接地线脱落或接地不良	1～3. 消除碰壳 4. 接妥地线
焊接电流过小	1. 电缆太长 2. 电缆线成盘 3. 电缆接触不良	1. 减小长度或加粗 2. 放开电缆 3. 使接触良好

AX-320型直流弧焊发电机有两种电流调节方法。粗调节是用改变电刷位置来实现的。当电刷沿发电机旋转方向移动时,则电枢反应所产生的磁通增加,使交极去磁作用增加,焊机电压降低,焊接电流随之减小,相反,逆发电机旋转方向移动时,则交极去磁作用减小,焊接电流增大。

粗调节共有3档,电刷在第1档位置电流最小,第3档位置电流最大。可利用电流调节手柄来改变电刷位置。

细调节是利用变阻器来改变交极激磁线圈的电流,使发电机的总磁通增大或减小,从而改变焊机的电压,达到细调节焊接电流的目的。

图3-2　AX-320型直流弧焊机

直流弧焊机的侧面设有次级接线柱,分别为正极和负极,一个接电焊钳,另一个接焊件。可根据需要来调换极性的接法。

直流电焊机常见故障及排除方法,见表3-2。

直流弧焊机常见故障及排除方法　　表3-2

故障特征	可　能　原　因	排　除　方　法
启动后转速很低有嗡嗡声	1. 三相中有一相断开 2. 电动机定子线圈断线	1. 接通三相 2. 修复
电刷火花	1. 电刷与换向器接触不良 2. 电刷卡住或松动 3. 换向片间云母凸出	1. 清洁接触面 2. 调整电刷与电刷架间隙 3. 拉深云母槽,使低于换向片1 mm
电流不稳定	1. 电缆接触不良 2. 电流调节器随震动而滑动	1. 使接触良好 2. 防止移动
焊机过热	1. 过载 2. 电枢线圈短路 3. 换向器短路或不洁	1. 减小电流 2. 修复 3. 修复或清理

3)电焊机的使用与保养：

(1)电焊机应放在通风、干燥的地方，并放置平稳。露天作业时，应做好防灰尘、防雨和防雪工作。

(2)焊机接入电网时，必须注意两者电压是否相符(焊机电压与网路电压)。

(3)启动焊机时，焊钳和焊件不能接触，以防短路。

(4)调节电流及变换极性时，应在空载情况下进行。

(5)应按焊机的额定焊接电流和暂载率来使用，严禁过载。

(6)焊接过程中如有短路现象，不允许时间过长，特别是硅整流焊机在短路时更容易烧坏。

(7)直流焊机的电刷和整流片应接触良好，当电刷磨损或损坏时应及时更换。

(8)接线柱与电缆应接触良好，不允许松动，焊机外壳应接地良好，以确保安全。

(9)硅整流焊机要特别注意平时维护和冷却，严禁在不通风的情况下使用。

(10)要定期清扫灰尘，保持焊机清洁。

(11)如焊接中发生故障，应停止焊接及时进行修理。在检修或不进行焊接时，应切断电源。

3．电弧焊的工具及防护用品

1)电焊钳：电焊钳的作用是夹持焊条和传导电流，主要由上下钳口、弯臂、弹簧、直柄及固定销等组成。常用的型号G-352，重0.5 kg，可夹ø2～ø5 mm直径的焊条，电流为300 A。

对电焊钳的要求是导电性能好、重量轻、夹住焊条牢固及换焊条方便等。

2)焊接电缆：焊接电缆的作用是传导焊接电流。对其有下列要求：

(1)一般要求用多股紫铜软线制成，具有足够的导电截面积，并要有良好导电能力和绝缘外层。

(2)要轻便、柔软、能任意弯曲和扭转，以便于操作。

(3)一次电缆是焊机与电力网连接的电源线，因电压较高，除有良好绝缘外，还不能太长，一般不超过2～3 m。如确需用较长的导线时，应采取间隔的安全措施。

(4)二次电缆的长度应根据具体情况来决定。太长会增大压降，太短则操作不方便，一般以20 m左右为宜。电缆应是整根的，中间不能接头。

(5)严禁利用一些金属结构、管道、轨道或其他金属搭起来作为导线使用。

(6)不得将焊接电缆放在电弧附近或炽热的焊缝金属旁，避免高温烧坏绝缘层，同时也要避免碾压磨损等。

3)面罩及护目玻璃：面罩的作用是保护焊工的面部，免受强烈的电弧光和飞溅的金属灼伤。面罩有手持式和头戴式两种。

护目玻璃用来保护眼睛，用它可以减弱电弧光的强度，过滤红外线和紫外线及焊接过程中观察熔池情况。护目玻璃按颜色深浅可分六号：7、8、9、10、11、12号，号数越大，色泽越深。目前以墨绿色为主，一般常用9号和10号。

4)辅助工具：常用的辅助工具有焊条箱、尖头锤、钢丝刷及凿子等，为了防止弧光和飞溅的金属损伤及防止触电，焊接时必须戴好皮革手套、工作帽和穿白帆布工作服及绝缘鞋等。另外在敲渣时，应戴平光眼镜。

第二节　电弧焊的基本操作

1．电焊条

1)电焊条的种类及应用范围:电焊条(简称焊条)是在焊芯上涂以一定厚度的药皮用于手工电弧焊的焊接材料,如图3-3所示。它的作用是作电极传导焊接电流和作焊缝的填充金属。

根据被焊金属的化学成分和使用技术要求,焊条可分为10类。

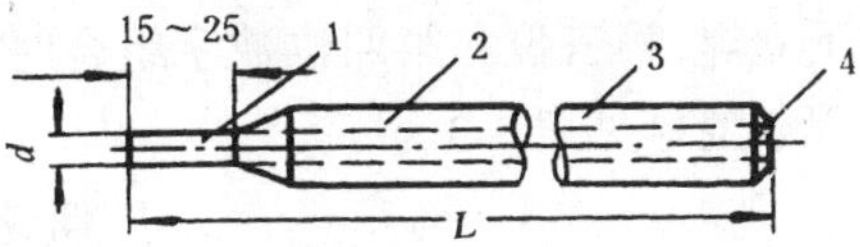

(1)结构钢焊条(低碳钢和低合金高强度钢焊条):用于焊接低碳钢、中碳钢、铸钢和普低钢。

(2)钼和铬钼耐热钢焊条:用于焊接珠光体和马氏体耐热钢。

图3-3　焊条

1-夹持端;2-焊芯;3-药皮;4-引弧端

(3)不锈钢焊条:用于焊接铬不锈钢、奥氏体不锈钢、复合钢板、异种钢、淬透性大的碳钢和高铬钢等。

(4)堆焊条:用于堆焊特殊合金层。

(5)铸铁焊条:用于焊补灰口铸铁、球墨铸铁和高强度铸铁等。

(6)铜及铜合金焊条:用于焊接铜及铜合金、铜与钢等异种金属。

(7)铝和铝合金焊条:用于焊接铝和各种铝合金。

(8)低温焊条:用于焊接低温压力容器和管道等。

(9)镍和镍合金焊条:用于焊接镍、高镍合金、异种钢等。

(10)特殊用途焊条:用于特殊的焊接(如水下焊接)等。

2)对焊条的基本要求:为了保证焊条在焊接过程中具有较好的工艺性能和焊后焊缝金属具有一定的机械、化学或特殊性能,对焊条提出下列要求:

(1)引弧容易,焊接过程中电弧稳定,金属飞溅少。尽可能适于交、直电流两用。

(2)焊条药皮熔化速度应均匀,无大块脱落,并稍慢于焊条芯的熔化速度,焊接过程中形成喇叭筒状态,有利于金属熔滴过渡和造成保护气氛。

(3)熔渣的粘度及流动性应适当,熔渣的密度应小于熔化金属的密度,且凝固温度稍低于熔化金属的凝固温度,熔渣能良好地保护焊缝金属,冷凝后脱渣性好。

(4)焊条在焊接过程中应具有渗合金属和冶金作用,以保证焊缝金属和焊接接头的机械性能和物理性能,并保证焊缝不产生气孔、夹渣、裂纹等缺陷。

(5)焊条应适于全位置焊接,它的药皮强度要高、不易脱落、不易吸潮、同心度好、焊接时放出对人有害气体尽量少。

3)焊条的涂药与牌号:焊条药皮在焊接过程中有许多重要作用,能保证电弧稳定燃烧,保护熔化金属,防止空气侵入。可在焊接过程中除氧、脱硫、并向焊缝中渗入合金元素,使焊缝成形美观。

含有氧化性较强的氧化物(如二氧化硅、氧化钛等)药皮成分的焊条,叫做酸性焊条;含有大量碱性物(如大理石、萤石)药皮成分的焊条,叫做碱性焊条。它们的区别是:

酸性焊条工艺性能好,成形美观,对铁锈、油脂、水分等不敏感,吸潮性不大,用交、直流电源焊接均可;其缺点是脱硫、除氧不彻底,抗裂性差,机械性能较低。

碱性焊条抗裂性好，脱硫、除氧较彻底，脱渣容易，焊缝成形美观，机械性能较高；其缺点是吸潮性能较强，抗气孔性差，一般只能用直流反接，但若在药皮中加入适量稳弧剂，则交、直流均可用。

焊条型号编制方法由英文字母 *E* 及后随的四位数字组成。其含意如下：字母 *E* 表示焊条；前两位数字表示熔敷金属抗拉强度的最小值；第三位数字表示焊条的焊接位置，0 及 1 表示焊条适用于全位置焊接（平、立、仰、横），2 表示焊条适用于平焊及平角焊，4 表示焊条适用于向下立焊；第三位和第四位数字组合时表示焊接电流种类及药皮类型。低碳钢和低合金钢用的焊条型号见表 3-3。

低碳和低合金钢用焊条型号

表 3-3

焊条型号	药皮类型	焊接位置	电流种类
E43 系列——熔敷金属抗拉强度≥420 MPa			
E4300	特殊型	平、立、仰、横	交流或直流正、反接
E4301	钛铁矿型		
E4303	钛钙型		
E4310	高纤维钠型		直流反接
E4311	高纤维钾型		交流或直流反接
E4312	高钛钠型		交流或直流正接
E4313	高钛钾型		交流或直流正、反接
E4315	低氢钠型		直流反接
E4316	低氢钾型		交流或直流反接
E4320	氧化铁型	平焊	交流或直流正接
E4322		平	交流或直流正、反接
E4323	铁粉钛钙型	平、横角焊	交流或直流正、反接
E4324	铁粉钛型		
E4327	铁粉氧化铁型		交流或直流正接
E4328	铁粉低氢型		交流或直流反接

4）焊条的选择与保管

选择焊条的原则是：

（1）根据焊件材料的化学成分，选用与其化学成分近似的焊条。

（2）根据焊件的工作情况，选用耐热、耐磨、抗腐蚀和承受低温等不同性质的焊条。

（3）焊条的机械性能应符合焊件机械性能的要求。

（4）根据使用的电焊机，选用适合于交、直流用的各种焊条。

焊条的保管应做到以下要求：

（1）焊条必须存放在干燥、通风的地方，防止受潮变质。

（2）搬运和堆放焊条时，要小心轻放，避免振动，防止药皮脱落。

（3）不同型号和类别的焊条不要混在一起，以免造成误用，影响焊缝质量。

（4）发现焊条受潮时，一般需要在 150 ℃～250 ℃ 的温度下烘烤一二小时后再用，如没有烘箱，也可放在热铁上烤干，但不能直接用火烤。

2. 引弧

进行焊接工作时首先要引弧,引弧时,必须将焊条的端部与焊件表面接触形成短路,然后迅速地离开焊件,并保持一定的距离(一般为2～4 mm),这样就引燃了电弧。

电弧能正常引燃,除了要有熟练的操作技术外,与焊条的性质和焊机的特点有关。低氢型焊条比酸性焊条难引弧,在用直流焊机时,焊机的空载电压至少在60 V以上。焊机空载电压越高,引弧越容易,但考虑到操作者的安全,电压也不能太高,一般在60～90 V。

引弧方法一般有两种,即直击法和划擦法,见图3-4。

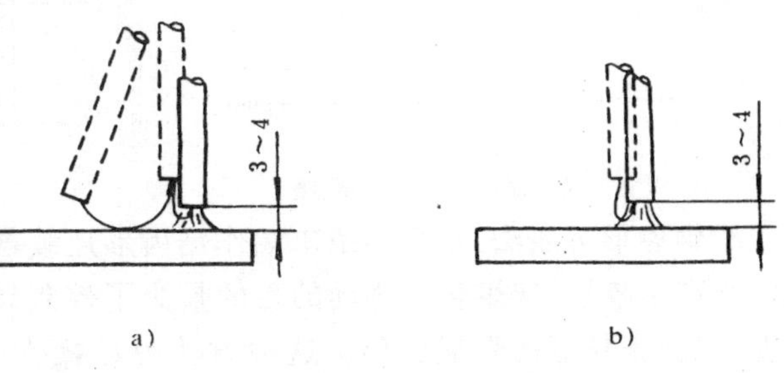

图3-4 引弧方法

a)划擦法;b)直击法

1)直击法是将焊条垂直地接触焊件表面,形成短路,然后立即将焊条提起。这种方法掌握比较困难,一般容易发生熄弧或产生粘住现象,这是因为没有掌握好焊条离开焊件时的速度和保持一定距离所引起的。如果动作太快而焊条又提得太高,就不能引燃电弧或电弧只燃烧一瞬间就熄灭。相反,动作太慢就可能使焊条与焊件粘在一起,造成焊接回路短路。所以引弧时,动作要灵活和准确,而且要注意引弧起焊点的选择。这种方法一般用在狭窄的舱室或母材表面不允许损伤的场合。

2)划擦法引弧比较容易掌握,引弧方法是先将焊条末端对准焊件,然后像划火柴似的将焊条在焊件表面轻轻划擦一下,引燃电弧,再迅速将焊条提升到使弧长保持2～4 mm高度的位置,并使之稳定燃烧。这种引弧方法优点是电弧容易引燃,操作简便,引弧效率高。缺点是容易损坏焊件的表面,造成焊件表面有电弧划伤的痕迹,在焊接不锈钢及重要焊件时,一般不宜采用,必要时需加引弧板。

引弧时,如产生短路现象,应将焊条左右迅速摇动几下,即可将焊条脱离焊件,如仍不奏效,可立即将焊钳脱开焊条。脱开后,不应立即用手摇动焊条,以免高温焊条烫伤手指。特别应当指出,引弧时短路时间过长会烧坏焊机。

3. 运条

运条是整个焊接过程中最重要的环节,它会直接影响到焊缝的外表成形及焊缝的质量。运条分3个基本动作:沿焊条中心线向熔池送进、沿焊接方向移动和横向摆动。

1)送进动作:主要是用来维持所要求的电弧长度。为了达到这个目的,焊条送进的速度应与焊条熔化的速度相适应,如果焊条送进的速度比焊条熔化速度慢,则电弧长度增加,直至熄弧。反之,则电弧长度很快地缩短,使焊条与焊件接触,造成短路。

2)移动动作:焊接速度对焊接质量和焊接效率都有很大的影响。移动速度太快,电弧来不及熔化足够的焊条和焊件金属,造成焊缝断面太小以及形成未焊透等缺陷。如移动速度太慢,则熔化金属堆积过多,加大了焊缝的断面。另外,由于对金属加热时间过长,使金属组织发生变化,使金属变形增大。焊接薄板时还易造成烧穿现象。总之,移动速度应根据电流太小、焊条直径、焊件厚度、装配间隙以及焊缝位置适当掌握。

3)横向摆动动作:主要是为了得到一定焊缝宽度,防止两边未熔合或夹渣。摆动范围与焊缝要求的宽度、焊条直径有关。摆动的范围越宽,得到的焊缝也越宽。

根据焊件、焊条及规范因素，合理选用运条方法：

1)直线形运条法：在焊接时，保证一定的弧长，并沿焊接方向作不摆动的前移，由于焊条不作横向摆动，电弧较稳定，适用于薄板不开坡口的对接平焊、多层焊的打底焊及多层多道焊，也适用于某些调质钢的焊接，如图 3-5。

2)直线往复形运条法：是将焊条末端沿焊缝的纵向作来回直线形摆动。其特点是焊速快、焊缝窄、散热快，适用于薄板焊接和间隙较大的打底焊，如图 3-6。

图 3-5　直线形运条法

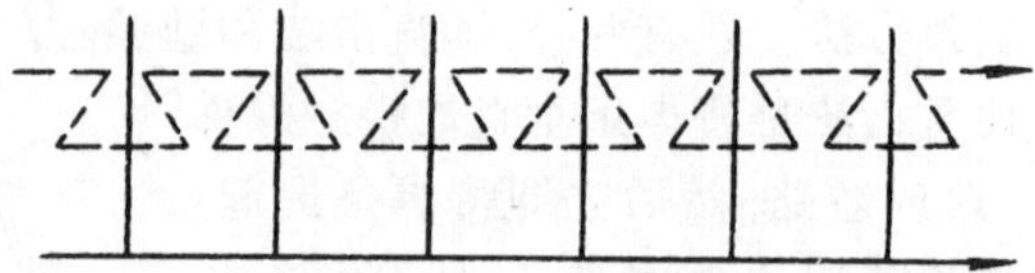

图 3-6　直线往复运条法

3)锯齿形运条法：是将焊条末端作锯齿形连续摆动而向前移动，并在两边作适当的停留，以防止产生咬边、未熔化。摆动的目的是为了控制焊缝熔化金属的。流动和得到相应的焊缝宽度，以获得较好的焊缝成形。这种方法容易操作，应用较广泛，一般用于较厚的钢板焊接。除横焊外，均可使用这种方法。如图 3-7。

4)月牙形运条法：是将焊条末端沿焊接方向作月牙形的左右摆动。摆动的速度要根据焊缝的位置、接头型式、焊缝的宽度以及电流大小来决定。这种方法运用较广泛，适用范围和锯齿形运条法相似，但焊后焊缝的余高较高，如图 3-8。

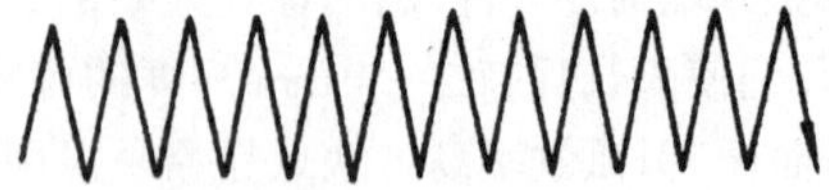

图 3-7　锯齿形运条法

图 3-8　月牙形运条法

5)三角形运条法：是将焊条末端作连续的三角形运动，并不断向前移动。根据适用范围不同，可分为斜三角形运条法和正三角形运条法。斜三角形运条法适用于焊接丁字接头的仰焊缝和有坡口的横焊缝。正三角形运条法适用于焊接丁字接头的立焊缝和开坡口的对接立焊，如图 3-9。

这种方法掌握的要领是：正三角形运条法应在三角形折角处要稍作停留，斜三角形运条法在转角部分的速度应慢些。

还有圆圈形运条法和八字形运条法等。总之，运条的关键是要平稳、均匀。

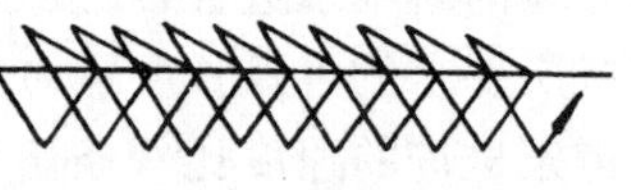

a)

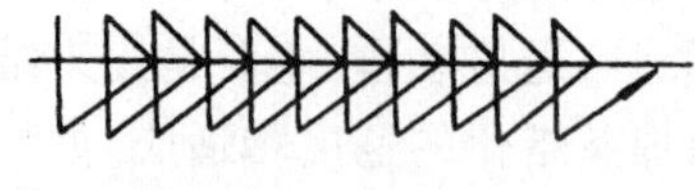

b)

图 3-9　三角形运条法

a)斜三角形运条法；b)正三角形运条法

4. 焊缝的连接与收尾

1)焊缝的连接：焊接长焊缝时，由于受焊条长度的限制，一根焊条不能焊完整条焊缝。为了保证焊缝的连续性，要求每根焊条所焊的焊缝相连接，此连接处就称为焊缝接头。

实践证明，焊缝经 X 射线探伤后，在接头处往往会发现夹渣、气孔等缺陷，因此接头的质量对于整条焊缝来说，显得非常重要，也是电弧焊基本操作练习的重点。

焊缝的连接有好几种方法，最常用的是尾头法。尾头连接是在弧坑前 10 mm 处引弧，电弧可比正常焊接时略长一些，然后将电弧移到原弧坑 2/3 处，填满弧坑后，即可进入正常焊接。如果电弧后移太多，则可能造成接头过高；后移太少，将造成接头脱节，弧坑填不满。

2）焊缝的收尾：焊缝的收尾也很重要，如果收尾时立即拉断电弧，则会产生一个低于焊缝表面甚至低于焊件平面的弧坑，过深的弧坑使焊缝收尾处强度减低，甚至产生裂纹。所以收尾动作不仅是熄弧，还要填满弧坑。

常用焊缝的收尾方法有下列 3 种：

（1）划圈收尾法：是焊条移至焊缝终点时，利用手腕动作来作圆圈运动，直到填满弧坑后再拉断电弧。此法适用于厚板焊接，用于薄板则有烧穿的危险。

（2）反复断弧收尾法：是焊条移至焊道终点时，在弧坑上需作数次反复熄弧——引弧，直至填满弧坑为止，此法适用于薄板焊接。但碱性焊条不宜用此法，因为容易在弧坑处产生气孔。

（3）回焊收尾法：是焊条移至焊缝收尾处即停止，但未熄弧，此时适当改变焊条角度，回焊一段距离，然后慢慢拉断电弧。碱性焊条常用此法熄弧。

5. 焊接工艺参数的选择

手工电弧焊时主要的焊接工艺参数是焊条直径、焊接电流、电弧电压和焊接速度。焊接时，焊接工艺参数可以有一定范围的波动，正确选择适当的焊接工艺参数是保证焊缝质量的重要措施。

1）焊条直径：为了提高焊接效率，应尽可能选用较大直径的焊条，但直径过大会造成未焊透或焊缝成形不良等缺陷。因此必须正确选择焊条直径。焊条直径的大小与下列因素有关。

（1）焊件厚度：厚度较大的焊件应选用直径较大的焊条，反之薄件应选用小直径的焊条。

（2）焊缝位置：平焊缝用的焊条直径应比其他位置大一些，立焊时的焊条直径最大不应超过 5 mm，仰焊、横焊时焊条最大直径不应超过 4 mm，这样可减少熔化金属的下淌。

（3）焊接层数：在多层焊时为了防止根部焊不透，对多层焊的第一层焊缝，应采用直径较小的焊条进行打底焊，以后各层可根据焊件厚度，选用较大直径的焊条。

在焊接低碳钢及 16 锰等普低钢中的厚钢板的多层焊缝时，如每层焊缝厚度过大，则对焊缝接头将产生不利影响，每层厚度最好不大于 4～5 mm。

一般情况下，进行平焊时，焊件厚度与焊条直径的选用关系见表 3-4。

焊件厚度与焊条直径的关系 表 3-4

焊件厚度（mm）	≤1.5	2	3	4～5	6～12	≥13
焊条直径（mm）	1.5	2	3.2	3.2～4	4～5	5～6

2）焊接电流：焊接电流是影响接头质量和焊接效率的主要因素之一，必须选用得当。电流过大会使焊条芯过热、药皮脱落，又会造成焊缝咬边、焊件被烧穿等缺陷，同时金属组织也会因过热而发生变化；若电流过小，则容易造成未焊透、夹渣等缺陷。

焊接时决定焊接电流的依据很多，如焊条类型、焊条直径、焊件厚度、接头型式、焊缝位置和层数等，但主要是焊条直径和焊缝位置。

（1）焊接电流和焊条直径的关系，见表 3-5。焊条直径越大，熔化焊条所需要的电弧热能就越多，故焊接电流应相应增大。

焊接电流和焊条直径的关系　　表 3-5

焊条直径(mm)	2.5	3.0	3.5	4.0	5.0
焊接电流(A)	60～90	80～120	110～160	140～200	170～230

焊接电流主要根据焊条直径来确定，一般可参照焊条说明书所规定的范围或按经验公式来选择。

$$I = kd$$

式中　I——焊接电流，A；

d——焊条直径，mm；

k——经验系数。

焊条直径 d 与经验系数 k 的关系，见表 3-6。碱性焊条选用的电流比酸性焊条要小些。

焊条直径 d 与经验系数 k 的关系　　表 3-6

焊条直径 d(mm)	<2.0	2～4	4～6
经验系数(k)	25～30	30～40	40～60

(2)焊接电流和焊缝位置的关系：平焊时，由于运条和控制熔池中的熔化金属比较容易，因此可选用较大的电流进行焊接。但其他位置焊接时为了避免熔化金属从熔池中流出，要使熔池小些，焊接电流相应要比平焊时小些。在实际操作中，可根据下列情况来判断焊接电流是否选择得当。

①看焊条熔化时飞溅多少。电流过大时，电弧吹力大，熔池深，焊条熔化速度快，可看到较大颗粒的铁水向熔池处飞溅，造成焊缝两侧表面不干净，同时焊接爆裂声大。电流过小时，电弧吹力小，熔池浅，焊条熔化速度慢，飞溅小，熔池和铁水不易分清。电流适当时，不仅电弧吹力、熔池深浅、焊条熔化速度、飞溅等都适当，而且熔渣和铁水容易分清。

②看焊缝成形好坏。电流过大时，熔池大，焊缝波纹低，两边易产生咬边；电流过小时，焊缝窄而高，两侧和基本金属熔合不好；电流适当时，焊缝两侧和基本金属熔合得很好，焊缝呈缓坡形。

③看焊条熔化情况。电流过大时，后半根焊条会发红；电流过小时，电弧燃烧不稳定，焊条容易粘在焊件上。

3)电弧电压：电弧电压是由电弧长度决定的。电弧长，则电弧电压高；电弧短，则电弧电压低。在焊接过程中，电弧不宜过长，应力求短弧。

4)焊接速度：焊接速度就是焊条沿焊接方向移动的速度。它直接影响焊缝的形状。焊接速度慢，焊成的焊缝宽而高；反之，焊接速度快，焊成的焊缝窄而矮。手工电弧焊时，焊接速度是由操作者控制的，一般较合适的焊接速度为 140～160 mm/min。

总之，在焊接时，应在保证焊缝质量的前提下，采用较大直径焊条和焊接电流，并按具体条件，适当加快焊接速度，以提高焊接效率。

第三节　各种位置的焊接方法

焊接时，由于焊缝所处的位置不同，因而操作方法和焊接规范的选择也就不同。但是只要仔细观察并控制熔池的形状与大小，并根据其变化的情况，不断调整焊条角度和运条方法，就能达到控制熔池尺寸和确保焊接质量的目的。

1. 平焊

平焊时焊缝在水平位置，熔滴主要靠自重来自然过渡。平焊容易操作，便于观察，并用较大直径的焊条和较大的焊接电流，以提高焊接效率和获得优质的焊缝。

平焊又分平对接焊和平角接焊两种。

1）平对接焊：当焊件厚度小于 6 mm 时，一般采用不开坡口对接焊（重要焊件除外）。

焊接正面焊缝时，宜用直径 3～4 mm 的焊条，短弧焊接，并使熔深达到板厚的 2/3，焊缝宽度为 5～8 mm，加强高应小于 1.5 mm，如图 1-10。

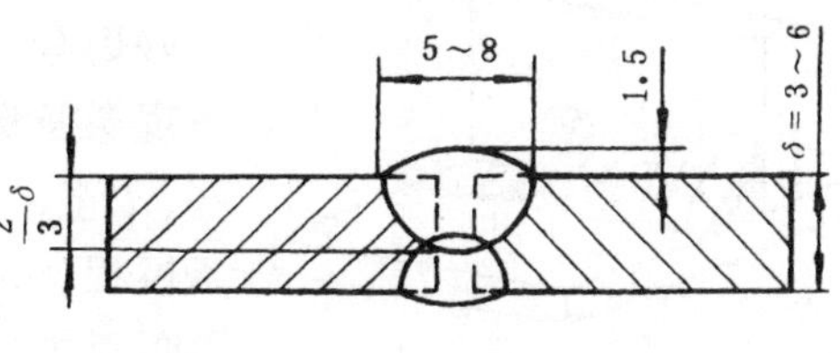

图 3-10　不开坡口对接焊缝

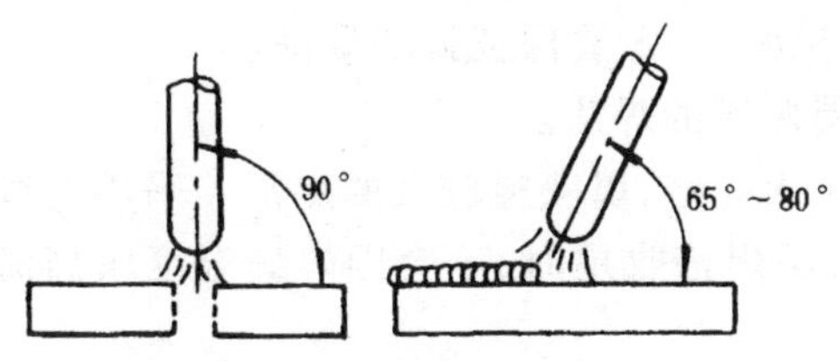

图 3-11　平对接焊时焊条角度

焊接反面焊缝时，对不重要焊件，可不必铲除焊根，但应将正面焊缝下面的熔渣彻底清除干净，然后用直径 3 mm 的焊条进行焊接，电流可以稍大些。焊接时所用的运条方法均直线形，焊条角度，如图 3-11。在焊接正面焊缝时，运条速度应慢些，以获得较大的熔深和熔宽。焊反面封底焊时，则运条速度要稍快些，以获得较小的焊缝宽度。运条时，若发现铁水和熔渣混合不清，可把电弧稍微拉长一些，同时将焊条向前倾斜，并作往熔池后面推送熔渣的动作，熔渣就被推送到熔池后面去了。

2）平角接焊：平角接焊主要是指 T 字接头和搭接接头平焊，两种接头焊接的操作方法相类似。

T 字接头平焊在操作时易产生咬边、未焊透、焊脚下偏（下垂）、夹渣等缺陷，如图 3-12，为了防止上述缺陷，操作时除了正确选择焊接规范外，还应根据两板的厚薄适当调节焊条的角度。如果遇到两板厚薄不同焊缝时，电弧就要偏向厚板一边，以便两板温度均匀。常用的焊条角度，如图 3-13。

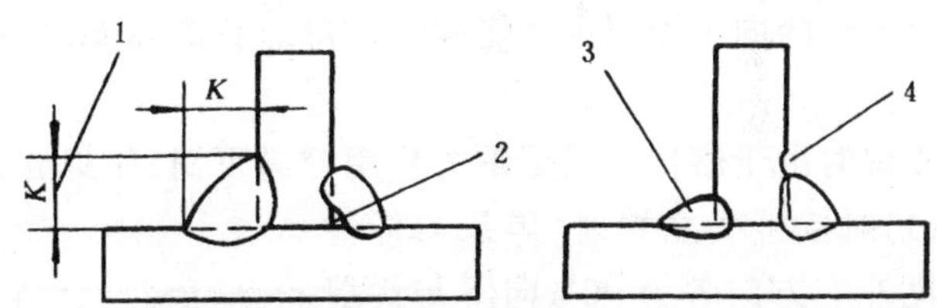

图 3-12　T 字接头焊缝容易产生的缺陷

1-焊脚；2-未焊透；3-下垂；4-咬边

T 字接头的焊接除单层外，也可采用多层焊或多层多道。其焊接方法如下。

（1）单层焊：焊脚尺寸小于 8 mm的焊缝，通常用单层焊来完成，焊条直径根据钢板厚度不同，在 3～5 mm范围内选择。

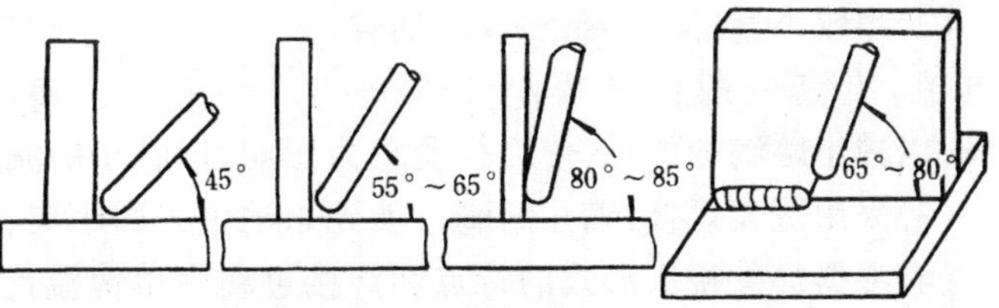

图 3-13　T 字接头平焊时的焊条角度

焊脚小于 5 mm 的焊缝，可采用直线形运条法和短弧进行焊接，焊接速度要均匀，焊条与水平板成 45°夹角，与焊接方向成 65°～80°的夹角。若焊条角度过小会造成根部熔深不足，角度过大，熔渣容易跑到前面而造成夹渣。

焊脚尺寸在5～8 mm时，可采用斜圆形或反锯齿形运条方法进行焊接。但注意各点的运条速度不能一样，否则容易产生咬边、夹渣等现象。正确的运条方法，如图3-14。在图中 a 至 b 点运条速度要稍慢些，保证熔化金属与水平板很好熔合；b 至 c 的运条速度要稍快一些，防止熔化金属下淌，并在 c 点稍作停留，以保证熔化金属与垂直板很好熔合；从 c 到 d 的运条速度又要慢一些，才能避免产生夹渣现象及保证焊透，b 到 d 的运条速度与 a 至 b 一样要稍慢些，d 至 e 与 b 至 c 一样，e 点和 c 点一样要稍作停留。整个运条过程就是不断重复上述过程。同时在整个运条过程中都采用短弧焊接。

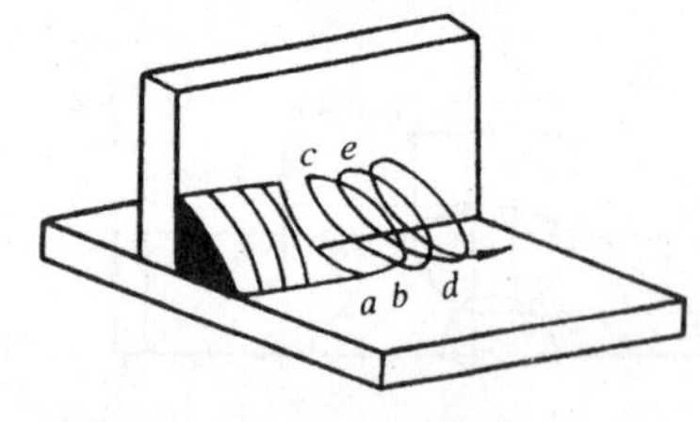

图3-14 T字接头平焊的斜圆圈形运条法

在T字接头平焊的焊接中，往往由于收尾弧坑未填满而产生裂纹。所以在收尾时，一定要保证弧坑填满。

(2)多层焊：焊脚尺寸在8～10 mm时，可采用两层两道的焊法。

焊第一层时，可用直径3～4 mm焊条，焊接电流稍大一些，以获得较大的熔深。采用直线形运条法，收尾时应把弧坑填满或略高些，这样在第二层焊接收尾时，不会因焊缝温度增高而产生弧坑过低的现象。

焊第二层之前，必须将第一层的熔渣清除干净，发现有夹渣时，应用小直径焊条修补后方可焊第二层，这样才能保证层与层之间紧密地熔合。在焊第二层时，可采用4 mm直径的焊条，焊接电流不宜过大，电流过大会产生咬边现象。用斜圆圈形或反锯齿形运条法施焊时，运条速度与单层焊一样。但在第一层焊缝咬边处，应适当多停留一些时间，以弥补该处咬边的缺陷。

2．立焊

立焊有两种方式，一种是由下而上施焊，另一种是由上向下施焊。由上向下施焊的立焊，要求有专用的向下立焊条才能保证成形。目前在焊接时应用最广的仍是由下而上施焊的立焊法。

立焊时由于熔化金属受重力作用容易下淌，使焊缝成形困难，需采取以下措施。

(1)对接接头立焊时，焊条与焊件的角度左右方向各为90°，向下与焊缝成60°～80°，而角接接头立焊时，焊条与两板之间各为45°，向下与焊缝成60°～90°，如图3-15。

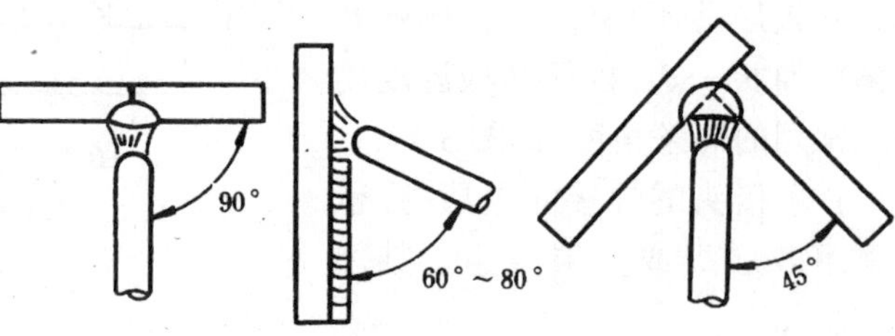

图3-15 立焊时的焊条角度

(2)用较小直径的焊条和较小的焊接电流，电流一般比平焊小12%～15%，以减小熔滴的体积，使之少受重力影响，以利于熔滴的过渡。

(3)采用短弧焊接，缩短熔滴过渡到熔池中去的距离，形成短路过渡。

(4)根据焊件接头形式的特点和焊接过程中熔池温度的情况，可灵活运用，此外气体的吹力、电磁力、表面张力在焊接立、横、仰焊时都能促使熔滴向熔池过渡。

1)对接接头的立焊：对接接头的立焊，常用于薄件的焊接。焊接时除采用上述措施外，还可适当地采用跳弧法、灭弧法以及幅度较小的锯齿形或月牙形运条法。

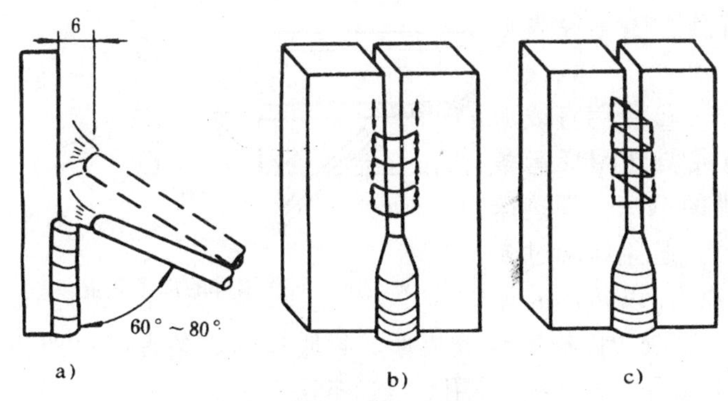

图 3-16　立焊跳弧法
a)直线形跳弧法;b)月牙形跳弧法;c)锯齿形跳弧法

(1)跳弧法:熔滴脱离焊条末端过渡到熔池后,立即将电弧向焊接方向提起,使熔化金属有凝固机会(通过护目玻璃可以看到熔池中白亮的熔化金属迅速凝固,白亮部分逐渐缩小),随后即将电弧拉回原处(熔池),当熔滴过渡到熔池后,再提起电弧。具体运条方法,见图 3-16。为了不使空气侵入熔池,要求电弧移开熔池的距离应尽可能短些,并且跳弧时最大弧长不超过6 mm。

(2)灭弧法:当熔滴从焊条末端过渡到熔池后,立即将电弧熄灭,使熔化金属有瞬时凝固的机会,随后重新在弧坑引燃电弧,这样交错地进行。灭弧的时间在开始施焊时可以短些,随着焊接时间增长,灭弧的时间也要稍有增加,以避免产生焊穿和焊瘤。一般灭弧法在立焊缝的收尾时用得比较多,这样可以避免收尾时熔池宽度增加和产生焊穿及焊瘤等缺陷。

施焊时,当电弧引燃后,应将电弧稍微拉长,以对焊缝端头进行预热,随后再压低电弧进行焊接。焊接过程中要注意熔池形状,如发现椭圆形熔池的下部边缘由比较平直的轮廓逐渐鼓肚变圆时,表示温度已稍高或过高,应立即灭弧,让熔池降温,避免产生焊瘤现象,待熔池瞬时冷却后,再引弧继续施焊。

立焊时接头操作也是比较困难的,容易产生焊瘤、夹渣等缺陷,因此焊接头时要求更换焊条的速度要快,并采用热接法。先用较长的电弧预热接头处,预热后将焊条移至弧坑一侧进行接头(此时电弧比正常焊接时稍长一些)。在接头时,往往有铁水拉不开或熔渣、铁水混在一起的现象,这主要是由于接头时,更换焊条时间太长,引弧后预热时间不够以及焊条角度不正确而引起的。因此,当出现这种现象时,必须将电弧稍微拉长一些,并适当延长在接头处的停留时间,同时将焊条角度增大(与焊缝成 90°),这样熔渣就会自然滚落下去,便于接头。收尾时可采用灭弧法。

在焊接反面封底焊缝时,可适当增大焊接电流,保证获得较大的熔深,其运条方法可采用月牙形或锯齿形跳弧法。

2)T 字接头立焊:T 字接头立焊容易产生的缺陷是焊缝根部未焊透,焊缝两边易咬边。因此,在施焊时,焊条角度向下与焊缝成 60°～90°,左右成 45°,焊条运至焊缝两边应稍作停留,并采用短弧焊接。焊接 T 字接头所采用的运条法,如图 3-17。其操作要点均与对接接头立焊相似。

3. 横焊

横焊时,由于熔化金属受重力的作用,容易下淌而产生咬边、焊瘤及未焊透等缺陷。因此,应采用短弧,较小直径的焊条以及选用适当的焊接电流和运条方法。

板厚为 3～5 mm 的对接横焊应采取双面焊接。焊接正面焊缝时,宜采用直径 3.2～4 mm 的焊条。其焊条角度,如图 3-18。

较薄焊件采用直线往返运条法焊接,可以利用焊条向前移动的机会,使熔池得到冷却,以

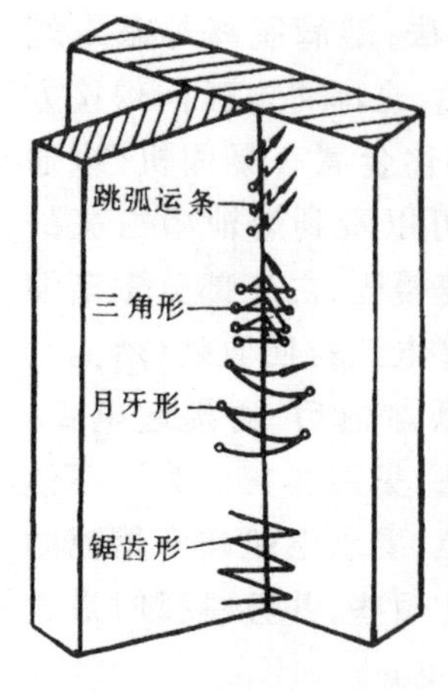

图 3-17　T 字接头立焊运条法

防止熔滴下淌及产生焊穿等缺陷。

较厚的焊件，可采用直线形(电弧尽量短)或斜圆圈形运条法，以得到适当的熔深。焊接速度应稍快并均匀，避免熔滴过多地熔化在某一点上，以防形成焊瘤和造成焊缝上部咬边而影响焊缝成形。封底焊的焊条直径一般为 3.2 mm，焊接电流可稍大一些，采用直线运条法。

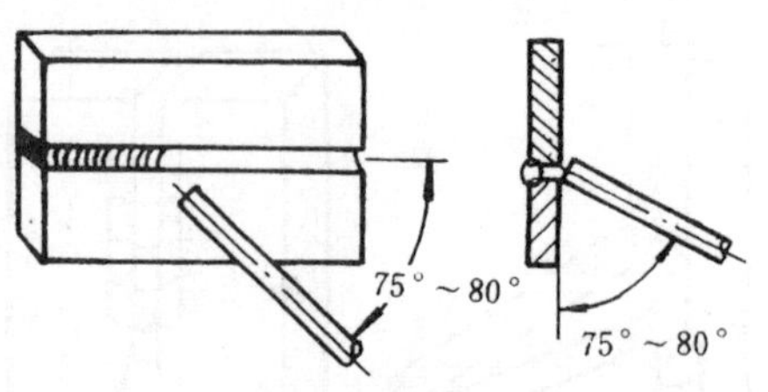

图 3-18　对接横焊的焊条角度

4. 仰焊

仰焊是各种位置焊接中最困难的一种焊接方法，由于熔池倒悬在焊件下面，没有固体金属承托，所以使焊缝成形产生困难。同时，在施焊中，还常发生熔渣越前的现象，故控制运条要比平焊、立焊更困难些。

仰焊时，必须保持最短的电弧长度，以使熔滴在很短的时间内过渡到熔池中去，在表面张力的作用下，很快与熔池的液体金属汇合，促使焊缝成形。为了减小熔池面积，使焊缝容易成形，则焊条直径和焊接电流都要比平焊时小些。若电流和焊条直径太大，促使熔池体积增大，易造成熔化金属向下淌落；如果电流过小，则根部不易焊透，产生夹渣及焊缝成形不良等缺陷。此外，在仰焊时气体的吹力和电磁力的作用是有利于熔滴过渡的，它促使焊缝成形良好。

1)对接仰焊：当焊件厚度为 4 mm 左右，一般采用不开坡口对接焊，选用直径为 3.2 mm 的焊条。焊条和焊接方向的角度为 70°～80°，左右方向为 90°，如图 3-19。在施焊时，焊条要保持上述位置均匀地运条，电弧长度应尽量短。间隙小的接缝可采用直线运条法，间隙大的接缝用直线往返形运条法。焊接电流要适当，电流过小，会使电弧不稳定，难以掌握，影响熔深和焊缝成形；电流过大，会导致熔化金属淌落和烧穿。

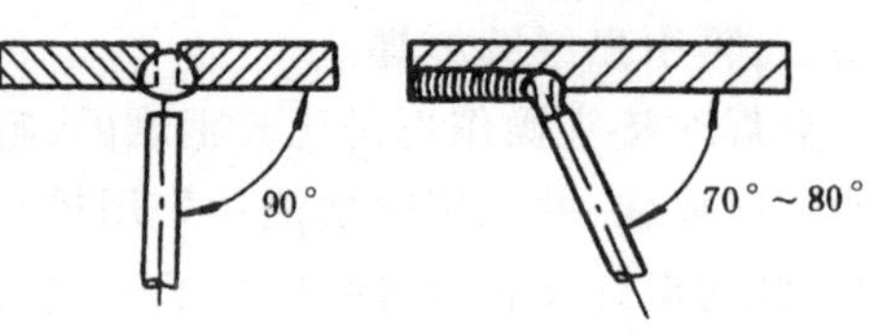

图 3-19　对接仰焊时的焊条角度

2)T 字接头仰焊：T 字接头的仰焊比对接仰焊容易掌握。焊脚尺寸小于 6 mm 时，宜采用单层焊；大于 6 mm，可采用多层焊或多层多道焊。

多层焊时，第一层采用直线形运条法，焊接电流可稍大些，焊缝断面应避免成凸形，以利于第二层的焊接。第二层可采用斜圆圈形或斜三角形运条法，焊条和焊接方向成 70°～80°，应采用短弧焊接，以避免咬边及熔化金属下淌。

第四节　管子焊接

船舶上的管路很多，如输油管、淡水管、蒸汽管等几大管系。其管子的直径各不相同，大的有 300～400 mm，小的仅 3～4 mm。因此，管子的维修焊接工作量往往较大。除了铜管和管壁较薄的管子用气焊焊接外，大部分管子是用电弧焊来焊接的。

1. 管子在水平位置上的对接焊法

通常管壁厚在 3～4 mm，可不开坡口焊接，超过 4 mm 时可开 V 型坡口进行焊接。管子对接时开坡口形式,见表 3-7。

管子对接的坡口形式 表 3-7

管壁厚度	坡口形式	坡口角度	钝边厚度	对口间隙	管壁厚度	坡口形式	坡口角度	钝边厚度	对口间隙
3~4(mm)	V	—	—	0.5×厚度	5~10(mm)	V	70°	1~2	2×2.5
≤5(mm)	V	70°~90°	0.5~1	1.5×2.0	>10(mm)	V	70°	1~2	2×3

为了保证接头质量,在焊接前管子口应和轴线对正,装配要准确,不能形成弯曲和错位的接头。

管子对接焊时,首先要定位焊,即先用点焊将管子固定并使接缝具有一定的对口间隙。点焊的分布是,当管径较小时(ø≤70 mm),只在管子对称两侧进行点焊;当管径较大时,可以点焊三个或更多的点,如图 3-20 所示。点焊时应注意根部不要产生缺陷,如有缺陷应铲掉重焊,点焊焊缝长度一般为 20 mm。

管子对接焊形式有两种,一种是可转动管子焊接,即在焊接时一面焊一面转动管子,如图 3-21。在焊接过程中,焊条位置不变,短弧焊接,采用直线往复运动,换条时间尽量缩短,重叠 20 mm 收尾。

另一种是管子不可转动的焊接(管子固定位置)。此种焊接是一种全位置综合焊接(由仰焊、立焊、爬坡焊、平焊组成),一般可分两半进行施焊,如图 3-22。

在焊接时,特别注意焊条应随焊接位置的改变而及时调整倾角,短弧焊接,采用锯齿形运条为主的方法。

焊接起点应超越中心线 5~10 mm,终点处也应超过中心线 5~10 mm。在施焊到点焊接头处,应减慢焊条摆动速度,以使接头部分充分熔透。最后收尾时,应重叠一段距离并要焊透,以防出现气孔、夹渣等缺陷。

2. 常用管接头的焊接方法

焊接管接头时,首先应定位点焊几点,短弧焊接,采用直线往复或月牙形运条。接头时间尽量短,在焊接过程中要按不同的部位与磁偏吹的影响不断调整。在收尾时应焊透。

在管接头焊接中,特别是在多层焊的第一层焊接时,应选择正确的施焊顺序,如图 3-23,以防焊接后焊件产生较大的变形。

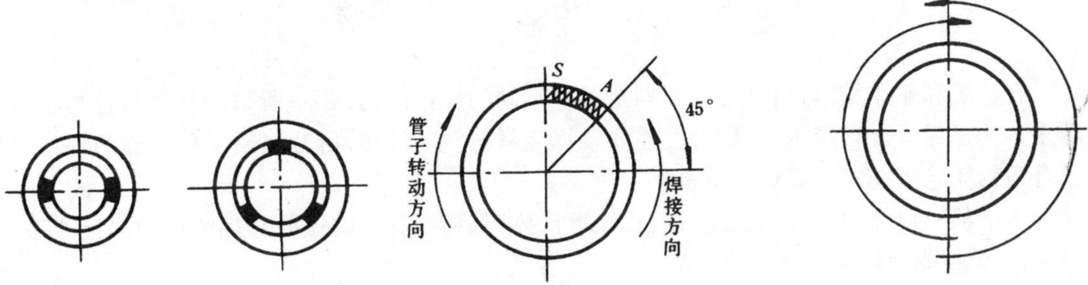

图 3-20 点焊数量和位置 **图 3-21 管子转动施焊法** **图 3-22 两半焊接法示意图**

A-起点;*S*-终点

3. 法兰和管子的焊接

各种法兰接头的焊接形式,如图 3-24 所示。管子和法兰焊接,在焊接第一层焊缝时常会发生纵向裂纹,产生裂纹的原因是接头的内应力太大。为了避免产生裂纹,可以将法兰盘进行

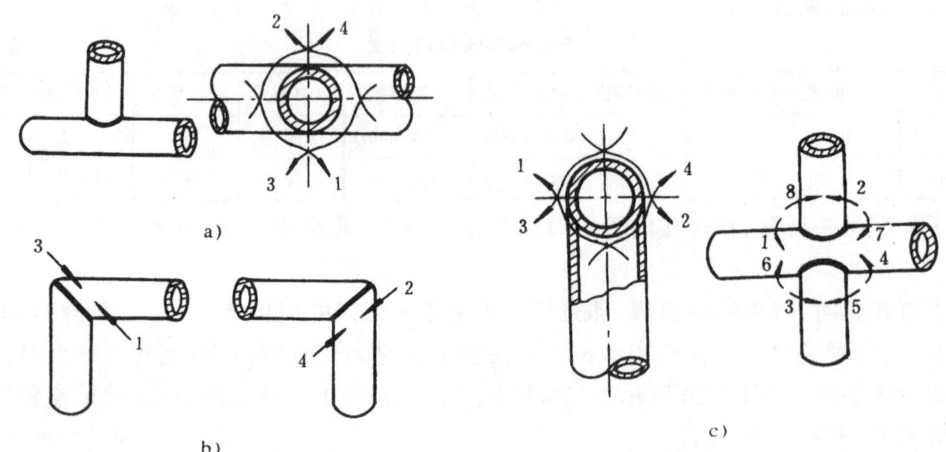

图 3-23　施焊顺序

a)丄形管接头的施焊顺序；b)管子角接的施焊顺序；c)十字接头的施焊顺序

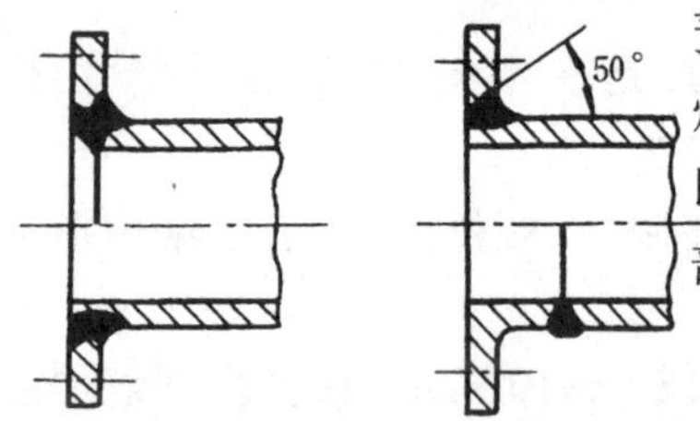

图 3-24　各种法兰结构的焊接形式

预热，并采用适当的焊接程序，如分段法、逐步退焊法等。在焊接时由于管壁比法兰盘薄，因此在管壁上容易形成咬边。所以焊接中电弧角应偏向于法兰盘，至使法兰盘受热多，调节两部分的热量，可以避免咬边产生。

4. 管子的修补

在船舶上有些管路由于海水的腐蚀作用，经常发生管壁被腐蚀而形成空洞的现象。可以采取焊补方法来解决。可用一块稍大于空洞的铁板，将它弯成与管壁外曲度相同的圆弧贴在管壁上，盖住洞口，然后将边缝焊牢，如图 3-25 所示。

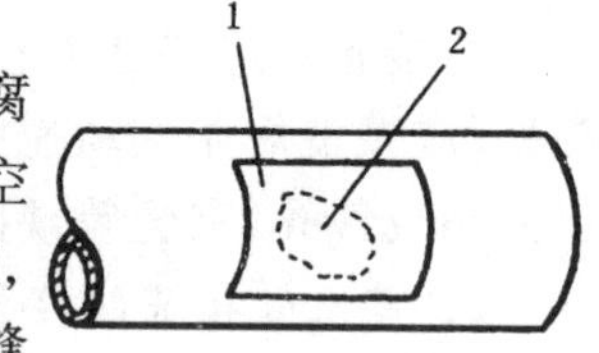

图 3-25　管子的修补

1-修补用铁板；2-空洞

焊补燃油和滑油管路时，要注意采取防火措施或将管子拆卸下来补焊，以防燃烧和爆炸事故发生。

第五节　其他金属的焊接

在造船和船舶维修过程中，需要制造各种不同的焊接结构，相应所采用的材料种类也越来越多。为了保证焊接结构的可靠性，需要掌握金属材料的焊接规律，以便采用合理的焊接材料及合适的工艺措施来保证焊接质量。

本节简单地介绍碳素钢、普低钢、铬镍奥氏体不锈钢、灰口铸铁的焊接特点和焊接方法。

1. 低碳钢的焊接

1)焊接特点：由于低碳钢含碳量低(一般小于 0.3%)，可焊性好，一般不需要采用特殊工艺措施就能获得优质接点，一般焊前也不需要预热，但对大厚度的结构或在寒冷地区焊接，可将焊件预热到 150 ℃左右，使材料塑性好、淬火倾向小，并且焊缝和近缝区不易产生裂纹。

可采用交直流电源，全位置焊接，工艺简单。

2)焊接方法：手工电弧焊，这是最常用的一种焊接方法。多用于厚度在 30 mm 以下结构件的焊接。主要考虑焊接过程中的稳定,焊缝成形的良好以及在焊缝中不产生缺陷。对于厚度为 3 mm 的钢板,采用直径为 3.2 mm 的电焊条一次焊透;对于厚度较大的结构件,必须开适当的坡口,以保证焊透。

3)焊接材料:主要采用结 421 焊条(J42 型)。按药皮成分不同分为碱性焊条和酸性焊条两大类。焊接一般低碳钢焊件用酸性焊条;当焊接重要的或裂纹敏感性较强的结构件时,应采用低氢型碱性焊条。

2. 铸铁的焊接

铸铁是机械和船舶上应用较广泛的一种金属材料。其具有成本低、铸造性能好及切削性能优良的特点。而铸铁在制造和使用中会出现各种缺陷,应进行焊补,重新回用。铸铁按碳存在的状态及形成的不同,分为白口铸铁和灰口铸铁等。

白口铸铁:碳以渗碳体的形式存在,其断面呈银白色。

灰口铸铁:碳以片状石墨的形式存在,其断面呈暗灰色。

由于铸铁的强度低、塑性差、对冷却速度敏感,所以可焊性较差。并且在焊接接头上易产生裂纹。

由于铸铁的强度较低,在焊接应力超过铸铁本身的强度时,沿焊补区的薄弱处就会产生裂纹。铸铁焊补产生的裂纹有两大类:一类是基本金属裂纹,这类裂纹出现在基本金属上,另一类是焊缝裂纹,这类裂纹发生在焊缝上。为了预防裂纹的产生,其主要措施如下:

1)选用适当的焊条:如采用纯镍、镍铜、镍铁、铜铁等焊条,能够使焊缝得到塑性好的组织。

2)加热减应方法:选择焊件的适当部位进行低温或高温加热使之伸长。加热这些部位以后,再焊接原来刚性较大的焊缝,使焊补区能自由地收缩,因而焊接应力就可大大减少。加热的部位叫"减应区"。

3)采用合理的工艺措施:

(1)焊接前预热和焊后缓冷;

(2)应采用小电流、分散焊,尽量减少焊件的温度差;

(3)尽量采用多层焊,减少基本金属的溶入量;

(4)应经常锤击焊缝,以消除焊接应力;

铸铁的补焊有冷焊法和热焊法。

1)冷焊法:焊前用气焊火焰分段加热($\ngtr$400 ℃),将渗入铸件内部的油污烤尽,直至不再冒烟为止。然后钻上止裂孔(限止孔),一般孔径为 5 mm,铲去缺陷,用扁凿或砂轮开坡口。

焊条选用铸 308(纯镍)或铸 408(镍铁)。坡口较浅时选用 ø2.5 或 ø3.2 mm 焊条,电流 60～80 A或 90～100 A;坡口较深时选用 ø4 mm 焊条,电流 120～150 A。采用交流较好(也可用直流反接法),焊条不作横向摆动。

焊补应尽量在室内进行。对较厚的铸件也可整体预热 200 ℃～250 ℃。焊补的工艺要点是:短段、断续、分散、锤击、小电流、浅熔深和焊退火焊道等。

"短段、断续、分散、锤击"是为了减少应力,防止裂纹。每焊一段,长约 10～50 mm 后,立即锤击,用带小圆角的尖头小锤,迅速地锤遍焊缝金属,并待焊缝冷到 60 ℃～70 ℃再焊下一段。锤击不便之处,可用圆刃扁錾轻捻。多层焊缝焊接时,应采用小电流,浅熔深,以减少白口层的厚度。

2)热焊法:铸铁热焊能得到很好的质量,但是由于工作条件差和某些工件难以加热,使应用受到限制。

热焊前，将铸件在焦炭地炉内整体预热到 550 ℃～650 ℃。若铸件尺寸较大，无法整体预热时，则可选择出减应区并与焊补区一起预热到 550 ℃～650 ℃。另外，也可用两把气焊枪同时对较大铸件预热的方法进行焊补。

热焊选用铸铁芯铸铁焊条，焊芯直径为 ø6～ø10 mm，用大电流（按每毫米焊芯直径 50～60 A 选用），焊后在炉内缓冷。

3．不锈钢的焊接

1）不锈钢的性能：不锈钢具有优良的化学稳定性和一定的抗腐蚀性能。一般说来，不锈钢包括不锈钢、耐酸钢两类。能抵抗大气腐蚀的钢叫做不锈钢；能抵抗强烈浸蚀性介质的钢叫做耐酸钢。

不锈钢中含铬量必须大于 12%，故铬是提高抗腐蚀的最主要的一种元素。

2）焊接前的准备：1 mm 以下的薄板料一般不宜采用手工电弧焊。当板厚超过 3 mm 时必须开坡口，为了避免焊接时碳和杂质进入焊逢，焊前应将焊缝两侧 20～30 mm 范围内清理干净并用丙酮擦洗，然后涂上白垩粉，以免钢材表面被飞溅金属附着和划伤。

3）焊条的选择：

不锈钢焊条有酸性钛钙型焊条和碱性低氢型焊条两种。钛钙型不锈钢焊条用得较多。低氢型不锈钢焊条的抗热裂性能较高，但抗腐蚀性稍差。

4）焊接工艺要点：

（1）为了防止焊接接头在危险温度范围（450 ℃～850 ℃）停留时间过长而产生贫铬区，防止接头过热产生热裂纹，焊接铬镍奥氏体不锈钢要采用小电流快速焊。为避免基本金属过热和加强熔池保护，施焊时要用短弧焊，焊条不做横向摆动，以窄焊道为宜。

（2）焊接电流要比低碳钢降低 20%左右，电流与焊条直径之比不超过 25～30 A/mm，而低碳钢焊接时不小于 40～50 A/mm。起焊时不能随便在钢板上引弧，施焊中运条要稳，收弧时应填满弧坑。

（3）多层焊时，每焊完一层要彻底清除熔渣，仔细检查焊接缺陷，有缺陷时要及时铲除。待前道焊缝冷却到 60 ℃以下时再焊后一道焊缝。在焊接顺序上要先焊非工作面，后焊与腐蚀介质接触的工作面。

（4）为了防止热裂纹和晶间腐蚀，条件允许时可以采取强制冷却，必要时，焊后进行热处理，以改善焊接接头的性能。

第六节　焊接缺陷分析与电弧切割

焊接缺陷很多，按其在焊缝中的位置，可分为内部缺陷和外部缺陷两大类。外部缺陷位于焊缝的外表面，用肉眼或低倍放大镜就可看到，如焊缝尺寸不符合要求、咬边、表面气孔、表面裂纹、烧穿、焊瘤及弧坑；内部缺陷位于焊缝内部，需用无损探伤法或用破坏法试验才能发现，如未焊透、内部气孔、内部裂纹及夹渣等。

1．焊缝尺寸不符合要求

焊缝外表形状高低不平，焊波粗劣，焊缝宽度不齐，焊缝加强高过低，如图 3-26。焊缝尺寸不一致，不合要求，不仅造成焊缝成形难看，而且还会影响焊缝与基本金属的结合，或造成应力集中，以致影响安全使用。

产生焊缝尺寸不符合要求的原因有：焊接坡口角度不当；焊接电流过大或过小；运条速度或手法不当以及焊条角度选择不合适。

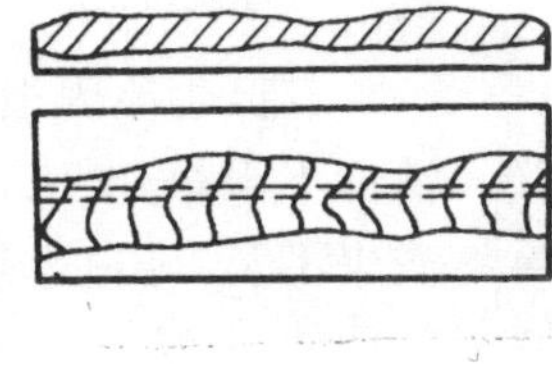

a)

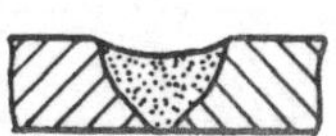

b)

图 3-26　焊缝外形尺寸不符合要求

a)焊缝高低不平，宽度不均匀，波形粗劣；b)加强高过高或过低

2．咬边

咬边又称咬肉，通常把基本金属和焊缝金属交界处的凹槽称为咬边，如图 3-27 箭头所指处。由于咬边使基本金属的有效截面减少，减弱了焊接接头强度，而且在咬边处容易引起应力集中，承载后有可能在此处产生裂纹。

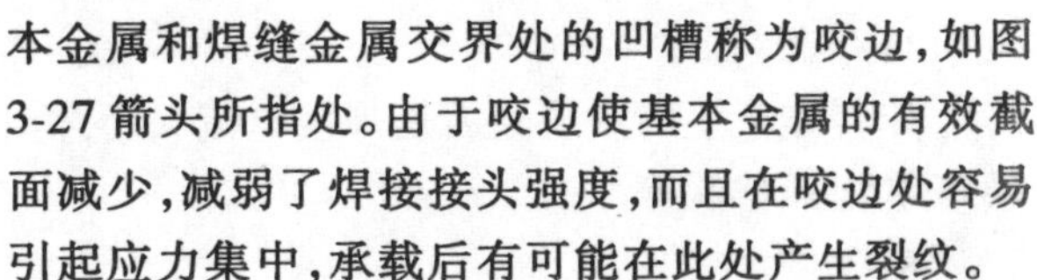

图 3-27　咬边

咬边产生原因主要是：焊接电流过大，电弧过长或运条速度不合适；角焊时，由于焊条角度或电弧长度不适当。

3．弧坑

把在焊缝末端或焊缝接头处，低于基本金属表面的凹坑称为弧坑，如图 3-28 箭头所示。弧坑影响该处焊缝强度，同时在弧坑内容易产生气孔，夹渣或微小裂纹，因此在熄弧时一定要填满弧坑，使焊缝高于基本金属。

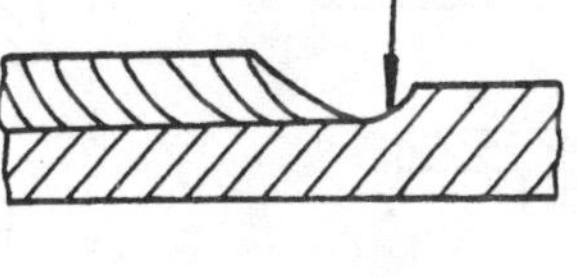

图 3-28　弧坑

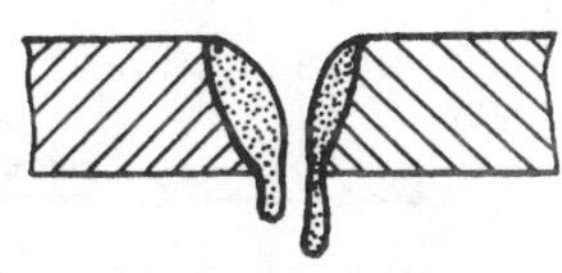

图 3-29　烧穿

产生孤坑主要原因是：熄弧快或薄板焊接时电流过大。

4．烧穿

把在焊缝中形成的穿孔称为烧穿，如图 3-29。烧穿不仅影响焊缝的外观，而且使该处焊缝的强度显著减弱。

其产生原因是焊接电流过大，焊接速度过慢和焊件间隙太大。

5．焊瘤

焊接过程中，熔化金属流敷在未熔化的基本金属或凝固在焊缝上所形成的金属瘤，称为焊瘤，如图 3-30。焊瘤的产生不仅影响焊缝外表的美观，而且焊瘤下面常有未焊透缺陷，易造成应力集中。管道内的焊瘤，还会影响管内的有效面积，甚至会造成堵塞现象。

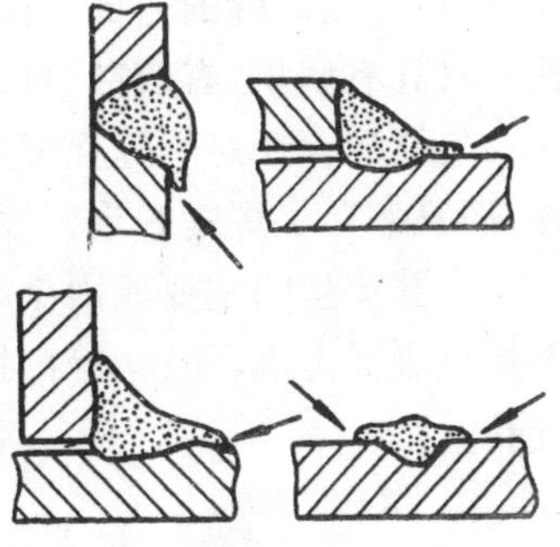

图 3-30　焊瘤

焊瘤产生的原因主要是焊接电流太大，电弧过长，焊接速度太慢，焊件装配间隙太大，操作不熟练，运条不当等。

6．夹渣

把存在于焊缝或熔合线内部的非金属夹杂物称为夹渣，如图 3-31 中箭头所示。夹渣对接头的性能影响比较大，因夹渣多数呈不规则的多边形。其尖角会引起很大的应力集中，往往导致裂纹的产生。焊缝中的针形氮化物和磷化物夹渣，会使金属发脆。氧化铁及硫化铁夹渣，容易使焊缝产生热脆性。

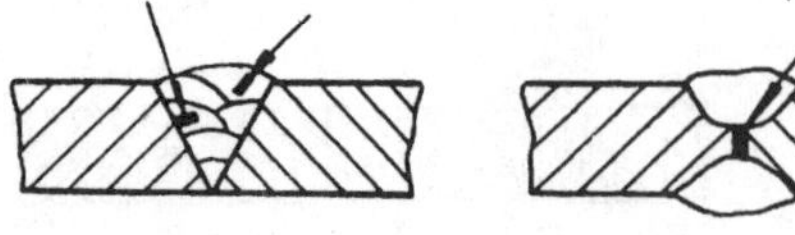

图 3-31　夹渣

其产生原因很多，主要是焊件边缘及焊层之间清理不干净，电流过小使熔化金属凝固速度快，熔渣来不及浮出，运条不当等都容易形成夹渣。

7．未焊透

把基本金属和焊缝金属之间，局部未熔合而留下的空隙，称为未焊透，如图 3-32。该缺陷不仅降低了焊接接头的机械性能，而且在未焊透处的缺口和端部形成应力集中点，承载后往往会引起裂纹。尤其在对接焊缝中，未焊透这一缺陷不允许存在。

未焊透产生的主要原因是焊接电流太小，焊接速度太快，焊条角度和运条方法不当，电弧太长和电弧偏吹等。

8．气孔

把焊缝中由于气体存在而造成的空穴称为气孔，如图 3-33。气孔的位置可能在焊缝表

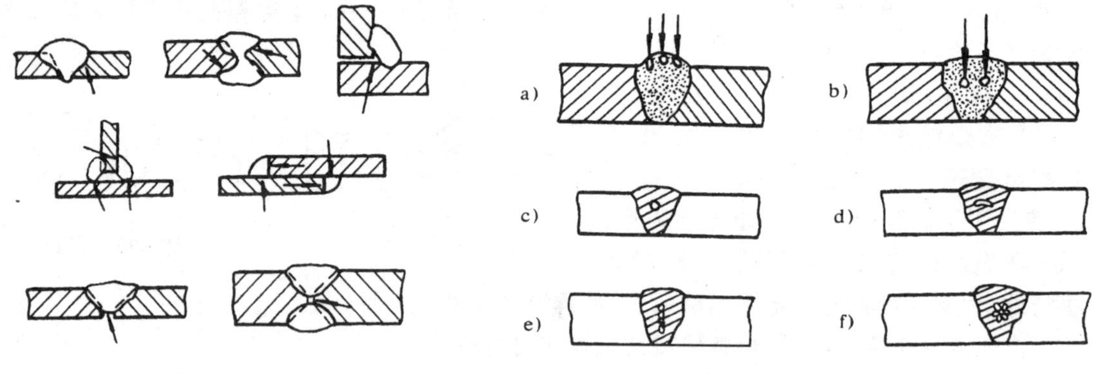

图 3-32　未焊透

图 3-33　气孔

a）表面气孔；b）内气孔；c）圆形气孔；
d）椭圆气孔；e）链状气孔；f）蜂窝状气孔

面，也可能在焊缝的内部。位于焊缝表面的气孔称为表面气孔，处于焊缝内部的气孔称内部气孔。气孔有密集、有疏散，且大小也不一致。

气孔的存在对焊缝强度影响很大，不仅减小焊缝的有效工作断面，使焊缝的机械性能下降，而且破坏了焊缝的致密性，容易造成泄漏。

气孔产生的主要原因是焊接材料或焊接工艺不符合工艺要求，而产生过多的气孔。其他如焊件表面有水、油、锈等污物存在，焊条药皮受潮，电弧长度过长，焊接电流过大等也会产生气孔。

9．裂纹

把存在于焊缝或热影响区中因开裂而形成的缝隙称为焊接裂纹。焊接裂纹的形式是多种多样的，有的分布在焊缝的表面，有的分布在焊缝内部，有的则分布在热影响区域。通常把平行于焊缝的裂纹称为纵向裂纹，垂直于焊缝的裂纹称为横向裂纹，弧坑中的裂纹称火口裂纹或弧坑裂纹，如图 3-34。

裂纹是焊缝中最危险的缺陷，它除降低焊接接头的强度外，还因裂纹的末端有一个尖锐的缺口，引起应力集中，焊件承载后，将成为结构断裂的起源。

裂纹产生原因很多，当焊接含碳量较高和含硫磷很高的焊接工件时，如不采取一定的工艺措施，就可能产生裂纹。有时不按焊接规范，不按合理的焊接次序进行焊接也是裂纹产生的原因。

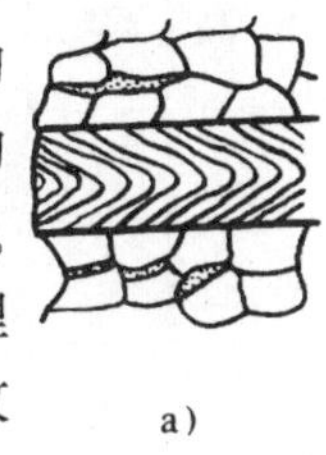
a）

b）

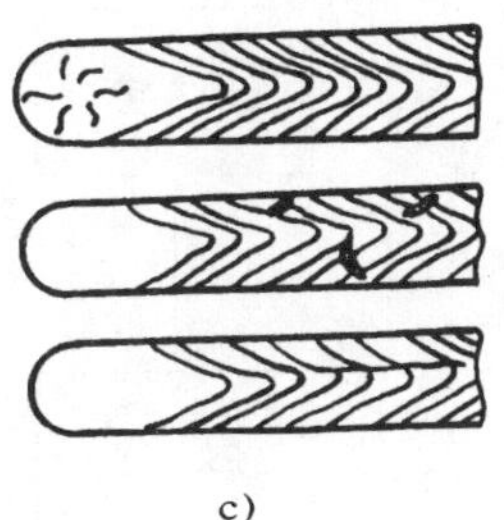
c）

图 3-34 各种裂纹的分布形式

a）纵向裂纹；b）横向裂纹；c）火口裂纹

10．电弧切割

对于含碳量在0.5％以下的低、中碳钢的切割一般常用氧乙炔来切割，而对于高碳钢、铸铁、高合金钢及有色金属的切割可采用电弧切割。

1）电弧切割的实质：利用电弧弧柱的高温（6 000 ℃～7 000 ℃）将被切的金属及焊条同时熔化，然后靠自重和电弧吹送力而离开切割处的过程。电弧切割需要消耗大量的焊条并且割口也不光滑整齐，工作效率极低。一般不宜采用，只有在特殊情况下采用此法切割。

2）电弧切割操作法：采用电弧焊机的正接法。电流要比一般焊接时的电流大70％，选用结422结构钢的焊条即可，焊条直径稍大一些（5～6 mm）。

操作时尽量采用短弧，这样电弧稳定，切口比较平整美观，切割效率较高一些。切割厚度较大工件时，焊条应作横向摆动和上下运动。

第七节 电弧焊的安全操作知识

电弧焊是利用电弧热量对金属加工的一种工艺方法。在焊接过程中需接触带电体，并产生电弧高温，强烈的电弧光中含有红外线和紫外线等有害光线。如果不采取预防措施，就会发生触电、燃烧和爆炸、弧光幅射、中毒等事故。根据电弧焊接的特点，把可能造成的事故归纳为如下方框图。

1．触电事故

1）形成触电的原因：

（1）初级电压转移，产生高压触电

①由于焊机绝缘破坏。如焊机受潮，绝缘老化损坏，使初级电压直接加在次级线圈上，造成高压电转移。

②由于保护接地或保护接零系统不牢，易触电。所谓保护接地，就是用导线将焊机的金属外壳与大地连接起来。当外壳一旦漏电时，外壳与大地形成一条良好的通路。

所谓保护接零，就是用导线将焊机的金属外壳与零线的干线相接。一旦电气设备因绝缘损坏而外壳带电时，绝缘破坏的这一相就与零线短路，产生的强大电流使该相保险丝熔断，切断该相电源，从而起到保护作用。

③接线错误，把初级电压的引线误接入低压端，增加了触电的危险。

（2）空载电压触电：手工电弧焊的空载电压为70～90 V。在更换焊条、接触焊钳等带电部分时，两脚和其他部分对地面或金属之间绝缘不好而触电。

在金属容器内，船舱内或阴雨潮湿的地方焊接时，容易发生这类触电，碰到裸露的接线头、

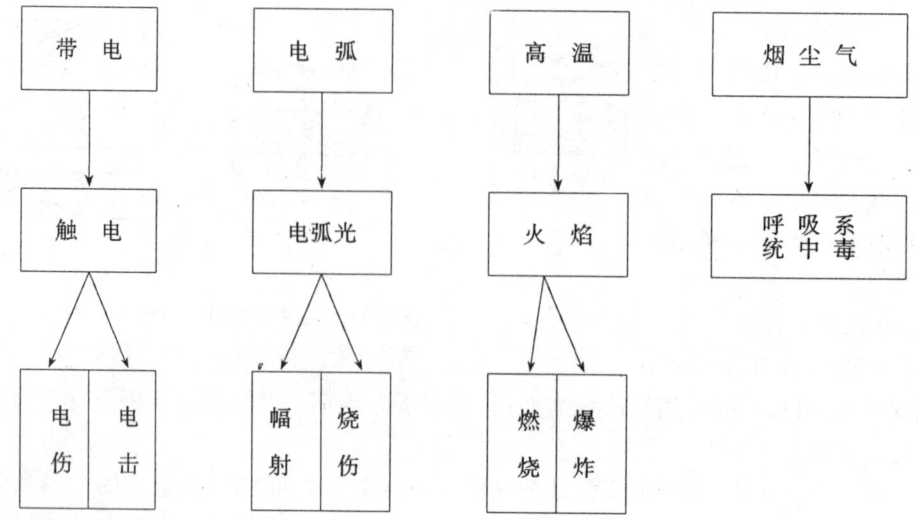

导线也会触电。

2)预防触电的安全措施:

(1)隔离防护:电焊设备应有良好的隔离防护装置,避免人与带电导体接触。

(2)良好的绝缘:电焊设备和线路带电导体对地、对外壳都必须有良好的绝缘。

(3)良好接地接零系统:一旦漏电不致于发生触电事故,在接零线上不准装置熔断器或开关,以保证零线回路不中断。

3)触电急救解脱电源的注意事项:

(1)救护人员不可直接用手、金属或潮湿的物件作为救护工具,而必须使用适当的绝缘工具,救护人员最好用一只手操作,以防自己触电。

(2)防止触电者脱离电源后可能的摔伤,应考虑防摔的措施。

(3)如触电事故发生在夜间,应迅速解决临时照明问题。

2．火灾、爆炸事故和电弧幅射的损伤

电弧焊接是高温明火作业,焊接时产生大量的热量和飞溅的火花,因此要严格防止火灾和爆炸事故。

1)防止火灾和爆炸的主要措施:

(1)高空作业要注意火花的飞向,焊接场地周围不得有易燃、易爆物质存在。

(2)严禁在有压力的容器上进行焊割作业。

(3)储盛过易燃、易爆物品的盛器和仓柜必须清洗干净,测爆合格后才能焊割。

(4)严禁将易燃、易爆管道作焊接回路使用。

(5)禁火区动火必须要经过安全、消防等部门审核批准后,才能施工。

由于电弧焊的特点,焊接时要受到电弧的光辐射和热辐射。同时焊接电弧的高温将使金属产生剧烈的蒸发,焊条和被焊金属在焊接时会产生烟气,在空气中氧化形成粉末产生有毒气体,为此要采取一定的保护措施。

2)防止电弧辐射的主要措施:

(1)在焊接作业区严禁直视电弧,操作者及辅助工在操作时要戴好面罩。

(2)要穿好电焊工作服和电焊皮鞋,戴好电焊手套。

(3)工作场所周围用遮光板隔离,防止伤害他人。

(4)电焊场所必须有充分的照明并加强通风。

3．电弧焊的安全操作规程

除了按劳动保护规定穿戴防护工作服、绝缘鞋和防护手套，并保持干燥和清洁外，在操作中还应注意以下几点：

1)焊接工作前，应先检查焊机和工具是否完好，如焊钳和电缆的绝缘有无损坏，焊机外壳的接地是否良好等。

2)在狭小的仓室或容器内焊接时，必须穿绝缘套鞋，垫上橡胶板或其他绝缘衬垫；要两人轮换工作，以便互相照顾，或设有一名监护人员，随时注意操作人的安全动态，遇有危险时可立即切断电源进行抢救。

3)身体出汗衣服潮湿时，切勿靠在带电的钢板或工件上。

4)在潮湿地点焊接作业时，地面应铺上橡胶板和其他绝缘材料。

5)更换焊条一定要戴皮手套，不要赤手操作。

6)在带电情况下，不要将焊钳夹在腋下而去搬弄被焊工件或将电缆软线绕挂在脖颈上。

7)推拉闸刀时，头部不要正对电闸防止因短路造成的电弧火花烧伤面部。

8)下列操作应切断电源开关：

(1)改变焊机接头时；

(2)更换焊件需要改接二次回线时；

(3)转移工作地点时；

(4)焊机发生故障要检修时；

(5)更换保险丝时。

复习思考题

1．什么叫做手工电弧焊？它有哪些优点？

2．试述交流焊机(BX_1-330)电流调节原理？

3．试述直流焊机(AX-320)电流调节原理？

4．电焊机的使用与维护有哪些注意事项？

5．试述对焊接电缆有哪些要求？

6．试述对焊条的基本要求。

7．何谓酸性焊条及碱性焊条？它们有哪些区别？

8．试述选择焊接电流大小对焊件的影响。

9．在实际操作中怎判断焊接电流的大小？

10．试述低碳钢的焊接特点。

11．试述铸铁常用补焊的方法。

12．试述电弧切割的实质。

13．试述电弧焊触电原因及预防措施。

14．试述火灾和爆炸的原因及预防的主要措施。

15．试述电弧焊的安全操作规程。

第二章　气焊与气割

第一节　气焊的基本知识

1．气焊的原理与运用

气焊是利用可燃气体(乙炔)与助燃气体(氧气)通过焊枪混合经点燃产生火焰，加热熔化焊件和焊丝(或不加焊丝)冷凝后，形成一种牢固的焊接接头。这是一种利用化学能转变为热能的熔焊方法。

气焊由于加热金属较缓慢又平稳，因此适用于工件较小、厚度较薄(3 mm 以下)钢板以及铜和有色金属的焊接工作。对于外形结构复杂需要预先加热的工件，也常采用气焊焊接，由于焊后的工件慢慢地冷却，因此能够得到良好的晶相组织，并能减少工件中内应力的产生。在船舶上常用气焊补焊一些铜管及对工具、刀具的淬火，对垫片与弹簧的回火，有时也用来矫直金属材料和净化工件表面等。

2．氧气与乙炔

1)氧气：

(1)氧气的性质：氧气是一种无色、无味、无毒的气体，其分子式为 O_2。在标准状态下(温度为 0 ℃，在标准气压下)，1 m^3 氧气重为 1.43 kg(空气为 1.29 kg)。当温度降低到 −182.96 ℃时，气态氧可以变成淡蓝色的液态氧。当温度降到 −213 ℃时，液态氧就会变成淡蓝色的固态氧。

氧气本身是不能燃烧的，但它是一种活泼的助燃气体，是强氧化剂。它能同许多元素化合形成氧化物，与可燃气体混合燃烧可以得到高温的火焰。气焊(或气割)就是利用乙炔与氧的混合燃烧放出热量作为热源的。

当压缩状态的气体氧与油脂等易燃物质接触时，能引起强烈的燃烧和爆炸。

氧气几乎能与所有可燃气体和液体的蒸气混合形成爆炸性的混合气体，这种混合爆炸气体有很宽的爆炸极限范围。因此在使用时，应注意到氧气的上述性质。

(2)氧气的制取：在空气中有大量的氧气，按体积计算，约占空气的 21%。目前，工业制氧主要采用空气液化法。就是把空气引入制氧机内，经过高压和冷却，使之凝结成液体，然后让它在低温下蒸发，根据各种气体元素的沸点不同，来提取纯氧。氧提取出来后，用压缩机将其充进氧气瓶或各种管道里贮存，以备使用。

氧气纯度对气焊或气割的质量和效率都有很大影响。氧气纯度愈高，燃烧的火焰温度就愈高，效率也愈高。气焊与气割用的工业氧气，一般分为两级，即含氧量≥99.2%为一级品，≥98.5%为二级品。一般的气焊与气割可采用二级纯度氧气，对于质量要求较高的气焊应采用一级纯度的氧气。

2)乙炔：

(1)乙炔的性质：乙炔(电石气)，是一种无色的碳氢化合物气体，具有易燃易爆性，其分子式为C_2H_2。在标准气压下，温度为 20 ℃时，1 m^3 乙炔重为 1.091 kg，比空气轻，液化温度为 -82.4 ℃～-83.6 ℃。工业用乙炔因含有硫化氢(H_2S)和磷化氢(PH_3)杂质，所以带有强烈的臭味。人呼吸乙炔时间过长，使人体的中枢神经系统损伤。

乙炔是一种可燃气体，它的自燃点为 480 ℃，在空气中着火温度为 428 ℃。它与空气混合燃烧时所产生的火焰温度为 2 350 ℃，而与氧气混合燃烧时所产生的火焰温度达 3 200 ℃左右。乙炔燃烧火焰在空气中传播的最高速率为 2.87 m/s，在氧气中传播的最高速率为 13.5 m/s。

乙炔也是一种具有燃烧性的气体。当乙炔气体温度为 580 ℃～600 ℃，压力达到 0.15 MPa，乙炔就开始分解爆炸，分解时是放热反应。一般说来，当温度超过 200 ℃～300 ℃时，就开始聚合作用。这时的乙炔分子就会聚合而形成其他化合物，如C_6H_6(苯)、C_8H_8(苯乙烯)等。聚合作用是放热的，气体温度越高，聚合作用速率越快。放出的热量会促进更进一步的聚合。这种过程继续增强和加快，就有可能引起爆炸。乙炔和铜、银等金属或其他盐类长期接触，会生成乙炔铜(Cu_2C_2)和乙炔银(Ag_2C_2)等爆炸性化合物，当受到摩擦或冲击就会发生爆炸。因此，凡供乙炔使用的器材都不能用银和含铜大于 70％的铜合金。

乙炔和氯、次氯酸盐等化合，会发生燃烧和爆炸。所以，当乙炔燃烧失火时，绝对禁止用四氯化碳来灭火。

乙炔与空气或纯氧混合而成的气体也具有爆炸性。所以，在气焊点火前应将皮管内空气排空方可点火，防止在点火时引起枪嘴爆响及回火事故的发生。

乙炔的爆炸与其容器的形状、大小有密切关系。容器直径愈小，愈不易爆炸。在毛细管中，由于管壁的冷却作用有阻力，爆炸性会大大地降低。根据这个原理，目前我国使用的乙炔橡胶软管孔径都不太大，管壁也不太厚。

(2)乙炔的制取：工业上用的乙炔，主要是利用水分解电石(CaC_2)产生，其反应方程如下：

$$CaC_2 + 2H_2O = C_2H_2 + Ca(OH)_2 + 1.27 \times 10^5 \ J/mol$$

电石属于遇水燃烧的危险品，与水化合极为活跃，除生成乙炔气外，并放出大量的热。所放出的热量可以使乙炔燃烧而引起火灾和爆炸。

乙炔中混入与乙炔不发生化学反应的气体和液体(如氮、一氧化碳、氢、甲烷、丙酮等)，都能降低乙炔的爆炸性。这是由于乙炔分子之间，被其他混合气体或液体成分的微粒所隔离和冲淡，使发生爆炸的连锁反应条件变坏。把乙炔熔解于丙酮中，超过一定压力时才会发生爆炸，利用乙炔的这种特性，现代普及使用的乙炔瓶，就是在 1.5～2.5MPa 下安全制取、储存，而以前使用的乙炔发生器，是在不超过 0.15 MPa 下制取乙炔气。

3. 气焊设备及工具的使用与维护

1)氧气瓶：氧气瓶是储存气体氧的一种高压容器，氧气从制氧设备中取得后，以 15 MPa 的压力压入氧气瓶内，以便运输和储存。由于氧气瓶是一种高压容器，又要经受搬运和滚动，有时还要经受震动和冲击等。因此，质量要求十分严格，材料要求很高，出厂前要经过严格检验，以确保安全可靠。一般氧气瓶都用无缝钢管制成，壁厚为 5～8 mm。图 3-35 是氧气瓶的剖视图，它是一个圆柱形瓶体，上端有

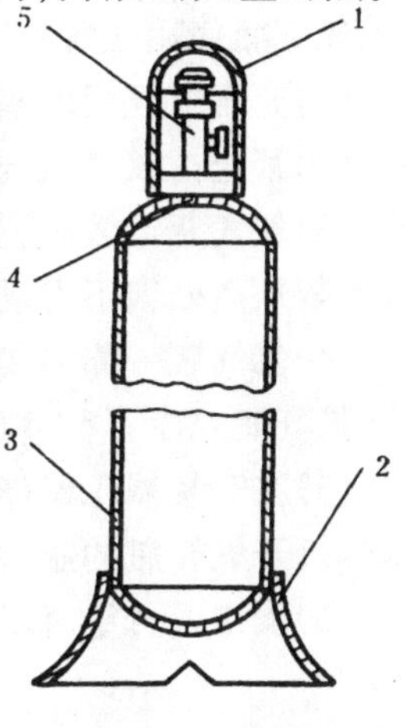

图 3-35　氧气瓶

1-瓶帽；2-瓶座；3-瓶体；4-瓶口；5-瓶口阀

瓶口，瓶口的内壁和外壁均有螺纹，用来装设瓶口阀和瓶帽。瓶体外面还套有一个增强用的钢环圈瓶座，一般为正方形，便于立稳，卧放时不至于滚动。

为了避免腐蚀和发生火花，所有与高压氧气接触的零件都用黄铜制作。氧气瓶外表面应漆淡天蓝色，并用黑色油漆写上明显的“氧气”二字。

2)乙炔瓶：乙炔瓶用来储存压缩溶解乙炔，它的形状和构造基本与氧气瓶相似。图 3-36 是乙炔瓶的剖视图。

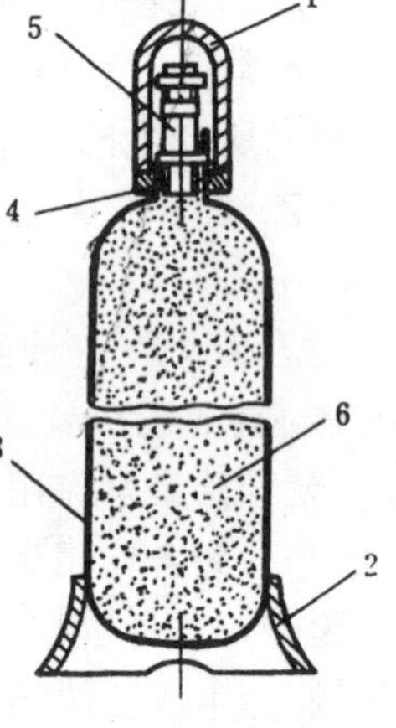

图 3-36　乙炔瓶

1-瓶帽；2-瓶座；3-瓶体；4-瓶口；5-瓶阀；6-多孔物质

乙炔是一种易燃易爆的气体，它稍能溶于水，但能大量溶解于丙酮($CH_3CO\ CH_3$)中。利用这一特点，将从水解碳化钙(CaC_2)中制取乙炔气体，经过冷却、脱水(干燥)、提纯(去除硫和磷氢化物)等处理后，乙炔的纯度可达 98%，将它加压溶解于丙酮中，形成溶解乙炔。

在乙炔瓶中，先充满一种多孔性物质，如活性炭、石棉纤维、浮石和硅藻土等，一般常用活性炭。这种物质较轻，而且孔隙较多，然后将占瓶子容积 34% 的丙酮充入瓶内，使之渗透在活性炭的毛细孔中。当乙炔气体被压入瓶中时，它就溶解在丙酮中，一瓶充足了的乙炔气体压力可达 2.5 MPa。为了安全起见，一般只允许充至 1.5 MPa。

为了保证溶解乙炔的储存、运输和使用过程中的稳定性，乙炔瓶要比一般氧气瓶稍许矮一些，而公称直径又略粗些。瓶体由上、下封头和中间筒体焊接而成。其材料为优质碳素钢或低合金钢，壁厚不少于 3.5 mm，瓶体焊接后焊接瓶座成为钢瓶。钢瓶属于压力容器，因此，对钢瓶进行整体热处理(650 ℃)消除内应力，焊缝(指瓶体)经 X 射线探伤合格后，还需进行水压试验(6 MPa)和气压试验(3 MPa)，此后才允许充灌多孔性填料，以确保安全。

乙炔长期与铜作用时会生成容易爆炸的乙炔铜，所以乙炔瓶的阀门由钢制成。乙炔瓶应漆成白色，并用红色写上“乙炔和火不可近”的字样，以示醒目。

氧气瓶使用注意事项：

(1)充满氧气后的氧气瓶，要将瓶帽拧紧，以免碰坏气阀和防止油质、灰尘进入气门口内。

(2)禁止把氧气瓶与易燃品、油脂和带有油污的物品放在一起运输。

(3)氧气瓶运输时，要妥善地加以固定，避免碰撞、摩擦和滚动。搬运氧气瓶时，应轻装轻卸，严禁从高处向下滑动和在地面滚动，避免剧烈振动、冲击，以防止气体膨胀爆炸。

(4)氧气瓶一律要集中存放，氧气瓶仓库周围 10 m 禁止堆放易燃、易爆炸物品和动用明火。氧气瓶仓库不得存放油脂和沾油的物品。

(5)在安装减压器(氧气表)以前，要慢慢地打开氧气瓶的瓶阀，吹掉瓶阀嘴内脏物、灰尘和杂物，打开氧气瓶的瓶阀时，不能对人、对自己喷吹，以防伤人。

(6)操作人员绝对不能使用沾有各种油脂的手套和工具去接触气瓶及其附件，以防事故发生。

(7)在冬季，如气瓶出口处有冻结现象或气体流量不均匀，严禁使用明火加热和用红铁烤烘或用铁器敲击气瓶，以防气体突然大量冲出造成事故。

(8)氧气瓶与电焊一起使用时，如地面是铁板，在气瓶下面要垫上绝缘板，以防气瓶带电而发生事故。

(9)氧气瓶内氧气不能完全用完，应留有余压(0.2 MPa)，以便充气时检查，避免气体混装，也可以防止可燃气体倒流瓶内而发生事故。

乙炔瓶使用注意事项：

(1)乙炔瓶在使用时必须配备乙炔减压器和干式回火防止器并要垂直放置，严禁放倒使用，因为乙炔瓶放倒后会使丙酮随乙炔气流出，甚至会通过乙炔减压器而流入乙炔橡胶软管和焊(割)炬内，这是非常危险的，会引起燃烧爆炸。

(2)乙炔瓶不应受剧烈的振动和撞击，以免瓶内的多孔性填料震碎和下沉而形成空洞，既影响乙炔瓶的安全使用，又影响乙炔的贮存。乙炔瓶禁止滚动，如发现滚动，则应垂直稳定放置1 h后，方可使用。

(3)乙炔瓶表面温度不得超过30 ℃～40 ℃。瓶温过高会降低丙酮对乙炔的溶解度，而使瓶内乙炔压力急剧增高。因此，严禁乙炔瓶在烈日下曝晒或靠近热源。可采用掩体遮盖的方法，避免瓶温升高。

(4)乙炔瓶距明火不应小于10 m。乙炔减压器与瓶阀连接处必须牢固可靠，严禁在漏气情况下使用。一旦发现瓶阀、易熔塞和乙炔减压器着火，应立即用干粉或二氧化碳灭火器扑灭，严禁使用四氯化碳扑救。

(5)冬季使用时，如发现瓶阀冻结，严禁用明火烘烤，必要时用40 ℃左右热水解冻。

(6)乙炔瓶的瓶阀在使用过程中必须全部打开或完全关紧，否则容易漏气。

(7)乙炔瓶在使用过程中，其低压力(即工作压力)不宜超过0.1 MPa，一般应为0.03～0.07 MPa。

(8)遇到有多孔性填料孔隙率低的乙炔瓶时，在使用过程中发现丙酮外流，经稳定处理后，可将瓶阀稍打开一点，将乙炔减压器调节到所需最低工作压力，如还不奏效，应立即停止使用，以防燃烧爆炸。

(9)乙炔瓶内气体不得用完，应留有余压0.1～0.2 MPa。通常季节气温低留余压值低，季节气温高留余压值偏高，以减小瓶内丙酮的损失。停止使用乙炔时，应将瓶阀关紧，防止泄漏。

(10)乙炔瓶和氧气瓶尽量避免放在同一车辆上使用。如非得同车放置时，不允许气瓶和减压器及连接处有泄漏现象，并且氧气瓶和乙炔瓶的两个减压器不应成相对状态，以免气流射出时冲击另一个减压器而造成事故，应该相互平行或相背放置两个减压器。

3)减压器：减压器又称气压表。它的作用是把贮存在气瓶内较高压力的气体，减压到所需的工作压力，并保持稳定。

气焊或气割的设备中配套的减压器有：氧气减压器为蓝色，乙炔减压器为白色。

用于气焊和气割中的任何一种减压器，它的工作原理都不外乎是在工作过程中调节和保持活门的开启或关闭，并使流量处于某种稳定状态。现以反作用式减压器为例来说明其构造原理。

如图3-37所示，高压气体经过管接头2进入减压器的高压气室1，然后进入装有薄膜4的低压气室3。高压气体通过减压活门5的开口时，其能量消耗于克服活门的阻力，因而压力降低。回动弹簧6从上面压到活门上，而调节弹簧8从下面通过支杆7压到活门上，因此弹簧对薄膜和支杆的压力以及活门的上升量，都可以用螺丝9来调节。当通过减压器放出的气体减少时，气室内的压力就会升高，薄膜向下移动压缩弹簧，于是活门接近座孔，使进入气室的气体减少。在气室内的压力没有下降以及作用在薄膜和活门上的压力没有恢复平衡时，这个动作一直在进行着。当放出的气体增多时，低压室内的压力降低，在弹簧作用下，活门的上升量增加，于是通过活门放入的气体量增加。假如通过活门进入气室内的气体比由减压器内放出的气体多，那么气室内的压力又将增大，从而又压缩弹簧，使在反方向上受弹簧作用的活门上升量减小。减压器由安全活门10来保护薄膜，以免工作室内的气体压力增加到不容许数值时发生爆裂。减压器上还有高压压力表11和低压压力表12。

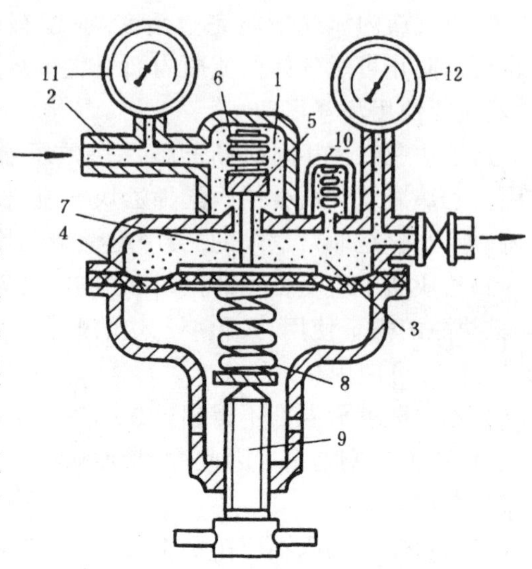

图3-37　反作用弹簧式减压器

1-高压气室；2-管接头；3-低压气室；4-薄膜；5-减压活门；6-回动弹簧；7-支杆；8-调节弹簧；9-调节螺丝；10-安全活门；11-高压压力表；12-低压压力表

乙炔气体所用减压器的作用原理、结构和使用方法与氧气减压器基本相同，只是使用和调节的工作压力较低。高压表的调节范围氧气为0～15 MPa，乙炔为0～2.5 MPa。低压表用来将高压调节为低压(即工作时所需要的压力)。低压表的调节范围氧气为0～2.5 MPa，乙炔为0～0.15 MPa。

减压器使用注意事项：

(1)使用时，应先开气瓶的总截门，然后将调节螺丝慢慢旋紧使支杆顶住活门而调节工作所需压力。如果先旋调节螺丝而后开总截门，则气体就会冲坏低压表或将高、低压室突然串通，致使低压室出口处的连接皮管剧烈旋转跳动而打伤人。特别是氧气减压器的使用更要注意。用完后先将调节螺丝松掉，然后关闭总截门。如不松掉调节螺丝，就会使弹簧长期被压缩而疲劳失灵。

(2)拆装时，要防止管接头上丝扣烂牙，一般应用手托住减压器装卸，拆卸后要注意轻放和防止灰尘进入表内，以免阻塞失灵。

(3)减压器内外严禁油脂沾污，以免氧气、乙炔气与油污起化学反应而引起燃烧与爆炸。

(4)气瓶试放气体或打开减压器，动作都必须缓慢，当气体流入低压室时，要检查有无漏气现象。

(5)减压器上的连接垫床、禁止使用不合格的代用品或带有油迹的麻棉线代替。

(6)减压器冻结时，要用清洁温水解冻，切忌用火烤。

(7)氧气减压器不准移作其他减压表使用，各种气体的减压器也不能换用。

(8)操作时，必须经常注意观察压力表的读数，发现表压不正常时应及时查明原因。

4)焊枪(焊炬)：焊枪是气焊工作不可缺少的器具。气焊过程中通过它能方便地调节氧气和可燃气体的比例和流量，来达到焊接的目的。

焊枪按可燃气体和氧气混合的方式分为射吸式和等压式两类。目前国内使用的焊枪均为射吸式，具体型号，如表3-8。

射吸式焊枪主要靠射吸作用来调节氧气和乙炔气的流量，射吸式焊枪的结构示意图，如图3-38所示。使用时打开氧气调节阀6，使高压氧在混合气管4附近形成负压区将乙炔气从乙炔接头中带出，以保证乙炔与氧的混合气体具有固定的比例，使火焰稳定燃烧。采用这种焊枪，不论使用低压或中压乙炔，都能保持焊枪正常工作。

氧—乙炔射吸式焊枪规格和性能 表 3-8

型　号	焊接低碳钢厚度(mm)	氧气压力(MPa)	乙炔压力(MPa)	可换焊嘴个数	焊嘴孔径范围(mm)	气体消耗量	
						氧(m^3/h)	乙炔(升/h)
H01-2	0.5～2	0.1～0.25	0.001～0.10	5	0.5～0.9	0.033～0.15	40～170
H01-6	2～6	0.2～0.4	0.001～0.10	5	0.9～1.2	0.15～0.37	170～430
H01-12	6～12	0.4～0.7	0.001～0.10	5	1.4～2.2	0.37～1.10	430～1210
H01-20	12～20	0.6～0.8	0.001～0.10	5	2.4～3.2	1.25～2.25	1500～2600

注：各型号焊枪均配备 5 个嘴头，各型号的 5 个嘴头均按 1～5 编号。

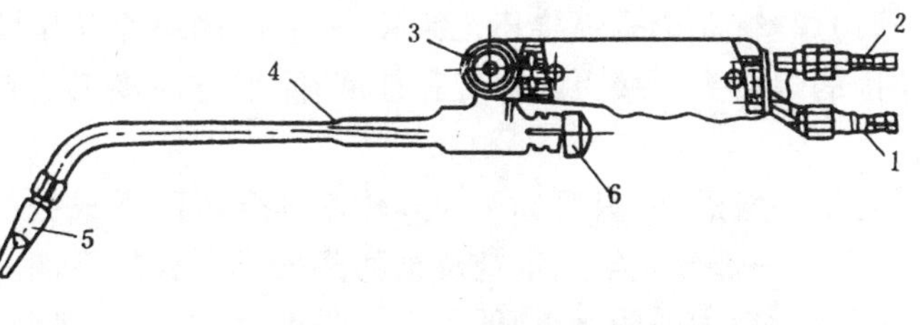

图 3-38　H01-6 型射吸式焊炬

1-氧气接头；2-乙炔接头；3-乙炔调节阀；4-混合气管；5-焊嘴；6-氧气调节阀

焊枪使用注意事项：

(1)根据焊接工作具体情况，配备适当的焊嘴，选用正确的氧气和乙炔气压力。

(2)焊枪使用前必须检查其射吸情况，先将氧气橡胶软管紧接在氧气接头上，使焊枪接通氧气，开启氧气阀，再开启乙炔调节阀，用手指按在乙炔进入焊枪的接头上，若手指感到有一股吸力，说明射吸能力是正常的，如果没有吸力，则表明射吸能力不正常，必须立即进行修理，否则严禁使用。

焊枪射吸检查正常后，把乙炔橡胶软管也接在焊枪的乙炔接头上，无论哪一种软管都要与相应的接头牢固地连接，以防软管在使用中脱落，发生燃烧爆炸事故。

(3)使用前，应将皮管内的空气排除，然后分别开启氧气和乙炔阀，畅通后方能点火试焊。

(4)操作时焊嘴不得与工件相碰，以免压住火焰而产生爆响与发生回火。

(5)焊嘴发生堵塞后，应立即关闭乙炔和氧气阀，将焊嘴拆下，从内向外捅，以防嘴孔变成喇叭型。

(6)焊嘴热度不能过高，过高时应用水冷却或自然冷却。

(7)焊枪的各部分不得沾污油脂。

(8)操作中如要临时离开工作岗位，禁止把点燃的焊枪放在操作台上，以防发生事故。

(9)使用完毕后，应检查氧气和乙炔阀门是否关闭，是否有余火窝藏在枪嘴和混合管道内，确认无以上现象后，将焊枪连同橡胶软管一起挂到适当地方，以备再用。

5)橡胶软管：气焊与气割时用的橡胶软管，必须能够承受足够的气体压力，并要求质地柔软，重量轻，便于操作。

国产的橡胶软管是用优质橡胶夹着麻织物或棉织纤维制成的，根据输送气体不同，橡胶软管可分为氧气橡胶软管和乙炔橡胶软管两种。

氧气橡胶软管可以长期承受 1.5 MPa 的压力，它的试验压力为 3 MPa，爆炸压力为 6 MPa，氧气橡胶软管是红色，软管内径为 8 mm。乙炔橡胶软管可以长期承受 0.3 MPa 的工作压力，试验压力为 0.45 MPa，爆炸压力为 0.9 MPa。颜色是黑色或绿色，其内径为 10 mm(目前国际上和国内以前规定氧气软管是黑色，乙炔软管是红色)。

新橡胶软管在使用以前，要将胶管内滑石粉吹干净，以防焊枪或割枪的通道阻塞。连接焊枪和割枪的胶管长度不能短于10 m,但太长也会增加气体流动的阻力,一般长10～15 m为宜。每根橡胶软管只允许用一种气体,切不可互相代用。橡胶软管与焊枪和割枪连结要紧密,不允许有漏气现象。

在使用橡胶软管时,内外表面不允许有油脂,以免软管加速老化。还要防止橡胶软管被烫破、拆裂。氧气或乙炔胶管在使用中发生脱落、破裂或着火时,应迅速关闭供气阀门,切断气源,将火熄灭。

6)焊丝(焊条)与焊剂(焊药):

(1)焊丝:无论是焊接还是修补,一般应选用焊丝作填充金属,使之与被焊部分结合起来成为牢固的焊接头。接头的强度和性能,除了与焊接工艺有关外,还与使用的焊丝材质有直接关系。

对于一般焊件,只要选用与焊件基本金属同样成分的焊丝即可。但是焊丝经过燃烧熔化以后,因有一部分化学元素被烧损而降低了原有的性能,再加上经过一次熔化之后,它的结晶组织要变得粗大一些,也降低了它的强度。因此,当遇到要求强度高的焊接接头或需要适当加厚焊缝金属作为补强时,应在不影响焊件使用性能的条件下,选用比焊件强度更高一些的焊丝作为填充金属。

常用气焊焊丝有H08、H08A、H08MnA等。"H"字表示焊接用焊丝,紧接着的第一二位数字表示其含碳量范围,如08表示该焊丝的含碳量为0.08%左右。以后的字母和数字则表示该焊丝的主要合金元素名称和含量范围。若合金元素名称后面没有数字,表示其含碳量在1%左右,数字为"2"则表示含碳量在2%左右。另外牌号带有字母"A"的焊丝,则表示其含硫与磷量较少,这种焊丝比同类无"A"的质量高。

焊丝质量的好坏直接关系到焊缝的接头质量,所以在选用焊丝时一定要注意它的质量是否合乎要求,一般可以用气焊火焰烧熔焊丝的一端,待凝固后进行检查,如果发现表面呈不光洁的粗糙熔渣状态,就说明这种焊丝的杂质多,质量较差。如果熔化后的表面光洁,可进一步在薄板上试焊一条焊迹,在施焊中飞溅的熔渣少,熔池的状态整齐,并且从表面上看是油汪汪的,凝固后又没有气泡和陷坑现象,就说明这种焊丝优良。总之,焊丝的化学成分和含碳量的要求与焊件相近,含锰量要稍高一些,磷和硫的含量越少越好。

(2)焊剂(焊药):气焊用焊剂就相当于电焊条药皮所起的作用,是为了在焊接过程中能够造渣、脱氧,从而提高焊接质量。

焊剂的选择可根据工件的材质而确定。不锈钢及耐热钢气焊用焊剂,通常选用粉101;铸铁气焊用焊剂,通常选用粉201;铜及铜合金气焊用焊剂,通常选用粉301;铝及铝合金气焊用焊剂,通常选用粉401;而一般的碳钢及合金钢气焊时,就不必使用焊剂。

第二节　气焊的基本操作技术

1. 气焊的火焰及种类

气焊火焰是由乙炔气和氧气通过焊枪混合后喷出点燃而形成的。这种火焰叫做氧—乙炔焰,氧—乙炔焰的构造,如图3-39所示。焰芯1在火焰的内部,乙炔气和氧气的混合物在焰芯内逐渐被加热至着火温度,在焰芯的边缘乙炔发生局部分解,形成碳粒呈白热状态,并产生强烈的白光,所以焰芯也是火焰中最明亮的部分,焰芯边缘温度可达1 000 ℃。

火焰的中间部分是内焰 2，呈蓝色，乙炔与已混合进来的氧气发生第一阶段燃烧，这一区域的温度最高，距内焰末端 2～4 mm 处的温度可达 3 100 ℃，这个区域又叫做焊接区。

火焰的最外层 3 称为外焰，为桔红色。在这区域内，主要依靠大气中的氧进行第二阶段燃烧。

火焰的形状、颜色和性质主要决定于混合气体中乙炔与氧气的比例。火焰按其性质可分为中性焰、氧化焰和碳化焰三种形式，如图 3-40 所示。

中性焰，如图 3-40 a)，是氧气量和乙炔量的比例相适应的火焰（一般氧气与乙炔的混合比为 1.0～1.2)，喷嘴处呈现出一个很清晰的内焰芯。这种火焰对红热或熔化了的金属没有碳化和氧化作用，所以称之为中性焰。中性焰可用于切割、焊接一般碳素结构钢和钎焊等工作。

氧化焰，如图 3-40 b)，是氧气量多、乙炔量少的火焰（一般氧气与乙炔的混合比例大于 1.2)，喷嘴处呈现出比中性焰还要小一些的蓝白色焰芯，因而火焰和焰芯都比中性焰短，这种火焰对红热或熔化了的金属都有氧化作用，尤其是对红热和熔化的优质合金钢更为显著，因此称它为氧化焰。使用这种火焰焊接各种钢铁时，焊缝金属很容易被氧化而造成脆弱的焊接接头。在焊接高速钢或铬、镍、钨等优质合金钢时，也会出现互不融合的现象。在焊接有色金属及其合金时，产生的氧化膜会更厚，甚至在焊缝金属内出现夹渣，形成不良的焊接接头。氧化焰一般只在烧割工作或焊接黄铜与铜合金时才能采用。

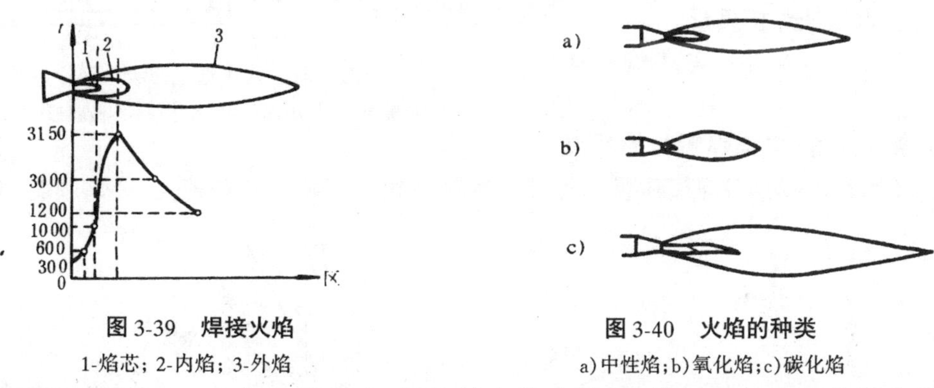

图 3-39　焊接火焰

1-焰芯；2-内焰；3-外焰

图 3-40　火焰的种类

a) 中性焰；b) 氧化焰；c) 碳化焰

碳化焰，如图 3-40c)，是乙炔量多、氧气量少的火焰（一般氧气与乙炔的混合比例小于 1.0)，因为乙炔没有达到完全燃烧，因此在喷嘴处呈现出两层白焰芯，因而火焰和焰芯都比中性焰长，且它们之间失掉明显轮廓，外焰呈橙红色，温度比中性焰和氧化焰都要低。使用它焊接钢铁时，焊缝金属很容易被碳化，从而使金属接头脆性增大。因为这种火焰对红热的钢铁，特别是对熔化的钢铁有加入碳质的作用，所以被称为碳化焰。这种火焰一般用于钎焊或用轻微的碳化焰焊接怕受氧化的优质合金钢焊件，如高速钢、高碳钢、工具钢等。不同材料焊接时应采用的火焰，见表 3-9。

焊接时喷射出来的火焰（焰芯）形状应该整齐垂直，不允许有歪斜、分叉或发出吱吱的声音。只有这样才能使焊缝两边的金属被均匀加热，并在焊接时能出现正确的熔池，从而保证焊接质量。所以，当操作中发现火焰不正常时，要及时使用专用的通针把喷嘴口处附着的杂质清除掉，待火焰形状正常后再进行焊接。

2. 焊接熔池

焊件的焊缝被火焰烧成液体状态时，所形成的小池坑叫做焊接熔池。熔池的温度、形状及大小对焊接质量有着直接关系。

表 3-9 不同材料焊接时应采用的火焰种类

焊接金属	火焰种类	焊接金属	火焰种类
低中碳钢	中性焰	铬镍钢	氧化焰
低合金钢	中性焰	锰钢	氧化焰
紫铜	中性焰	镀锌铁板	氧化焰
铝及铝合金	中性焰	高碳钢	碳化焰
铅、锡	中性焰	硬质合金	碳化焰
青铜	中性焰或轻微氧化焰	高速钢	碳化焰
不锈钢	中性焰或碳化焰	铸铁	碳化焰
黄铜	氧化焰	镍	碳化焰或中性焰

施焊时要掌握火焰的方向，使焊缝两侧的温度始终保持平衡，以免熔池离开焊缝的正中间而向温度高的一边歪斜，形成焊缝金属一面多一面少的不良焊接接头。火焰内层焰芯的尖端应与熔池表面相距 3～5 mm(特殊焊接法例外)，形成的熔池自始至终要保持瓜子形、扁圆形或椭圆形，如图 3-41 所示。

熔池的大小和焊缝金属(俗称焊肉)的高度、要根据焊件的厚度、工作要求和焊缝接头的类型来确定，它需要始终保持一致，并且根据焊件的厚度具有足够的熔化深度，以保证焊接质量。

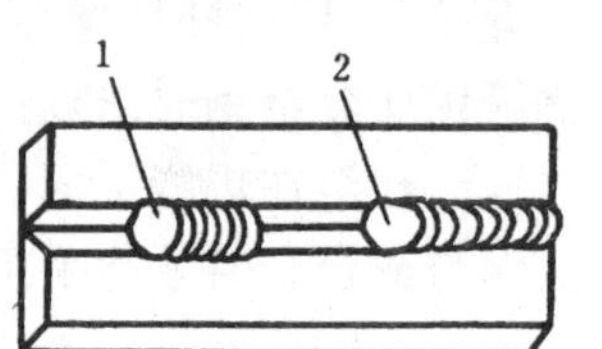

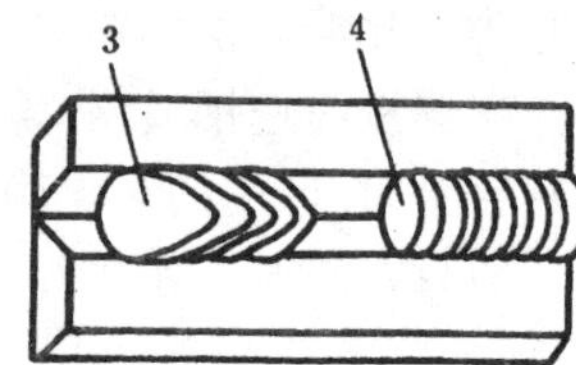

图 3-41　几种熔池形状

1-扁圆形；2-瓜子形；3-尖瓜子形；4-椭圆形

3. 焊嘴的倾角及焊丝与焊嘴的运摆方法

1)焊嘴的倾角：焊枪焊嘴与焊件表面的倾角 α(见图 3-42)，对焊接质量和焊接速度都有很大影响。倾角越大，火焰越集中，焊件熔化越快。倾角的选择要根据焊件的厚度和性能。焊接金属厚度越大，熔点越高或导热性越好，选用的倾角就应越大。同一焊件在开始焊接时，为了使金属迅速加热和出现熔池，倾角应大于正常倾角。当金属形成熔池后，焊枪应恢复到正常倾角，并在整个焊接过程中保持不变。当焊接接近结束时，为了避免焊件过热和便于填满焊缝，应使倾角小于正常倾角(正常倾角为 45°)。

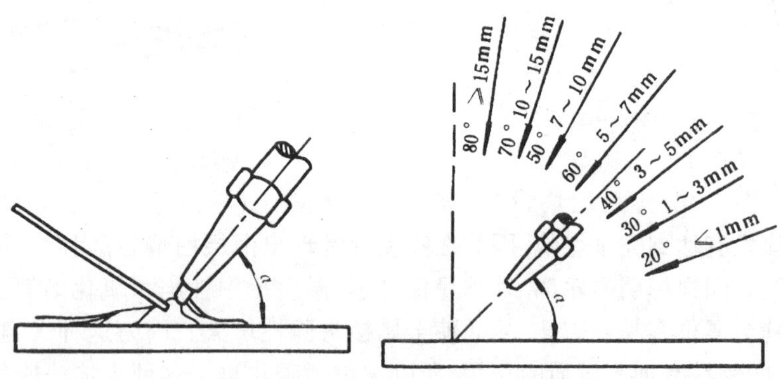

图 3-42　焊件厚度与焊枪倾角的关系

2)焊丝和焊嘴的运摆方法：气焊时焊丝和焊嘴可根据工件的厚薄、焊缝的宽窄以及空间位置的不同而采用不同的摆动方法。

当工件厚度在 3 mm 以下且焊缝较窄时，焊嘴要均匀、微小地一下一上作锯齿状运动，焊丝也要作同样的运动，以便不间断的送进熔池内供应填充金属。不过焊丝与焊嘴的运动方向相反，即当焊嘴向上运动的，焊丝向下运动。反之，焊嘴向下运动时，焊丝则向上运动，如图 3-43a)所示。

当工件厚度在 3 mm 以上且焊缝较宽的情况下，除更换焊嘴加大火焰外，焊嘴和焊丝还应向焊缝两侧作横向或月牙形摆动，两者的运动方向仍然相反。焊嘴作横向摆动的目的是为了均匀地加热和熔化焊缝两侧。焊丝作横向交叉摆动的目的是为了供应足够的填充金属，一般焊丝的摆动要比焊嘴摆动范围小，如图 3-43 b)所示。

在立焊、仰焊或焊接厚钢板时，火焰要加热接缝的中央部分，同时焊嘴应作螺旋摆动，以便充分加热焊缝，并借火焰的喷射力抵住液体金属以免往下溶流。此时焊丝应作横向摆动以供应足够的填充金属，如图 3-43 c)所示。

a)

b)

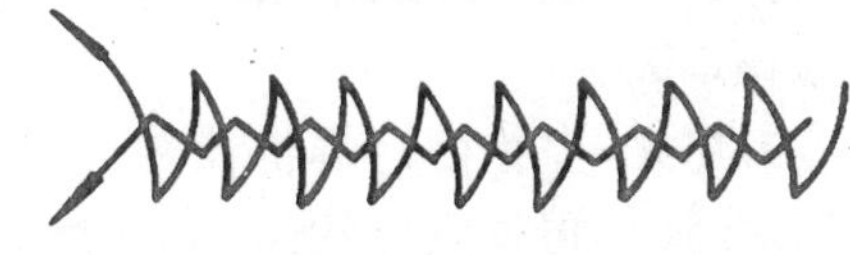

c)

图 3-43　焊条和焊嘴的运摆方法

4．*焊接操作法*

由于焊枪和焊丝沿焊缝移动的方向不同，气焊有右焊法和左焊法两种，如图 3-44 所示。

采用右焊法时，焊接火焰指向已焊好的焊缝，这种方法加热集中，熔深较大，火焰对焊缝有保护作用，容易避免气孔和夹渣的产生，但此法较难掌握。此种方法适用于较厚工件的焊接，而一般厚度较大的工件均采用电弧焊，因此右焊法很少使用。

采用左焊法时，焊接火焰指向未焊金属，并将液态金属吹向前方，用左焊法焊接时，可以看清熔池，分清熔池中铁水与氧化铁的界线，比较容易掌握。这种方法在气焊中采用最普遍。

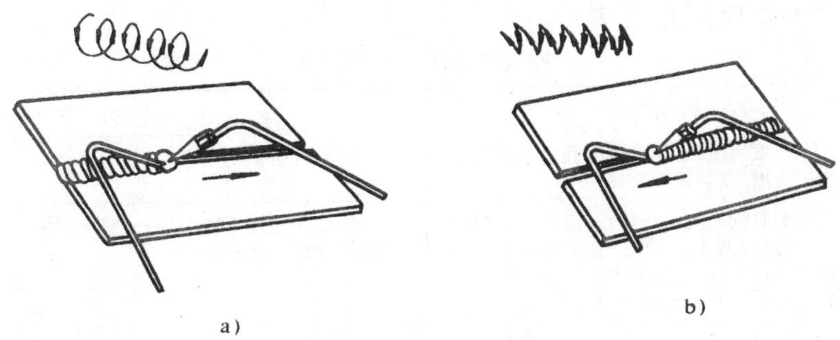

图 3-44　气焊的操作法

a)右焊法；b)左焊法

5．*点火、熄火、回火及回火的原因和处理方法*

1)点火：点火之前，先把氧气瓶和乙炔瓶上的总阀打开，然后分别旋转减压器上的调节螺丝，将氧气和乙炔调到工作压力(一般氧气调至 0.2～0.4 MPa，乙炔为 0.03～0.07 MPa)。

点火时，先把焊枪上氧气阀门稍微开一点，然后打开乙炔阀门并迅速进行点火。如果氧气开得大，点火时就会因为气流太大而出现啪啪响声，而且还不易点着。如果少开一点氧气助燃点火，但黑烟较大(对初学者是比较方便)。点火时，手应放在喷嘴的侧面进行点火，不能手对着喷嘴操作，以免点着后喷出的火焰烧伤手臂，如图 3-45 所示。

火点着后，应根据工作需要将火焰调节适当。如需调大火焰，应先把乙炔阀开大，再开大氧气阀。如需调成小火焰，应先关小氧气阀，再关小乙炔阀，否则操作顺序不对，容易把火焰调熄灭。

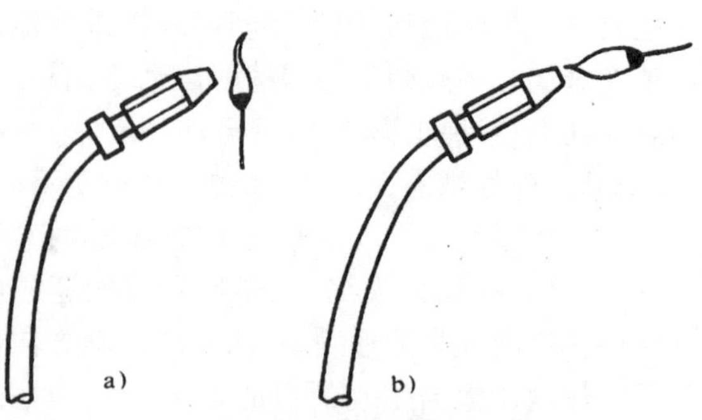

图 3-45　气焊的点火

a) 正确点火；b) 不正确点火

2) 熄火：停止使用焊枪需熄火时，应先关闭乙炔阀门，再关氧气阀门，火即熄灭并能防止火焰倒吸和产生烟灰。如果将氧气阀先关闭，再关乙炔阀门，就容易出现余火窝在焊嘴里，造成假熄火，这是很不安全的。特别是旧枪当乙炔阀门关闭不严密的情况下，更应引起注意。此外，这样熄火黑烟也比较大，易污染环境。

在熄火时，也可采用先关小氧气阀，再关闭乙炔阀，然后再把氧气阀完全关闭；火即熄灭。

3) 回火：在焊接操作中有时焊嘴头会出现爆响声，随着火焰自动熄灭，而在焊枪中会有吱吱连续响声，这种现象叫做回火。回火的原因是因为氧气压力比乙炔气压力高，在种种因素促使下，可燃混合气体会在焊枪和割枪内发生燃烧，并以很快的速度向可燃气体乙炔导管里扩散，以致产生回火，如果不及时消除，回火不仅会使焊枪和橡胶软管烧坏，而且会使乙炔瓶（或乙炔发生器）发生燃烧与爆炸。所以当遇到回火时，不要紧张，而应迅速先将焊枪上的乙炔阀关闭，再关掉氧气阀，回火也就立即停止。然后立即再打开乙炔阀，试一下是否有火窝在枪里，如果火熄灭不掉，应立即把枪上的乙炔橡胶软管拔掉，或者迅速将乙炔瓶总阀关闭。等回火熄灭后，应将焊嘴放在水中冷却，然后打开氧气阀门，吹除焊枪内的烟灰，方能点火使用。

4) 回火的原因和处理方法：回火原因从理论上讲：是由于火焰的燃烧速度大于混合气体的流速而造成的。如火焰的燃烧速度加快，回火的危险性加大，反之，则回火的可能性就小。

回火的原因和处理方法，见表 3-10。

回火的原因和处理方法　　表 3-10

回火原因	处理方法
焊嘴靠工件太近，发生过热，使焊嘴喷孔附近的压力增大，混合气体难以流出，喷射速度变慢	应将焊枪抬高一点
焊嘴过热（焊枪嘴温度超过 400 ℃）。混合气体受热膨胀，压力增高，流动阻力增大，一部分混合气体来不及流出焊枪嘴；或焊嘴拧得不紧，嘴头漏气，混合气体会在焊枪嘴内自然，并在出气口产生啪啪的爆炸声	应设法使焊枪嘴冷却；一般应停用一段时间，让其自然冷却或放入冷水中冷却
焊嘴被堵。当焊嘴被熔化金属堵塞而火焰喷射不正常时，因采取把焊嘴按在铁板上并开大氧气阀的方法企图吹掉堵物，结果反而使氧气倒回乙炔管道，致使焊枪内混合气体不能喷出而引起回火	应关闭氧和乙炔阀门，用专用通针捅一下。通畅后，先放掉枪内混合气体再重新点火
乙炔压力太低，这种现象在熄火时最常见	应将乙炔压力适当调高
焊枪管道被堵塞，混合气体不能外流，因而在里面燃烧爆炸	应把焊枪管道卸下来，将里面的杂质清除干净
焊枪年久失修，阀门不严密造成氧气倒回乙炔管道而形成混合气体，焊枪点火即产生回火	在焊接前应严格检查各阀是否漏气，待修复后再用

第三节 各种位置的焊接方法

1. 平焊和侧平焊

1)平焊:平焊是一种最方便、最常用且也容易掌握的焊接方法。在焊接厚度为 3 mm 以下的薄工件时,焊嘴火焰应该平稳均速地向前移动。焊丝在焊缝的熔池内一下一下地送进去,不要点在熔池的外边,以免粘住焊丝,在正常的焊接过程中向熔池送进焊丝的速度也应该是均匀的,否则会使焊缝金属高低不平。当发现熔池有下陷现象时,送进焊丝的速度应该加快,同时焊接速度也要加快。有时仅仅加快送进焊丝还不能解除下陷现象,这时需调小焊嘴与工件的倾角,同时应上下摆动,使火焰多接触焊丝,并加快焊接速度。特别是在焊缝空隙太大或焊缝处的温度过高而工件即将被烧穿的情况下,更应该这样操作。在发现焊缝两侧金属的温度低,焊缝熔化的深度不够时,送进焊丝的速度就要慢一些,同时可以调大焊嘴与工件的倾角,必要时还可以调大焊嘴火焰。平焊操作如图 3-46 所示。

在焊接 4~7 mm 厚的焊件或 1.5~3 mm 厚的多层焊缝时,焊嘴火焰要做平行前后轻微的摆动,焊丝也要一下一下地送进熔池内供应填充金属,如图 3-47 所示。

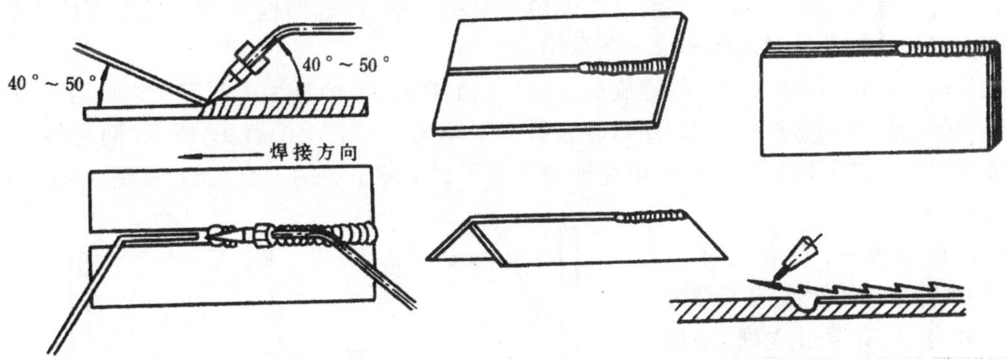

图 3-46 平焊操作示意图　　图 3-47 4~7 mm 厚焊件及多层焊缝的平焊

在焊接 7~9 mm 厚的焊件时,焊嘴火焰要做横向弧形摆动,焊丝也要连续不断地送进熔池内供应填充金属,如图 3-48 a)所示。

在焊接 12 mm 以上的焊件时,焊嘴火焰要做圆弧形左右循环摆动,焊丝要在熔池内做相对交叉的游动,如图 3-48 b)所示。

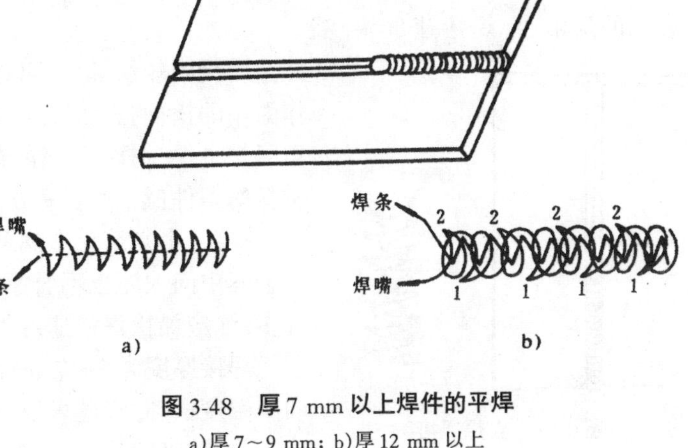

图 3-48 厚 7 mm 以上焊件的平焊

a)厚 7~9 mm; b)厚 12 mm 以上

2)侧平焊(角焊):侧平焊较平焊困难一些。焊接时,除了根据焊件厚度来掌握焊嘴火焰的角度外,在被焊接两金属板厚度相同的情况下,还要根据焊缝的位置来决定焊嘴火焰偏向的角度,如焊缝的位

置在平面上，如图 3-49 a)所示，焊嘴火焰的角度就要离开平面大一些(约 60°)。如焊缝的位置

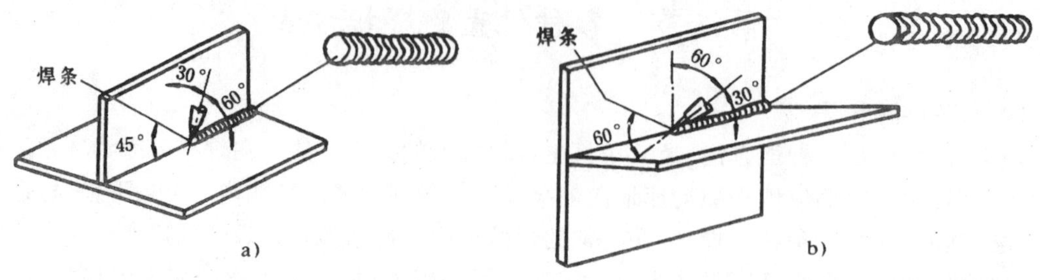

图 3-49　侧平焊

a)焊缝位置在平面上；b)焊缝位置在立面上

在立面上，如图 3-49 b)所示，焊嘴火焰的角度就要离开平面小一些(约 30°)。这样才能使在焊接过程中焊缝两边的金属达到相同的温度。因为金属中间部分比边缘部分吸收的热量多，所以焊嘴火焰要多偏向中间部分，以便中间部分熔透。如果同样地给予热量，焊接工作就会因焊缝两边金属温度相差悬殊而不能顺利进行，或影响焊接质量。熔池要形成在立面和平面的焊缝中间，不要有一面大一面小的现象。形成熔池后，焊嘴火焰要作螺旋形摆动，均匀地向前移动。焊丝要点在熔池的上半部，它与立面的角度要小一些，以遮挡住熔池上部立面的金属，以免焊缝金属的上部温度过高而形成一条深沟。

在焊接过程中，焊嘴火焰要作螺旋形一闪一闪的摆动，目的是为了利用火焰喷射的引力把一部分液体金属引到熔池的上部，使焊缝金属上下均匀，如图 3-50 a)、b)所示，同时使上部液体金属的温度迅速下降，早些凝固，以免流到下面形成上薄下厚的不良成型，见图 3-50 c)。

2. 立焊

在船舶维修中，设备损坏以后，有的焊件不易拆下来或工件过大不易翻身，只有通过立焊、横焊和仰焊来解决。这些位置的焊接比平焊难以掌握，因此需要进行具体分析，找出其特点。

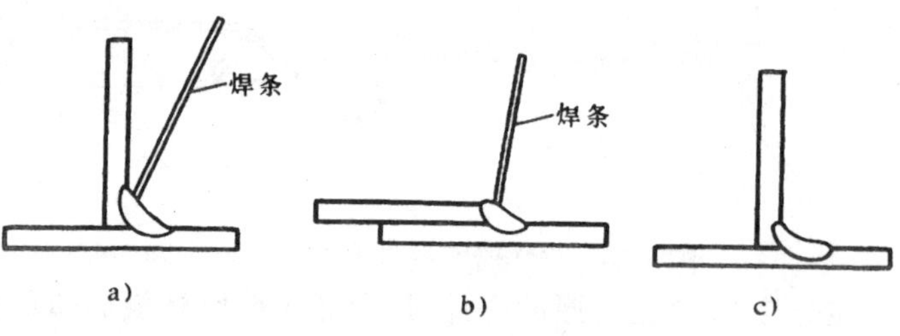

图 3-50　侧平焊接头情况

a)、b)接头成形良好；c)接头成形不好

立焊 2 mm 以下的薄焊件时，因形成的熔池小，焊接速度快，液体金属凝固较快，因此可按平焊操作施焊，也可使焊嘴火焰作微小的横向摆动，而不要作上下纵向摆动。焊嘴火焰的角度与平焊一样，火焰的热量却要比平焊同样厚度及同样材料的焊件低一些。每次向焊缝熔池内送进的填充金属也要少一些，否则熔化金属的体积太大就有往下流的趋势，焊缝金属中间太厚也不合乎要求。为了使熔化金属液体不致太多，除应加快焊接速度外，还要高抬慢移焊丝。

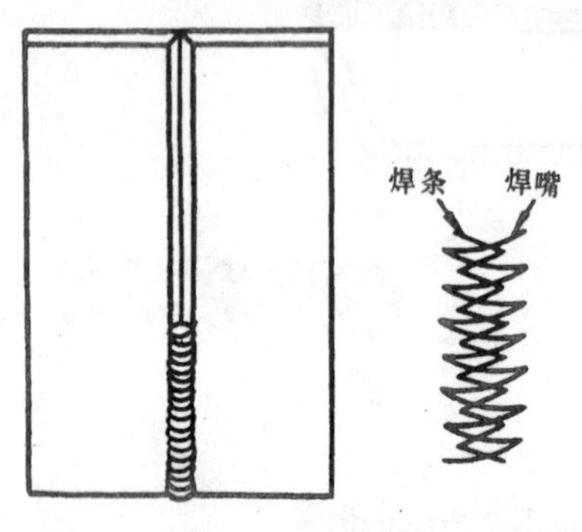

图 3-51　立焊焊接

焊接厚度为 3～7 mm 的焊件时，必须使焊嘴火焰作横向小幅度摆动，焊丝可以一下一下地送进熔池内。

焊接厚度在 7 mm 以上的焊件时，焊丝需要和焊嘴火焰

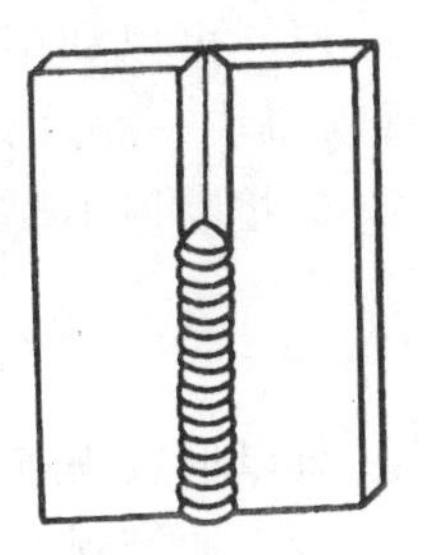
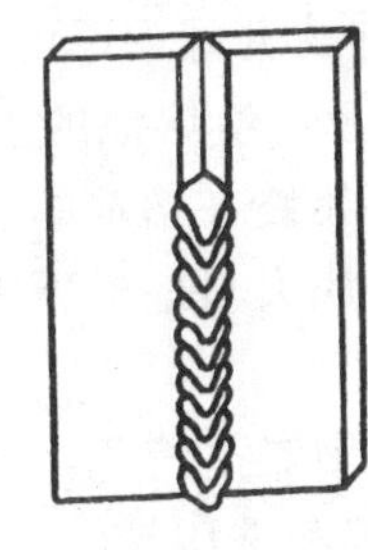

图 3-52 立焊熔池

a)熔池呈椭圆形；b)熔池呈瓜子形

作相对交叉的游动，以供应足够的填充金属，如图 3-51 所示。

横向摆动焊嘴火焰的目的是：

1)利用火焰的喷射能力把熔池内一部分液体金属引到焊缝两侧的边上，以避免液体金属大部分集中在中间，造成液体金属向下流的现象。

2)使焊缝中间的高温液体金属冷却得快一些，以避免和减少向下流动的倾向。

焊接厚度为 3～7 mm 的焊件时，应使熔池保持扁圆形状态。焊接厚度在 9 mm 以上的焊件时，则需要熔池保持椭圆形状态，如图 3-52 a)所示。千万不能呈现出瓜子形或尖瓜子形熔池，如图 3-52 b)所示。因为这样的熔池形状势必造成焊缝金属中间过高而两边过低的现象，从而使焊接质量低劣。

丁字缝和搭接缝的立焊焊接。除按侧平焊掌握焊面角度外，熔池形成后焊嘴还必须作横向螺旋形摆动。熔池的形状应始终保持扁圆形或椭圆形。否则，焊缝金属中间高两边低的情况比对接缝接头还要严重。丁字缝和搭接缝立焊时焊嘴及焊丝的运摆方法，如图 3-53 所示。

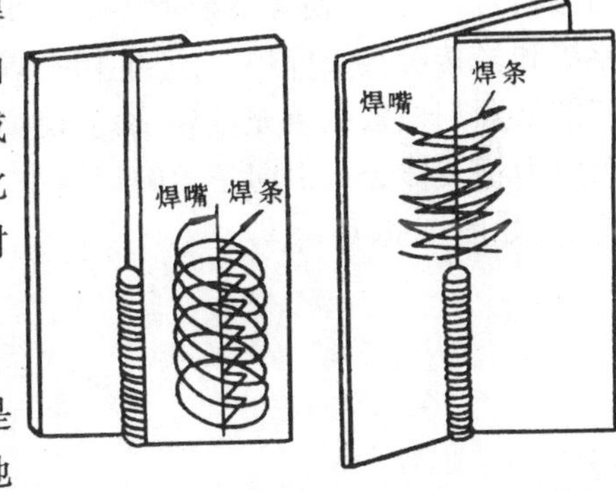

图 3-53 丁字缝和搭接缝立焊焊接

3．横焊

横焊时，焊嘴火焰的角度和平焊一样，只是火焰稍微向上，以借助火焰的喷射能力托住熔池中的液体金属，克服液体金属往下淌滴。在焊接过程中，要保持焊缝两侧金属的温度一致，为了不使焊缝的下侧金属温度低于上侧金属的温度，应该使焊嘴火焰在焊缝的下侧平行地前进。喷射的火焰要作螺旋形循环摆动。焊接厚度在4 mm以下的焊件时，焊丝要一下一下地点在熔池的上部供应填充金属，如图 3-54 a)所示。

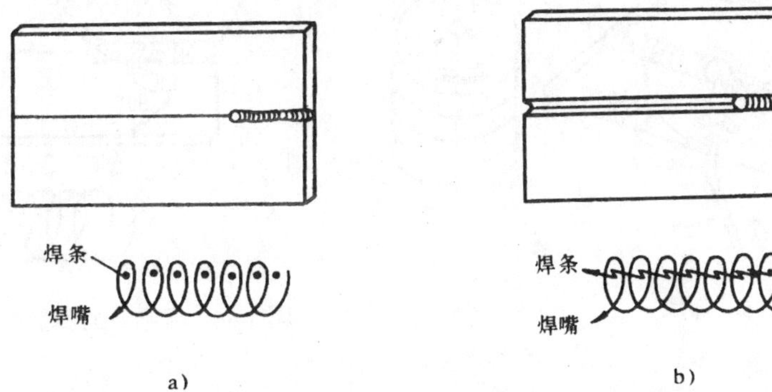

图 3-54 横焊

焊接厚度在 6 mm 以上的焊件时，焊丝要在熔池上部沿着焊缝的方向游动，以供应填充金属，如图 3-54 b)所示。

横焊熔池的液体金属不要同时太多,以免向下流而造成上薄下厚的不良成形。可以利用火焰的喷射向上托住液体金属,并作螺旋形一闪一闪的动作,使熔池的上部凝固得快一些,以避免上薄下厚的缺点。在整个焊接过程中,火焰的射点要始终在熔池的下半部,火焰喷射不要越出熔池的范围。否则就会失去喷射力的作用,使液体金属大量地流下来。

4．仰焊

仰焊是气焊操作技术中最难掌握的一种焊接,其主要困难是熔化金属下坠,难以形成满意的熔池和理想的焊缝质量。因此焊接时应采用较小的火焰和选用较细的焊丝来恰当地控制熔池温度。温度过高容易形成金属下流甚至滴落,温度过低则会形成焊缝熔合不良或夹渣。

在仰焊时,将焊接部位加热到稍微熔化后,就将焊丝放到熔池中去,它可以帮助支持要下落的熔化金属,焊丝还要作横向摆动,以使搅动金属和排除熔渣,同时还可以增加表面张力,因为金属愈干净,表面张力愈大。焊嘴可作半圆形或螺旋形摆动,如图 3-55 所示。

当焊接开坡口或较厚的工件时,若一次焊满较难得到理想的熔深和成形美观的焊缝,此时应采用多层焊。多层焊的第一层主要是保证熔透,第二层(或最后一层)则是控制焊缝两侧熔合良好与母材过度均匀,使焊缝成形美观。采用多层焊还有利于防止熔化金属下坠。

丁字缝和搭接缝接头仰焊时,不能像平焊那样将焊嘴火焰平行地向前移动,因为在三角形焊缝内不能很顺利地敷上填充金属,而应使喷射的火焰沿着焊缝方向作轻微的摆动,并借助于火焰的喷射力把液体金属引向三角的焊缝中去,同时利用焊条的带动力向焊缝内引进。丁字缝的侧仰焊,如图 3-56 所示。

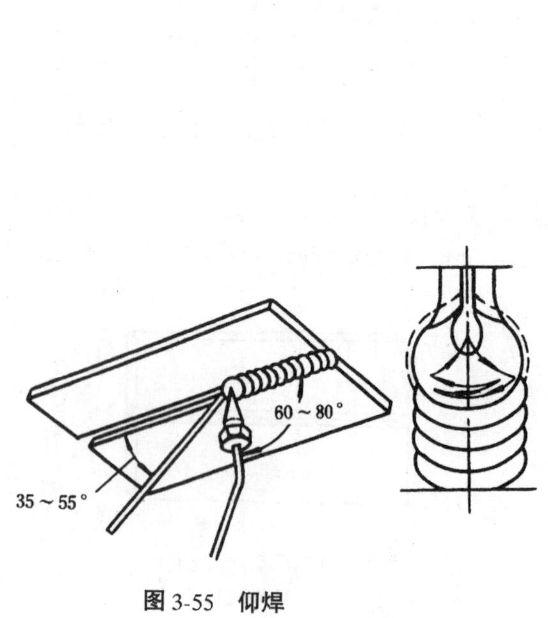

图 3-55　仰焊

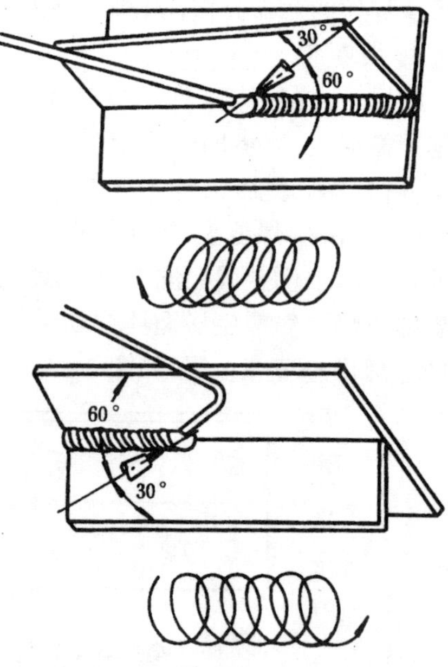

图 3-56　丁字缝的侧仰焊

第四节　船舶常用金属材料及实物的焊接

1．钢的焊接

1)碳素钢的焊接：含碳量在1.7%以下并含有少量硅、锰、磷、硫的铁碳合金叫做碳素钢。碳素钢分为低碳钢(含碳量为0.25%以下)，中碳钢(含碳量为0.25%～0.6%)和高碳钢(含碳量为0.6%以上)。

在船舶上，低碳钢常用来制作一般的油管、水管和蒸汽管等，中碳钢常用来制作机座、机架、齿轮、连杆和轴类等，高碳钢常用来制作刀具等。

当含碳量增加时，碳钢的强度和硬度都要提高，但脆性也要增大，在焊接中容易产生裂纹，所以含碳量越高，可焊性就越差。因钢水的粘度比较大，不容易从熔池中漏出来，所以碳钢不但能平焊，也能立焊和仰焊。在焊接过程中，都要发生激烈的氧化作用，会产生氧化铁附在焊缝金属表面上。在施焊中应注意不要使氧化铁夹杂在焊缝金属之中，否则会使焊缝金属夹渣和结晶组织粗糙而降低接头强度。

焊接时，火焰的调整、焊嘴的大小、焊丝的直径都要根据焊件的厚度和大小选择。火焰不要过强或过弱，过强容易使焊缝金属烧得过度和氧化太剧烈，严重影响焊接质量。过弱会使焊缝熔深不够或产生粘附现象，使接头不牢固。焊嘴和焊丝的选择见表3-11。

焊接一般碳素钢要用中性焰。焊接中、高碳钢时，为了避免碳的烧损，可采用轻微的碳化焰，严禁使用氧化焰。因为用氧化焰焊接会使焊缝金属被氧化而造成脆弱的焊接接头。但也不要用过大的碳化焰，否则会使焊缝金属碳化，同样会造成脆弱的焊接接头。

焊嘴和焊丝直径的选择　　表3-11

钢板厚度(mm)	1～2	3～4	5～8	9～12	13～16
焊　嘴(m^3/h)	75～100	150～225	350～500	750～1250	1500～2000
焊条直径(mm)	1.5～2	3	3～4	4～5	5～6

焊接高碳钢时，要在施焊前预热，防止急冷引起裂纹。焊接的火焰不要过大，焊接速度在达到熔深的情况下要适当快一些，即熔化后不要在一个点上烧的时间太长。焊完后要进行正火，使焊缝金属组织细密，减少内应力而增加强度。

2)合金钢的焊接：焊接合金钢的最大困难是合金元素氧化和焊缝金属产生气泡。合金元素愈多，焊接时产生的氧化物和气泡就愈多，这是因为在高热和熔化状态时，合金钢中的铬、镍和钨等受氧化作用而产生了铬、镍和钨等的氧化物。若熔池冷却太快，不等气体逸出就会凝固，焊缝金属皮下面就会遗留下较大气泡。此外，含碳量高的合金钢在焊接时由于燃烧作用，会产生一氧化碳气体，也很容易使焊缝金属中遗留气孔，在焊接合金工具钢以及高速钢时，在高热影响区内很容易产生裂纹。

为了克服上述缺点，需要采取以下措施和焊接工艺：

(1)焊接前要清除焊缝中的杂质和氧化物，并预热至300 ℃～500 ℃。

(2)厚大工件准备焊接时，应先加热到600 ℃左右(呈暗红色)，并在焊缝上撒一层焊剂(硼砂和硼酸的混合剂)，焊丝上也要粘上焊剂以免氧化。

(3)焊接时采用碳化焰，严禁使用氧化焰，火焰的焰芯要离开熔池5～8 mm高，不要插入熔池中去。

(4)在焊接过程中，火焰要始终笼罩住熔池，不要与大气接触，焊接操作要平稳地前进，不要一闪闪地摆动。

(5)火焰的能量要比焊同样厚度的低碳钢件时小 1/3，注意不要使熔池烧的过度。

(6)焊接结尾时，火焰要缓慢地离开熔池，以免熔池凝固太快而遗留大气泡。

(7)合金工具钢或高速钢焊完以后要正火，必要时还要缓冷。

3)铬镍不锈钢板的焊接：在焊接这种钢材时，最好选用含铬量比基本钢材高一些的焊丝作填充金属，以补充焊接时被烧损的铬，最低也要使用与母材相同的焊丝。在焊接厚度为 2 mm 以下的不锈钢板时，一般可采用从同一材料上剪下来的钢条作焊丝。为了避免和减少铬的氧化，应在焊接前把硼砂与硼酸的混合剂用热水搅成稀糊状，用毛刷子或小勺涂在焊缝上，焊丝上也要涂上一层。必须选用中性焰焊接，火焰的能量要比焊同样厚度的软钢板小 1/3。在焊接过程中，焊嘴火焰要对准焊缝（不要偏向一面），平稳匀速地移动，焊丝要一下一下地点在熔池内供应填充金属，在焊缝融合的情况下，焊接速度要尽量快一些，以防因烧穿而影响焊缝金属的质量。焊接终了时，火焰也要缓慢地离开熔池，以免形成大气泡。

4)钢管的实物焊接：管子的焊接比平面焊接要困难，焊接时主要困难在于熔化的液体金属容易下淌，不易成形，焊缝的高低、宽狭不容易控制，焊缝表面的鱼鳞状波纹更难以做到均匀而平整。

采用气焊焊接管子，大都是管壁较薄（4 mm 以下）和直径较小的管子，特殊情况下，在停电或电焊机发生故障时，气焊也可以进行大直径和厚壁管子的焊接。

根据管子空间位置不同，常见焊缝形式有活动位置（即可拆卸）爬坡焊，可边焊边转动管子。有固定位置（即不可拆卸）全位置焊接和横焊几种，如图 3-57 所示。

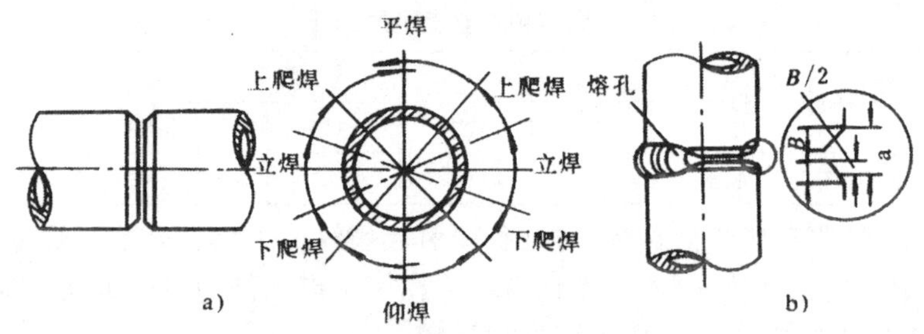

图 3-57 固定管子的焊接

a)全位置焊；b)横焊

管子的用途不同，焊接质量的要求也不相同，高压管壁厚超过 3 mm 时，一般应开坡口焊接，对接焊时钝边间隙要适当，不可过大或过小，如图 3-58 所示。要求单面焊双面成形，以满足较高工作压力的要求。

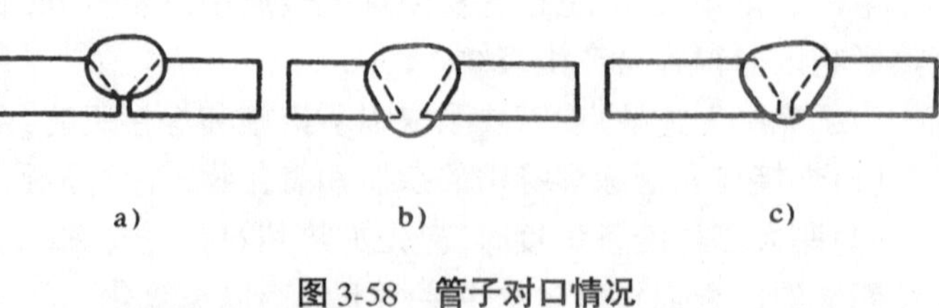

图 3-58 管子对口情况

a)钝边太大，间隙太小；b)钝边太小，间隙太大；c)合格

对于中压以下的管子，因工作压力较低，只要焊缝接头不漏并达到一定的强度即可。因此，对其质量要求可酌情放宽，坡口尺寸不必那么严格，要求反面成形的意义也不大。如管壁较薄（3 mm 以下），最好能控制在水平

位置施焊,这样不容易烧穿。对于管壁较厚和开有坡口的管子,不应在水平位置焊接,因为管壁厚,填充金属多,加热时间长,采用平焊不容易得到较大的熔深,不利于焊缝金属的堆高,同时焊缝表面成形也不美观。因此对于可拆卸管子的焊接,通常采用爬坡位置即半立焊位置施焊,以获得较好的效果。

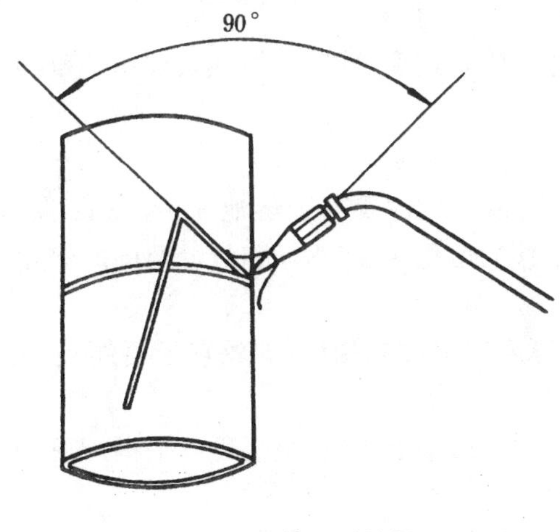

图 3-59 管子对接焊

在船舶上管子的焊接维修工作比较普遍,下面介绍几种管子的焊接方法:

(1)管子的对接焊:管子对接焊时,焊缝要平整,间隙要适当,火焰要对焊缝两边均匀加热,焊枪和焊丝要随着焊接位置的改变而相应变化,始终保持焊枪与焊丝之间的夹角为90°,如图3-59所示。火焰的热量要比平焊同样厚度与材料的板料焊件小一些。每次向焊缝熔池内送进的填充金属也要少一些,否则熔化金属的体积太大就有往下流的趋势。此外,要充分利用火焰的喷射力顶住液体金属,并且焊嘴要作横向摆动,把熔池内一部分液体金属引到焊缝两侧的边缘上,以避免液体金属大部分集中在焊缝中间,造成液体金属向下流的现象。最后收尾时,应注意在焊缝接头处要搭接一段(约5 mm),以保证焊缝的强度与美观。

(2)管子漏洞的补焊:补焊管子漏洞时,首先把洞口清理干净,如有锈污应除净,以免焊接时熔池不容易控制和焊后出现未熔合及夹渣等缺陷。施焊时可采取一圈圈逐步缩小的焊法,如图3-60 a)所示,也可采取由洞口两边对应缩小的焊法,如图3-60 b)所示。

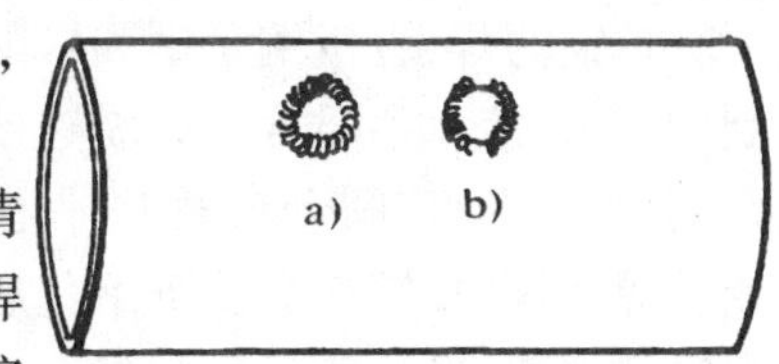

图 3-60 管子漏洞的补焊

a)转圈逐步缩小法; b)对应缩小法

不论采取哪种方法补焊,应注意焊枪火焰要经常挑起,否则火焰在洞口边缘时间过长,熔池容易下塌以致造成洞口越补越大(特别是3 mm厚以下薄壁管子)。如果焊补的洞口较大,为了节省时间和提高焊接质量,一般可以先敷上一块铁板再进行焊接。

(3)镀锌管子的焊接:在焊接镀锌管子时,应先把焊缝处镀锌粉烧掉再施焊,以免焊接时气泡过多,同时会发生爆响而影响焊接。并要注意锌粉燃烧后放出有害气体,因此,施焊时操作者应站在上风处或戴上防毒口罩,以防头晕和中毒事故。

2. 铜及铜合金的焊接

1)紫铜的焊接:紫铜又叫做纯铜。它比铜合金的熔点高、导热性强、容易变形、容易产生气孔并且焊接时乙炔的耗量也较多。焊接紫铜可以用母材做焊条,也可以用黄铜和青铜焊丝。紫铜在船舶上常用来制作输油管和各种海水管等。

铜在焊接时由于高温的影响,很容易氧化而生成很厚的一层氧化铜膜。氧化铜的熔点比纯铜低,焊接时氧化铜先熔化,再加上铜本身有氧化铜,所以补焊处的氧化铜更多。铜在氧化后的结晶变成粗糙状态,铜质变得很脆,因而影响了焊缝的强度和韧性。

焊接时,液体铜很容易吸收气体,如果在一个地方熔化的时间太长(吸收气体多)或铜水冷却凝固的速度太快(气体来不及逸出),焊肉内就容易存留许多气孔。为了避免这种现象,除了在焊前先把焊件(指大厚件)预热到足够的温度外,还必须使用焊药使氧化铜还原。焊药一般多采用硼砂和硼酸各一半的混合剂。

焊接前的准备工作和焊接的操作工艺,大致应做到以下几点:

(1)焊缝和补焊处要擦洗打磨干净,露出光洁的金属表面,若焊件较厚,也要和钢件一样修切坡口。

(2)大厚件应在施焊前预热到700 ℃左右,以便加快焊接速度,同时使熔池较缓慢地凝固,以便少产生一些氧化铜和气孔。

(3)焊接火焰一般采用中性焰。

(4)焊接时,焊嘴要平稳匀速地向前移动,火焰的焰芯(白点)要高于熔池5~8 mm,火焰要始终笼罩着熔池,不要让它与空气接触,焊缝要有足够的熔化深度,焊丝和焊缝要同时熔化,焊接速度要快。

(5)焊接或补焊时,使用焊药不要间断,与焊同样厚度软钢件时相比,焊丝直径要加粗1/3以上。

(6)焊接时为了防止铜水由焊缝反面流失,应在工件下面垫上垫板,垫板可以是铜、石棉或石墨,还可以用焊药垫底,同时要注意垫板应十分干燥。

(7)为了使焊接接头的焊肉组织结晶细密、强度高、韧性大、焊完后要用小锤适当地敲打焊肉,再回火到600 ℃左右。

2)黄铜的焊接:黄铜是铜和锌的合金,船舶上常用的黄铜有锡黄铜和铁黄铜。锡黄铜常用来制做海水、淡水和温度为265 ℃以上的蒸汽管路及其附件等。铁黄铜常用来制做尾轴包套、水泵活塞、活塞杆、阀盘和轴承衬套等。因为锌的沸点很低(熔点419 ℃、沸点925 ℃),因此焊接或补焊黄铜时,锌在高温下熔化后立即蒸发,很容易使焊肉内产生气孔。特别是在一个地方烧焊时间越长,锌的蒸发量就越多。为了减少锌元素过度的蒸发而影响焊接质量,焊接或补焊的速度越快越好,更要尽量避免重复焊接。必要复焊时,应特别注意焊药和焊丝的使用都不能间断,否则会产生更多的氧化铜和气孔(像蜂窝一样),致使焊迹不整洁,焊接质量低劣。另一方面,含锌量的减少会显著降低焊接接头的机械性能。

焊黄铜也像焊纯铜一样,在熔化温度下要产生氧化铜,并容易吸收大量气体,再加上有锌的蒸发,所产生气孔的问题比焊纯铜时更为严重。为了避免和减少这些弊病,大厚焊件在焊前要预热到600 ℃以上,使之有足够的高温后再进行焊接或补焊,以便加快焊接速度,这样不但能使锌的蒸发量大大减少,而且由于整个焊件的温度较高,熔池冷却速度慢,熔化时吸收的气体在凝固以前有足够的时间逸出,因此还可避免或减少气孔。

焊接黄铜时,焊丝的化学成分对焊接或补焊质量有直接影响,原则上应该选用与焊件成分相同的焊丝作填充金属。当焊件要求的化学成分和质量很严格时,除了按焊件原有的化学成分选择焊条以外,还要求含锌量高一些,以补充被烧损的一部分锌元素。使用青铜焊条来焊接黄铜不仅好用,而且焊接的质量更好。如果被焊处是磨损部位,则更能增加耐磨性。焊药最好选用硼砂和硼酸各占45%、氯化钠(食盐)占10%的混合剂。

焊接前的准备工作和焊接操作,除应选用氧化焰外,其余均可参照焊纯铜的方法进行。

焊接黄铜时,操作者由于锌的蒸发会感到头疼恶心。为了避免中毒,焊接时要戴防毒面具或防毒口罩。工作量不大时,可暂不戴防毒器具,但人应在上风处施焊。

3)青铜的焊接：青铜是铜与锡、铝的合金，船舶上常用的青铜有锡青铜和铝青铜。锡青铜常用来制作蜗轮装置、轴套、滚轮衬套、水泵活塞和活塞杆等。铝青铜常用来制作泵轴套、衬套、隔水圈、安全阀和海水管路附件等。

青铜的焊接和补焊要比纯铜和黄铜容易得多。如果焊件本身含有大量的铝青铜，就要注意在高温情况下焊件容易产生裂纹，如果是大厚焊件，表面还会产生一层氧化铝膜，致使焊件与熔化的填充金属瓦不熔合。所以在焊接过程中要利用焊丝的一端摩擦焊接面，在熔池内游动地供应填充金属。焊接薄的焊件时，也要利用焊丝的一端，顺着焊缝的方向一下一下地拨动着熔池供应填充金属，使熔化的焊丝与焊接处的基本金属融合在一起，以免出现夹渣和重皮现象。

青铜焊接的准备工作和操作工艺与纯铜和黄铜的焊接基本相同。一般采用氧化焰焊接，选用焊黄铜时所用的焊药再加入一些氯化钾来焊接铝青铜效果较好。它的配制比例是，硼砂和硼酸各占40%，氯化钠和氯化钾各占10%，采用其他化学成分的青铜焊件，应选用硼砂和硼酸各占50%即可。

4)紫铜管的实物焊接：

(1)紫铜管的对接焊：紫铜管在对接焊时，首先将铜管加热到发红(约900 ℃左右)，然后放入水中冷却或放在空气中自然冷却，使铜管保持良好的塑性，以便于弯曲。对于旧油管，通过事先加温可以去除管内油污。焊接时，将两根管子水平放在平板上或角铁槽内对齐，对口间隙要小，一般采用黄铜焊丝、中性焰、左焊法。

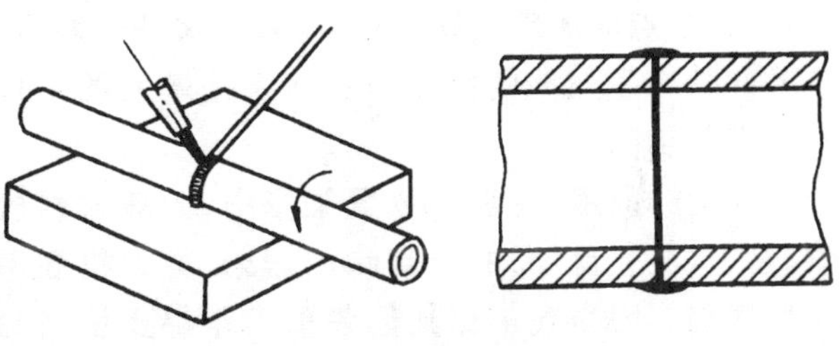

图 3-61 紫铜管的对接焊

操作时，先用火焰将管子加热至发红，注意防止熔化，然后用加热的焊丝蘸一点硼砂点在焊缝上，先焊一点将两根管子连接起来，然后将管子转动180°，用焊丝边蘸焊药边焊，如图3-61所示，待一圈焊完后，应观察焊缝接头处有无气孔，如发现有气孔，则需在气孔处加些焊药，用火焰将气孔处金属熔一熔，把气孔排除。在施焊时，要特别注意控制焊缝处温度及填加焊丝量，温度过高，熔化的铜水容易流入管内而将管道堵塞。

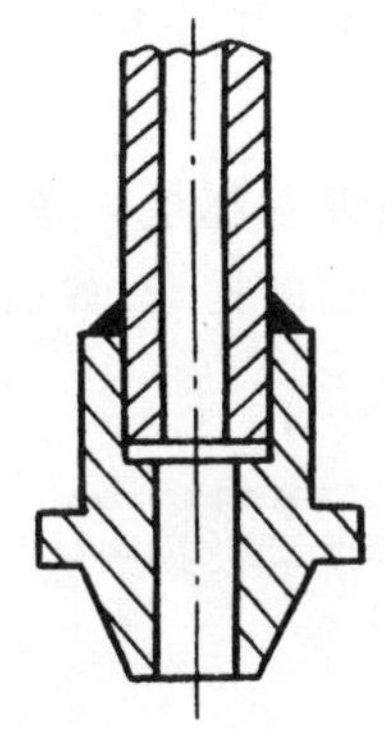

图 3-62 紫铜管与管接头的焊接

(2)紫铜管与管接头的焊接：焊接前，将管子加热至发红以恢复其塑性，冷却后将管子插入管接头中，插入深度约5 mm。采用中性焰、黄铜焊丝、硼砂做焊药及左焊法。

操作时，先将管接头加热至橙红色，接着把紫铜管加热至红色(防止烧熔化)。然后用加热的焊丝蘸些硼砂于焊缝上，在焊缝圆周上边加焊丝边转动管接头，待一圈焊完为止，如图3-62所示。

焊接时应避免温度太高和时间过长，以免铜水流进管孔内。并要注意焊好后待接头冷却再拿动管子，否则铜管会脱开接头，又要重新焊接，并会造成管道堵塞。

第五节　氧气切割

1．氧气切割原理及运用

1)氧气切割原理:氧气切割是利用氧—乙炔焰混合气体的火焰,将金属预热到能够在氧气流中燃烧的温度(即燃点),对于碳钢的温度大约是 1 100 ℃～1 150 ℃,然后开放切割氧气将金属剧烈氧化成熔渣(氧化铁渣)并从切口吹掉,从而将金属分离的过程,如图 3-63 所示。

氧气切割的金属只有在红热的温度下才能与氧气剧烈燃烧,同时生成的氧化物熔点要低于被割金属的熔点,而被割金属的燃点也要低于它的熔点,这样才能顺利地切割并获得整齐的割口和光洁的割断面。某些金属如铜、铝、铅及其合金钢和生铁等,在红热温度下与氧气接触时有的不燃烧,有的燃烧很差,并且金属燃烧生成的氧化物熔点大大高于金属本身的熔点。这样,由于高熔点固体氧化物的阻碍,采用这种气割方法就不能取得整齐的割口和光洁的割断面。如果是厚大的工件,也不能使用氧气直接切割。

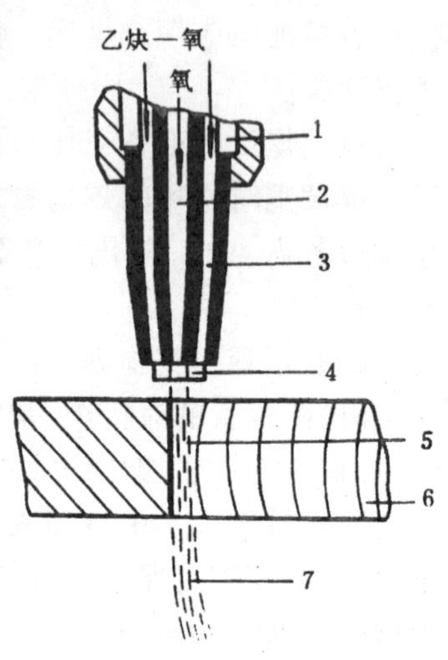

图 3-63　氧-乙炔切割示意图

1-割嘴；2-切割氧；3-预热氧；4-预热火焰；5-切口；6-工件；7-氧化铁渣

2)气割的应用:在船舶装置维修中,一般材料(圆钢、板料、型钢、管子、法兰盘等)的切割除用锯床、剪刀机和手锯外,还可以采用气割。因为气割比其他各项操作都要快,特别是对于一些稍大的工件和特形材料采用气割效率就更高。此外,气割还可以用来切割锈蚀的螺栓、铆钉等。但气割后的工件也存在一些缺陷,如割口的硬度增高,晶粒组织变粗及割后工件稍有变形。

2．气割的工具及要求

1)割枪(割炬):气割使用的设备同气焊相比,除了割枪与焊枪不同,其他设备都是一样。割枪与焊枪不同之处,就是割枪多了一根纯氧气流(切割氧)喷射管和一个阀,它的构造,如图 3-64 所示。这种割枪的构造及原理与焊枪大致相同,因而遇到同样的故障时,要进行同样的修理。在大多数情况下,往往因割嘴头配合不当而使切割工作不能顺利进行。例如在乙炔畅通、割枪吸引力很强的情况下,点着火以后出现啪啪的响声而灭火时,大都是因为割嘴外套松动,螺母没上紧,或割嘴外套的环形孔太大乙炔供应不足的缘故。如点着火以后火焰很正常,只是有啪啪的响声,当打开纯氧气阀后响声就消失,就说明割嘴外套内纯氧气喷射芯子没有上紧。如点着火以后纯氧气喷射孔也有火,一开纯氧气阀门火就熄灭,则说明割嘴头顶端与内部纯氧气孔之间不严密。如点着火以后出现吱吱的尖嘶声,并且火焰形状不正常,则说明环形孔内有了杂质。因此,遇到上述各种情况时,必须针对具体原因进行修理。

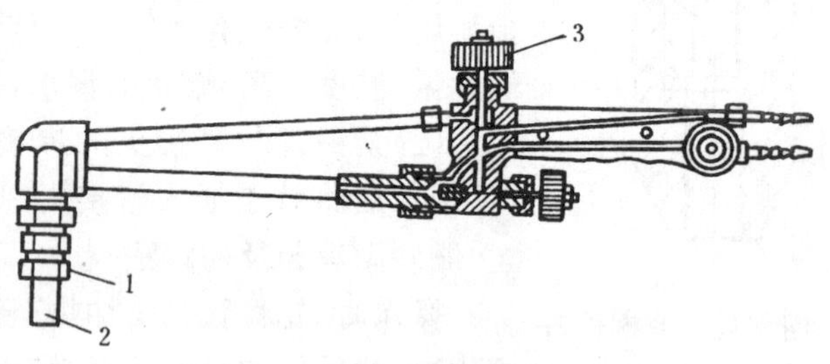

图 3-64　割枪

1-螺母；2-割嘴外套；3-纯氧气流阀

2)割嘴的选择及氧气与乙炔的工作压力调整:气割不同厚度的钢料时,割枪嘴头的选择和氧气工作压力的调整,对气割质量和工作效率都有密切的关系。例如使用太小的割枪嘴头来割厚钢料,由于得不到充足的氧气燃烧和喷射能力,切割工作就无法顺利进行,即使勉强地割下来,割缝断面既不平整,工作效率也低。反之,如果使用太大的割枪嘴头来割薄钢料,不但要浪费大量的氧气和乙炔,而且切割的质量也很差。所以必须根据割件的厚度适当地选择割枪嘴头,同时也要注意适当地调整氧气的工作压力,做到既不浪费氧气和乙炔,又保证切割工作能顺利进行。气割嘴头的选择及氧气和乙炔工作压力的调整可参照表 3-12。

气割时选用的割嘴及氧和乙炔的工作压力 表 3-12

型 号	切割钢板厚度(mm)	压 力(MPa)		可换焊嘴个数	焊嘴孔径范围(mm)	割枪总长度(mm)
		氧 气	乙 炔			
G01~30	1~30	0.1~0.3	0.001~0.12	3	0.6~1.0	450
G01~100	10~100	0.2~0.5		3	1.0~1.6	550
G01~300	80~300	0.5~1.00		4	1.8~3.0	650

3)割嘴喷射火焰和纯氧气流风线的要求:在气割时,为了得到整齐的割口和光洁的断面,除熟练的切割技巧以外,割嘴喷射出来的火焰应形状整齐,喷射的纯氧气流风线应该成为一条笔直而清晰的直线,在火焰中心没有歪斜和出叉现象,喷射出来的风线全长都应粗细均匀,只有这样才符合标准。否则会严重影响切割质量和工作效率,并且要浪费大量的氧气和乙炔。割枪的切割风线,如图 3-65 所示。

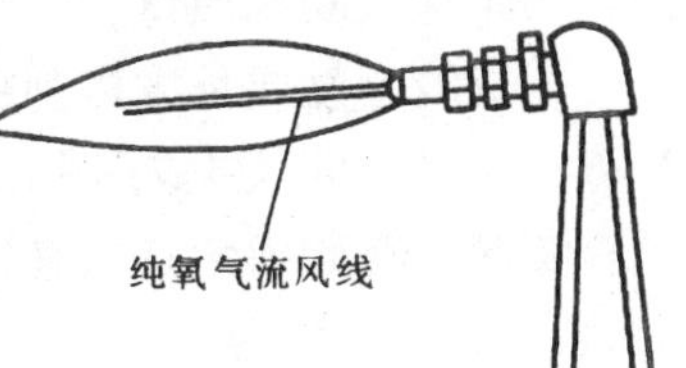

图 3-65 割枪的切割风线

割枪使用注意事项:

(1)割枪使用时,要执行焊枪使用的规则与要求。

(2)割嘴通道应经常保持清洁光滑,孔道内的污物应随时用圆形通针清除干净。

(3)被割工件表面的铁锈、油水、污物要清洁干净。

(4)在水泥地面上切割工件应加垫板,以防水泥地面破裂爆溅而伤人。

(5)一旦发生回火,应立即关闭切割氧和乙炔阀,然后关闭预热氧气阀。

(6)工作正常停止切割时,应先关闭切割氧阀,再关乙炔和预热氧阀。

(7)使用时,注意保护割枪不要磕碰,以免割嘴的内外嘴不同心或风线不直。

3. 气割的基本操作技术

1)气割前的准备:气割前,应根据钢料的厚度选择好氧气的工作压力和割嘴的大小,把钢料割缝处的铁锈和油污清理干净,用石笔划好割线且平放好,在割缝的背面应留有一定空间,以便切割气流射出时不受阻碍,同时还可以散放氧化物。

握枪姿势是右手握住枪柄,大拇指和食指控制调节氧阀门,左手扶在割枪的纯氧气流管上,同时大拇指和食指控制切割氧阀,右手臂紧靠右腿,在切割时随着腿部从右向左移动进行操作,这样手臂在腿部的靠导切割起来比较稳当,特别是初学者操作不熟练时更应该注意这一点。

点火动作与气焊时一样,首先把乙炔阀打开,氧气阀也可稍开一些,点着后将火焰调至中性焰(割嘴头部是一蓝白色圆圈),再把切割氧阀打开,观察预热火焰有否变化,同时还应观察切割风线是否笔直清晰,待一切正常后方可进行切割操作。

2)气割操作：切割一般钢材应从边缘开始，先用预热火焰加热开始点，当加热到钢板表面接近熔化(表面呈桔红色)，此时可打开切割氧阀开始切割。如果预热的地方切割不掉，就说明预热温度太低，应关闭切割氧阀继续预热。如果预热的地方被切割掉，则继续加大切割氧气量，使切口深度加大，直至全部切透。当看到氧化物熔渣直往下冲或听到割缝背面发出喳喳的气流声时，便将割枪匀速地向前移动。如果在切割过程中发现熔渣往上冲，就说明未打穿，这往往是由于金属表面不纯，红热金属散热和切割速度不均匀，这种现象很容易使燃烧中断，所以必须继续供给预热的火焰，并将速度稍稍减慢些，待打穿后再保持原有的速度前进。如发现割枪在前面移动切割而后面的割缝又逐渐熔结起来，则说明切割移动速度太慢或供给的预热火焰太大，必须将速度和火焰加以调整才能继续往下切割。

在切割过程中，往往会碰上割嘴处发生爆鸣声(回火预兆)，应迅速关闭切割氧阀，稍停一会，待正常后方可继续切割。切割时焰芯离工件表面距离约为 3～5 mm，切割效率和切口质量比较好。切割终了时，应立即关闭切割氧阀，同时注意抬高割枪离开割缝处，再关闭乙炔阀和调节氧阀。

4．船舶常用金属材料和实物的切割

1)不同形状钢板的切割：钢板割件的形状多种多样，但总的来说不外是直线或圆弧线的切割。为了保证切割质量，必须根据割件的形状按顺序切割，掌握切割的规律。

割直线方格或长方格割件时，要根据它的宽度或长度分别割到交叉点再停止切割，如图 3-66 中 *a* 点，而不要像图中 *b* 所示那样停在交叉点的前后。

切割带有硬拐角点的直线时，到达拐角点就停下来，然后再重新接着割，如图 3-67 的 *a* 所

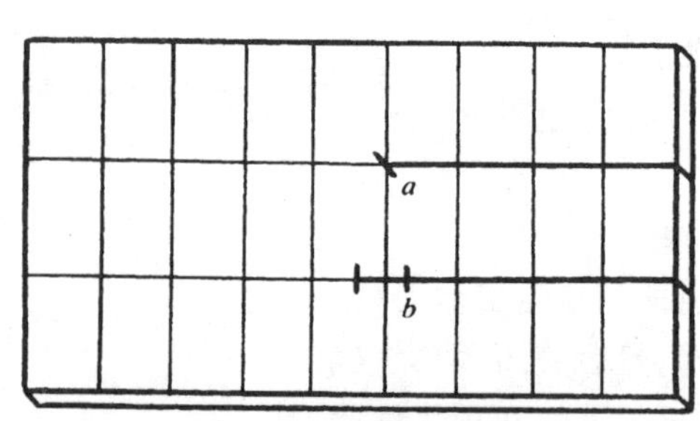

图 3-66　方格线切割

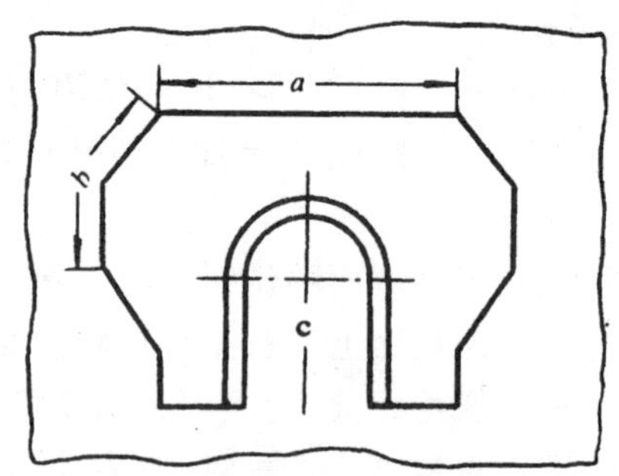

图 3-67　长短直线硬角圆弧切割

示。如果是短直线并且硬拐角点在 120°以上，可以割到拐角点时稍停顿一下，再接着割下去，如图 3-67 的 *b* 所示。每逢割到硬拐角点时，割嘴必须与切割平面相垂直，以免断面出现斜坡，特别是割厚件时，更要注意这一点。如直线又与圆弧相连接，如图 3-67 的 *c* 所示，最好把两个直线都割完后再割半圆弧(起止点在半圆起止点处)。

切割薄钢板时，割嘴的位置应向与运动方向相反的方向倾斜 20°～30°，如图 3-68 所示。这样人为地增加被切割件厚度，可以防止割缝形成熔焊，切割效果较好。

对于厚度大的钢板，在开始切割时，割嘴应与钢板构成 5°～10°的倾斜角，如图 3-69 所示，以便切割金属的整个厚度都能很好地加热，切割容易开始。继续向前割时，割嘴应与钢板垂直。

2)角钢的切割：切割角钢时，割嘴必须对准两个面割线，同时要与先割的面保持垂直，割到拐角时，可稍停一会儿预热一下(拐角处厚度增加)，再将割枪翻转 90°继续割下去，同时要保

持与这个面垂直，如图 3-70 所示。

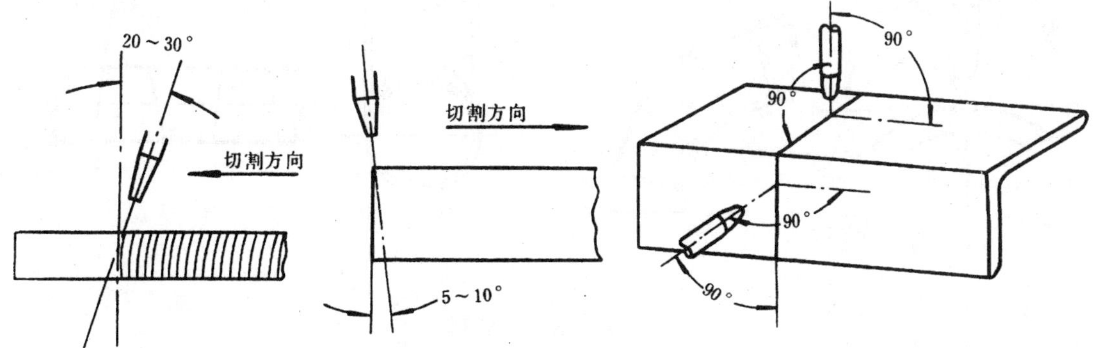

图 3-68　薄钢板的切割　　图 3-69　厚钢板的切割　　图 3-70　角钢的切割

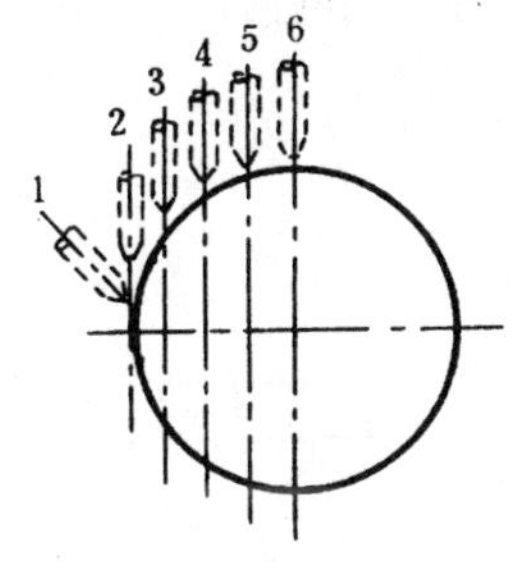

图 3-71　圆钢的切割

3）圆钢的切割：在切割圆形截面的钢料时（见图 3-71），为了便于火焰集中预热割缝处，可将割嘴放在 1 的角度位置上，预热后再将割嘴转动一个角度，按 2、3、4……顺序平行地切割过去。

4）法兰盘的切割：在钢板上切割法兰盘内圆孔的，割嘴预热火焰必须离开内圆边线一段距离进行预热。为加快预热速度，割嘴要垂直于钢板平面。当工件预热到切割温度开始切割时，为避免熔渣飞溅割嘴孔，割嘴倾角应改为 70°左右，待孔打穿后，割嘴倾角逐步垂直，并由穿孔处慢慢移向内圆的切割线上进行切割，见图 3-72 的 a 点。

在切割外形尺寸时，应在切割线外面一段距离预热，待钢板打穿后，再移至切割线上进行切割，见图 3-72 的 b 点。

5）管子的切割：切割管子时，首先应将割嘴在割线上倾斜 70°如图 3-73 a)，将管壁打穿一个小孔，然后再将割嘴垂直于割线并沿着割线切割一段距离转动一次，直到割完一圈为止，一般可分二至三次割完一圈，如有人配合，割嘴则可固定于一点，另一人将管子匀速转动而边转边割。

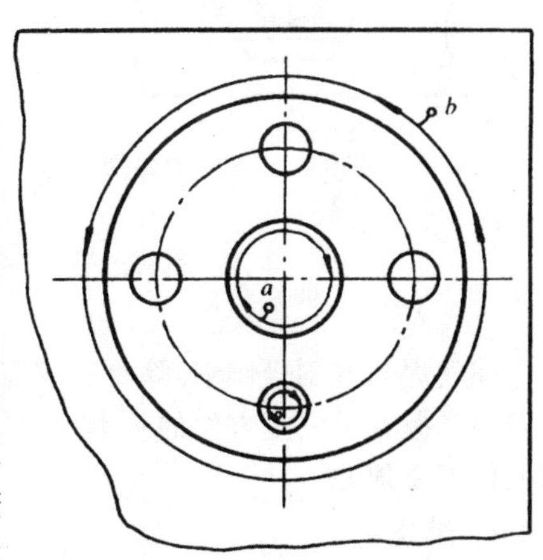

图 3-72　法兰盘的切割

切割管子弯头时，越是厚、大的管子，越要注意切割方法。即使线划得很正确而切割方法不好，割完后组装时不是角度不好，就是空隙太大，如图 3-73 b）所示。正确的切割方法是：无论多大角度的弯头或多大的马鞍形，均应顺着斜线方向进行切割，如图 3-73 c）所示。在割马鞍形料时，把两边突出的接线点适当地缩短，就可以避免空隙太大的弊病。

6）螺母和铆钉的切割：船舶上有些紧固用螺丝和铆钉锈蚀损坏后不易折卸下来，一般除用油浸、喷灯烧或用錾子开掉外，使用气割方法更为方便。

切割螺母时，应注意不要将螺丝和钢板割伤。切割的方法是从距离螺母内孔 2 mm 处割去两个相对应的面，见图 3-74，最后用手锤轻敲击螺母即可脱开螺丝。

切割铆钉时，关键是不要割伤钢板。切割方法有两种，一是从钉帽中间割开到达根部后再

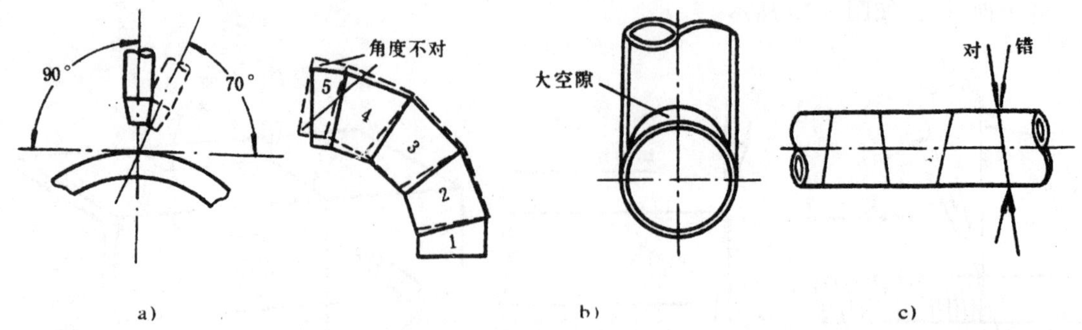

图 3-73　管子的切割

贴住钢板的平面往两边分割，如图 3-75 a)所示。另一种是贴着钢板留出约 2 mm 将钉帽割断，如图 3-75 b)所示，再贴着钢板的平面割平，如图 3-75 c)所示，最后用冲子冲出钉杆。

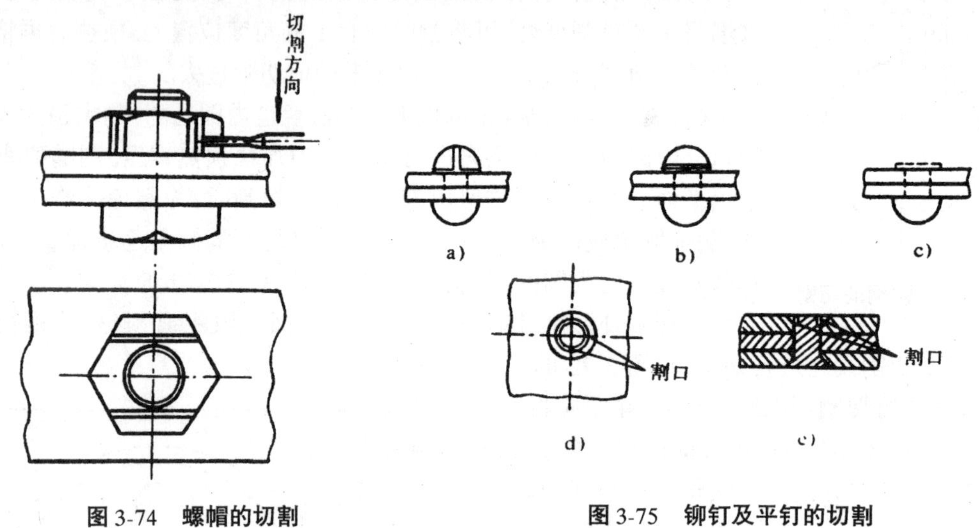

图 3-74　螺帽的切割　　　　图 3-75　铆钉及平钉的切割

第六节　气焊与气割的安全知识

在气焊与气割操作中，除要了解前面所介绍的焊与割基本理论和操作技能外，更重要是要学习与掌握有关安全方面的基本理论知识和操作规程。下面着重介绍燃烧与爆炸的常识及焊割操作安全须知。

1．燃烧

1)氧化与燃烧：根据化学定义，凡是被氧化的物质失去电子的反应都属于氧化反应。强烈的氧化反应，并伴随着热和光同时发出，则称为燃烧。物质不仅与氧化合属于燃烧，在某些情况下，与氯、硫的蒸气等化合反应也属此范畴。例如，在氯与氢的化合中，氯从氢中取得一个电子，此时氯是氧化剂，而氢则被氯所氧化，并放出热量和呈现出火焰，此化学反应也称为燃烧。

2)燃烧的必要条件，发生燃烧必须具备 3 个条件：

(1)可燃物质；

(2)氧或氧化剂(助燃物质)；

(3)着火源。

其中,可燃物质和助燃物质共同存在,构成一个燃烧系统,它是发生燃烧的先决条件。着火源是指具有一定温度和热量的能源。

气体燃烧产生火焰,我们把它作为焊接热源来利用,但如果燃烧失控而酿成损失和危害这就是火灾,必须防止和避免。在扑灭火灾时,可采取冷却、隔离、窒息和抑制等方法来消灭已产生的上述条件,使燃烧停止。

3)可燃物质的燃点、自燃点和闪点:所谓燃点是指可燃物质和火源接触而能着火,当火源移去后,仍能继续燃烧的最低温度。

自燃点是指可燃物质受热升温而不需要明火就能自行燃烧的最低温度。自燃点越低,则表明发生火灾的危险性越大。

可燃液体的蒸气和空气的混合物与火源接触时发生闪光的最低温度为闪点。闪点越低,火灾爆炸的危险性越大。可燃液体离开火源后,闪燃也随之熄灭,这是闪点和燃点的明显区分之处。

2.爆炸

爆炸是物质由一种状态迅速地转变为另一种状态,并在瞬时间内放出巨大能量的现象。这种释放的能量可表现为热、光、声和机械冲击。不过在某些情况下这些形式不是全部都可观察到的。爆炸可分为物理性爆炸和化学性爆炸两大类。

物理性爆炸由于物理变化而引起,例如蒸汽锅炉的爆炸。由于过热的水迅速转为蒸汽,且蒸汽压力超过锅炉强度极限而引起,其破坏程度取决于锅炉蒸汽的压力。

化学性爆炸是由于物质在一个极短的时间内完成化学变化,形成其他物质,同时放出大量热和气体的现象。

发生化学性爆炸物质,一类是固体,如炸药;另一类是固体与气体、气体与气体的混合物。现着重讨论固体与气体、气体与气体形成的爆炸性混合物的特性。

可燃物质(包括可燃气体、蒸气与粉尘)与空气的混合物在一定条件下发生爆炸。可燃物质在混合物中能够发生爆炸的最低浓度称为爆炸下限;可燃物质在混合物中能够爆炸的最高浓度称为爆炸上限。在低于爆炸下限和高于爆炸上限的浓度时,不会发生爆炸,而在爆炸下、上限之间范围内则会引起爆炸。可燃物质的爆炸下限越低、爆炸上限越高,即下、上限区间越宽,爆炸范围越宽,则爆炸的危险性越大。对于可燃气体或可燃蒸气在混合物中的爆炸极限,是以它化混合物中的体积百分比来表示的,可燃粉尘的爆炸极限是用单位体积混合物中的重量(g/m^3)来表示。例如:乙炔和空气混合物的爆炸极限为2.2%~81%;铝粉尘的爆炸下限为35 g/m^3。

影响爆炸极限的因素很多,爆炸性混合物的温度愈高、压力越大、含氧量越多以及火源能量越大,都会使爆炸极限范围扩大。容器内径越小,则爆炸极限的范围越小。

化学性爆炸必须同时具备3个条件才能发生:

(1)可燃易爆物;

(2)可燃易爆物与空气混合并达到爆炸极限,形成爆炸性混合物;

(3)爆炸性混合物在火源的作用下。

为了防止化学性爆炸,采取的措施是制止上述3个条件同时存在。

按照可燃物质与空气混合的形式,爆炸可分为两类:

(1)直接与空气形成爆炸性混合物的特性：

①可燃气体的特性：可燃气体(如乙炔、氢)由于容易扩散流窜，而又无形迹可察觉，所以不仅在容器设备内部而且在室内通风不良的条件下，容易与空气混合，浓度能够达到爆炸极限。因此，在生产、贮存和使用可燃气体的过程中，要严防容器、管道的泄漏。厂房、室内应加强通风，严禁明火。

②可燃蒸气的特性：闪点低的易燃液体(如汽油、丙烷)在室温条件下能够蒸发较多的可燃蒸气。闪点高的可燃液体在加热升温超过闪点时，也能蒸发较多的可燃蒸气。因此，可燃液体的容器、管道以及厂房，室内通风不良的条件下，可燃蒸气与空气混合的浓度往往可以达到爆炸极限。所以，在生产、贮存和使用可燃液体的过程中，要严防跑、冒、滴、漏，室内应加强通风换气，在暑热夏天贮存闪点低的易燃液体时，必须采取隔热降温措施，严禁明火。

几种可燃气体与空气和氧气混合的爆炸极限，见表3-13。

可燃气体与空气和氧气混合的爆炸极限 表3-13

可燃气体名称	可燃气体在混合气体中含量(%容积)		可燃气体名称	可燃气体在混合气体中含量(%容积)	
	空　气　中	氧　气　中		空　气　中	氧　气　中
乙　炔	2.2～81.0	2.8～93.0	丙烷	2.1～9.5	3.2～64
氢	3.3～81.5	4.6～93.9	苯蒸气	0.7～6.0	2.1～28.4
一氧化碳	11.4～77.5	15.5～93.9	煤油蒸气	1.4～5.5	～

③可燃粉尘的特性：可燃粉尘如果飞扬悬浮于空气之中，浓度达到爆炸极限时，也会形成爆炸性混合物，遇到火源就会发生爆炸事故，如煤尘、面粉。这类爆炸事故大多发生在生产设备、输送罩壳、干燥加热炉、排风管道等内部空间。因此，在生产、贮存和使用可燃粉尘过程中，必须事先采取措施，消除造成粉尘爆炸的危险因素。

(2)间接与空气形成爆炸性混合物的特性：块、片、纤维等状态的可燃物质，如电石、电影胶片、硝化棉等，虽然它们不能直接与空气形成爆炸性混合物，可是当这些物质与水、甚至空气中的湿气、热源、氧化剂等作用时，迅速反应分解释放出可燃气体或可燃蒸气，然后与空气形成爆炸性混合物，遇火源也会发生爆炸。因此，在生产、贮存和使用这类可燃物质时，应采取防潮、密闭、隔热等安全措施。

3. 气焊与气割操作安全须知

1)操作前要穿好工作服，戴上安全帽、防护手套及防护眼镜，高空作业时还必须扎带安全带；

2)操作者未经安全技术知识教育，不懂得安全操作规程的，不允许从事这项工作；

3)重点要害部门和重要场所，或明文规定未经许可不得进行焊(割)的地方，没有经过有关安全技术部门的批准，不能进行气焊和气割；

4)不了解工作场地情况(该处能否动用明火)，不要进行气焊和气割；

5)不了解焊、割物体的使用情况和构造的，不要进行操作；

6)焊、割场地的附近，有易燃物(如刨花、席棚、油棉纱等)及易燃气体等，未作清除或未进行覆盖、隔离，不能进行焊割；

7)用可燃材料(如稻壳、软木、锯木屑等)作为保温层、隔热、隔音设备的部位，未采取切实可靠的安全措施的不能进行焊、割；

8)盛装过易燃液体、气体的容器(如油桶、油罐、油箱、油舱、煤气柜等)未经彻底清洗、消除火灾、爆炸等危险因素时，不能进行焊割；

9)有压力管道、容器的设备（如压缩空气罐、高压气瓶高压管道、带气锅炉），不能进行焊割；

10)在一定距离内，有与焊、割明火作业相抵触的工作（如用轻油擦洗、喷漆、罐装汽油、丙铜、乙醚以及排出大量易燃气体的工作等），不能进行焊割；

11)在船舶上进行气焊与气割操作时，必须现场保持有两人以上，才能进行焊割；

12)操作结束后，一定要检查有关设备、器具及工作场所，在确实没有发生事故危险的情况下，才能离开工作岗位。

复习思考题

1. 气焊的基本原理是什么？它分哪3种火焰？各有哪些用途？
2. 什么叫氧—乙炔火焰？它有哪几个部分组成？
3. 氧气瓶使用时有哪些注意事项？
4. 乙炔瓶使用时有哪些注意事项？
5. 试述氧气、乙炔气皮管的颜色及使用注意事项？
6. 氧气瓶、乙炔瓶及焊接时氧气与乙炔气调节的工作压力各是多少？
7. 气割的基本原理是什么？
8. 试述当发生回火时关闭焊枪与割枪阀门的顺序。
9. 试述正常停止焊割时关闭焊枪与割枪阀门的顺序。
10. 气焊与气割时发生回火的原因有哪些？
11. 发生燃烧必须具备哪些条件？扑灭火灾可采取哪些方法？
12. 什么叫做爆炸下限？什么叫做爆炸上限？分析下限与上限同爆炸有什么关系？
13. 乙炔和空气混合或者与氧气混合其爆炸极限各是多少？在什么作用下会发生爆炸？
14. 化学性爆炸必须具备哪3个条件？具体对可燃气体、可燃液体如何预防化学性爆炸？
15. 气焊与气割操作安全须知有哪些？

车、钳、焊工艺实习卡片(实操图例)明细表

课　目	图　号	名　　称	材　　料	比　例
车　工	图 1	光轴	A_3 或 $30^{\#}$	
车　工	图 2	台阶轴	A_3 或 $30^{\#}$	
车　工	图 3	M12 螺母坯	A_3 或 $30^{\#}$	
车　工	图 4	M12 螺杆轴	A_3 或 $30^{\#}$	
车　工	图 5	油管接头套	A_3 或 $30^{\#}$	1:1
车　工	图 6	阶台轴	A_3 或 $30^{\#}$ ø38×221	
车　工	图 7	底座	铸铁	
车　工	图 8	圆锥销	$45^{\#}$	
车　工	图 9	孔配合	A_3	
车　工	图 10	轴套	铸铁或 A_3	
车　工	图 11	锥面配合	铸铁或 A_3	
车　工	图 12	两头螺栓	$30^{\#}$ ø18×120	
车　工	图 13	C616 车床刀架螺钉	$45^{\#}$ ø18	
车　工	图 14	左右旋螺母	A_3	1:1
车　工	图 15	滚花及车球面	A_3	
车　工	图 16	手柄	$45^{\#}$	
车　工	图 17	螺钉	$45^{\#}$	
车　工	图 18	千斤顶一套(复合作业)	$45^{\#}$	
车　工	图 19	砂轮卡盘体(复合作业)	铸铁	
钳　工	图 20	平面划线	钢板(普低钢)	
钳　工	图 21	法兰盘(划线)	钢板(普低钢)	
钳　工	图 22	三路通(立体划线)	铸铁	
钳　工	图 23	方铁块(錾削)	铸铁	
钳　工	图 24	长方体(锯割)	A_3ø50×80	

续上表

课　　目	图　　号	名　　称	材　　料	比　例
钳　　工	图 25	长方体(锉削)	$A_3$34×34×80	
钳　　工	图 26	台阶、曲面(锉削)	$A_3$32×32×78	
钳　　工	图 27	螺母(锉削、钻孔)	30# ø24、ø20	
钳　　工	图 28	螺母(攻丝)	30# 3	
钳　　工	图 29	螺栓(套丝)	A_3 或 30# ø10、ø12	
钳　　工	图 30	卡捶(弯曲)	普低钢	
钳　　工	图 31	油盘(弯曲)	镀锌铁皮 0.5 mm	
钳　　工	图 32	铰链(弯曲)	普低钢	
钳　　工	图 33	铰链(铆接)	普低钢	
钳　　工	图 34	四方体(锉配)	普低钢	
钳　　工	图 35	六角体(锉配)	普低钢	
钳　　工	图 36	扁口锤(复合作业)	45#	
钳　　工	图 37	直角尺(复合作业)	45#	
电　　焊	图 38	平板对接焊	普低钢	
电　　焊	图 39	搭接角焊	普低钢	
电　　焊	图 40	T 形角焊	普低钢	
电　　焊	图 41	管板角焊	普低钢	
电　　焊	图 42	管子对接焊	普低钢	
气　　焊	图 43	平板对接焊	普低钢	
气　　割	图 44	平板切割	普低钢	
气　　割	图 45	薄板切割	普低钢	
气　　焊	图 46	管子对接焊	普低钢	
气　　焊	图 47	油管接头铜焊	普低钢	
气　　焊	图 48	车刀头铜焊	刀片 YT15、刀杆 45#	

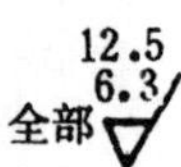

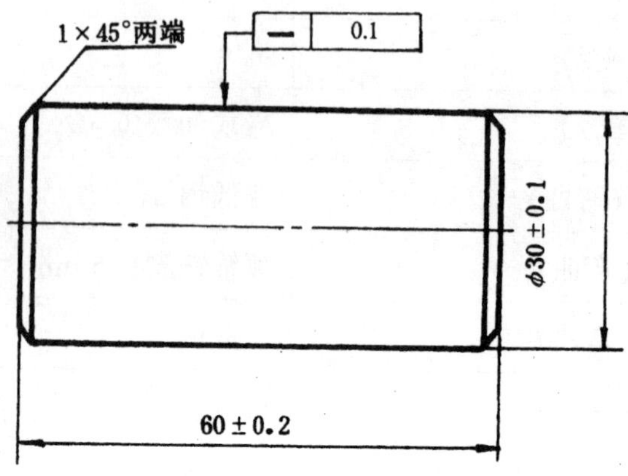

加工工艺：

1. 材料伸出 55 mm；
2. 车端面；
3. 在 45 mm 处刻线，粗车、精车 ø30±0.1 外径；
4. 倒角 1×45°；
5. 在 40.2 mm 处切断；
6. 掉头装夹，车另一端面，并取总长 60±0.2 mm；
7. 倒角 1×45°。操作时间：30 min。

名　称	光　轴	图　号	图 1
材　料	A_3 或 $30^{\#}$	比　例	

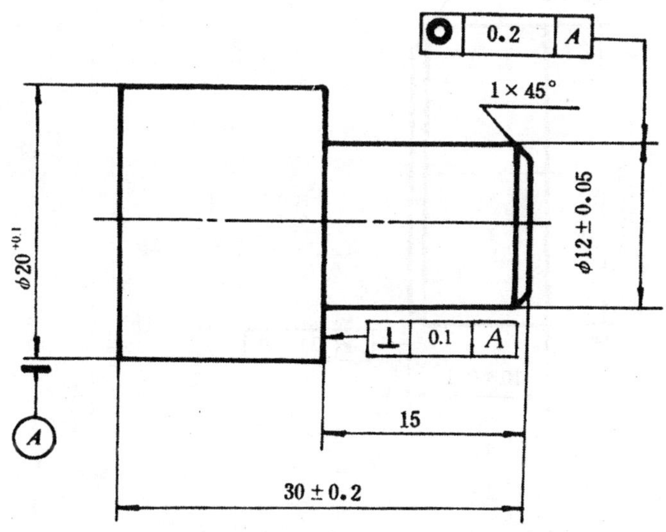

加工工艺：

1．材料伸出 40 mm；

2．车端面；

3．粗车、精车 ø20$^{+0.1}$外径；

4．粗车、精车 ø12$^{\pm 0.05}$，长 15 外径；

5．倒角 1×45°；

6．切断；

7．掉头装夹，车另一端面，并取总长 30±0.2 mm。

操作时间：30 min。

名　称	台阶轴	图　号	图 2
材　料	A_3 或 30#	比　例	

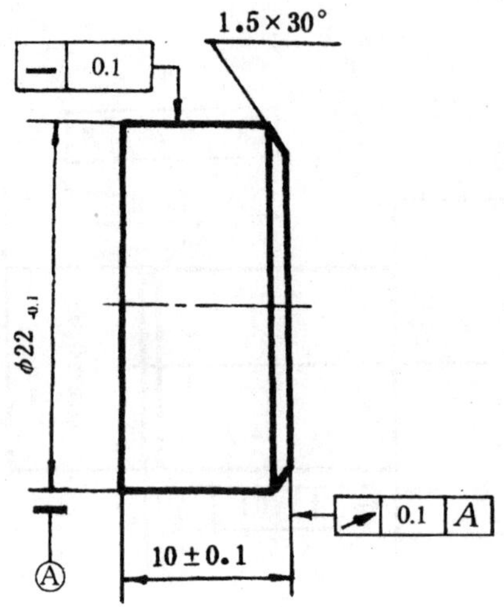

加工工艺:

1. 材料伸出 25 mm;
2. 车端面;
3. 粗、精车外径 ø22$^{-0.1}$ mm;
4. 倒角 1.5×30°;
5. 在 10.1 处切断;
6. 掉头装夹(要靠平校正);
7. 车另一端面,并取长度 10$^{\pm 0.1}$ mm。

操作时间:30 min。

名　称	M12 螺母坯	图　号	图 3
材　料	A_3 或 30#	比　例	

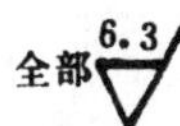

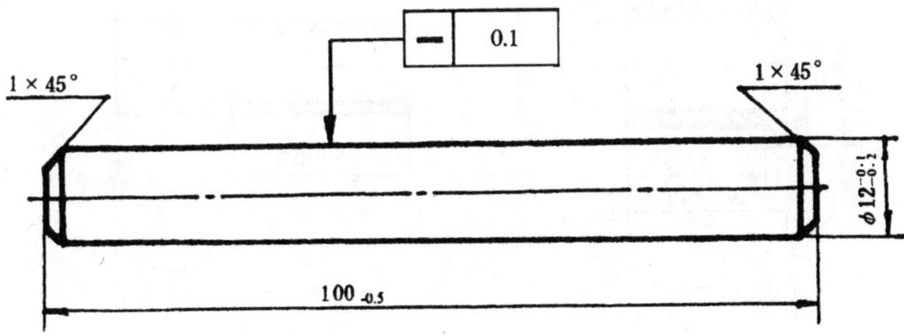

加工工艺：

1．夹住棒料(伸出要短)，车端面，钻中心孔；

2．用一头夹一头顶车削方法，粗、精车 $\phi12_{-0.2}^{-0.1}$外径，长度 105 mm；

3．头部倒角 1×45°；

4．在 100 mm 处切断；

5．掉头装夹(伸出要短)；

6．车端面，取总长 $100^{-0.5}$ mm，并倒角 1×45°。

操作时间：1 h。

名　称	M12 螺杆轴	图　号	图 4
材　料	A_3 或 30#	比　例	

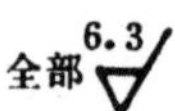

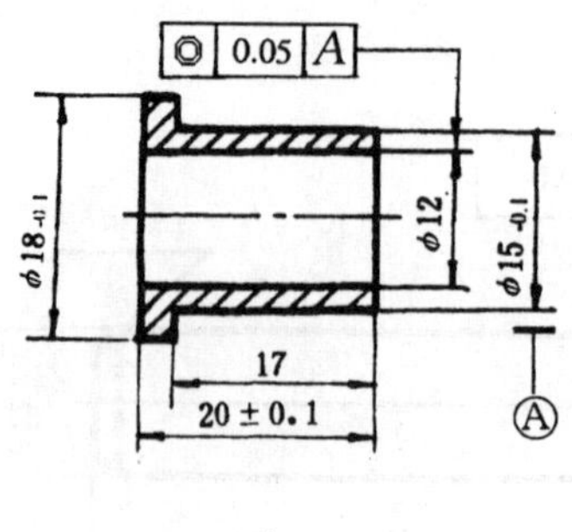

a)

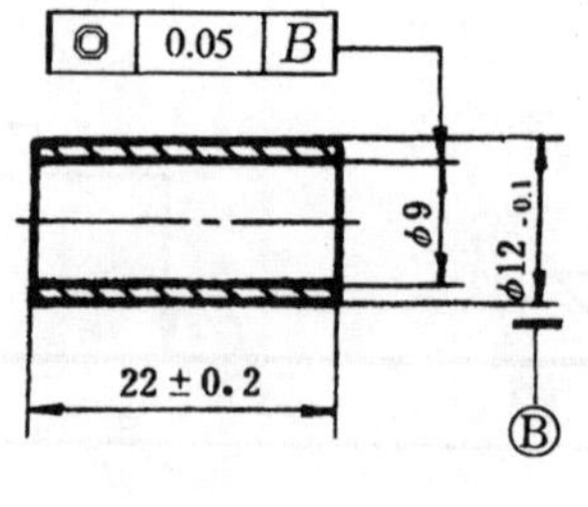

b)

加工工艺：

a)

1. 材料伸出 30 mm；
2. 车端面；
3. 粗车 ø18 外径至 ø19，长 25；
   粗车 ø15 外径至 ø16，长 17；
4. 钻中心孔：
   钻 ø12 孔，钻孔长度 25；
5. 精车 ø18 外径；
   精车 ø15 外径；
6. 切断；
7. 掉头，车端面，取长度 20。

操作时间：45 min。

b)

1. 材料伸出 30 mm；
2. 车端面；
3. 粗车 ø12 外径至 ø13，长 25；
4. 钻中心孔：
   钻 ø9 孔，钻孔长度 25；
5. 精车 ø12；
6. 切断；
7. 掉头，车端面，取长度 22。

操作时间：30 min。

名　称	油管接头套	图　号	图 5
材　料	A_3 或 30#	比　例	1:1

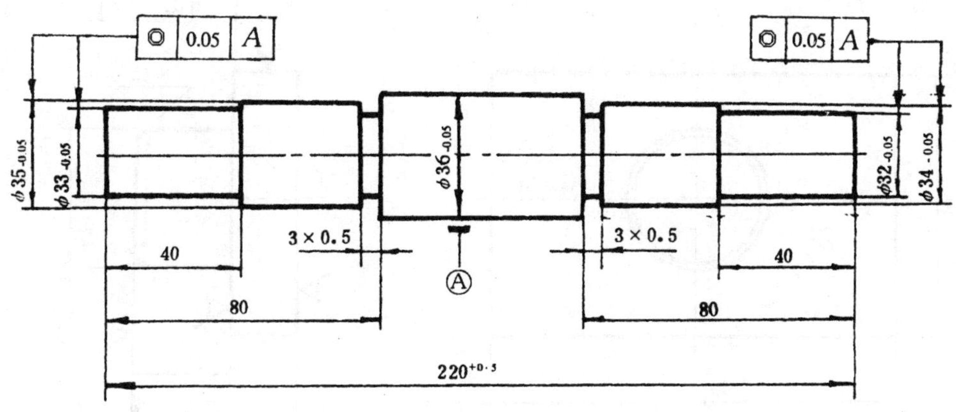

加工工艺：

1. 夹住棒料，车一头端面，并钻中心孔；
2. 掉头，车另一端面，并取总长 $220^{+0.5}$后，钻中心孔；
3. 两顶尖装夹工件，分别粗车 ø36、ø34、ø32、外径(留 1 mm 余量)；
4. 工件掉头装夹(两顶尖)，分别粗车 ø35、ø33；
5. 精车 ø36、ø35、ø33，并车一端外沟槽 3×0.5；
6. 工件再次掉头两顶尖装夹，精车 ø34、ø32 外径，并车外沟槽 3×0.5；
7. 工件表面抛光。

操作时间：4 h。

名　称	阶台轴	图　号	图 6
材　料	A_3 或 $30^{\#}$ ø38×221	比　例	

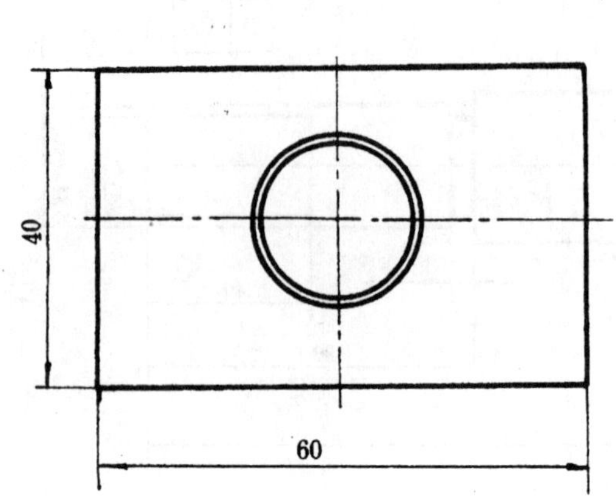

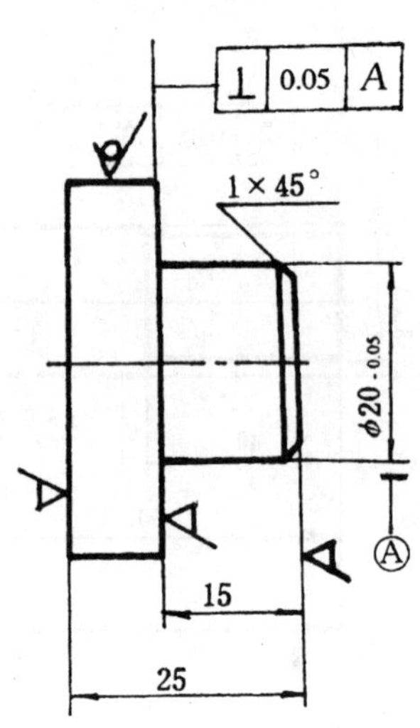

加工工艺：

1. 四爪卡盘装夹，夹住 40×60 铸铁块约 7～8 mm，校正工件；
2. 用 YG 车刀，车削端面；
3. 车削 $\phi20_{-0.05}$外径，长度 15 mm；
4. 倒角 1×45°；
5. 取下工件，三爪卡盘夹住 ø20 外圆；
6. 车另一端面，并取长度 25。

操作时间：1.5 h。

名　称	底　座	图　号	图 7
材　料	铸铁	比　例	

其余 12.5

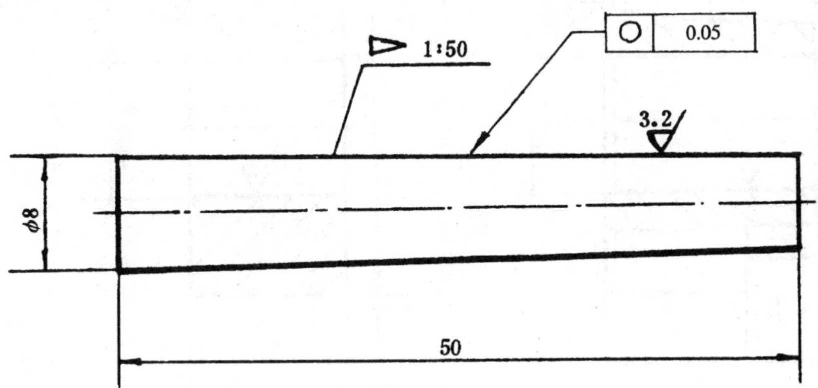

加工工艺：

1. 车端面；
2. 粗车 ϕ8；
3. 粗、精车锥体；
4. 切断。

操作时间：30 min 。

名　称	圆锥销	图　号	图 8
材　料	45#	比　例	

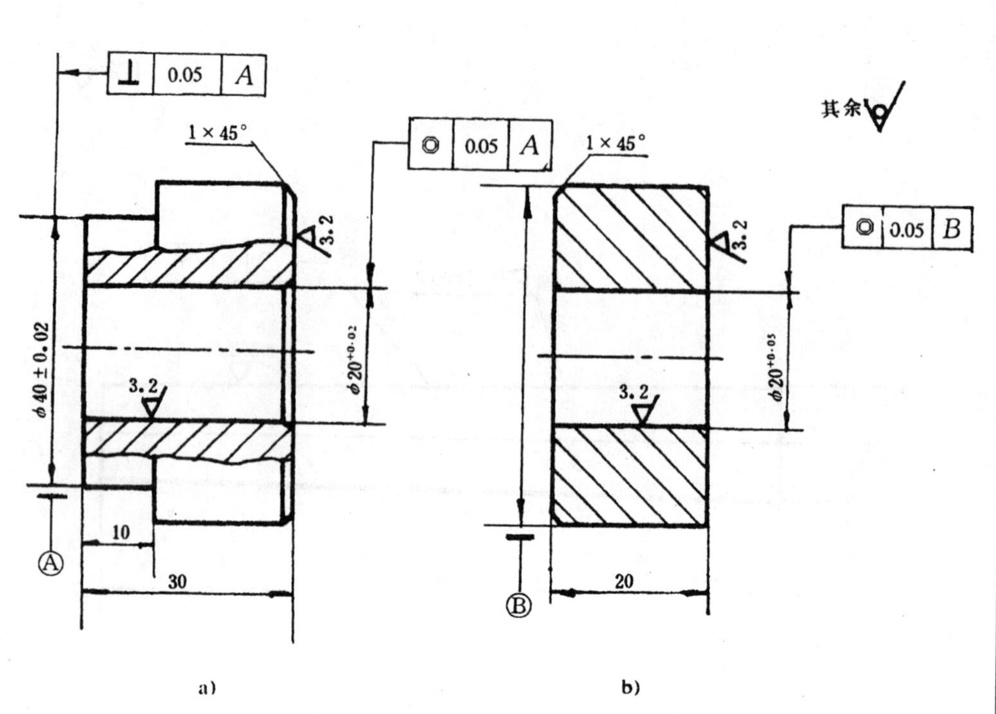

加工工艺：

a)

1. 车端面；
2. 粗车 ø40，长 10；
3. 钻孔(占头 ø18)；
4. 镗孔 ø20±0.02；
5. 精车 ø40；
6. 掉头，车平面，取长度 30；
7. 倒角 1×45°。

操作时间：40 min。

b)

1. 车端面；
2. 钻孔 ø18；
3. 粗、精车孔径 $ø20^{+0.05}$；
4. 倒角 1×45°；
5. 掉头，车平面，取长度 20。

操作时间：30 min。

名　称	孔配合	图　号	图 9
材　料	A_3	比　例	1:1

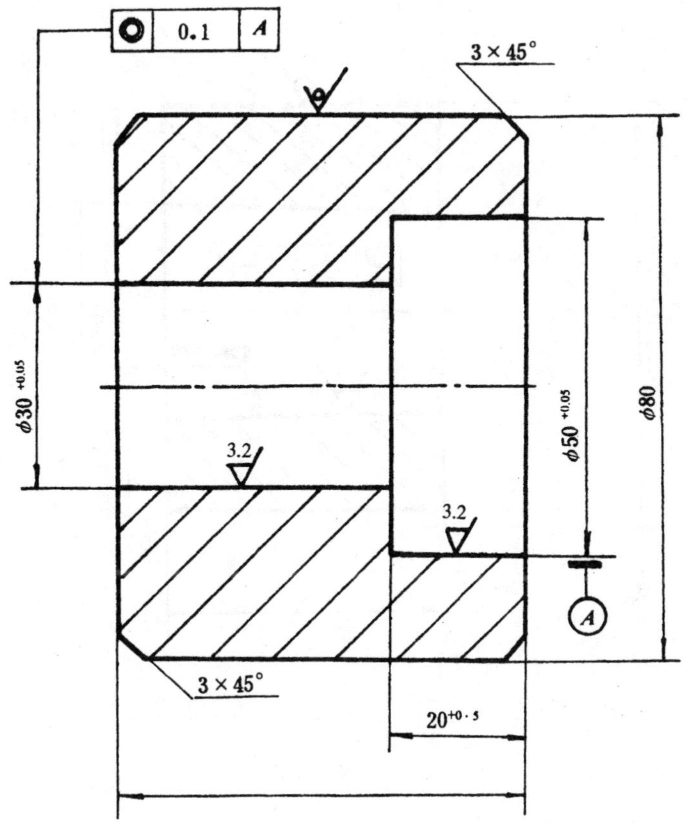

加工工艺:

1. 车端面;
2. 钻孔或粗镗孔至 ø28, ø48;
3. 精车孔径 ø30;
4. 精车孔径 ø50;
5. 外圆头部倒角 3×45°;
6. 掉头,车端面,取长度 60,倒角 3×45°。

操作时间:1 h。

名　称	轴套	图　号	图 10
材　料	铸铁或 A_3	比　例	

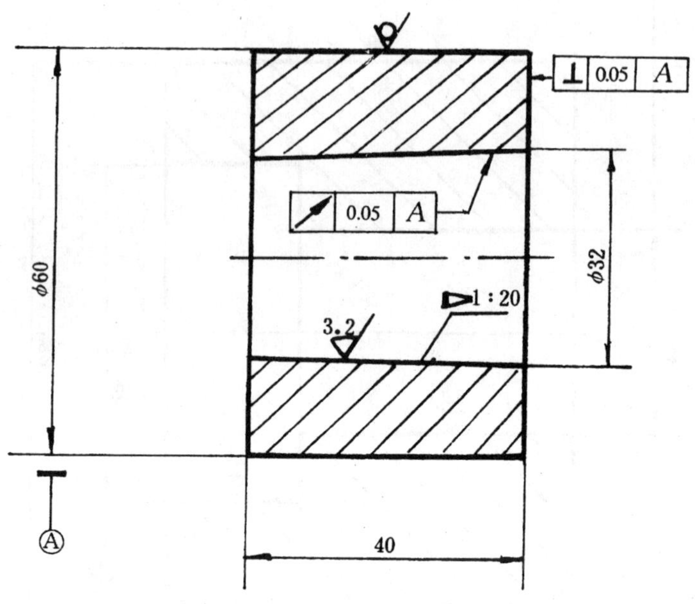

加工工艺：

1. 车端面；
2. 钻孔或粗镗孔至 ϕ28；
3. 车锥孔。

操作时间：1 h。

名　称	锥面配合	图　号	图 11
材　料	铸铁或 A_3	比　例	

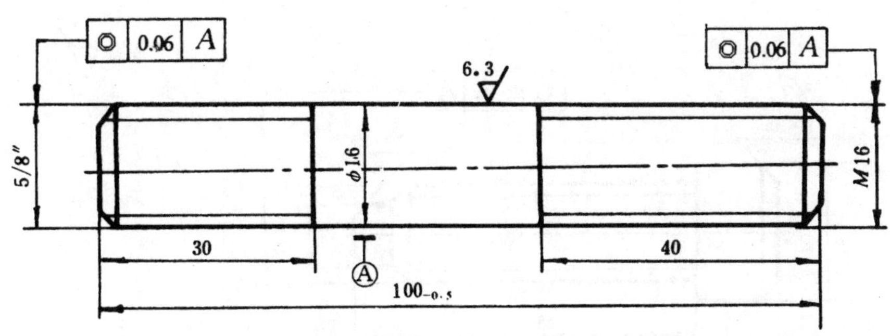

加工工艺：

1. 车端面，钻一端中心孔；
2. 用一头夹一头顶装夹方法，车削 M16 和 5/8″外径；
3. 在 40 处刻线，头部倒角；
4. 车削 M16 螺纹；
5. 在 100 处切断；
6. 掉头，三爪卡盘夹紧圆柱(无螺纹)外径；
7. 车端面，取长度 100，头部倒角；
8. 在 30 处刻线，车削 5/8″；螺纹。

操作时间：80 min。

名　称	两头螺栓	图　号	图 12
材　料	30# ø18×120	比　例	

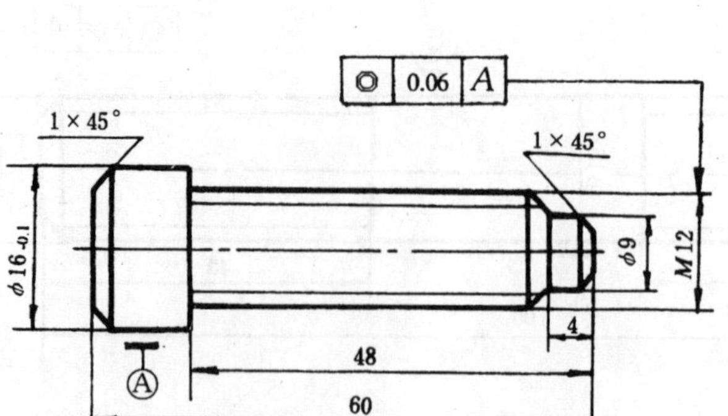

加工工艺：

1. 三爪卡盘装夹，伸出 70；
2. 车端面；
3. 粗、精车外径 ø16；
4. 在 48 处刻线，车削 M12 螺纹外径为 $ø12_{-0.2}^{-0.1}$；
5. 在 4 mm 处刻线，车削 ø9 mm 外径，倒角 1×45°；
6. 车削 M12 螺纹；
7. 在 60 处切断；
8. 掉头夹住 ø16 外径，车端面倒角。

操作时间：80 min。

名　称	C616 车床刀架螺钉	图　号	图 13
材　料	$45^{\#}$ ø18 棒料	比　例	

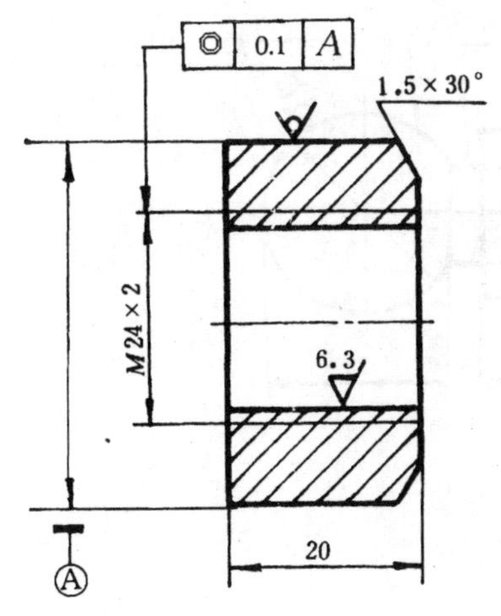

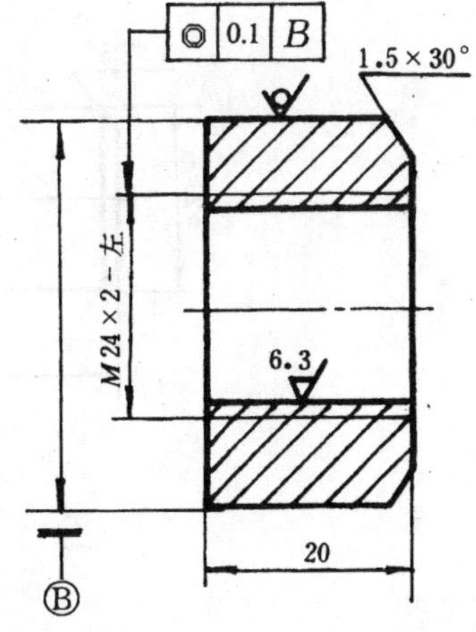

加工工艺：

1．三爪卡盘装夹工件；

2．车端面；

3．钻孔并镗孔至螺纹孔径 $\phi22_{-0.2}$，倒角；

4．车削 M24×2 螺纹；

5．左旋螺纹车削时，注意车床的调整。

操作时间：每只螺母 30 min。

名　称	左右旋螺母	图　号	图 14
材　料	A_3	比　例	1:1

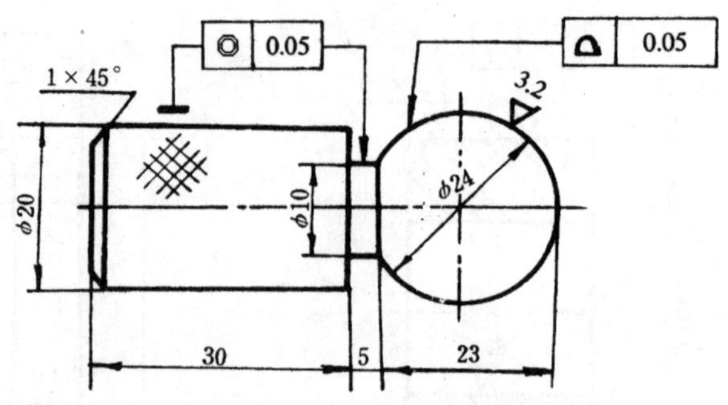

加工工艺：

1. 三爪卡盘装夹工件；
2. 车端面，粗车 ø24，长 58；
3. 粗、精车 ø20，并表面滚花；
4. 车外沟槽 ø10×5；
5. 车球面 ø24，并表面抛光；
6. 切断；
7. 掉头，光平面，倒角。

操作时间：1 h。

名　称	滚花及车球面	图　号	图 15
材　料	A_3	比　例	

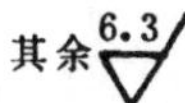

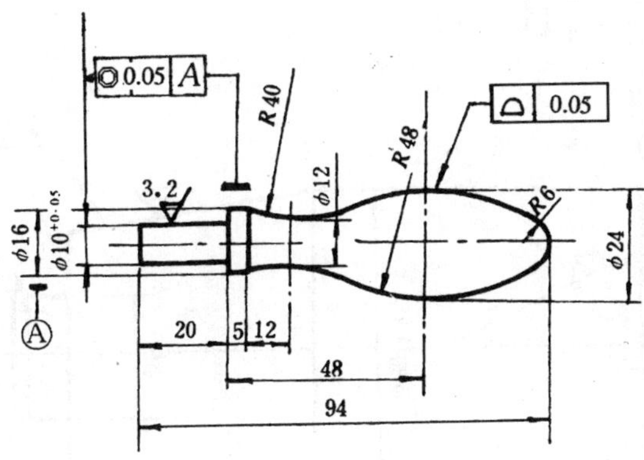

加工工艺：

1．三爪卡盘装夹，材料伸出 110 mm；

2．车端面，钻中心孔后用后顶尖顶住；

3．粗车 ø24 及阶台 ø16、ø10；

4．以 ø16 外圆端面为基面，在 17 mm 处用圆弧刀车 ø12 圆弧；

5．车削 R40、R48 圆弧面；

6．精车 ø16、ø10 外径，表面抛光；

7．车削 R6 圆弧后切断；

8．掉头，夹住 ø24 外径，修光 R6。

操作时间：1.5 h。

名　称	手柄	图　号	图 16
材　料	45#	比　例	

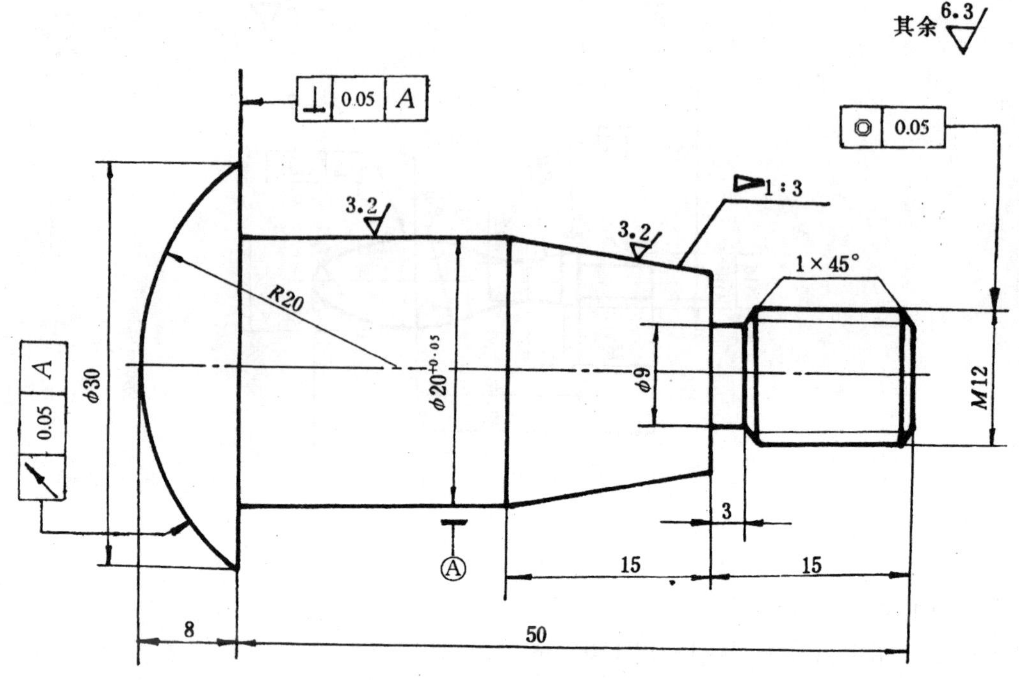

加工工艺：

1．车端面；

2．粗车 ø30、ø20、M12；

3．精车 ø20、M12 外径；

4．车外沟槽 ø9 宽 3；

5．螺纹头部倒角，车 M12 螺纹；

6．车锥体 ▷ 1∶3；

7．切断；

8．掉头，车圆弧 R20。

操作时间：6 h。

名　称	螺钉	图　号	图 17
材　料	45#	比　例	

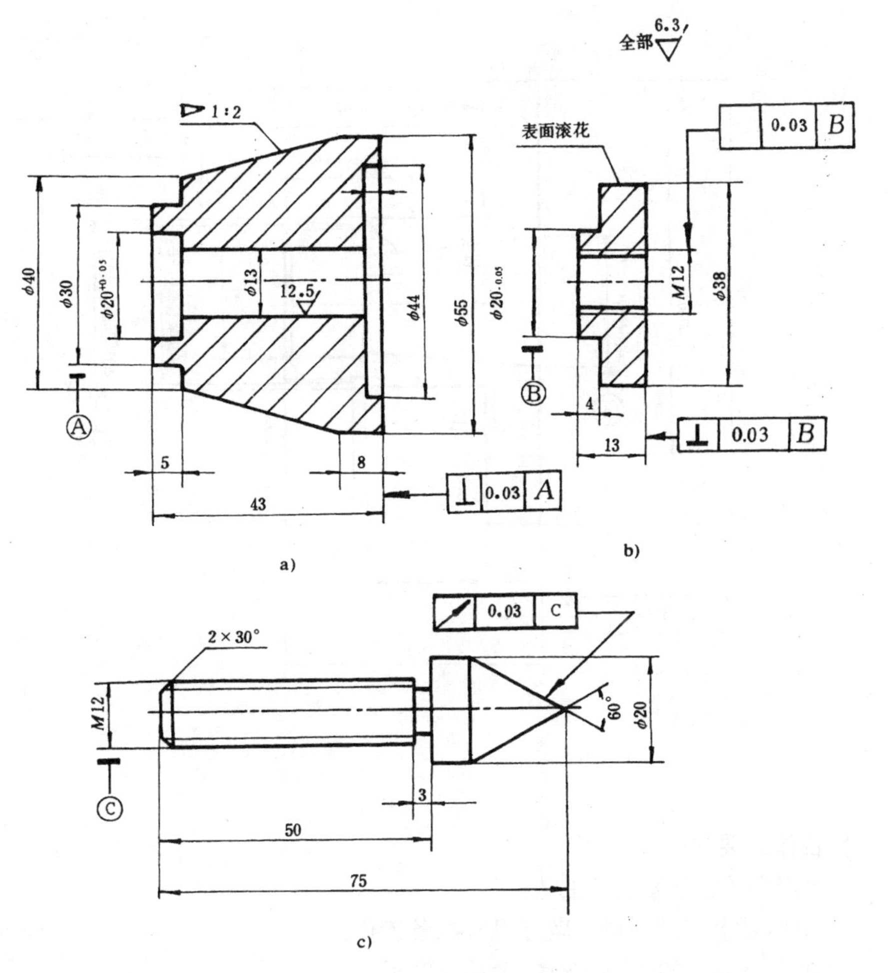

复合作业要求：

工件名称：a)底座；b)螺母；c)螺杆

1. 熟悉图纸，自编加工工艺；
2. 根据图纸要求，准备好刀具、量具、工夹具及样板等物品；
3. 操作工艺要正确、安全、文明；
4. 认真、仔细测量。

操作时间：12 h。

名　称	千斤顶一套(复合作业)	图　号	图 18
材　料	$45^{\#}$	比　例	

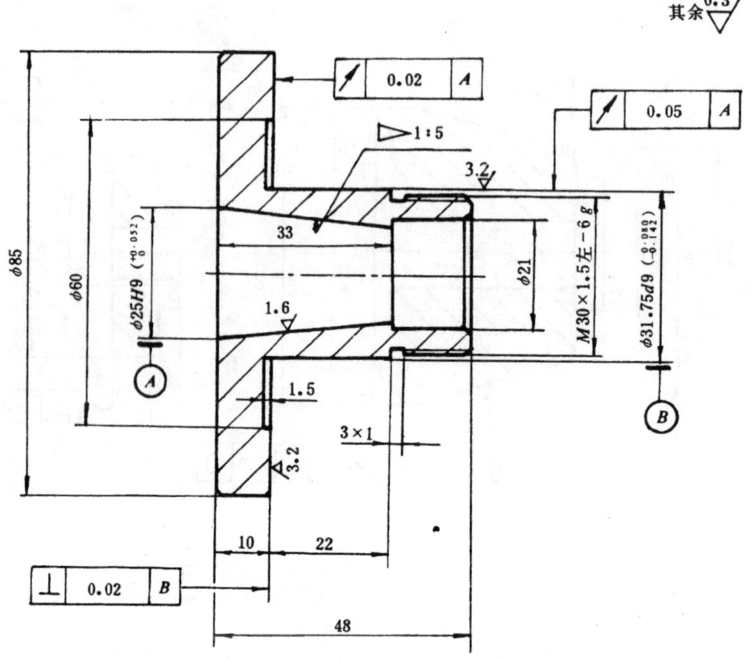

复合作业要求:

1. 熟悉图纸,自编加工工艺;
2. 根据要求,备好刀具、做好刃磨准备工作;
3. 准备好有关的工具、夹具、量具及样板;
4. 认真进行粗车、精车加工;
5. 正确使用各种检测量具,仔细对工件进行检查;
6. 锥度1:5,用涂色法检验,接触面全长不小于60%。

操作时间:6 h。

名　称	砂轮卡盘体(复合作业)	图　号	图19
材　料	铸铁	比　例	

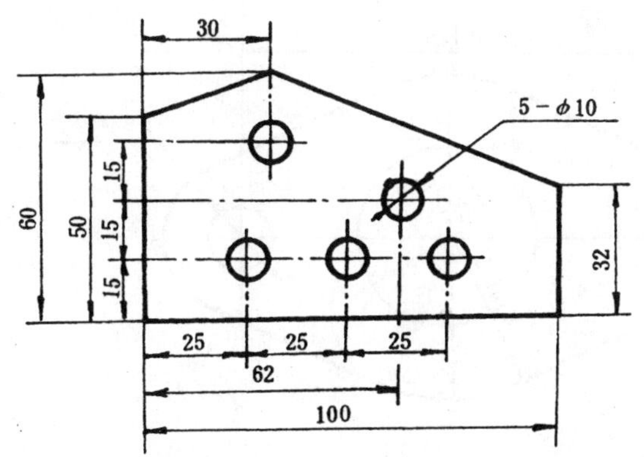

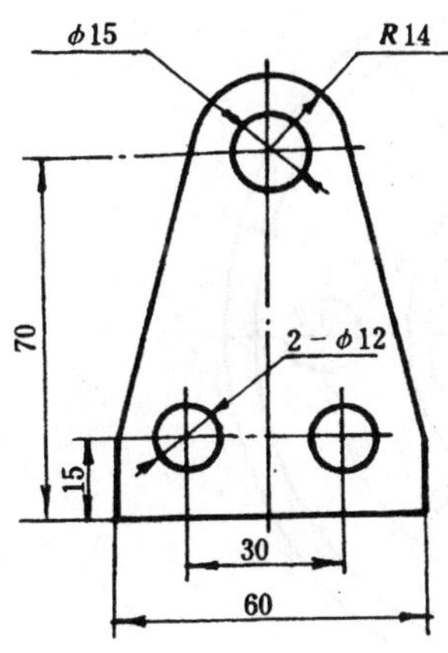

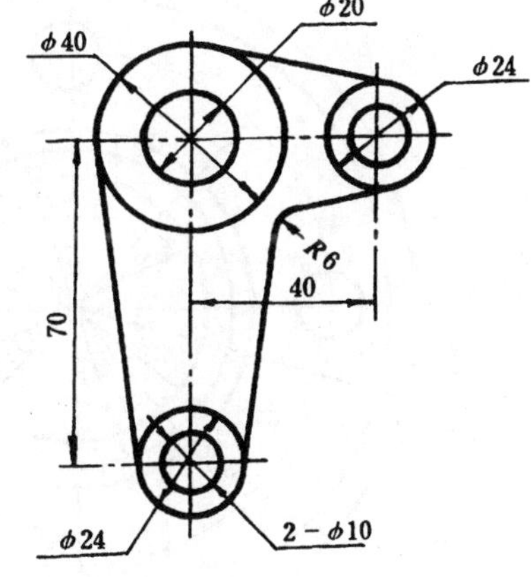

划线步骤:

1. 做好划线前的准备工作;
2. 仔细研究图纸,确定划线基准;
3. 按几何作图法划线;
4. 检查图形正确无误后;打上样冲眼。

操作时间:1 h。

名　称	平面划线	图　号	图 20
材　料	钢板(普低钢)	比　例	

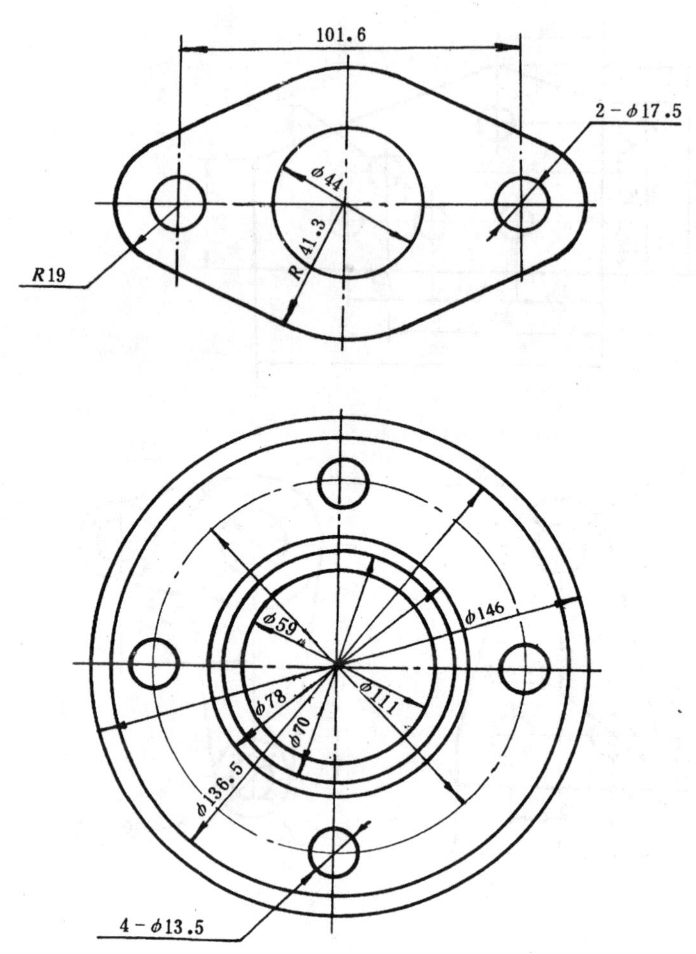

划线步骤:

1. 做好划线前的准备工作;
2. 仔细研究图纸,确定划线基准;
3. 按几何作图法划线;
4. 检查图形正确无误后,打上样冲眼。

操作时间:1 h。

名　称	法兰盘(划线)	图　号	图 21
材　料	钢板(普低钢)	比　例	

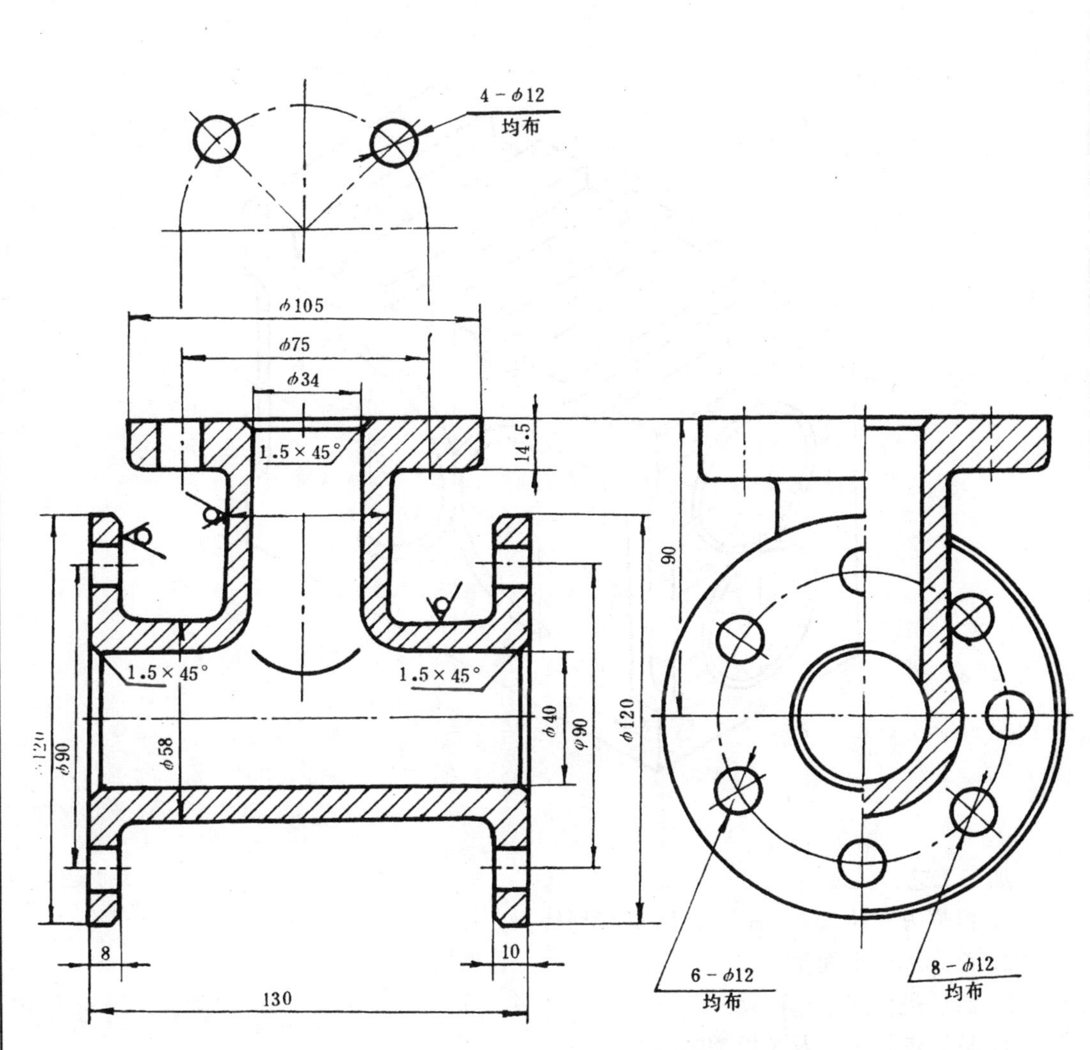

划线步骤：

1. 清理毛坯，3 个中心孔分别装上中心塞块（木块上嵌上铁皮或用铅板）；
2. 用石灰水在工件毛坯上均匀涂料；
3. 分别求出 3 个孔的中心；
4. 研究图纸，分别确定第一、第二基准位置；
5. 在划线平台上用千斤顶支承三通件、并进行划线；
6. 对照图纸，仔细检查，确认无误，打上冲眼。

操作时间：2 h。

名　称	三路通（立体划线）	图　号	图 22
材　料	铸铁	比　例	

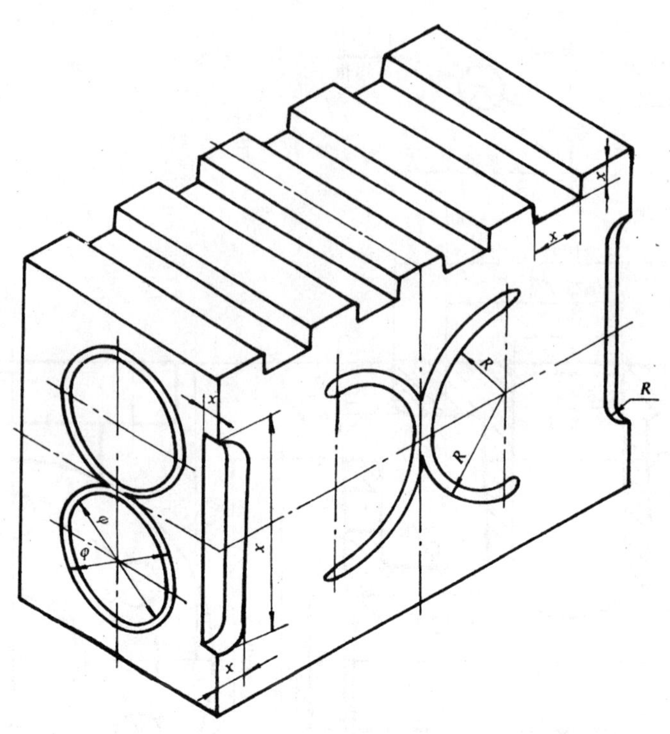

加工工艺：

1. 根据方铁块大小，确定尺寸，进行划线；
2. 首先进行平面錾削；
3. 然后进行键槽錾削；
4. 最后进行油槽及垃圾槽錾削。

操作时间：10 h。

名　称	方铁块(錾削)	图　号	图 23
材　料	灰口铸铁	比　例	

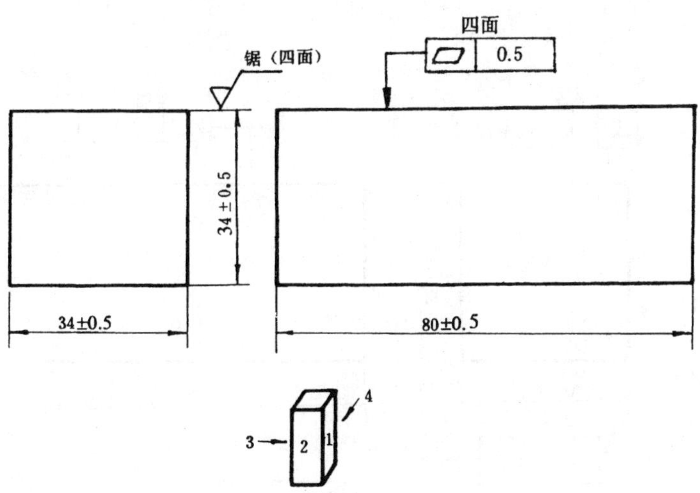

加工工艺：

1. 材料表面清理涂料(可用粉笔涂抹)；
2. 按尺寸要求划出锯割线(可轻轻打上冲眼)；
3. 先锯出第 1 面，然后锯第 3 面，并要和第 1 面平行；
4. 锯割第 2 面，且和第 1、3 面基本垂直；
5. 最后锯割第 4 面，要和第 1、3 面基本垂直，并与第二面平行。

操作时间：4 h。

名　称	长方体(锯割)	图　号	图 24
材　料	$A_3\phi50\times80$	比　例	

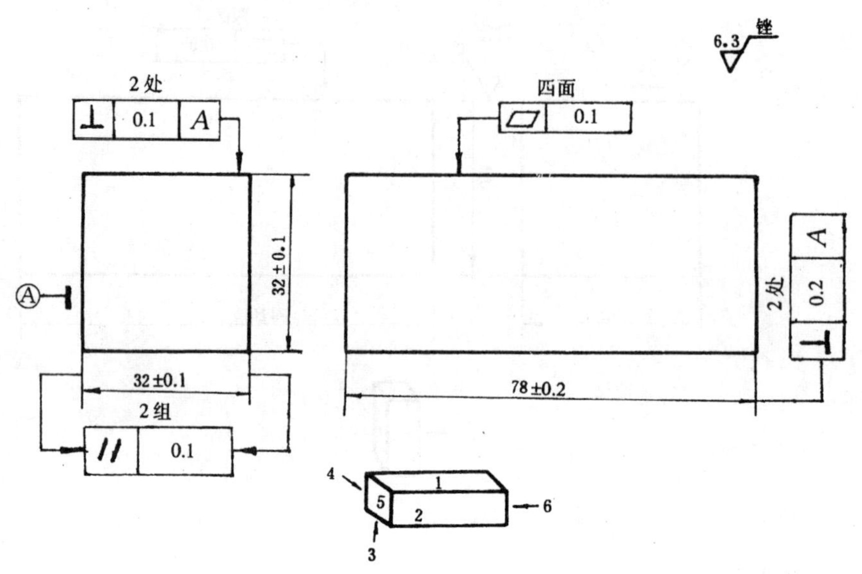

加工工艺：

1. 锉平第 1 面为基准面(选择锯割时最平整的一面)；
2. 锉平第 2 面与第 1 面垂直；
3. 锉平第 3 面与第 1 面平行，与第 2 面垂直；
4. 锉平第 4 面与第 2 面平行，与 1、3 面垂直；
5. 锉平第 5 面与相邻面垂直；
6. 锉平第 6 面与第 5 面平行、与相邻面垂直。

操作时间：6 h。

名　称	长方体(锉削)	图　号	图 25
材　料	$A_3$34×34×80	比　例	

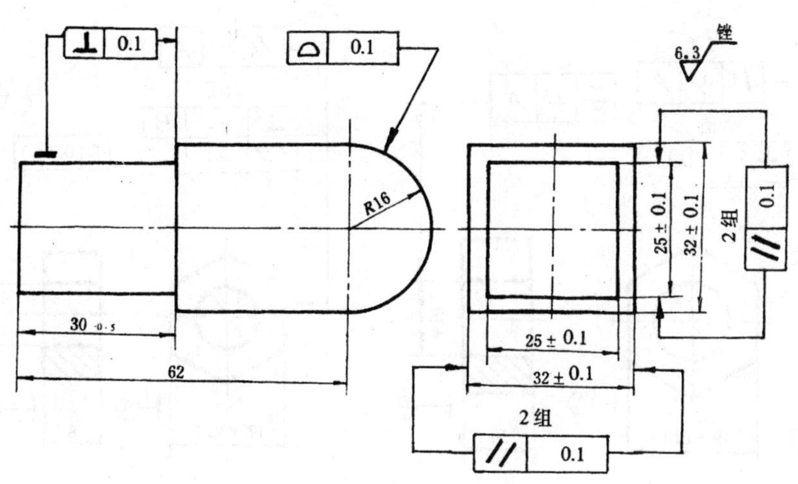

加工工艺：

1. 按尺寸划好加工线；
2. 锯割四方台阶；
3. 锉四方台阶；
4. 锉曲面。

操作时间：6 h。

名　称	台阶、曲面(锉削)	图　号	图 26
材　料	$A_3$32×32×78	比　例	

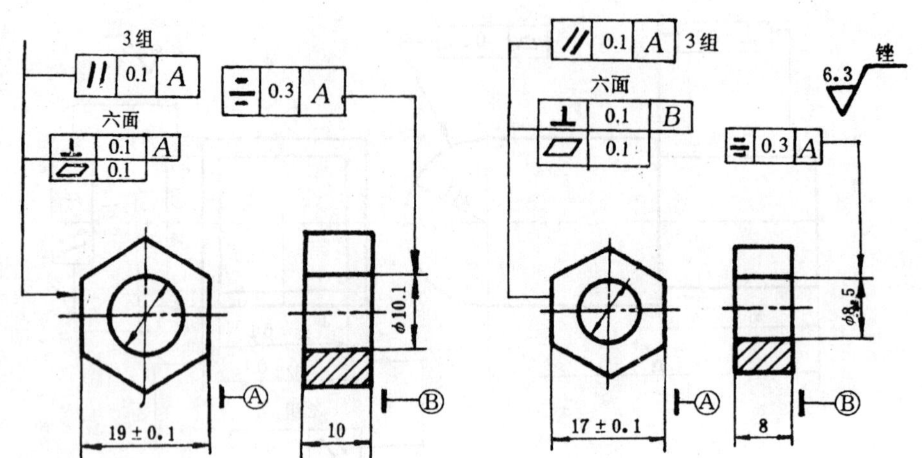

加工工艺(锉削):

1. 锉削基准面,一步到位,加工到规定尺寸;
2. 用高度游标尺划出规定尺寸的平行线,锉好第一对应面;
3. 锉削第二对对应面,并与相邻面保持 120°角;
4. 锉削第三对对应面,并与相邻面保持 120°角。

加工工艺(钻孔):

1. 用样冲把中心眼冲大,在平口钳上要夹正、夹牢;
2. 试钻小坑,检查是否在中心;
3. 继续钻孔,注意排屑与润滑冷却;
4. 快通孔时应减小进刀量。

操作时间:1 h。

名　称	螺母(锉削、钻孔)	图　号	图 27
材　料	30# ø22、ø20	比　例	

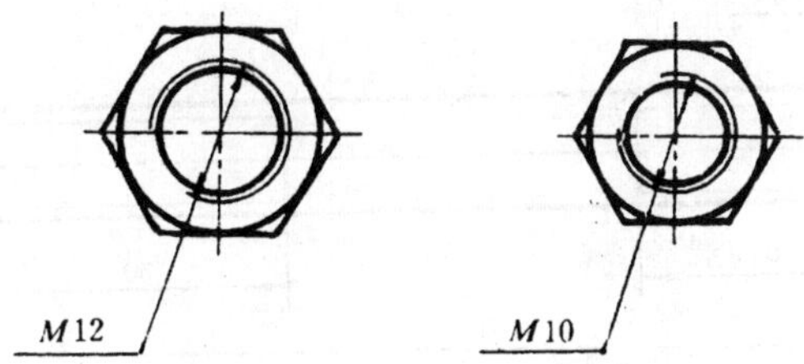

加工工艺：

1．继钻孔后，将孔口锪孔；

2．夹持工件时注意与钳口垂直，不可用力过大，以免变形；

3．先用头攻进行起攻，切入1～2牙后，用直角尺检查并校正螺纹的垂直度；

4．按攻丝操作法将螺纹攻出，攻丝过程中，要注意头攻二攻的配合使用，注意经常回转断屑和加润滑液。

操作时间：20 min。

名　称	螺母(攻丝)	图　号	图28
材　料	30#	比　例	

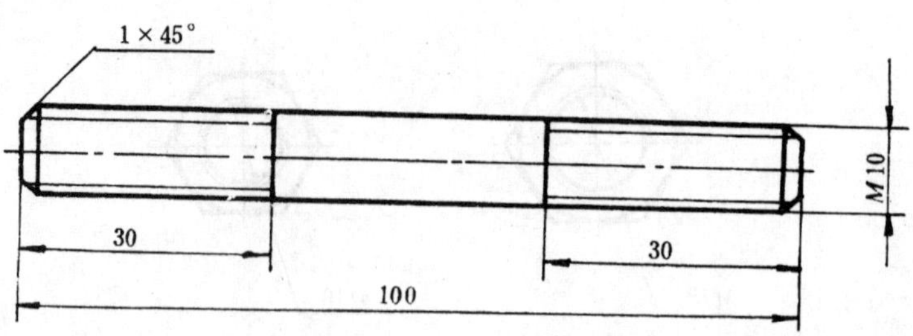

加工工艺：

1. ø10 圆钢下料，102 mm 长 1 根（或车工实习时车好坯料）；
2. 将圆钢加工到套丝时所需外径，（可车削或锉削）；
3. 圆钢两端倒角 1 × 45°；
4. 按起套方法先套出两牙，检查并校正螺纹的垂直度；
5. 最后按套丝加工法将螺纹套出，套丝过程中，要经常回转断屑，加冷却润滑液。

操作时间：20 min。

名　称	螺栓（套丝）	图　号	图 29
材　料	A_3 或 $30^{\#}$ ø10、ø12	比　例	

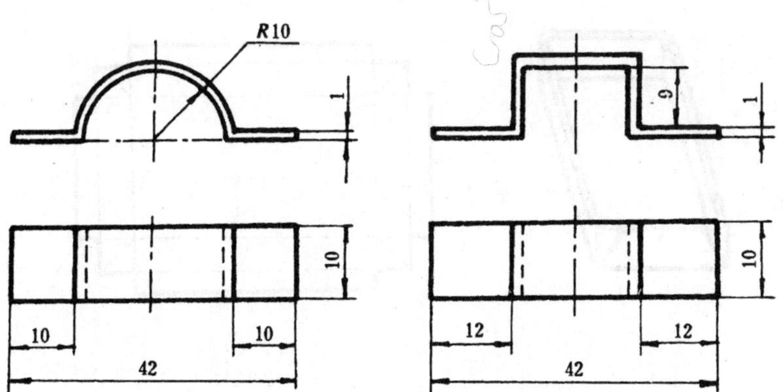

加工工艺：

1. 备好辅助夹具；
2. 按尺寸划线下料；
3. 按形状进行弯曲(利用夹具定形)；
4. 进一步修整、整形。

操作时间:0.5 h。

名　称	卡摠(弯曲)	图　号	图 30
材　料	普低钢	比　例	

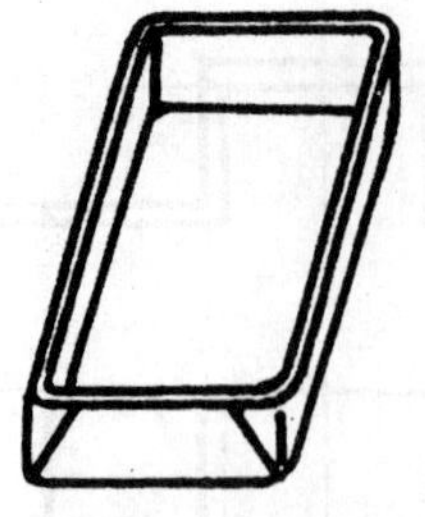

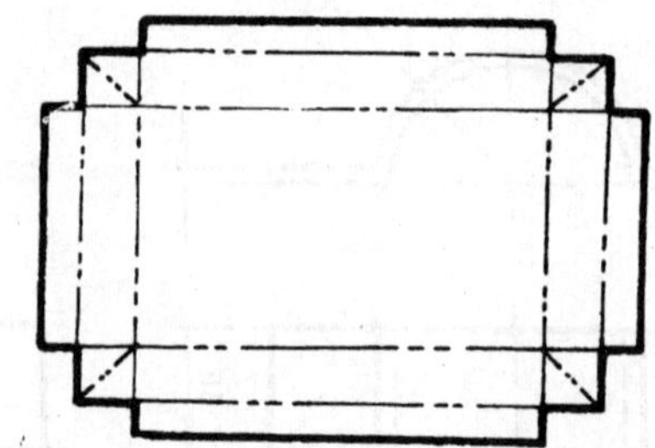

加工工艺:

1. 划线下料(根据需要确定尺寸);
2. 按油盘底尺寸弯成近似方盒;
3. 弯四个角,并贴紧油盘两端面;
4. 弯油盘边口,并包入铅丝;
5. 进一步修正、整形。

操作时间:4 h。

名　称	油盘(弯曲)	图　号	图 31
材　料	镀锌铁皮 0.5 mm	比　例	

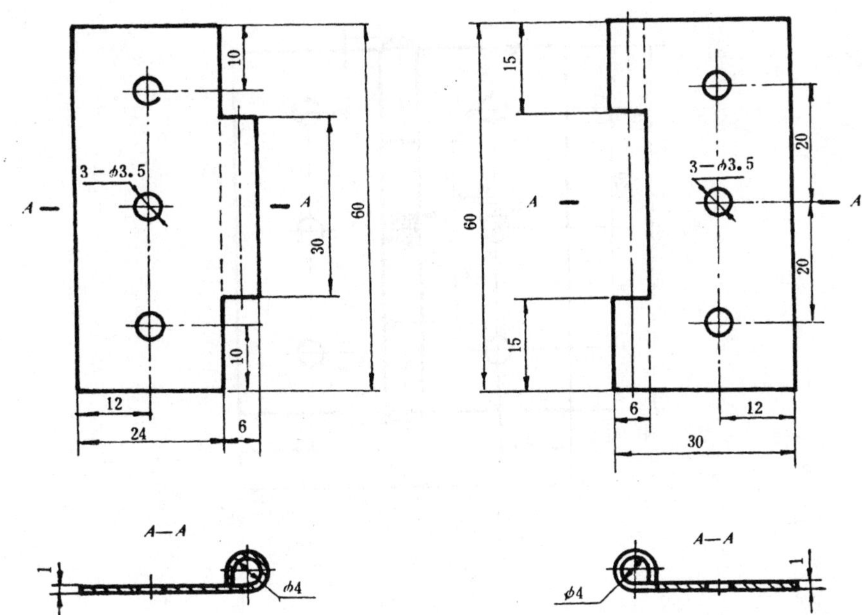

加工工艺:

1. 将板料剪切或錾削成 62×42;
2. 按图纸划好加工线;
3. 按加工线进行剪切或錾削、锉削;
4. 在卷近毛料处夹上 ø4 mm 的铁丝进行卷边;
5. 按图纸要求钻孔,完成整个工件的加工,最后进行整形。

操作时间:2 h。

名　称	铰链(弯曲)	图　号	图 32
材　料	普低钢	比　例	

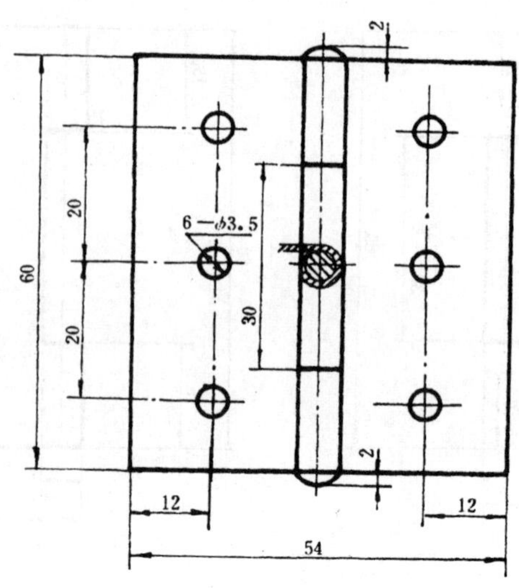

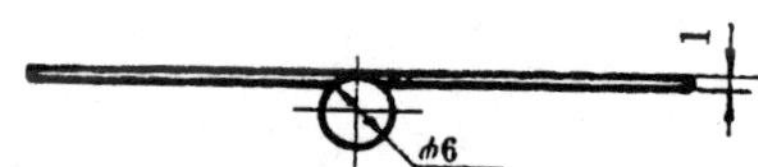

加工工艺：

1. 将加工好的折页片互相插配好；
2. 中心穿一根 ø4 mm 的铆丝；
3. 用小圆头锤把铆丝伸出端铆成半圆头；
4. 用罩模和顶模进行铆合修整，直到铆合头光滑。

操作时间：0.5 h。

名 称	铰链(铆接)	图 号	图 33
材 料	普低钢	比 例	

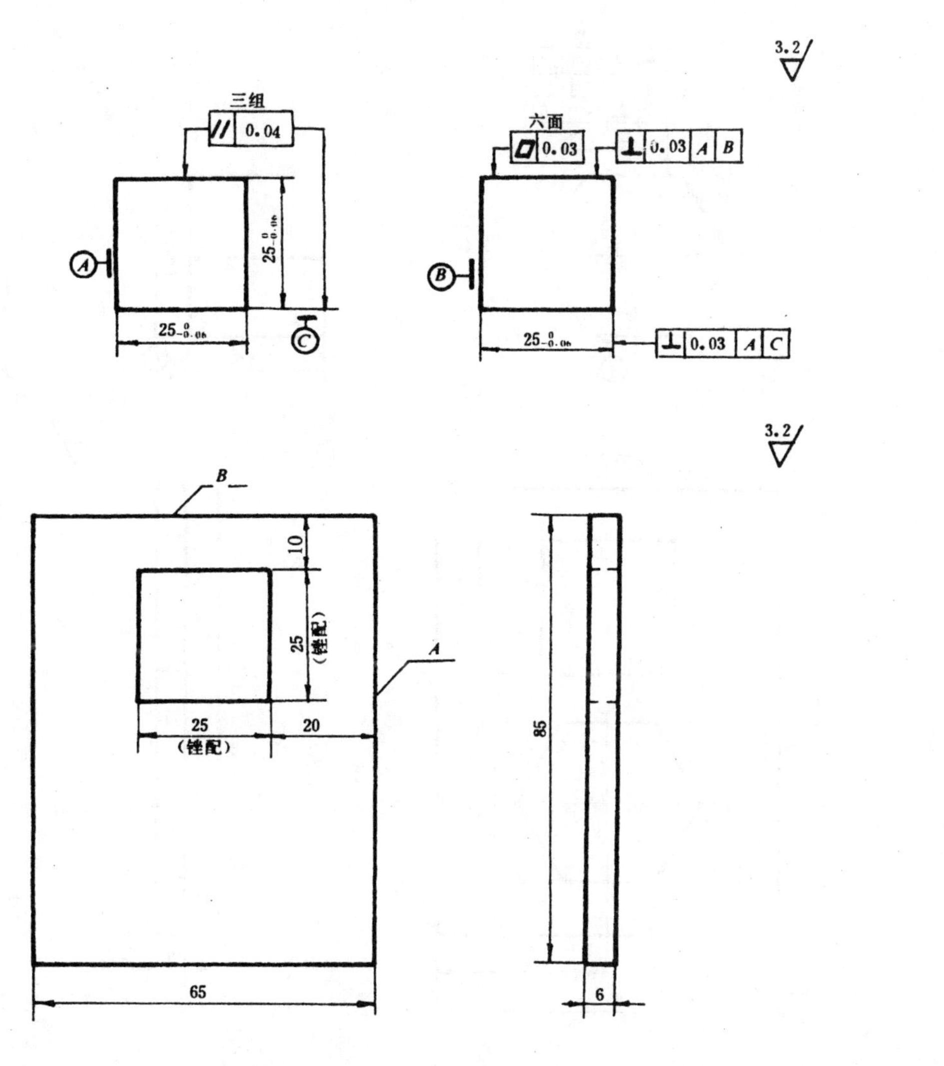

加工工艺：

1. 按图纸要求，准确划出内、外四方体加工线；
2. 精确加工外四方体，使尺寸要求达到一定的精度，三组对边要平行，六边相互垂直，垂面平直；
3. 认真加工内四方体，先沿线钻孔，錾削多余部分，然后锉削加工至尺寸线；
4. 粗配合内外四方体，注意反复换向试配，找出内四方体亮痕处；
5. 细配合内外四方体，重点精锉亮痕处，直至在各方向锉配均能用手推进、推出。

操作时间：6 h。

名　称	四方体(锉配)	图　号	图 34
材　料	普低钢	比　例	

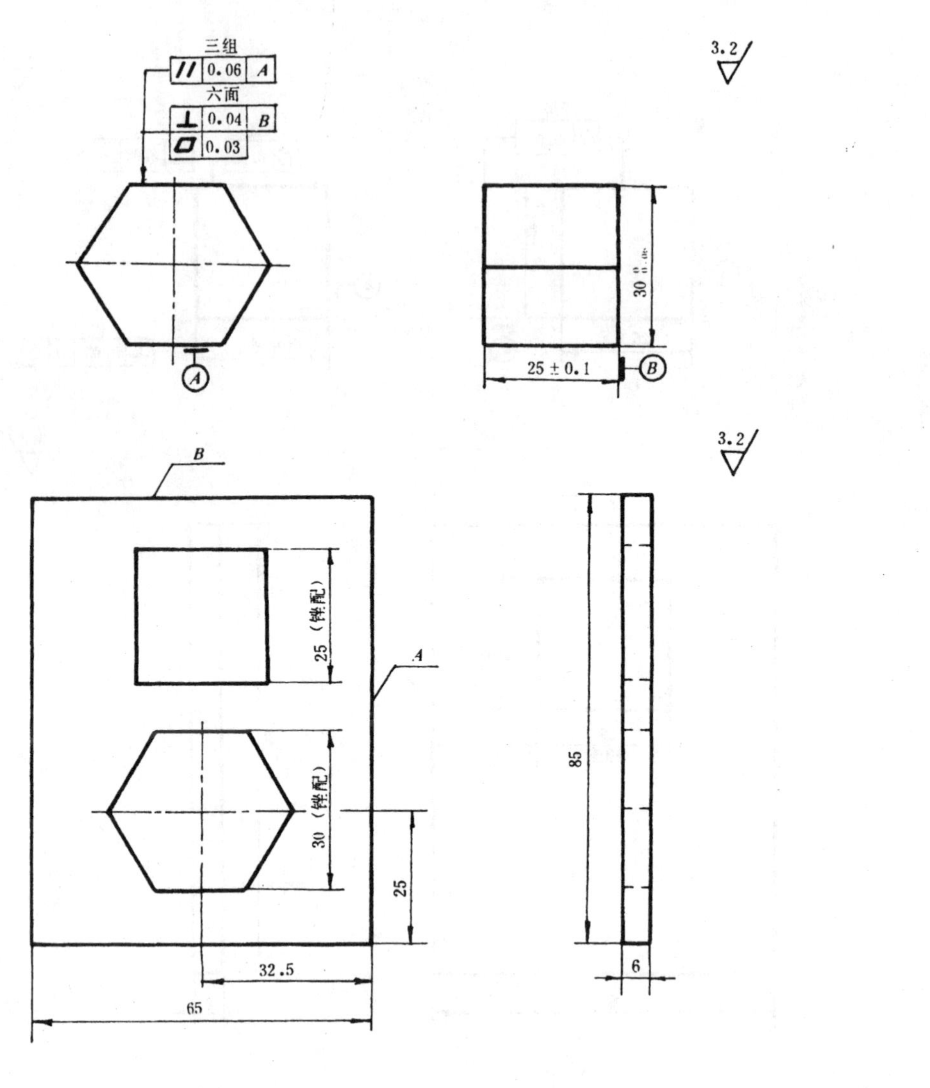

加工工艺:

1. 按图纸要求,准确划出内、外六角体加工线;

2. 精确加工外六角体,使尺寸精度达到要求,三组对边要平行,六角均为 120°,锉面要平直;

3. 认真加工内六角,先沿线加工,錾削多余部分,然后锉削加工至尺寸线;

4. 粗配合内、外六角体,注意反复换向压入试配,找出内六角体亮痕处;

5. 细配合内、外六角体,重点精锉亮痕处,直至在各方向能用手推进、推出六角体。

操作时间:6 h。

名　称	六角体(锉配)	图　号	图 35
材　料	普低钢	比　例	

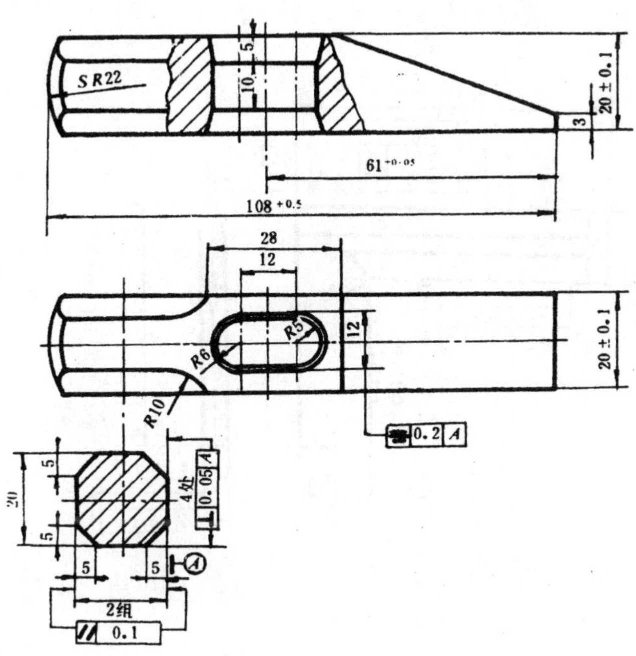

复合作业要求：

1. 根据图纸要求自定加工工艺；
2. 正确选用工具、量具、夹具；
3. 加工精度符合图纸要求；
4. 遵守安全操作规程，独立完成。

操作时间：20 h。

名 称	扁口锤(复合作业)	图 号	图 36
材 料	45#	比 例	

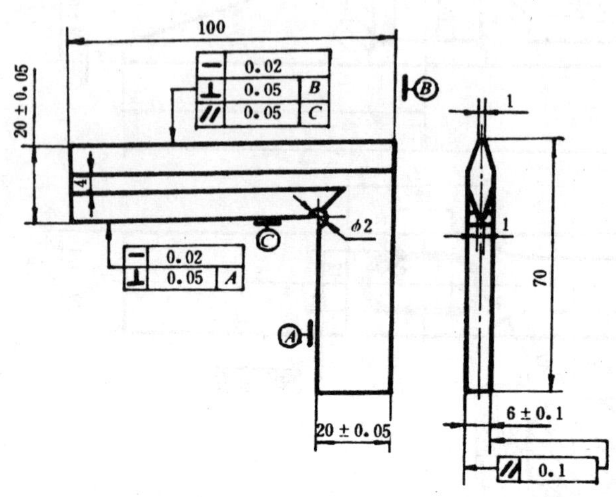

复合作业要求：

1. 根据图纸要求，自定加工工艺；
2. 正确选用工具、量具、夹具；
3. 加工精度符合图纸要求；
4. 遵守安全操作规程，独立完成。

操作时间：8 h。

名　称	直角尺(复合作业)	图　号	图 37
材　料	45#	比　例	

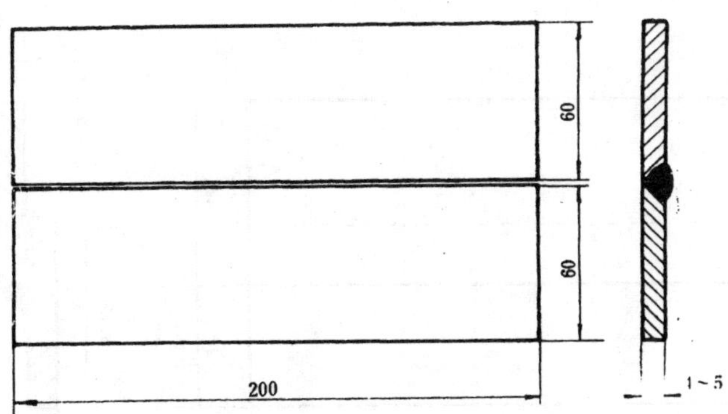

焊接工艺：

1. 焊条 J422、ø3.2 mm；
2. 交流或直流焊机、正接；
3. 电流 110～130 A；
4. 焊条右倾 15°，与两板夹角各 90°；
5. 直线、锯齿形或月牙形运条。

技术要求：

1. 单面成形，焊缝均匀，无焊瘤和凹陷；
2. 焊缝接头牢固、平整；
3. 焊缝收尾饱满、光滑。

操作时间：10 min。

名　称	平板对接焊(电焊)	图　号	图 38
材　料	普低钢	比　例	

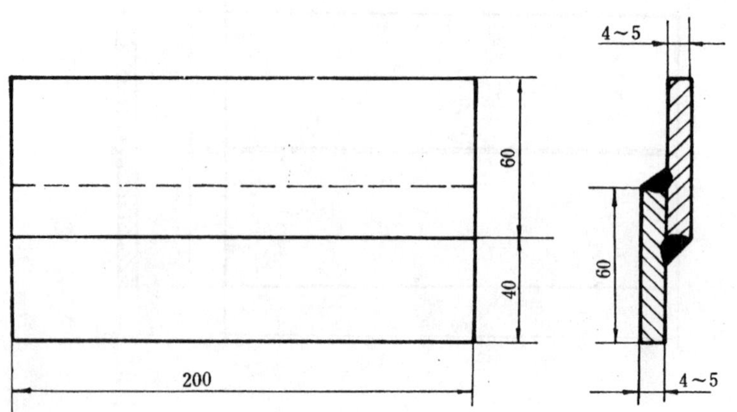

焊接工艺：

1．焊条 J422、ø3.2 mm；

2．交流或直流焊机、正接；

3．电流 120～140 A；

4．焊条右倾 15°，与底板夹角 45°；

5．月牙形或螺旋形运条。

技术要求：

1．双面焊，焊缝棱角焊透，无焊瘤与凹陷；

2．焊缝接头牢固、平整；

3．焊缝收尾饱满、无下塌。

操作时间：15 min。

名　称	搭接角焊(电焊)	图　号	图 39
材　料	普低钢	比　例	

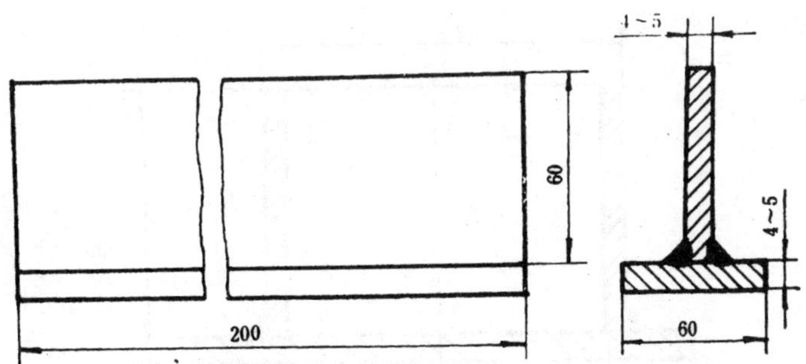

焊接工艺：

1．焊条 J422、ø3.2 mm；

2．交流或直流焊机、正接；

3．电流 120～140 A；

4．焊条右倾 15°，与底板夹角 45°；

5．月牙形或螺旋形运条。

技术要求：

1．双面焊，焊缝棱角焊透，无焊瘤与凹陷；

2．焊缝接头牢固、平整；

3．焊缝收尾饱满、无下塌。

操作时间：15 min。

名　称	T 形角焊(电焊)	图　号	图 40
材　料	普低钢	比　例	

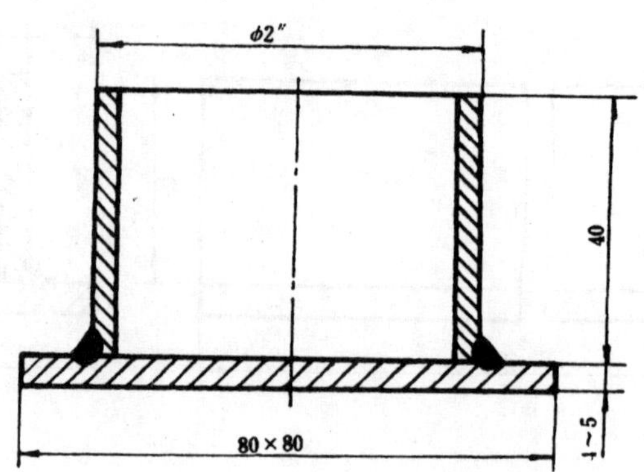

焊接工艺:

1. 焊条 J422、ø3.2 mm;
2. 交流或直流焊机、正接;
3. 电流 120～140 A;
4. 焊条右倾 15°,与底板夹角 55°;
5. 焊条沿焊缝弧线运动或轻微摆动。

技术要求:

1. 单面单道外角焊;
2. 焊缝焊透,无焊瘤与凹陷;
3. 焊缝接头牢固、平整。

操作时间:15 min。

名　称	管板角焊(电焊)	图　号	图 41
材　料	普低钢	比　例	

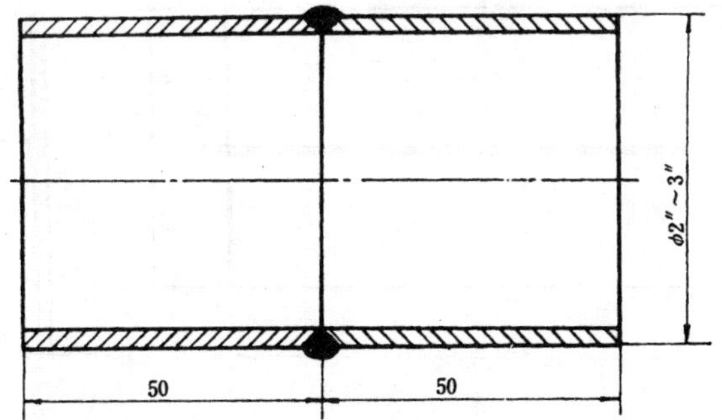

焊接工艺：

1. 焊条 J422、ø3.2 mm；
2. 交流或直流焊机、正接；
3. 电流 110～130 A；
4. 定位焊 3 点(每点相差 120°)；
5. 焊条下倾 15°，与两管夹角 90°；
6. 焊条沿焊缝弧线运动或轻微摆动。

技术要求：

1. 单道单层转动焊接(转动管子 4 次)；
2. 焊缝焊透，无焊瘤与凹陷；
3. 焊缝接头牢固、平整。

操作时间：15 min。

名　称	管子对接焊(电焊)	图　号	图 42
材　料	普低钢	比　例	

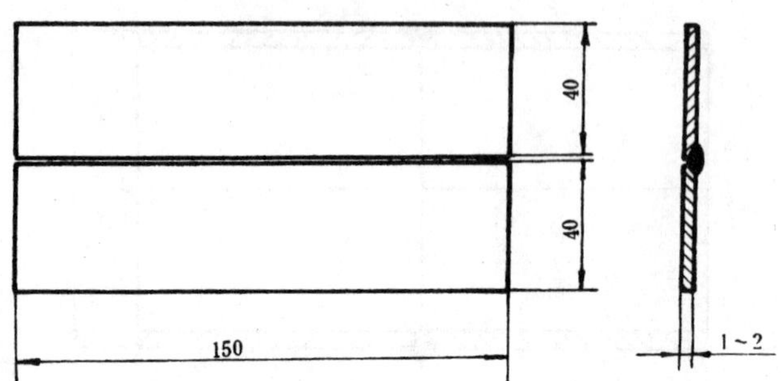

焊接工艺：

1．焊丝 H08、ø2 mm；

2．焊炬 H01—6、2 号焊嘴；

3．中性焰、左焊法；

4．反面均匀定位焊 3 点；

5．焊炬右倾 45°，与焊丝夹角 90°；

6．焊嘴上下锯齿形或左右月牙形摆动。

技术要求：

1．单面单道焊，焊缝无焊瘤与凹陷；

2．焊缝接头牢固、平整；

3．焊缝收尾饱满、无下塌。

操作时间：15 min。

名　称	平板对接焊(气焊)	图　号	图 43
材　料	普低钢	比　例	

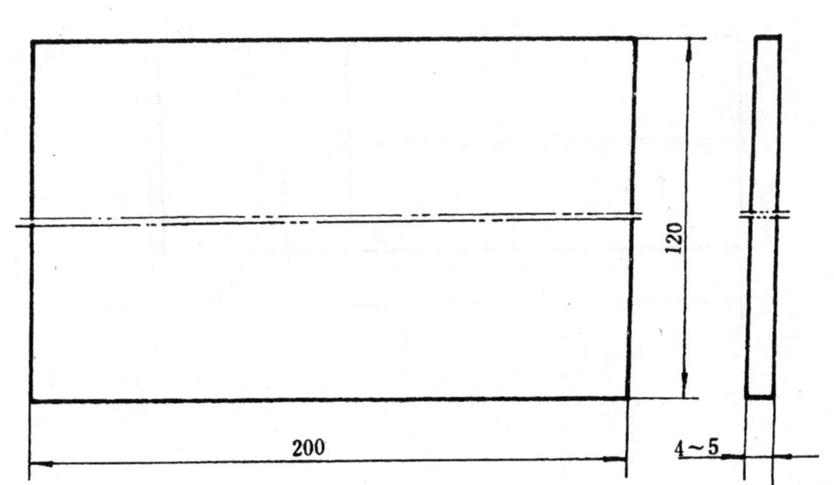

气割工艺：

1．割炬 G01—100，1 号割嘴；

2．选用适当预热火焰；

3．割嘴与工件表面距离保持 5～10 mm；

4．割嘴右倾 15°，由右向左切割。

技术要求：

1．割口平整，割纹深度 $h \leqslant 1$ mm；

2．割缝下面结渣较少，并容易清除。

操作时间：10 min。

名　称	平板切割(气割)	图　号	图 44
材　料	普低钢	比　例	

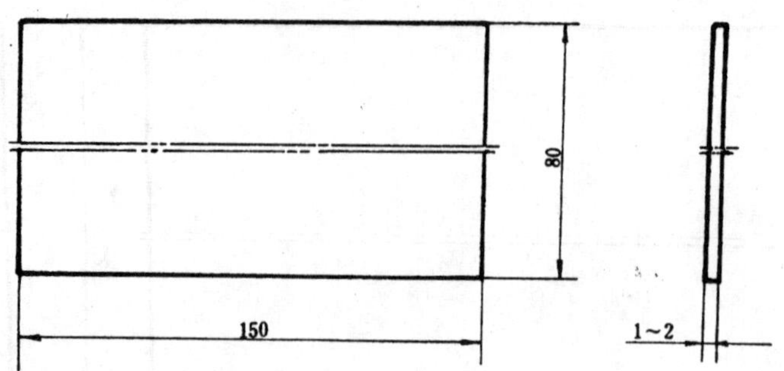

气割工艺：

1. 割炬 G01—100，1 号割嘴；
2. 选用较小预热火焰；
3. 割嘴与工件表面距离保持 5～10 mm；
4. 割嘴右倾 45°，由右向左切割。

技术要求：

1. 割口平整，割纹深度 $h \leqslant 1$ mm；
2. 割缝下面结渣较少，并容易清除。

操作时间：10 min。

名　称	薄板切割(气割)	图　号	图 45
材　料	普低钢	比　例	

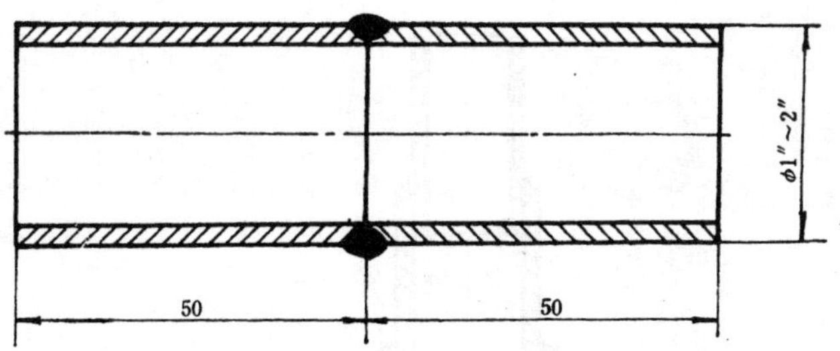

焊接工艺：

1．焊丝 H08、ø3 mm；

2．焊炬 H01—12、2 号焊嘴；

3．中性焰、左焊法；

4．定位焊 3 点(每点相差 120°)；

5．焊丝与焊嘴夹角保持 90°，并随圆弧转动；

6．焊嘴作月牙形摆动。

技术要求：

1．单道焊缝，焊缝无焊瘤与凹陷；

2．焊缝接头牢固、平整。

操作时间：15 min。

名　称	管子对接焊(气焊)	图　号	图 46
材　料	普低钢	比　例	

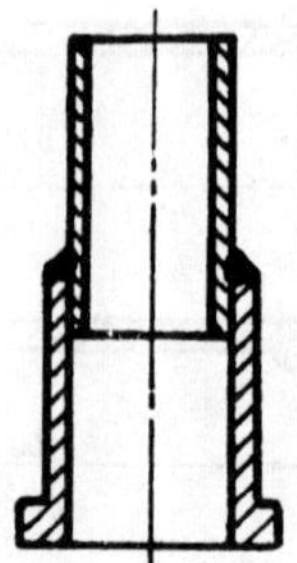

焊接工艺：

1. 焊炬 H01—6，2 号焊嘴；
2. 黄铜焊丝，ø2 mm；
3. 中性焰，左焊法；
4. 管子插入接头深度 5 mm，清洁剂(硼砂)；
5. 工件焊缝处加温呈现红色时施焊。

技术要求：

1. 焊缝成形均匀美观，无气孔与夹杂物；
2. 焊件外圆无铜水淌滴、内孔无焊瘤。

操作时间：10 min。

名　称	油管接头铜焊(气焊)	图　号	图 47
材　料	普低钢	比　例	

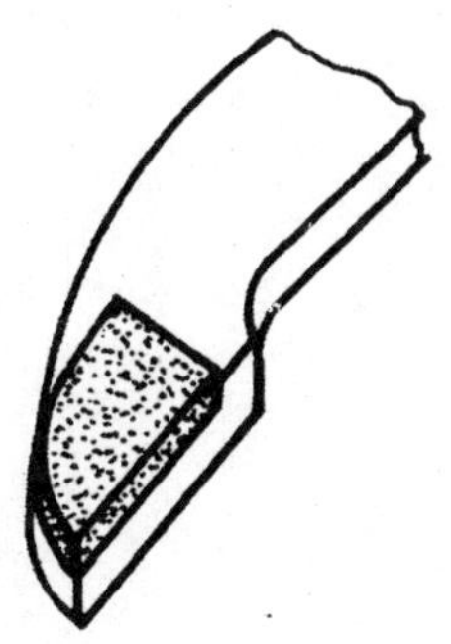

焊接工艺：

1．焊炬 H01—12、3 号焊嘴，黄铜焊丝 ø3 mm；

2．中性焰，加温刀槽，清除表面氧化物；

3．在刀槽有热量时均匀洒入焊剂硼砂，并放上刀片；

4．加热刀槽四周或从刀杆底部加温；

5．刀杆及刀头加温呈深红色即可熔化焊丝填入刀槽缝隙，填满为止；

6．焊后需保温、缓冷、防止裂纹及减少应力；

技术要求：

1．刀片放入刀槽位置及角度要正确；

2．车刀表面无裂纹，焊瘤及氧化缺陷。

操作时间：20 min。

名　称	车刀头铜焊(气焊)	图　号	图 48
材　料	刀片 YT15、刀杆 45#	比　例